SHENGWULEI ZHUANYE JIAOXUE GAIGE
YANJIU YU SHIJIAN

生物类专业教学改革研究与实践

第二版

夏占峰 韩新才 王彦芹 主编

化学工业出版社

·北京·

内 容 简 介

　　《生物类专业教学改革研究与实践》（第二版）是塔里木大学和武汉工程大学生物类专业教学改革研究与实践的成果总结。主要包括 8 章内容，分别对一流专业和一流学科、人才培养体系模式机制、课堂教学方式方法、实验实习毕业设计（论文）等实践教学、创新型人才培养、高校基层教学组织建设、生物技术专业建设以及一流课程和课程思政等方面，进行了教学改革研究与实践。

　　本书适合高等学校生物技术专业、生物工程专业、生物科学专业、生物制药专业、生物信息学专业、水产养殖学专业等生命科学类专业的师生使用，也可供生物化工、生物医药、食品工程、生命健康等生物相关领域企业员工和教学科研人员参考。

图书在版编目（CIP）数据

　　生物类专业教学改革研究与实践／夏占峰，韩新才，

王彦芹主编．—2 版．-- 北京：化学工业出版社，

2025. 4. — ISBN 978-7-122-47939-6

　　Ⅰ. Q-42

　　中国国家版本馆 CIP 数据核字第 20256K3E95 号

责任编辑：李　琰　　　　　　　　　　装帧设计：张　辉
责任校对：杜杏然

出版发行：化学工业出版社（北京市东城区青年湖南街 13 号　邮政编码 100011）
印　　装：北京印刷集团有限责任公司
880mm×1230mm　1/16　印张 18¾　字数 461 千字　　2025 年 6 月北京第 2 版第 1 次印刷

购书咨询：010-64518888　　　　　　售后服务：010-64518899
网　　址：http://www.cip.com.cn
凡购买本书，如有缺损质量问题，本社销售中心负责调换。

定　　价：88.00 元

　　该著作由教育部"塔里木大学生物技术国家一流专业""武汉工程大学生物工程国家一流专业""西北地区生物科学类专业虚拟教研室""基因工程兵团一流课程""塔里木大学分子生物学一流课程""塔里木大学细胞生物学一流课程""塔里木大学植物生理学一流课程""塔里木大学生物信息学一流课程""塔里木大学动物学一流课程""兵团植物学一流课程""塔里木大学生物化学一流课程""塔里木大学微生物学一流课程""塔里木大学生物制药一流专业""武汉工程大学生物技术专业一流专业建设、一流课程建设""武汉工程大学双一流建设"共同资助。

《生物类专业教学改革研究与实践》（第二版）
著者名单

夏占峰	塔里木大学
韩新才	武汉工程大学、塔里木大学
王彦芹	塔里木大学
聂竹兰	塔里木大学
罗晓霞	塔里木大学
刘　琴	塔里木大学
王建明	塔里木大学
任　敏	塔里木大学
韩占江	塔里木大学
黄文娟	塔里木大学
李树伟	塔里木大学
胡超越	塔里木大学
张建萍	塔里木大学
李艳慧	塔里木大学
周慧杰	塔里木大学
杨凤微	塔里木大学
陈水红	塔里木大学
刘艳萍	塔里木大学

前言

不忘"教书育人"初心，牢记"立德树人"使命，以本为本，回归常识、回归本分、回归初心、回归梦想，走内涵发展道路，提升大学教育教学质量，为教育强国而努力奋斗，是新时期国家对高等教育的殷切希望。

新时代新征程，中共中央、国务院 2024 年 8 月 26 日印发了"关于弘扬教育家精神加强新时代高素质专业化教师队伍建设的意见"，对加强新时代高素质专业化教师队伍建设提出了 17 条明确要求，明确要求高校教师要站在学科发展前沿开展教学、科研，创新教学模式方法，提升教师教书育人能力。

在 2024 年 9 月 10 日全国教育大会上，习近平总书记指出，教育是强国建设、民族复兴之基。建设教育强国是一项复杂的系统工程，需要我们紧紧围绕立德树人这个根本任务，着眼于培养德智体美劳全面发展的社会主义建设者和接班人，坚持社会主义办学方向，坚持和运用系统观念，正确处理支撑国家战略和满足民生需求、知识学习和全面发展、培养人才和满足社会需要、规范有序和激发活力、扎根中国大地和借鉴国际经验等重大关系。《教育部等十部门关于印发〈国家银龄教师行动计划〉的通知》《教育部高校银龄教师支援西部计划实施方案》等支持西部高校建设发展的政策和措施，为身处南疆的塔里木大学建设发展提供了新机遇，塔里木大学在 66 年办学历程中，形成了"以胡杨精神育人，为兴疆固边服务"，建设兵团特点南疆特色一流大学的鲜明办学理念和大学文化。

生命健康、信息技术、智能制造等高新技术产业，已经纳入国家战略性新兴支柱产业，成为赶超世界发达国家，实现后发优势的重要支柱。为了满足国家战略性新兴产业——现代生命健康产业的快速发展需要，培养创新性复合型生物类专业高素质人才，2021 年武汉工程大学韩新才教授在化学工业出版社出版了教学专著《生物类专业教学改革研究与实践》，专著出版后，获得武汉工程大学优秀教学专著奖二等奖，全国各地几十所高校教师向韩教授索取著作学习借鉴，专著在国内有较好和较大的影响。

2024 年，武汉工程大学韩新才教授，响应国家号召，参加国家银龄教师支持西部计划，到新疆塔里木大学执教，将塔里木大学生物类专业的一流专业和一流学科等方面建设经验与武汉工程大学特色鲜明的教学改革经验有机融合，交流互鉴，形成了《生物类专业教学改革研究与实践》（第二版）。这也是塔里木大学与武汉工程大学实施教育部高校银龄教师支援西部计划的一项成果。

在第一版的基础上，增加我国西部重点高校塔里木大学的生物类一流专业一流学科一流课程等方面的教学改革研究与实践的鲜活例证，以塔里木大学和武汉工程大学生物类专业建设发展为例，系统深入全面地论述了我国高校生物类专业，在新时期教育教学改革与发展中的理论探索与鲜活实践，对我国高校生物类专业教学改革发展具有一定的理论价值、实践价值和借鉴价值。主要内容包括：（1）生物类专业一流专业、一流学科建设实践；（2）生物类专业人才培养体系、机制、模式研究与实践；（3）课堂教学方式方法改革研究与实践；（4）实验、实习、毕业设计（论文）等实践教学改革研究与实践；（5）创新型人才培养研究与实践；（6）高校基层教学组织建设研究与实践；（7）生物技术专业建设研究与实践；（8）一流课程与课程思政研究与实践等。主要特色如下：

（1）代表性与系统性。本书是我国西部高校塔里木大学与中部高校武汉工程大学两所高校，21世纪以来生物类专业教学改革研究与实践的结晶，将两所高校教研成果有机融合，以此反映我国地方高校生物类专业的教学改革状况，具有明显代表性。本书是作者20多年来结合自身从教实践，进行生物类专业教育教学改革和人才培养的理论研究和实践创新的成果，发表了系列教研论文60余篇，内容包括高校人才培养的主要工作，如一流专业一流学科建设、人才培养体系机制模式、课堂教学、实践教学、创新性人才培养、基层教学组织建设、专业建设、一流课程与课程思政等。专著内容具有一定的代表性与系统性。

（2）科学性与先进性。本书系统总结了塔里木大学国家一流专业生物技术专业和国家生物学一级学科博士点的建设实践，塔里木大学建设了植物学、动物学、植物生理学、生物信息学、分子生物学等多门校级以上一流课程，出版了20多部特色实验实践教材，建设了20多门课程微课等教学资源；武汉工程大学生物工程专业于2021年和2022年获批国家一流专业并通过专业工程认证。本书是作者20多年来主持60余项国家级、省部级、校级教学研究课题的成果总结，成果内容多次荣获新疆维吾尔自治区高等教育教学成果奖、湖北省高等学校教学成果奖、中国化工教育科学研究成果奖、全国高校生物学教学研究优秀论文奖以及塔里木大学和武汉工程大学教学成果一等奖等。内容具有明显的科学性与先进性。

（3）理论性与实践性。本书是塔里木大学和武汉工程大学生物类专业新世纪以来建设发展真实写照，对专业建设与人才培养、教育教学改革等各个方面的理论探索和实践经验的总结，内容既有理论探索，又有许多实例，具有鲜明的理论性和实践特色。

感谢化学工业出版社及塔里木大学和武汉工程大学的"双一流建设"项目对本书的支持。

由于时间、精力、知识水平有限，难免存在不足之处，恳请读者提出宝贵意见和批评建议，帮助我们在今后的教育教学中进一步完善提高，共同为我国高校生物类专业教育教学改革发展和人才培养质量的提高而不懈努力，为教育强国奉献力量！

夏占峰　韩新才　王彦芹
2024 年 11 月于塔里木大学

第一版前言

新时代，在国家建设一流大学和一流学科的"双一流"背景下，习近平总书记指出，"只有培养出一流人才的高校，才能成为世界一流大学"，因此，"双一流"建设的核心和落脚点，在于人才培养质量，而人才培养的重要工作，是高校的人才培养体系的建设与教育教学改革、研究与实践，"回归常识、回归本分、回归初心、回归梦想"，是新时代国家对高等教育回归教学本质，走内涵发展道路的殷切希望。

高等教育要以本为本，本科不牢，地动山摇，打赢本科教育攻坚战，要通过新时代的新教改，赢得新时代新质量。高校教师学术水平，包括学科学术水平和教学学术水平，加强教学投入，提高教学学术水平，真正提高人才培养质量，将是高校教师未来发展的时代潮流。

《生物类专业教学改革研究与实践》，以武汉工程大学生物技术专业等生物类专业建设发展为例，系统深入论述了我国高校生物学类专业，在新世纪教育教学改革与发展中的理论探索与鲜活实践，对我国高校生物学教学改革发展具有一定的理论价值、实践价值和借鉴价值。本书主要内容包括：(1) 生物类专业人才培养体系、机制、模式研究与实践；(2) 课堂教学方式方法改革研究与实践；(3) 实验、实习、毕业设计论文等实践教学改革研究与实践；(4) 创新型人才培养研究与实践；(5) 高校基层教学组织建设研究与实践；(6) 生物技术专业建设研究与实践等。主要特色如下：

1. 系统性。本书是作者近 20 年来结合自身从教实践，进行生物学教育教学改革和人才培养的理论研究和实践创新的成果，发表了第一作者系列教研论文 30 余篇，内容包括高校人才培养的主要工作，如人才培养体系机制模式、课堂教学、实践教学、创新性人才培养、基层教学组织建设，以及专业建设等。本书是研究成果的总结，内容具有一定的系统性。

2. 科学性与先进性。本书是作者近 20 年来主持 10 余项国家级、省部级、校级教学研究课题的成果总结，成果内容多次荣获中国化工教育协会、中国石油和化学工业联合会教育科学研究成果奖、全国高校生物学教学研究优秀论文奖、武汉工程大学教学成果一等奖、武汉工程大学教学质量优秀奖，以及国家级和省级生物学科竞赛指导教师奖、湖北省优秀学士学位论文指导教师奖等。内容具有明显的科学性与先进性。

3. 理论性与实践性。本书是武汉工程大学生物技术专业近 20 年来，在专业建设与人才培养、教育教学改革等各个方面的理论探索和实践经验的总结，内容既有理论探索，又有许多实例，具有鲜明的实践特色和参考价值。

感谢化学工业出版社和武汉工程大学"双一流建设"项目对本书的支持。

作为高校一线教学的教师，结合教学实践进行教学改革研究与实践，由于时间、精力、知识水平有限，难免存在疏漏和不足之处，恳请读者提出宝贵意见和批评建议，帮助我们在今后的教育教学中进一步完善提高，共同为我国高校生物类专业教育教学改革发展和人才培养质量的提高而不懈努力。

韩新才
2020 年 9 月于武汉工程大学

目 录

第一章

一流专业、一流学科建设的研究与实践

| 第一节 |

国家一流专业塔里木大学生物技术专业的教学改革实践

塔里木大学地处南疆，肩负着稳疆固疆的历史使命。塔里木大学生物技术专业，2019 年获批国家级一流本科专业建设点。该专业按照学校建设兵团特点南疆特色一流大学的目标定位，坚持为党育人、为国育才，坚持用胡杨精神育人、为兴疆固边服务，以钉钉子精神全方位开展国家一流专业建设，思想铸魂，培养担当奉献的戍边人。在师资队伍建设、教学资源建设、教学改革和科学研究等方面，广泛开展的专业教学改革与建设，成效显著。为培养德智体美劳全面发展的社会主义建设者和接班人作出了应有贡献。

一、生物技术国家一流专业建设简介

塔里木大学生物技术专业的前身是 1989 年生物学专科招生，2004 年生物技术本科招生，2009 年获批国家级特色专业，2017 年获批校级特色品牌专业，2019 年获批国家级一流本科专业建设点。"十二五"期间生物技术专业得到了长足发展，进入"十三五"规划后，国家提出了建设"一流大学、一流学科"的双一流计划，塔里木大学生物技术专业依托生物学一级博士学位点，2019 年进入国家一流专业建设计划，随着生命科学的发展，"十四五"期间生物技术专业又迎来新的发展机遇。

经过多年建设，生物学实验教学示范中心于 2017 年批准成立，该中心下设功能完善的基因工程实验室、数字化生物信息学实验室、数字化互动实验室等 13 个二级教学实验室，以及大学生课外创新平台。实验室教学面积约 2540m^2，仪器设备总价值 1100 余万元。

本专业的办学定位是立足南疆、面向兵团、服务新疆，培养德智体美劳全面发展、政治可靠、专业过硬，掌握系统的生命科学基础理论、基本知识和现代生物技术基本框架及操作技能，具有一定的科研素养，能在学校、科研院所、生物技术相关企事业单位从事教学、科学研究、产品研发、技术创新与推广等工作，服务我国社会主义现代化建设和民族复兴大任要求，具备较强的学习能力、创新创业意识、实践能力与组织协调能力的复合型、应用型人才。

二、生物技术国家一流专业建设成效

1. 塔里木大学生物技术国家一流专业特色优势

（1）思想铸魂，培养担当奉献的戍边人

塔里木大学地处南疆，肩负着稳疆固疆的历史使命。秉承红色传统，将思政教育贯穿于本科

教育全过程，培养"爱国爱疆、担当奉献"的新时代成边人。

（2）以博士点和学科建设带动专业建设

依托生物学一级博士点和省级生物学高原学科建设，利用环塔里木盆地特色生物资源优势，开展课程体系改革和实践平台信息化建设，优化师资队伍结构，尤其微生物学和植物学学科，先后获得兵团科技进步奖一等奖 3 项、二等奖 3 项、三等奖 2 项，有力带动了专业建设。

（3）教学-科研互促共进，实施创新型人才培养

通过"导师制"、参与科研课题、学科竞赛，实现学生人格思想、学科基础与专业教育有机融合，贯通本硕博教育体系，加速人才培养进程，促进创新型人才培养。

（4）充分保育-利用环塔里木盆地生物资源的多样性

本专业教学过程及科研训练过程所涉及的生物材料，均以环塔里木盆地特殊（干旱、盐碱、瘠薄、极端温度）环境下的生物资源为对象开展实验与研究，培养学生对环境的认识及保护意识，同时培养学生发现问题及解决问题的能力。

2. 师资队伍建设

通过自主培养、人才引进、校企合作，加强师资队伍建设。主要举措如下所述。

（1）多方联合，建设一流师资队伍

近 5 年，先后引进昆仑学者 3 人、兵团高层次人才讲座学者 5 人、选拔天山英才 3 人、兵团英才 10 人，建设成了一流师资队伍；鼓励青年教师到国内外高校提升学历、访学，聘请国内外专家来校讲学 50 多人次、结对子、建团队 3 个；利用校企合作，聘请企业教师 11 人，聘请银龄教师 6 人，使本专业师资队伍得以充分发展和提升。

（2）通过传帮带，推动青年教师的快速成长

由教学名师、专业负责人、教学能手、课程群负责人对青年教师从各环节进行一对一帮扶，使青年教师快速成长为合格的教学主力。生物技术一流专业在建设过程中，兼顾应用生物科学类专业、生物制药专业、生物信息学专业，尤其 2017 年获批招生的生物制药专业、2022 年获批招生的生物信息学专业得到了快速发展。

（3）党建与教研室共建，凝心聚力建设基层教学组织

借助党支部建设，结合课程体系设立了 4 个教研室，在"学习强国"的同时提高了教学质量。

本系教师毕业于中国农业大学、吉林大学、华中农业大学、南京农业大学、兰州大学、厦门大学、北京化工大学、西北农林科技大学等高校，形成了一支学缘结构合理、学科优势互补、学术水平较高、教研能力极强的教师队伍。

近年来本系教师获得自治区和兵团奖项和荣誉 3 项，获得全国高校生命科学类微课教学比赛三等奖 1 项、新疆维吾尔自治区第十届教学成果三等奖、校级教学成果三等奖各 1 项，获得兵团教学名师 1 人，获教师教学创新大赛新疆赛区三等奖 4 人次，获其他校级各类教学竞赛奖项13 项。

3. 教学资源建设

（1）微课录制

自生物技术特色品牌专业建设项目实施以来，在生物技术特色品牌专业建设经费的资助下录制完成微课视频共计 20 门 313 个，包括"植物学"（39 个）、"动物学"（20 个）、"发酵工程"（14 个）、"生物化学"（15 个）、"植物生理学"（12 个）、"细胞生物学"（17 个）、"基因工程"（22 个）、"遗传学"（16 个）、"生物信息学"（15 个）、"细胞工程"（15 个）、"分子生物学"（22 个）、"微生物学"（15 个）、"极端环境生物资源多样性"（15 个）、"荒漠化治理"（8 个）、"基础生物化学"（15 个）、"动物生物化学"（15 个）、"植物生理学实验"（10 个）、"动物学实验"（12 个）、"生物化学实验"（8 个）、"基因工程实验"（8 个）等。另外录制了精品视频公开课"转基因科普"（18 个）、"塔里木盆地的花草世界"（18 个）共 36 个视频。这些微课既包含了受众面比较广的专业基础课，也包括了专业核心课程，同时还包含了特色平台课程。微课建设为满足学生线上线下混合式学习提供了丰富的教学资源。

（2）教材建设

本专业教师近年来编写教材 26 部，其中主编 19 部、副主编 3 部、参编教材 4 部。其中在生物技术特色品牌专业及生物技术国家一流专业项目资金的资助下，由本校教师牵头主编公开出版特色鲜明的系列实验指导教材丛书 8 部，分别是《植物学实验实习指导》《动物学实验实习指导》《微生物学实验指导》《生物化学实验》《植物生理学实验指导》《植物组织培养实验指导》《生物信息学实验指导》《现代分子生物学实验指导》，此外还编写并出版了《生物化学习题集》1 部。所有核心课程均建设了试题库、习题库供学生学习，同时，多门课程教师制作了相应的课程知识图谱。

（3）课程建设

本专业近年来已完成"基因工程""植物学""生物化学""微生物学"4 门校级一流课程建设，其中"基因工程""生物化学"验收优秀。目前正在建设的有兵团一流课程"基因工程"校级一流课程有"分子生物学""植物生理学""动物学""细胞生物学""生物信息学"。一流课程在完善微课、习题库、试题库、知识图谱的同时也完善了相应的实验课，目前"基因工程"和"分子生物学"正在建设 AI 课程。

（4）实验平台及实践基地建设

在原有实验室基础上，获批校级生物实验教学示范中心建设项目，建设大学生创新平台，联系校外实习基地 9 家，能长期安排学生实习的有 7 家企业。通过这些平台的共建利用，学生的实践动手能力、理论联系实际的能力、创新能力及解决问题的能力均得到了极大的提升。

4. 教学改革成效

（1）培养模式改革

多策并举，不拘一格培养应用型复合型人才。

多元化培养，拓宽了学生视野。与浙江大学、兰州大学、华中农业大学、中国农业科学院棉花研究所、北京化工大学等科研院所采用"2＋1＋1""2.5＋1.5""1＋2＋1"等合作培养模式，拓宽了学生视野、提高了专业技能。交换生考研率几乎100％，录取率达80％以上，基本考入双一流高校。

科研-教学互促共进，共谋发展，提高学生科研素养和能力。依托塔里木盆地生物资源保护利用重点实验室、农业农村部西北区域农业微生物科学观测实验站、胡杨研究中心，借助科技创新团队和大学生课外创新项目，培养学生的创新创业精神和实践能力。参加大创项目的学生占各班级50％左右，从大二起加入老师科研团队的学生约60％。学生通过系统的生命科学领域的训练，均能熟练掌握生命科学领域研究的基本流程和经典方法，一部分同学还掌握了新技术新方向，在毕业论文和学科竞赛中表现出极强的创新能力和创新思维。

以学科竞赛为载体，培养学生创新创业能力。近年来举办了塔里木大学大学生生命科学实验技能竞赛、标本大赛；组织学生参加"挑战杯"、国家级生命科学创新创业大赛、中国标本大赛等，增强了学生的创新创业能力。参加各类竞赛的学生达80％以上，曾获得国家级竞赛二等奖2项、省级竞赛一等奖2项、三等奖7项，获奖人次是一流专业建设前的3.6倍。

（2）教学改革探索及成果

本专业教师注重教育教学方式方法的改革，将传统的讲授式与探讨式融合，充分利用微课资源和在线课程，结合线上线下、翻转课堂提高教学效率和教学质量。特色品牌专业建设以来，本系教师共获批教学改革项目31项，结题20项。近4年来教师发表教学改革论文31篇。

（3）教学效果

经过教师们不断探索教学改革思路与途径，在教学质量提升的同时形成了可以推广的教学成果，教学成果先后获得校级和自治区教学成果三等奖各1项。

5. 课程思政教育

（1）明德厚学，用胡杨精神育人、为兴疆固边服务

坚持社会主义办学方向，落实立德树人根本任务，强化"为党育人、为国育才"导向，采用"三全育人"模式，凸显"课程思政铸魂、民族团结育人、爱国爱疆"的德育，"系统的专业理论、熟练的实践技能、真才实学"的智育和"稳疆固疆、富民戍边"的社会责任。秉承红色传统，培养德智体美劳全面发展的新时代戍边人。近年来提交入党申请书的学生人数达60％以上，据统计每年毕业班的正式党员和预备党员人数达30％左右，本专业学生留疆工作人数达62％。

（2）课程思政建设

自本项目立项以来，本系教师共主持完成课程思政项目7项，几乎所有课程初步形成了与课程内容高度契合的课程思政案例，通过筛选整理，于2023年出版了《生物科学类专业课程思政案例集》1部，不仅为新老师课程思政元素的融入提供了优质资料，使课堂教学更加生动，同时师生们无论在课堂上还是在生活中，行为、语言都更加规范文明，体现了三全育人的教育理念。

6. 人才培养质量

生物技术人才培养宗旨如下所述。

（1）以稳疆固疆、富民戍边的情怀，投入基层政权建设和社会服务事业

本专业的选派生、特岗教师服从组织安排，遍布天山南北，坚守岗位，扎根基层，爱岗敬业，受到地方政府和当地群众的广泛好评，用人单位普遍反映"下得去、留得住、用得上、干得好"。本专业每年通过公务员考试、中学教师招考、选调生等渠道，去基层服务的学生占总人数的 30% 左右。

（2）以敏锐的创新思维和熟练的实践技能，奉献社会经济发展

通过走访博爱新能源集团、正大集团、乌鲁木齐欧易生物医学科技有限公司、维吾尔药业有限公司、阿拉尔国家农业科技园区、农牧团场等用人单位，普遍反映本专业学生吃苦耐劳、肯钻研、有闯劲、实践动手能力强。

（3）进一步深造的学生赢得知名高校的好评和青睐

据我校本专业学生在浙江大学、南京大学、兰州大学、四川农业大学等高校读研的导师评价，学生理论基础扎实、上手快、动手能力、分析问题和解决问题能力较强，有良好的科研素养、团队协作精神和较强的创新意识。

本专业教师在学校学风建设相关文件的指导下，从学院到系、从班主任到任课教师，都非常重视学风建设，在老师们的共同努力下，学生成绩大大提升，挂科率明显下降。生物技术本科生毕业率达 100%，获得学位率达 98% 以上，读研升学率约 30%。在"一院一品"培养模式下，学生申报大创项目人数和参加老师课题的人数大大增加，毕业论文质量显著提升。4 年来生物技术学生共获批大创项目 28 项，其中国家级 13 项、校级 15 项，参加人数 120 余人次；参加学科竞赛及各种比赛 180 余人次，获得各级各类奖项 52 项，其中获得全国生命科学实验创新大赛国家级一等奖、二等奖各 1 项；学生以第一作者发表学术论文 7 篇，优秀毕业论文 27 篇。2017-2021 年生物技术专业共毕业学生 249 人，一次性考研人数 66 人，占总人数的 26.5%，就业率显著提升，每年初次就业均在 60% 以上，到年底就业率达 90% 以上。

7. 科学研究

自 2020 年以来，本专业教师共获批各级各类科研项目 18 项，获批经费 1577 万元，发表科研论文 120 余篇，申请专利 13 项，出版专著 3 部，荣获兵团科技进步奖一等奖 2 项、三等奖 2 项。教师将在科学研究过程中形成的成果引入课堂，实现了教学-科研互促共进、教-研相长，不仅使课堂教学更加丰富生动，同时也拓宽了学生的视野，促进了教师的科研进展和学生的创新意识。

| 第二节 |

国家一级学科博士点塔里木大学生物学的教学改革实践

塔里木大学 2018 年获生物学一级学科博士学位授权点，坚持"教书育人、立德树人"初心，牢记"为党育人、为国育才"使命，用胡杨精神育人，为兴疆固边服务，为学校建设兵团特点南疆特色一流大学，提供有力支撑。学位点以环塔里木生物多样性研究为特色，在植物学、动物学、微生物学、生物化学与分子生物学等多个二级学科方向，广泛深入地开展科学研究和人才培养工作，为国家支持西部发展战略做出应有的贡献。

一、国家一级学科博士点塔里木大学生物学学科简介

塔里木大学生物学始于 1958 年建校时开设的植物学、动物学、微生物学等课程。2006 年获生物化学与分子生物学硕士学位授权点，2011 年获生物学一级学科硕士学位授权点，2018 年获生物学一级学科博士学位授权点，下设植物学、动物学、微生物学、生物化学与分子生物学等四个二级学科硕士学位点，国家一级学科博士学位授权点，坚持"教书育人、立德树人"初心，牢记"为党育人、为国育才"使命，用胡杨精神育人，为兴疆固边服务，为学校建设兵团特点南疆特色一流大学，提供有力支撑。学位点以环塔里木生物多样性研究为特色，在植物学、动物学、微生物学、生物化学与分子生物学等多个二级学科方向，广泛深入地开展科学研究和人才培养工作，为国家支持西部发展战略做出应有的贡献。

学位点依托省部共建塔里木盆地生物资源保护利用国家重点实验室、南疆特色果树高效优质栽培与深加工技术国家地方联合工程实验室、农业农村部环塔里木畜草资源利用重点实验室等 3 个省部级以上科技创新平台，开展科学研究与人才培养工作。

近 5 年，学位点共承担科研项目 126 项，获批经费 5730.6 万元，人均科研经费 28.65 万元/年；发表学术论文 247 篇，其中 SCI 论文 68 篇；获授权专利 49 项；出版专著 15 部，培育梨新品种 1 个，枣新品种 2 个；获省级科技进步奖一等奖 4 项，二等奖 4 项，三等奖 6 项。在新疆南疆四个地州，广泛开展科技服务与脱贫攻坚工作，学校作为全国高校唯一代表获"全国脱贫攻坚先进集体"荣誉称号。

生物学一级学科博士点，建立了导师遴选、聘评、培训制度，研究生奖助学制度，培养环节评价与分流制度等人才培养及质量保障体系，制定了生物学博士研究生人才培养方案，完善了课

程体系。近 5 年招收生物学博士研究生 89 人，毕业 9 人，均留在南疆工作；招收生物学硕士研究生 243 人，毕业 235 人，85％扎根新疆，学校已经成为新疆高层次人才培养的重要基地，南疆干部的摇篮。

二、学科方向及研究特色

塔里木大学生物学学科以环塔里木生物多样性研究为特色，主要研究方向为植物学、动物学、微生物学、生物化学与分子生物学。研究特色和优势如下所述。

（1）植物学方向

主要研究领域为荒漠植物多样性保护利用与生态修复。主要研究塔里木盆地物种多样性及系统进化与生存适应机制，收集保存野生植物种质及其抗逆基因资源，开展抗逆种质资源保存技术及资源评价研究，建立抗逆种质资源圃和数据信息平台。重点研究极端干旱区胡杨、灰叶胡杨等特色优势物种生长繁殖规律及生态适应策略、抗逆生理及分子调控机理。研究南疆荒漠—绿洲生态系统景观格局与气候变化、植被演替和水文生态的耦合机理，建立生态预警、植被恢复与生态景观规划的集成技术体系。特色与优势是塔里木野生植物种质资源保存与鉴评研究区域一流，胡杨保护生物学研究国内领先。

（2）动物学方向

主要研究领域为特色动物资源保护与繁育。以塔里木马鹿、新疆马属动物、新疆裂腹鱼类和高原鳅类、新疆地方鸡品种等特色动物资源为对象，开展生物多样性、保护生物学、逆境下动物繁育生理研究；以南疆地方特色草食动物（卡拉库尔羊、和田黑羊等）为研究对象，开展特色草食动物经济性状基因功能研究，特别是毛、肉品质性状功能基因的研究。特色与优势是推广与示范南疆特色动物如马鹿的性别控制、胚胎移植、双（多）胎孕育技术、体外受精等高效繁育技术；对塔里木河流域特有鱼类种质资源进行了系统收集整理和开发利用，彰显服务地方渔业发展和保护的研究特色。

（3）微生物学方向

主要研究领域为特殊环境微生物资源挖掘与利用。主要进行塔里木盆地极端放线菌、古菌、真菌资源的收集、整理、筛选、评价、分类、保藏，建立并完善微生物菌种库和信息库。基于多组学技术进行微生物生理与代谢、微生物与宿主互作、微生物群落与生态功能等方面的生物学基础研究。建立微生物功能基因、功能酶和功能成分的挖掘技术体系，发现新功能菌株、新次生代谢产物、新基因、新代谢途径和调控新机制，为微生物资源的产业化利用提供理论和技术支持。特色与优势是构建了塔里木盆地放线菌种质资源库，建立放线菌次生代谢产物挖掘技术体系；揭示了连作棉田土壤微生态平衡机理；在南疆推广了羊肚菌、香菇等食用菌规模化栽培技术。

（4）生物化学与分子生物学方向

主要研究领域为特色动植物生物化学与分子生物学。聚焦塔里木盆地特色动植物资源的生物学基础和重要经济性状形成的关键科学问题，从基因组、转录组、蛋白质组及代谢组层面，筛选并获得经济性状相关的功能基因，特别是开展塔里木兔、新疆紫草、花花柴等野生动植物资源抗逆基因和功能成分在作物育种和毛囊发育调控等方面的应用基础研究。特色与优势是在和田黑羊毛囊发育机制及其相关基因研究、塔里木兔耐旱机制等方面形成了鲜明的研究特色。

三、学科和博士点育人机制与特色

塔里木大学生物学一级学科博士点，坚持立德树人、"用胡杨精神育人、为兴疆固边服务"办学理念，传承南泥湾传统和兵团精神，着力培养政治可靠、专业过硬、扎根边疆、乐于奉献的高素质人才。塔里木大学培养的研究生，热爱祖国、崇尚科学家精神、严格遵守学术规范，争做"扎根边疆、艰苦奋斗、自强不息、甘于奉献"的新时代戍边人。

博士点以科技创新和科技服务为抓手，建立"党建＋师生＋团场"的服务模式，构建校内外、线上线下、师生与兵团团场联动的共建机制，把论文写在南疆大地上，引导研究生成为爱国爱疆、担当奉献、政治可靠、专业过硬的优秀人才，为新疆社会稳定与长治久安做出积极贡献。博士研究生导师中，涌现出全国先进工作者 1 人、全国三八红旗手 1 人、兵团脱贫攻坚先进个人 1 人、兵团优秀共产党员 1 人、兵团青年五四奖章获得者 1 人，发挥了党员先锋模范作用。

学位点坚持三全育人、五育并举，强化科研素质，提高创新能力，面向南疆科研前沿，服务国家西部发展战略，培养德智体美劳全面发展的社会主义建设者和接班人，取得了较好的教育教学成果。"面向产业需求的新农科人才培养模式创新与实践"获新疆生产建设兵团教学成果一等奖；"新农科背景下棉花全产业链人才培养模式创新与实践"和"生物类专业创新人才培养的改革与探索"获新疆维吾尔自治区教学成果三等奖；"'产赛教创'融合培养园艺专业创新创业人才改革与实践"获自治区教学成果优秀奖；第十五届全国"挑战杯"大学生课外学术科技作品竞赛荣获特等奖。

塔里木大学利用国家对口援疆机制，大力加强研究生导师队伍建设，着力提升高层次人才培养质量。教育部协调中国农业大学、浙江大学、华中农业大学、北京化工大学、东华大学五所高校，对塔里木大学开展"团队式"对口支援帮扶，2023 年又增加吉林大学、西北农林科技大学、陕西师范大学等三所高校，"5＋3"高校团队对口支援塔里木大学，工作呈现出"八方支援"的新格局。塔里木大学生物学一级学科博士学位授权点，将借助对口援疆新机遇，学位点建设期内，从内地高校柔性引进院士、国家杰青、青年长江等高层次人才，充实到博士生导师队伍，构建校内校外博导联合培养新机制，极大地加强博导队伍的学术影响力和人才培养水平，为国家西部发展战略，提供高层次人才支撑，贡献塔大力量。

四、学科和博士点建设成效

学科和学位点凸显"环塔里木生物多样性研究"特色。生物多样性是生态安全的重要基础。植物学研究团队经过多年野外调查，查明塔里木盆地野生植物 1657 种，发现新种 1 个，新疆环塔里木盆地新记录种 9 个、151 个；野生药用植物 347 种隶属 59 科；特有和珍稀维管植物共 298 种隶属 41 科。其中，珍稀濒危植物 10 种，中国特有种 6 种，塔里木盆地特有种 110 种，国家和新疆维吾尔自治区重点保护植物 35 种，中国仅产于塔里木盆地的稀有种 166 种，为《中国植物志》提供塔里木盆地植物标本和本底信息。动物学研究团队系统揭示了塔里木亚区鱼类区系结构和进化特征，查明塔里木亚区珍稀土著鱼类扁吻鱼、塔里木裂腹鱼、隆额高原鳅、叶尔羌高原鳅等 14 种，突破了塔里木河特有鱼类塔里木裂腹鱼（国家二级保护鱼类）和叶尔羌高原鳅（自治区保护鱼类）全人工繁殖技术，并成功增殖放流。微生物学研究团队建立了西北片区最大的放线菌种质资源库，分离并保藏放线菌 38 个属 30000 多个菌株，建立放线菌新属 3 个，发现新物种 35 个，丰富了我国微生物种质资源库。

塔里木大学生物学博士学位点的获批及建设极大地提高了塔里木大学的办学层次和办学声誉，发挥了集聚高水平师资队伍的特殊作用，为边疆地区高层次人才培养和教育戍边事业作出了特殊贡献。学位点各研究方向充分发挥新疆独特资源的区域优势，将生物学基础研究延伸到园艺学、作物学和畜牧学应用技术领域，极大地支撑了南疆农林牧渔业的高质量发展。有效支撑了塔里木大学生物学、园艺学、作物学和畜牧学等相关学科的跨越式发展和内涵建设。2023 年生物学入围兵团优势重点学科、园艺学入围兵团特色重点学科建设行列。学位点通过对口援疆机制组建了一支具有爱国爱疆家国情怀、业务技术精湛的导师队伍，加强了塔里木大学同国内高水平大学的学术交流与科技合作，使塔里木大学人才培养能力和水平得到显著提升。

| 第三节 |

塔里木大学生命科学与技术学院生物学教学改革研究与实践

塔里木大学生命科学与技术学院 2008 年成立，现设置 5 个专业，其中生物技术专业为国家级一流本科专业建设点，应用生物科学专业为兵团级一流本科专业建设点，生物制药专业为塔里木大学一流专业建设点，水产养殖学专业为服务新疆水产养殖行业的明星专业，生物信息学专业是代表前沿生命科学的新专业。学院坚持"面向生命科学前沿，面向区域发展需求，面向南疆经济主战场，面向人民健康"的指导思想，坚持"质量兴院、特色兴院、科研兴院、人才强院、改革创新、服务荣院"的办学理念，建设明德厚学、本硕博贯通教学研究型书香学院。培养具有扎实的生命科学基础，理、农、医多学科交叉背景和家国情怀的生命科学栋梁之才，服务新兴传统农科改造升级和现代生物技术战略性新兴产业的经世致用型创新人才。

一、塔里木大学生命科学与技术学院简介

塔里木大学生命科学与技术学院始于 2008 年 5 月成立的生命科学学院。2021 年 9 月，在原食品科学系、化学化工系、生物科学系基础上，分别成立食品科学与工程学院、化学化工学院和生命科学与技术学院。十几年来，学院坚持"面向生命科学前沿，面向区域发展需求，面向南疆经济主战场，面向人民健康"的指导思想，坚持"质量兴院、特色兴院、科研兴院、人才强院、改革创新、服务荣院"的办学理念，建设明德厚学、本硕博贯通教学研究型书香学院。培养具有扎实的生命科学基础，理、农、医多学科交叉背景和家国情怀的生命科学栋梁之才，服务新兴传统农科改造升级和现代生物技术战略性新兴产业的经世致用型创新人才。学院先后荣获全国教育系统先进集体、全国巾帼建功先进集体和全国五四红旗团委荣誉称号。

学院现设生物技术、生物科学、生物信息、生物制药、水产养殖 5 个系和对应的 5 个本科专业，1 个生物学实验教学中心。其中生物技术专业为国家特色品牌专业和首批国家级一流本科专业建设点。

学院具有学士-硕士-博士贯通的人才培养体系。拥有生物学一级学科博士学位授权点和生物学一级硕士学位授权点；拥有微生物学、生物化学与分子生物学、植物学、水生生物学 4 个二级硕士学位授权点；拥有生物技术与工程、渔业发展 2 个专业硕士学位授权点。

二、生命科学与技术学院设置专业简介

（1）生物技术专业

塔里木大学生物技术专业 1989 年生物学专科招生，2004 年生物技术本科招生，2009 年获批国家级特色专业，2017 年获批校级特色品牌专业，2019 年获批国家级一流本科专业建设点。学制 4 年，毕业授理学学士学位。生物技术专业教师 14 人，实验人员 3 人，教师队伍中教授 4 人，副教授 8 人，讲师 2 人；教师中博士 10 人，在读博士 3 人，实验员中硕士 2 人、学士 1 人。生物技术系教师获得全国高校生命科学类微课教学比赛三等奖 1 项、新疆维吾尔自治区第十届教学成果三等奖、校级教学成果三等奖各 1 项，获得兵团教学名师 1 人，获教师教学创新大赛新疆赛区三等奖 4 人次，获其他校级各类教学竞赛奖项 13 项。拥有校内实验实践教学平台 7 个，校外实习基地 10 个；近年来教师指导学生参加全国"挑战杯"等获得各级各类奖项 7 项，获全国生命科学竞赛一等奖 1 项。

主要培养能够掌握生命科学基础知识、较系统的生物技术基本理论和基本技能，受到基础研究和应用研究的初步训练，具有良好科学素养及创业精神，能够从事与生物技术有关的教学、科研、技术开发、生产管理和行政管理的高级应用型、复合型专业技术人才。学生毕业后可在医药、食品、农、林、牧、渔、环保、园林等科研机构、高等院校及企业单位从事科研工作；可在相关企业与领域担任经营与管理工作；进一步深造还可从事教学工作、应用研究、技术开发及行政管理等工作。

（2）应用生物科学专业

塔里木大学应用生物科学专业于 2006 年开始招生，2017 年获批塔里木大学专业综合改革试点，2022 升级为兵团级一流本科专业建设点。学制 4 年，毕业授理学学士学位。应用生物科学现有专任教师 18 人，其中教授 8 人，副教授 5 人，讲师 3 人，实验师 2 人；具有博士学位者 12 人，具有硕士学位者 6 人。有自治区教学名师 2 人，教学能手 1 人，校级教学名师 2 人；特聘"昆仑学者" 3 人；自治区、兵团精品课程 2 门，校级重点课程 5 门。

主要培养具有良好的科学素养，并在生物科学技术领域或工程领域具有从事设计、生产、管理、市场营销以及新技术研究和新产品开发等基本能力的人才。学生毕业后可在农、林、牧、环保、医药、食品等科研机构、高等院校及企事业单位从事科研开发与推广；可在相关企业和领域担任经营管理工作；可从事教学、设计、生产以及新技术研究和新产品开发等工作。

（3）生物制药专业

塔里木大学生物制药专业是在新疆医药产业快速发展、专业技术人才相对缺乏的大背景下于 2016 年申请建设，2017 年招收首批本科生，学制 4 年，毕业授工学学士学位。为塔里木大学一流专业（培育），现有专任教师 15 人，其中教授 2 人，副教授 5 人，讲师 6 人；具有博士学位教师 7 人。

主要培养能立足于新疆地方特色药物的发展及应用，掌握民族特色药物的生产、检验、流通、使用和研究开发等基本理论知识和实践操作技能，具有良好的职业素质和专业技能，能够在生物、医药、食品等领域从事生物药物研发、天然药物研发、药物生产与工艺设计、生产管理以及食品药品分析检验等生物医药方面的工作。

（4）水产养殖学专业

塔里木大学水产养殖学专业 2000 年首次招生，在新疆率先设置水产养殖学专业。近几年盐碱水养殖产业在新疆兴起，为水产养殖专业快速发展提供了很好的机遇。水产养殖学专业现有专任教师 10 人。专任教师中教授 4 人，副教授 4 人，讲师 2 人；具备博士学位教师 6 人，在读博士 1 人，硕士 3 人。水产养殖专业教师在服务新疆水产养殖行业方面走在前列，多次开展塔里木河重点保护水生野生鱼类增殖放流等公益活动。

培养具备淡水和盐碱水水产经济动物生产等方面的基本理论、基本知识和基本技能，能够在淡水养殖业生产、经营、管理及相关部门从事渔业生产、开发研究和管理工作，具有一定的创新精神、科研能力和创业能力的复合型、应用型人才。

（5）生物信息学专业

近年来生物信息学发展日新月异，生物数据的充分挖掘为生命科学问题提供了解决方案，已成为引领生命科学发展的前沿学科。生命科学与技术学院 2020 年整合微生物学、生物化学与分子生物学两个学科的优秀师资申请设立生物信息学专业，2021 年开始招生。目前有专业相关骨干教师 6 人，其中教授 1 人，副教授 3 人，讲师 2 人。具有博士学位教师 4 人。教师队伍治学严谨、学历层次高、思想活跃、学术功底扎实。

培养系统掌握生命科学基础理论、基本知识和计算机技术，生物信息学方法和实验技能，适应生命科学领域与生物信息学相关产业的发展需要的专业技术人才。在生物信息学数据的获得与挖掘、生物软件的开发与应用、生物数据库的建立与管理等方面具有交叉学科综合优势。毕业后能在高等学校、科研院所、相关企业从事生物信息学教学、科研、管理及生物信息软件设计、开发等工作。

三、坚持教育教学优先地位，教师教育教学水平不断提高

学院始终坚持教育教学优先地位，学院办学经费优先支持教育教学，学院领导多次强调教学工作是良心活，教学工作是教师的最基础也是最核心的工作。生命科学与技术学院不仅承担本学院 5 个专业的教学任务，还承担全校植物学、动物学、微生物学、生物化学与分子生物学等生命科学基础课程的教学任务。在教学任务繁重的情况下，学院教师发挥胡杨精神，不仅保质保量完成授课任务，不断增强教学本领，获得一批有代表性的教学成果。近三年录制完成微课视频 20 门 313 个，编写教材 26 部，为学生提供了丰富特色的教学资源。

自 2021 年生命科学学院分为三个学院以来，教学任务重、教师数量不足的问题凸显，为破解这一难题，在学校的大力支持下，学院近三年引进 5 名银龄教师，分别为西北农林科技大学吕金印教授，吉林大学田地教授，陕西师范大学刘全宏教授、肖娅萍教授，武汉工程大学韩新才教授。银龄教师积极响应党和国家号召，胸怀兴疆报国之志，发扬退而不休的精神，积极主动支援边疆教育事业发展，奋战在教学、科研等一线，为塔里木大学扩大办学规模和高质量发展作出了重要贡献，为生命科学与技术学院的快速发展注入了新动能。银龄教师不仅将丰富的知识传授给学生，还把多年来积累的教学和科研经验毫无保留地传授给年轻教师，很好地发挥了"传帮带"作用。

近三年引进优秀博士教师 14 人，硕士教师进修获得博士学位 3 人。优秀年轻博士教师的加

入为学院的高质量发展注入了新的血液，有效补充了师资队伍不足，教学科研水平有了很大提升。

四、坚持"三全育人"综合改革，搭建育人平台

学院以习近平新时代中国特色社会主义思想为指导，以铸牢中华民族共同体意识为主线，开展丰富的校园文化活动感染和熏陶大学生成长成才。学院开展特色品牌活动"明德论坛—师生面对面"活动 60 余次。实施"四个一工程"（每月精读 1 本好书、每季度撰写 1 篇读书心得、每月看一部优秀的电影、每季度听 1 次学术讲座），推动明德厚学书香学院建设，着力打造"我爱生科、生生不息"系列主题精品活动，鼓励胡杨青年讲好生科故事，不断突出学院办学特色，提高校园文化的品位和层次。

以党建带团建，紧抓思想引领，加强学生管理队伍建设，初步构建了"四位一体"学生管理体系。积极组织开展班主任和学生干部培训，并邀请校内专家专题讲授，提升学生队伍工作能力水平。坚持立德树人根本任务，以社会主义核心价值观为引领，牢固树立"甘做胡杨精神传承者，为兴疆固边服务"的青春信念。深入开展"青春追梦心向党，心系塔大胡杨情""追忆红色经典，传承爱国爱党情怀""初心向党、砥砺奋进"等内涵丰富的主题教育，通过"明德论坛""四个一工程"等活动，引领广大同学树立正确的世界观、人生观和价值观。以团支部为单位，通过主题班会、团日活动、微团课等为途径，积极动员学生参与大学生团员和青年主题教育，学习贯彻习近平总书记系列重要讲话特别是关于青年和教育的重要论述，激励团员青年紧跟党走，学院团委荣获 2022 年度全国五四红旗团委荣誉称号。

学院发挥学科专业优势，加大科技服务力度，以服务区域经济发展为己任，组建水产、食用菌栽培等多支科技服务团队，结合"三下乡"等活动，深入乡镇、连队田间一线，开展技术服务和培训 20 余次；组建暑期"三下乡"社会实践服务团 130 余支，先后服务村镇 40 个，服务团场 80 个，基层宣讲连队、社区 76 个，走访企业 46 个，服务时长达 72 万小时，受益群体 23.6 万人次，引领团员青年在实践中成长成才，在推动服务南疆区域经济发展中践行育人使命。

五、加强实践教学，提升学生实践能力

实践教学是巩固理论知识，加深理论认识的有效途径，是培养具有创新意识的人才培养重要环节，是理论联系实际、培养学生掌握科学方法和提高动手能力的重要平台。在前期教学检查过程中，发现目前实践教学效果不够理想，成为教学过程中的薄弱环节。针对薄弱环境，在学院范围内开展了一系列改革举措，有效提升了实践教学能力。

（1）设置开放性实验室，以竞赛带动实践教学

大学生在学习过程中，培养主动探索、主动学习的能力尤为重要。在实验课程过程中，大多数教学内容是固定化的演示实验或验证性实验，学生是被动学习的状态。而综合性训练尤其是学科竞赛可以给学生提供较大的自主学习的时间和空间，易于调动学生学习的主观能动性，培养他们的学习兴趣和创造性思维能力。为了鼓励学生参加学科竞赛，学院设置了开放式实验室。为使学生熟练掌握实验、实训技能，达到竞赛所要求的技能，学院前期设立了生物学实验教学示范中心，配备了先进的科研仪器设备，为学生课外实训提供了很好的平台，吸引了一大批学生在开放

性实验室进行实验、实训操作、技能训练。我院近几年多次承办塔里木大学标本大赛、培养皿设计大赛，取得了良好的效果。但限于实验室空间有限，目前仅有两间创新实验室，后期应整合现有实验室，增加开放性实验室的数量，为学生提供更为充足的创新科研平台。近几年学生在挑战杯-全国大学生课外学术科技作品竞赛和创业计划大赛、全国大学生生命科学竞赛、中国动物标本大赛、全国大学生水族箱造景大赛中屡获佳绩。

（2）加强实习环节，促进产学研合作

实习对大学生能力的提高就业有积极的促进作用，通过实习大学生能提高实践能力，积累从业经验，还可以将大学课堂上所学到的理论知识和校外实际需求相结合，提升对自己所学专业的认同感，进一步了解所学专业在社会中的实际发展状况和自身的未来就业愿景。因此要加强实习环节，与实习单位加强沟通交流，共同制定实习方案，并结合生产实际制定实习考核标准。高校与用人单位要积极做好实习前的培训，有利于提高实习质量、顺利完成实习任务。近 3 年，新增加伊犁川宁生物技术股份有限公司、国药集团新疆制药有限公司、新疆银朵兰药业股份有限公司等生产实习单位 12 个，为学生实习提供了充足的实习岗位。

在实习过程中，配备好指导教师，尽量做到全程跟踪、实地指导，及时与实习单位沟通和交流，作好实习记录，收集经验、梳理问题，及时修正和完善实习计划的不足。教师在指导实习过程中，多了解行业发展动态和先进技术，将课堂知识与生产实践更好地结合，提高自身能力和水平。还可以聘请实习单位优秀工程师和管理人员共同组建大学生实习指导团队，加强合作、协调、互补、共享能力的培养，积极构建互融互惠的合作机制，形成共同培养人才的双线实践教育教学新模式。

（3）加强实践教师队伍建设

实践教师是学院教师队伍的重要组成部分，包含担任各实践教学管理教师、指导实践教学的教师。应加大力度对实践教师的培养和引进，主要是指导实践教学的"双师型"教师和指导生产教学的"生产型"教师队伍的建设，逐步形成初、中、高级人员的合理师资结构。实践教学人员应有明确的分工和相应的岗位职责。实践教学人员要按照各实践教学环节的管理规范，积极承担实践教学工作，努力完成各项实践教学任务。

｜第四节｜

"一带一路"背景下新疆南疆高校生物类专业应用、创新型人才培养模式的探索

生物类相关专业近年来发展迅速，其新技术、新方法、新手段已经逐渐渗透到农业、畜牧、食品及化学化工等多个行业，随着国家对"一带一路"倡议的不断推进，新疆南疆地区作为新丝绸之路经济带的核心区，对生物类专业人才的需求也日益增大，但从新疆南疆地区生物类专业发展现状来看，因起步较晚、培养模式不健全、缺少特色和明确的就业方向等问题，使该类专业一度就业率低下。通过277份问卷对处于新疆南疆地区的塔里木大学生命科学学院在校生物类专业学生的人才培养现状进行调查研究，了解生物类专业出现的问题，结合学校、学生等方面的实际情况提出有针对性的四条建议。

新疆既是古代丝绸之路的重要组成部分，又在"一带一路"倡议中新丝绸之路经济带建设里具有明显的地缘优势。新疆特别是相对落后的南疆地区作为战略和资源储备基地，迎来了实现经济社会跨越式发展难得的历史机遇。同时，南疆地区因地理位置、经济发展相对滞后等原因，面临着人才匮乏的现状，特别是生物类专业人才。生命科学的迅猛发展，不仅带来了技术的革新与知识的创新，也为传统产业带来了新的发展方向和经济效益。我国生物学学科人才培养模式的研究，还处于实践探索的阶段，各个开设生物类专业的高校也在教学改革中积极探索适合自身发展和利于学生成长的新型培养模式。

通过问卷调查的方法，以新疆南疆地区具有生物学特色的塔里木大学为例，对生物类专业人才培养现状进行分析，为新疆高校生物类专业人才培养方案的改革、培养模式的革新提供理论依据。

一、研究设计与方法

（一）样本说明

调查以塔里木大学生命科学学院国家级特色专业生物技术、应用生物科学在校学生为对象。对大一新生和老生分别设置调查问卷。调查目标各有侧重，各有针对，又相互补充，以期对结果有客观的表述。大一发放调查问卷92份，回收了90份，剔除掉无效问卷，最终得到有效问卷86份，有效回收率为93%。大二—大四发放问卷185份，回收178份，剔除无效问卷9份，回收

169 份，有效回收率为 91％。

（二）问卷结构

新生问卷主要针对新生对专业的憧憬、专业喜好、职业规划等内容展开。大二—大四问卷主要从生物类专业课程设置、教学模式、毕业论文、考研等人才培养模式方面展开。

二、调查结果及分析

（一）大一新生人才培养现状调查

通过调查显示，从新生对专业的了解程度、未来憧憬、喜好程度及报考原因来看，新生在入学前对专业不甚了解。超半数的学生对生物类专业的喜好程度一般，并对生物类相关专业就业和发展前景持悲观态度。超半数的学生认为，对于不喜欢的专业，趋向于逐渐培养兴趣或者在学好现有专业的基础上兼修自己感兴趣的专业。70％以上的学生认为能体现自身价值，适合自身发展的专业为好专业。

从对新生的人生和职业规划、大学中学习、生活目标的调查来看，70％以上的学生对自身有正确的认识，做过未来人生和职业规划并且认为有必要做好人生和职业规划。超过 50％的学生认为，扎实的专业基础是一方面，提高自身学习能力、协调能力、交际能力、独立的生活能力才是最重要的。

（二）大二—大四老生人才培养现状调查

生物类相关专业对学校课程设置和教学模式的评价主要从教师授课水平、课堂教学等方面进行调查。从调查结果来看，四个方面学生满意度及认可度普遍不高，均没有达到 50％，在课堂授课方式方面，超过半数的学生对授课方式不满意。

在对学生喜欢的授课方式调查中，80％的学生希望师生互动、共同讨论的授课方式。在对实践教学环节调查中，61％的学生对实践教学中的实验教学认可度高且印象较为深刻，其次为社会实践环节（20％）。在对造成课堂教学效果差的调查项统计中，排在前三位的主要因素分别是在后续学习或研究中从未应用过（58％），教师重知识传授，轻思维启示和能力培养（40％），教学内容陈旧，缺少及时更新，信息量有限（39％）。

通过调查显示，68％的学生认为学校培养目标为技术型人才；对专业的了解程度调查中，55％学生对专业不是很了解；在对专业满意度调查中，55％左右的学生对专业满意度一般。

在学生进入实验室完成毕业论文阶段，超过 75％的学生认为收获较大，掌握了基本的科研技能，提高了对生物学的学习研究兴趣，并且在实验室时间较长；在对开阔学生视野途径的调查中，分别有 47％和 42％的学生认为在实验室阶段查阅文献资料和听取学术报告、前沿课程开阔了学术视野；在考研目的的调查中，71％的学生认为就业形势严峻，为了以后更好地发展，找到好工作而考研。

在对生物学相关专业在人才培养方面存在的主要问题的调查中，认为生物学相关专业设置就业目标不明确，毕业后不知道从事何工作的学生占 76％；认为专业设置不能很好地和地方经济及相关生物产业发展相结合的学生占 60％；认为培养方案和课程设置不合理的学生占 52％；认为专业缺少交流，在视野方面不够开阔的学生占 37%；认为师资力量不足，实验室的条件需要进一步改善的学生占 25%。

三、结论与建议

通过对调查问卷进行的分析可以看出，生物类相关专业的学生在培养目标与方式、课程设置、课堂授课以及毕业论文等总体满意度方面存在着不足。针对这些存在的问题，提出以下几点改进措施。

（一）改革和创新生物类专业人才培养模式，明确培养目标

改革现有的人才培养模式，在相关企业、兄弟院校及相关专业学生中进行深入调研，明确专业培养目标，修订不合时宜的教学计划，改善陈旧而不符合当今多样化教育的教学设施，与相关企事业单位加强交流合作，增强学生在本专业相关行业的竞争力。

针对专业培养目标不明确、学生就业率不高的问题，建议在师资允许的范围内，结合区域经济和生物产业发展，对学生进行分流，在学习相同基础课和专业基础课程的同时，使专业方向具体化，让学生们选择自己喜欢的学科方向，例如动物、植物、微生物、食品科学、生物制药、生物化工、管理和营销等。开设相关方向的专业课程，多进行专业方面的实践培养，找到就业方向，促进学生就业。

针对现有的培养模式重理论轻实践的现状，建议培养过程中将科学基础与工程实践相结合，多开设实验和实践性教学。在现有的实验室条件下，鼓励学生早进实验室、早跟导师做毕业论文。鼓励生物科学系"走出去"，建立多样的实习基地，加大实践教学力度，使学生实验操作和实践能力切实得到提高。

（二）优化课程设置，规范课程教学

课程教学应根据学生就业方向、社会需求等因素科学进行课程设置，同时要考虑到课程体系的连贯性，减少部分理论课时，增加科研、社会实践、学科进展方面的课程，建议课程集中在前三年完成，最后一年给学生充分的社会实践的时间。

在课堂教学方面，在给学生讲授专业理论知识的同时，可以将多种教学模式相结合，常用的教学模式有案例教学、课堂讨论与师生互动、现场观摩以及专题讲座等。适时更新教学内容和教学方法，增加师生课堂交流，引导并激发学生的创新性思维，并研究课程考核方式。相关社会、科研实践课程应结合相关实验、实践进行考核，以真正达到检验学习效果的目的。

（三）多种措施促进学生全面发展，切实提高大学生的"人文素养"

构建以学生为中心，以教师为主导的教学理念，营造良好的学习环境和氛围。继续在生命科学学院学生中推进"四个一工程（即每月读一本好书、看一部有意义的电影，听一场学术报告，撰写一篇读书笔记或心得体会）"和"明德论坛"（即教授与学生面对面活动，"明德论坛"旨在创造一个自由表达思想和情感的空间，寻找心灵栖息地，集校内外精英力量，为学生前行点亮明灯，宣传了"正能量"），打造高品位学生实践活动，切实引导大学生"博学，审问，慎思，善

辨，笃行"，提升学院大学生的人文素养，营造"看好书、好看书"的浓厚氛围。

（四）实行"本科生导师制"，切实提高学生科技创新能力和动手能力

学院应制定多种措施，构建和谐的师生关系，搭建师生交流平台，实行"本科生导师制"，加强教师对学生的正确引导，切实让学生参与各类学术活动。开放实验室，组织低年级学生参观实验室，介绍生物相关学科科研团队的科研成果及教师的科研方向，培养学生的科研兴趣，引导学生早进实验室，早进行科研创新实验，早跟导师进行科学研究。在平时开设的课程实验中注重应用型技能的学习，切实提高学生自学、实践和动手能力。

在国家"一带一路"倡议新的背景下，新疆南疆高校生物类专业建设要把握本专业的发展前沿，不断吸纳新思想、新观念、新技术，面向全国，立足新疆南部，根据新疆地方经济建设需要和发展需求，以培养基础知识扎实、动手能力强，具有良好科学素养、创新精神和创业能力，"下得去，留得住，用得上，干得好"的高级应用型、复合型专业技术人才为根本目标，促进学生知识、能力、素质协调发展和全面提高。构建生物学科多样化人才培养模式和个性化人才培养方案，是高校生物学人才培养的新出路。构建符合生源实际的专业培养和个性化培养的创新人才培养体系，努力把南疆高校生物类专业建设成为国内有一定知名度、地域特色更加鲜明、专业优势更加突出的学科。

| 第五节 |

应用生物科学专业人才培养模式研究——以塔里木大学为例

根据学校的办学定位和应用生物科学专业的培养目标，完成应用生物科学专业人才培养方案的修订，课程设置应凸显地域特色，并积极探索专业人才培养模式，以培养立足南疆、面向兵团、服务新疆、政治可靠、专业过硬，具有一定创新精神和创业意识、较强创新创业和实践能力的应用型复合人才。

塔里木大学应用生物科学专业于 2005 年获批，2006 年开始招生，每年招生 1～2 个自然班。目前，本专业在校生 234 人，共有 7 个教学班。该专业隶属生命科学学院生物科学系，有生物学一级学科博士点、生物学一级学科硕士点、生物学自治区重点学科（高原学科）作为支撑，依托的主干学科有微生物学、植物学、生物化学与分子生物学等二级学科。"十二五"期间，应用生物科学专业抓住"中巴经济走廊"和"一带一路"建设的有利时机，努力发展，进入"十三五"后，又迎来新的发展机遇。

经过近五年的快速发展，目前我国生物医药、生物农业、生物制造、生物能源等产业初具规模，在生物研发、产业培育和市场应用等方面已得到初步发展，但区域发展不平衡，生物产业绝大多数集中在东南沿海等地区，西部地区发展严重滞后。为此，如何适应社会发展需求，培养优秀的应用生物科学人才成为专业建设的重要挑战。为此，我们根据专业人才培养方案，结合专业实际积极探讨人才培养模式，以期为实现优秀人才的培养奠定基础。

一、人才培养方案的修订和调整

1. 人才培养方案的执行与调整

本校应用生物科学专业人才培养方案制订后，每年会征求校内外专家、任课教师、学生和用人单位意见，并根据学校统一时间安排修订和调整，使其紧跟学科发展和社会需求。目前，使用的培养方案为 2016 年修订版，与原培养方案相比，优化了课程体系，适当增加实践学分，在培养学生具备扎实基础知识的同时，增强应用所学理论知识解决实际问题的能力，使之更能切合培养目标。例如，学生反映在第一学期没有开设生物学相关课程，对本专业的情况不太了解，经讨论将原课程设置中第 6 学期的"生命科学进展"调整为第 1 学期的"生命科学导论"，由每个方向教学科研经验丰富的教授、博士为学生深入浅出地介绍有关生物学知识，让学生对今后的学习有所了解，增强学习动力和兴趣。在原人才培养方案中，第 7 和第 8 学期都安排一些课程，但有些企业的生产实习集中在这段时间，与课程学习相冲突，因此，将大部分课程调整到 1—6 学期，在第 7、8 学期主要安排企业生产实习和完成毕业论文实验，为准备考研的学生预留充分的复习时间。同时，增加实践教学的周次和学分，加大科研训练和应用生物科学综合实习强度，以更好培养学生的专业素养，提高专业技能，征求校内外专家、专业教师意见，保证知识的系统性、完整性、前沿性。另外，2018 年下半年，塔里木大学接受教育部本科教育水平审核性评估，根据预评估专家的意见和建议，对人才培养方案作了微调，主要是增加实践教学的比重，使之与培养目标相适应。

2. 课程体系设置凸显地域特色

在课程设置方面，除了有学科基础教育平台课程和专业方向教育平台课程之外，围绕环塔里木盆地的生物资源多样性特色，以及未来生物产业发展前沿，还设置了专业特色教育平台课程，包括生物资源多样性概论、合成生物学、系统生物学、生物技术制药、生物化工基础等。其中，生物资源多样性概论课程的设置与南疆塔里木盆地特殊的地理环境、塔克拉玛干沙漠生物资源的特殊性和脆弱的生态环境密切相关；生物技术制药和生物化工基础课程与中办发〔2017〕74 号文件赋予塔里木大学的历史使命，以及当前形势下兵团加强生物技术产业培育、发展战略性新兴产业相适应。另外，植物学实习和动物学实习以南疆特色植物和动物为研究对象，具有典型的区域特征，能够融入新疆的生物产业发展，促进新疆生物产业发展。

二、人才培养模式的探讨

1. 结合对口支援政策，探索多元化人才培养模式

本专业采用"2.5＋1.5""2.5＋1＋0.5""1＋2＋1""2＋1＋1"等多种培养模式。选拔优秀学生赴华大基因创新班（即"2.5＋1.5"模式）、中国农科院棉花所棉花班（即"2.5＋1＋0.5"模式）对口支援高校进行交流学习（北京化工大学"1＋2＋1""2＋1＋1"两种模式，华中农业大学、兰州大学、浙江大学、东北农业大学等为"2＋1＋1"模式），一部分学生直接在联合培养单位参加大学生创新创业训练计划项目、完成毕业论文、考取研究生、参加工作。这些方式给学生提供了更好的学习平台和发展机会，也激发了低年级学生的学习积极性。

2. 教学—科研互促共进的人才培养模式

生命科学学院重视将优质科技资源转化为教学资源。应用生物科学专业依托生物学一级学科（拥有微生物学、植物学、生物化学与分子生物学 3 个二级学科），将新疆生产建设兵团塔里木盆地生物资源保护利用重点实验室——省部共建国家重点实验室培育基地、农业农村部西北区域农业微生物资源利用科学观测实验站、生物研发中心、生物农药研究所、食用菌研究所、生物质能源研究所等科研平台对本科生开放，打造特色鲜明的生命科学技术与人才培养基地，成效显著。依托优势重点学科"生物学"提升应用生物科学专业水平；依托科技成果，丰富、拓展教学内容；依托省部级、校级等研发和实践基地，改善教学条件；依托科技创新团队及教师承担的科研项目，培养学生的创新精神和实践能力，提高教学水平。科研促进教学成效显著。

应用生物科学专业要求学生早进实验室接受系统化科研训练，通过科研导学培养研究型人才。教师指导学生加入导师科研课题组，参与并申报大学生课外创新项目，通过长期的指导—跟学，经过 2～3 年的训练，学生可以独立撰写合格的大学生创新创业训练计划项目申请书、开题报告，公开发表论文，完成思路清晰的毕业论文，从而达到培养学生创新精神、创新意识，提升创新创业能力的目的。

3. 结合"一院一品牌"的学科竞赛模式，激发学生的学习兴趣

积极拓展专业发展思路，突出专业特色，提高学生学习兴趣。针对本专业学生就业率不高、学习兴趣不足等问题，教师通过各种教学研讨会及项目培训、学习和交流等计划，将新的教学方法、理念应用到课程教学中。自 2014 年以来，举办了第一届塔里木大学大学生生命科学实验技能竞赛，并推荐成绩突出的团队参加国家级生命科学创新创业大赛、"挑战杯"等竞赛，取得优异成绩。"一院一品牌"学科竞赛模式初步形成，学生动手开展实验、设计实验的能力明显加强，对所学的理论知识也有了更加理性的认识。学生经过系统的实践训练，既巩固了知识，又增强了技术能力，还锻炼了吃苦耐劳的品质，毕业后能够更快适应工作岗位，受到企业、事业用人单位的认可和好评。

第六节

新疆南疆高校学院文化建设的思考与实践
——以塔里木大学生命科学学院文化建设为例

> 大学文化在高校人才培养中发挥着重要的作用，是大学基业长青和人才培养的基石，塑造优秀的大学文化和培养优秀的人才是大学永恒不变的追求。先进的学院文化是人才培养、科学研究、社会服务和文化传承的精神动力和智力支持，而新疆南疆高校因特殊的地理位置和历史使命，赋予了学院文化新的内涵。

学院文化指学院在长期发展过程中，一代人乃至数代人价值观历经融合，逐渐沉淀的教学、人才培养定位等方面的综合载体，是学院发展的内在动力和源泉。其外在体现主要在精神文化、物质文化、制度文化和环境文化四个方面。大学的育人过程是有目的、有计划的文化浸润过程。作为基层组织的学院，其文化定位既承载着学校文化的精髓，同时也因自身发展沿革定位、历史使命、国家布局和发展战略实际情况的差异，具有独特的个性，对学生成长的影响更直接、更深入。建设具有新疆特别是南疆区域特色的学院文化品牌，是凝聚学院创造力的核心，既承担传承文化的使命，又面临时代变革背景下的社会需求。良好文化品牌的形成，将更好地引领学院各项工作，尤其是促进人才培养工作的开展。

塔里木大学原名塔里木农垦大学，位于新疆南部塔里木河畔的阿拉尔市，是在特殊的历史时期，为了适应国家屯垦戍边事业和开发塔里木垦区对各类人才的需要，运用特殊的手段，在原国家副主席王震将军的倡导和关怀下，建立起来的一所特殊的大学。学校在发展过程中，逐渐形成了"艰苦创业、民族团结、求真务实、励志图强"的校风和以"艰苦奋斗、自强不息、扎根边疆、甘于奉献"为内涵的胡杨精神。它是离北京最远，离沙漠最近，最后进入城市的一所大学，其办学彰显了"沙漠学府用胡杨精神育人，塔河明珠为兴疆固边服务"的鲜明办学特色，为自治区和兵团经济社会发展作出了特殊贡献。在胡杨精神的感召下，学校培养的毕业生普遍质朴、能吃苦、动手能力强，靠得住、下得去、留得住、干得好，获得了社会的一致好评。塔里木大学生命科学学院经过几年发展，已经成为塔里木大学有特色、有水平的开放性教学科研并重型学院之一。目前该学院已经成为学校文化建设的典范。

在精神文化建设方面，学院经过几年的发展，凝练出独具特色的精神文化，逐渐形成了坚持"教学、科研并重发展"战略和"踏踏实实做人、勤勤恳恳做事、有序竞争、团结合作"的院训，体现了学院开拓创新和以人为本的办学理念，以及扎根边疆、辐射西部、心忧天下的价值取向。

学院提出了坚持教学、科研两条主线，"突出一个主题，围绕两个中心，确保三个提升，促进四个发展"内涵建设战略（即突出"讲奉献，谋发展，促和谐，创先进"一个主题，围绕"教学、科研"两个中心，确保"办学质量、科研水平、管理水平"三个提升，促进"师资队伍、人才培养、科学研究、服务能力"四个发展）。所有教师和学生团结协作、严谨笃学、求真务实、知行合一，以服务边疆和西部为己任。在这种精神文化的感召下，学院先后获得兵团科技进步二等奖1项，三等奖2项。

在学院文化建设方面，以社会主义核心价值体系为引领，加强学生理想信念教育，激发爱国热情和民族自豪感。我校地处特殊的地理位置，要求学院从民族团结、反对分裂、服务社会、稳定发展大局出发，对不同民族学生的行为养成提出了更高要求，开展了"明媚五月，支部心连心""诗咏青春·颂党恩"七一演讲比赛、"永远跟党走，喜迎十八大"红歌会和组织学院各族学生暑期"三下乡"等活动，以宣讲、调研等形式，开展维护祖国统一的宣传教育活动，开展党的民族理论和民族政策的宣传活动，同时组织开展系列民族团结讲座等文化活动。一系列高品位、高层次的校园文化活动的开展，增强了学生维护民族团结、反对分裂、共建和谐新疆的自觉性。针对和谐的师生关系构建及导学育人方面，学院启动了"明德论坛"教授与学生面对面活动，定期邀请校内外专家与学生进行面对面交流。"明德论坛"旨在创造一个自由表达思想和情感的空间，寻找心灵栖息地，集校内外精英力量，为塔大学子前行点亮明灯，宣传"正能量"。针对学院理工科学生普遍缺乏"人文素养"等问题，学院在学生中全面实施了"四个一工程"（即学生每月精读一本好书、每月看一部优秀的电影、每月写一篇读书心得、每月听一次学术讲座），切实引导大学生"博学，审问，慎思，善辩，笃行"，提升了学院大学生的人文素养，特别是营造"看好书、好看书"的浓厚氛围。

在物质文化建设方面，作为学院文化的保障，生命科学学院物质文化建设日趋完善。构建了本科—硕士的人才培养体系，正在向本科—硕士—博士完善的人才培养体系过渡，整合了生命科学、食品科学、化学化工相关专业的教学力量，完善了相关学科的学科群和课程群建设，根据经济社会发展的需求及学院的办学特色更新了相关学科的人才培养基准，完成了三大学科人才培养体系建设。现有微生物学自治区重点学科1个，生物化学与分子生物学兵团重点学科1个，生物学一级学科硕士学位授权点1个，国家级生物技术特色专业建设点1个，自治区精品课程2门，兵团精品课程6门。在研究平台和硬件设备建设方面，拥有塔里木盆地生物资源保护利用兵团重点实验室—省部共建国家重点实验室培育基地和南疆特色农产品深加工兵团重点实验室两个省级重点实验室，学院现有省部级试验站2个，与企业共建工程中心3个，校级研究所3个。学院物质文化的建设，是学院坚守精神文化，提升核心竞争力，培养高水平人才的良好基础。

学院制度文化，是精神文化和物质文化建设有序推进的保障，学院高度重视班子建设及制度文化建设工作，始终把和谐兴院的理念牢记在心。重视班子自身建设，遵循"做事与服务"工作理念，加强党的作风建设。目前学院班子团结、民主，坚持党政联席会议制度以及"三重一大"集体决策原则。书记全面负责党建工作，院长全面负责行政工作，其他副职各司其职，对书记、院长负责。贯彻落实民主集中制原则，定期召开民主生活会，充分听取各方意见，杜绝一言堂，确保各项决策正确、科学。基本形成了"教授治学、院长治院"的制度文化。教授治学，是以完善的学术委员会、学位评定委员会制度作为保障，学院重大决策由教授主导，最大限度地调动了广大教职工和学生的创造性和积极性，提高了学院教书育人的质量。

在环境文化建设方面，建设了学院"文化墙"及"悦读室"，在重点实验室楼道内，用展板的方式展示各个研究室的研究成果及研究进展，加强办公室"整洁、有序、美观、周到、文明"的文化建设，切实提高办公室的服务水平和育人职能。营造师生工作和学习愉悦的氛围，环境文化的建设，不仅陶冶了教师、学生的情操，更是学院"全员育人、全方位育人"的一种体现。

"育人为本、专业为根、文化为魂"是学院发展三位一体的哲学观。新疆南疆高校学院文化建设，就是南疆高校立足于自身历史文化传统、地域特征、民族特色、历史使命、教育目标等具体实际，进行教学、科研、人才培养、文化传承、校园环境及其物质设施等各层面文化的建设。南疆高校学院文化建设，应结合学校特色、定位、人才培养目标等要素进行综合考虑，凝练、概括出为本院广大师生员工所广泛接受与认同并对其成长成才有良性塑造作用的学院精神。

南疆高校学院文化建设，须立足自身特色，在不断总结、探索、提炼的基础上，找准建设的着力点，重点突破，培育出具有时代先进性和鲜明个性化的大学文化，对于在特殊地区人才培养的使命、构建适应于特殊区域的学院文化、推动新疆经济社会跨越式发展具有重大意义。

"慕课"对提高边远地区高校生物技术专业教学质量作用的探讨

　　"慕课"是教育教学理念及教学方式改革的必然形式。随着分子生物学及生物信息学的飞速发展，生命科学被认为是自然科学的带头学科。然而，在边远地区，由于经济和科技发展的不平衡，生命科学相关的产业发展滞后，学生的实践教学和毕业生就业受到限制，招生和学科发展也受到很大的影响。怎样通过引进或制作慕课，提高边远地区的教育教学质量及实践观摩效果，使边远地区高校师生共享国内甚至国际知名高校的教育教学资源，这对提高教学质量及拓宽学生的就业范围有着重要影响。

　　随着人类基因组计划的完成，生命科学的发展进入了组学时代。目前，基因组（genome）、转录组（transcriptome）、蛋白质组（proteome）、代谢组（metabolome）等组学的研究随着测序技术的革新和费用降低，逐渐被研究者们接受并应用于科学研究中。但是，组学的测序数据超出了常规的计算及分析能力。要解决如此复杂的问题就必须在方法上有重大突破，创造出快速高效地分析成千上万个基因或蛋白活动及互作的方法。为此，生物信息学（Bioinformatics）应运而生。生物信息学由数据库、计算机网络和应用软件组成，可以对DNA和蛋白质序列资料中的各种信息进行识别、存储、分析和传输。正是这些学科的迅速发展，使得生命科学的发展进入到以基因组功能为主要研究内容的"后基因组"（postgenome）时代。然而，在生命科学发展日新月异的今天，这些已经进入企业、科研院所的研究方法，对地处边远地区的师生来说却是遥不可及。因此，让教学资源不足、科研经费缺乏、生命科学相应产业发展滞后地区的师生及科研人员了解更多的新技术、新方法，不仅有助于培养具有综合研究能力的创新型人才，而且能促进地方经济和产业的发展。

　　目前，大多数边远地区高校的专业结构较单一，而且有一些新的专业由于缺乏师资队伍而没有设立，即便有些高校设立了一些新的专业，在人才培养方案的制订中，新课程的纳入也是逐步进行的，尤其是生命科学类专业。自2001年教育部推出对口支援西部高校的政策以来，新疆地区的所有本科高等学校和西藏的所有本专科学校都实现了对口支援。这一政策不仅可以选派支援高校的教学名师到受援高校承担教学工作，还为受援高校的教师提供了进修学习的机会，这一举措大大提高了这些高校的教学质量，同时也开阔了师生的视野。然而，随着高校教育改革的不断深入和科学技术的飞速发展，传统的理论教学和验证型的实践教学理念又被远远地甩在了后面。

如何寻找并紧跟科技发展的教学方法成了高校教师的难题，而慕课就在这个关键时刻给广大师生带来了希望。

一、"慕课"的发展是生命科学新技术普及的良好机遇

（一）"慕课"的内涵及公众的评价

慕课是 MOOC 的音译，是"massive open online course"的英文缩写，直译为"大规模在线开放课程"。陆赛茜在《慕课的发展现状与前景》一文中对慕课的起源、发展历史、慕课在国内外的发展现状及其特点和带来的挑战等作了详尽的阐述，他认为慕课的快速发展在给我国新闻传播教育带来冲击与变革的同时，也对教师和学生提出了严峻的挑战。为了顺应慕课大数据潮流、创新知识结构碎片化、打破时空局限以及打造多元教学方式顺应时代等，我国高校应该重建组织结构、建设师资力量、优化课程设置、借力国际名师，打造中国特色慕课课程，以完善自我。李志民引用一份北美教育机构的"慕课"趋势分析，认为到 2016 年，北美地区 43％的高校将提供"慕课"课程。学习者通过进入"慕课"教育资源库，通过参与平台学习、分享观点、完成作业、评估学习进度、参加考试，到最后得到分数、拿到证书这个完整的学习过程，进而由社会认可学习者的知识水平。为此，74％的研究人员认为这种在线教育的成效能够媲美甚至超过面授教育。目前全球包括美国、英国、日本、澳大利亚、巴西、中国等在内的十几个国家在积极推进"慕课"。普遍认为全球比较成规模的"慕课"三大平台是 Coursera、Udacity、EdX，语言以英语为主，正在增加其他语种。由此看来，"慕课"将改变知识传播的原有方式，引发教育领域的一场重大变革。这种变革不仅仅是教学工具的革新，更是教育全流程的再造，甚至是对国家教育主权的挑战。

（二）"慕课"的发展对生物技术专业课程教学模式的启示

相对来说，通识课的范围局限性小，适学面广，较少受限于实验仪器设备的支持，因此，有关通识课的网络课程及"慕课"的内容也相对较多。然而，由于其他专业课尤其生命科学类专业的课程，其网络课程和"慕课"也相对较少，可逐步扩展到专业课和模块课。在很多边远地区，由于硬件平台有限，加之师资力量薄弱，在生命科学类专业的实验教学方面存在很大的空间。如很多院校在实验教学大纲中体现的只是部分非常基础的实验操作技能，而将所掌握的实验技能贯穿起来的综合型实验少之又少，创新型和拓展型实验更是凤毛麟角。为了给学生甚至教师补上这一环，"慕课"在这方面的开发及应用将会给师生至少灌输一种感性认识，不仅能给教师的教学和科研带来创新，还可以激发学生学习钻研科学研究的兴趣，也可以激发甚至激励学生为了探索科学而进行深造学习。

二、"慕课"的引进带来的可能效应

生命科学类专业范围很广，其中生物技术专业是生命科学类的核心专业。生物技术的发展经历了传统生物技术和现代生物技术发展的两个阶段，目前人们常说的生物技术是指现代生物技术。它包括基因工程、细胞工程、酶工程和发酵工程，其中基因工程为核心技术。由于生物技术将会为解决人类面临的重大问题如粮食、健康、环境、能源等开辟广阔的前景，它与计算机、新

能源、航天技术等被列为高科技，被认为是 21 世纪科学技术的核心。目前生物技术最活跃的应用领域是生物医药行业，生物制药（常指基因重组药物）被投资者看作为成长性最高的产业之一。世界各大医药企业瞄准目标，纷纷投入巨额资金，开发生物药品，展开了面向 21 世纪的空前激烈竞争。而且，在农业领域，全球转基因作物的种植面积从 1996 年的 200 万公顷增加到 2013 年的 17500 万公顷，同时转基因作物的市值从 1996 年的 9300 万美元增加到 2013 年的 1561000 万美元，这给各转基因作物种植国带来了巨大的经济效益，也激发了广大种子公司和农户的开发和种植热情。目前我国种植的转基因作物主要有抗虫棉、抗病的杨树和转基因木瓜，尤其抗虫基因和抗除草剂基因在分子育种中的应用，使得农药的使用及人工的使用得到了极大的降低。自 2005 年以来，我国对转基因生物的宣传、科普、研究投入及转基因品种的推广都得到了极大的发展，2011 年来，"中央一号文件"中 9 次提到转基因，表明我国对转基因新品种的选育研究及产品开发政策正日益受到各界的重视。

由于课堂教学的时效性和条件限制，关于生物技术的应用只能通过一些基础实验让学生了解其可能的应用，但是"慕课"的开发和应用，将会让学生在短短的一两节课的时间内了解转基因作物育种的过程、关键技术，转基因品种的筛选、基因功能的评价及可能带来的经济效益和应用前景，这将是一门经典浓缩的指导性课程，也是为学生未来谋划出路的课程。同时，这种指导性课程还有可能通过学生的就业拓展到科研单位、种业公司及农户，使科学技术得到更大范围的普及。

三、"慕课"背景下边远地区高校生命科学类专业教育教学改革及对策

"慕课"具有顺应大数据潮流、知识结构碎片化、时空局限性小及教学模式多元化等特点，不仅给教师的教学带来了挑战，同样给学生带来了前所未有的挑战。有调查显示，宾夕法尼亚大学研究生院针对他们在 Coursea 上的 16 门课程做了课程完成率统计，只有 4% 的人真正完成了课程学习。教育技术咨询专家和分析师 PhilHill 经过几年的调查，最后总结出了慕课学生的五种原型，他们分别是爽约者（注册并激活了自己的账号，但从来没登录过这门课程）、袖手旁观者（登录了课程，但是只看内容，从不参与讨论或者测试）、临时进入者（有选择地参与某些话题，但是不会努力完成课程）、被动参与者和主动参与者。

很显然，"慕课"对教师的挑战主要是在师资队伍的建设和课程设置的优化两个方面，即真正实现"教学—科研并重"，以科研促进教学，将科研成果引入教学，将学生的实践教学课程融入科研。同时通过人才工程引进名师，在对本地教师实现"传、帮、带"的同时，将本地教师"送出去"，学习并实践教育教学法，从而达到"慕课"所期望的教学效果。对学生而言，怎样将真正完成"慕课"课程学习的学生人数比率从 4% 提高到 80% 以上，这将是对课程管理者最严峻的挑战。对边远地区高校来说，由于生源层次限制，学生学习的自觉性和主动性本就不高，如何建立有效的听课质量监督机制、怎样选择并引进更适合边远地区高校学生层次的"慕课"内容，都将是决定"慕课"是否能发挥期望作用的重要因素。

由于生命科学类相关专业所涉及的技术和方法发展较快，新成果的应用也较为前沿，"慕课"的引进可大大弥补相应实践课程无法开设的缺漏，但这些新技术、新方法的理论知识则需要教师全面了解慕课的知识内容后，有计划地、有针对性地、系统地引导学生选择符合自己学习需求的

课程，并要求学生下更大的功夫来掌握，这就需要有良好的互动平台和评价机制。

"慕课"来袭，作为教育教学改革必然的浪潮，尽管对边远地区高校有诸多的挑战，但若不迎难而上，我们将失去良好的发展机遇。尤其代表21世纪高科技之一的生物技术更应该利用这股浪潮，共享世界优质资源，以提高教学质量，带动边远地区其他传统专业的发展，为边远地区经济社会发展培养合格的人才。

| 第八节 |

混合式教学模式下新疆高校生物信息学课程教学改革

针对当前塔里木大学生物类专业办学特色及生物信息学课程建设中存在的问题，本文从完善课程设置、增强学生的大数据意识和数据库应用能力、优化教学内容和教学方法、加强实践教学等方面进行了改进。经过几年的改革与实践，与传统教学模式相比，新的教学实践模式能够提升教学效果，激发学生学习兴趣，增强生物专业学生的创新意识和实践应用能力。

塔里木大学于 1958 年建校，秉承"用胡杨精神育人，为兴疆固边服务"办学特色，为新疆区域经济发展培养了一代代扎根边疆、献身边疆的有用人才。生命科学与技术学院建院以来，一直着力打造学科专业服务新疆战略性新兴产业，培养创新型、应用型、复合型高素质人才为目标。

人类基因组计划完成后，伴随测序技术的快速发展，生物信息学完成了大量模式物种的基因组测序，由基因组测序随之发展起来越来越多的组学，包括：转录组、蛋白质组、代谢组、糖组学及脂质组学等，因此产生了相应的大量的核酸序列、蛋白质序列、生物大分子的结构等生物分子信息数据呈指数增长，大量生物数据库及生物软件的增长也越来越快，生物信息学成为 21 世纪生命科学的核心课程。生物信息学是把基因组测序数据分析作为源头，破译隐藏在核苷酸序列中的遗传语言，特别是非编码区的结构和功能以及发现新基因信息之后进行蛋白质空间结构模拟和预测。通俗来讲，就是利用计算机工具对各种生物信息数据进行收集、处理、分类、存储，通过对各种生物数据采用各种统计分析方法、算法和模型进行分析，并结合生物表型，解释生物学想象的一门学科领域。对于 21 世纪生命科学领域的研究或技术人员来说，运用生物信息学工具从海量的生物数据中挖掘信息及发现新知识已成为亟须掌握的技能。因此，对于生命科学相关专业人才培养来说，"生物信息学"教学发挥着重要的作用。目前，有很多高校开设"生物信息学"课程，对于教学内容和教学方式进行了积极探索，尤其是北京大学和山东大学的慕课公开课，产生了较好的反响。本校生命科学相关专业都开设有"生物信息学"课程，为专业必修课，课程教学重点是为了提高学生分析问题的能力，要求学生能够熟练掌握基本的理论知识，如算法、模型及统计知识，以理论知识为基础选择合适的数据库及软件工具进行分析并得出准确结论。为了在有限的学时内全面提高各个专业学生生物信息学综合分析的能力，本文分析目前该课程教学中存在的问题，结合教学目标，通过完善理论教学，创新实践教学，理论实践一体化，综合考评体系的建立等方面确定具体的实施方案，从而提升教学效果和教学质量。

一、生物信息学课程概述

生物技术专业培养目标为立足南疆、面向兵团、服务新疆，掌握系统的生命科学基础理论、基本知识和现代生物技术基本技能，具有一定的科研素养，能在学校、科研院所、生物技术相关企事业单位从事教学、科学研究、产品研发、技术创新与推广等工作。生物信息学课程的学习就是为了培养学生能够综合性运用信息学软件及数据库分析生物学数据并根据分析的结果解释生物学现象，使学生在走上工作岗位前就具备生物信息学分析的研究手段。

在传统的生物信息学教学中，理论教学和实践教学脱节，全部理论课时上完再进行实践教学，教学效果不佳。因此，教师有必要在现有的教学方法的基础上进行改革创新，不断提高学生学习生物信息学的兴趣，能够把课本上的理论知识进行理解整合，融会贯通，在进行课程实践的过程中能自如地选择工具和软件进行分析，并能够正确地解释结果。

二、新疆高校生物信息学课程教学改革

（一）生物信息学理论教学内容的完善

根据 2018 版塔里木大学生物信息学课程教学大纲的安排主要包括理论教学和实践教学两部分内容。其中，理论教学内容包括数据及数据结构导论、算法和程序设计等信息技术和统计学技术方面的理论知识，这些理论知识涵盖了实践教学的数据库的认识、检索和搜索，程序设计的理论知识与实践教学中的组学及大数据分析相对应。而生物信息学的教学目标培养通过学习，学生不仅能够理解数据及数据结构、算法和程序设计等理论知识，还在理解理论知识的基础上针对特征性的生物学数据选择合适的软件、算法、参数进行分析，并基于软件分析的结果解释生物数据。在网络及不同的数据库内，存在大量的离散数据，针对同一类的生物学数据进行分析的软件和模型复杂繁多，在参数设置及模型可选择性较多，针对同一组数据，因选择的软件和模型的不同会呈现不同的结果，利用计算机从大量的离散数据中高效获取有用的信息是生物信息研究的主要问题。组合数学的理念利用计算机处理离散数据，主要内容有组合计数、组合设计、组合矩阵、组合优化（最佳组合）等，生物信息学处理的数据大多为离散数据，在生物信息学理论教学内容中有必要增加组合数学的思想。在教学中，教师要让学生学会把组合思想和算法与生物信息学实际问题有效结合起来解决生物信息中的问题。比如，教师在实践教学中进行数据库搜索，进行序列比对，将需要比对的序列，包括核苷酸序列或氨基酸残基组成的序列分别排成一行来按照最相似的程度对两个或多个序列进行对位排列，最终出现对应位置的匹配、错配及空位等情况，然后通过规定的计分规则计算两条或多条序列间的相似性。

生物信息学基本实践教学内容包括序列比对、疾病的诊断和分类及生物网络的建立等，其中疾病的诊断和分类需要基础的凸规划问题；序列比对都是在基于动态规划模型的局部比对和全局比对算法中进行的，而生物网络分析的基本理念是基于图的最短路径算法，而运筹学是应用数学和形式科学的跨领域研究，利用统计学、数学模型和算法等方法，去寻找复杂问题中的最佳或近似最佳的解答，广泛应用于自然科学、社会科学、工程技术生产实践、经济建设及现代化管理的

学科，具有很强的实践性和应用性。因此，运筹学被列为生物信息学专业的专业基础课，而针对非生物信息学专业的教学内容在之前的教学大纲中没有涉及。通过教学改革，我们在理论课程的学习当中添加运筹学内容，利用运筹学的理念，针对特征性数据进行全局归类并建立合适模型，匹配选择合适的算法，并进行分析评估，最终得到最优方案，有利于培养具有全面知识体系的创新和具有综合分析和解决问题能力的生物信息学人才。

（二）生物信息学综合实验教学内容的完善

生物信息学是一门应用性课程，其教学目标就是通过学习，在理解理论知识的基础上针对特征性的生物学数据选择合适的软件、算法、参数进行分析，并基于软件分析的结果解释生物数据，而针对特征性数据进行软件、算法及参数的正确选择是生物信息学实践教学内容的重点，为了提升学生综合分析特征数据的能力，有必要对生物信息学综合实验教学内容进行改革及完善。根据创新型人才培养需要，有针对性地对生物信息学实践教学内容进行系列改革，建立特色生物信息学实践体系。比如，学生在执行自己申报的科研课题及执行毕业设计的过程中产生的一系列特征性的生物学数据，为了执行课题就需要进行生物信息学分析，这个时候学生就会有针对性地去选择软件、参数及算法，以学生能力需求及研究需求为导向的学习更能激发学生的学习兴趣，也就会认真学习，除了课堂上要求的知识体系之外还会追加更多、更深的内容以满足分析的需求，基于此设置的实践教学内容学生学习的效果就会得到显著提升。在生物信息学数据库的认识实验中，教师最基本的要求是学生必须学会使用核酸序列数据库，蛋白质序列数据库，蛋白质结构数据库。了解数据的界面，特定数据的查询、下载及认识，将筛选到的与检测序列有一定相似性的序列，通过对结构数据库的检索，查询到相似序列的结构，基于一级序列、二级结构、三维结构的同源建模法及从头分析等分析氨基酸序列与结构之间的关系，介绍序列与结构对应的规律加深学生对"蛋白质序列决定结构，结构决定功能"的了解，并预测最佳的蛋白质二级结构预测方法。为了扩展学生的知识体系，通过教学改革在实践教学内容中增加基因组数据库、酶和代谢数据库，文献数据库等内容。以案例的形式综合使用各种功能数据库，比如，教师请学生分析氨基转移酶基因在大肠杆菌中的代谢通路，学生就需要综合了解核苷酸序列及蛋白质序列数据库、酶和代谢数据库及文献数据库的综合知识体系，才能明确分析方法。

为了在有限的学时数里，增加学生综合分析问题的能力，主要以案例式教学法，以教师的科研课题或者本科生自主申报的大学生创新项目的案例为素材进行实践。比如，生物技术专业的某学生申报的大学生创新项目：芽孢杆菌 YC60 菌株几丁质酶基因的克隆及异源表达，请设计几丁质酶基因筛选引物：首先学生必须知道几丁质酶基因的序列，在微生物基因数据库中检索几丁质酶基因的序列，用多序列比对的工具进行分析几丁质酶基因的保守序列，利用 Primer 软件设计引物，在这个实验中学生需要综合运用所学过的软件，在教学过程中以小组的方式让学生分析自己课题项目的生物数据，能显著提高学生的学习兴趣，在设计引物的时候还会根据自身课题的需求对引物设计体系优化，选择合适的算法和模型，学生会自主了解算法、模型及参数等。学生真正变成了教学的主体，教学效果明显提高。

数据库的搜索实验中除了进行基本的 Blast 分析，调整比对的模式、算法及参数，并查看分析比对结果之外，通过教学改革在此基础上，添加本地 Blast，是基于本地比对搜索工具，学生可以在自己建立的数据库进行 blast 搜索，与 NCBI 的在线 blast 相比，本地 Blast 的比对速度更快，搜索范围更小，且在没有互联网的情况下也可以进行比对。比如，学生已知道链霉菌的一个基因，并已经明确其功能，现在要在链霉菌中找序列相似度高的基因，就可以在本地建立链霉菌数据库，然后 blast 找相似序列。

随着大量物种全基因组测序数据的获得，大量基因组 DNA 序列产生，但对基因的注释远落后于基因测序。因此，应用计算机程序从 DNA 序列中寻找基因（尤其是那些编码蛋白质的基因），成为研究人员考虑的重要问题。在教学改革中，教师有针对性地根据学生的毕业课题及科研项目为基础，分小组进行教学，研究相同物种的学生分为一组，针对某一类软件进行有针对的学习，基本操作环节基础上，让学生以小组讨论结合自学的方式对软件的扩展功能进行学习和练习。当学生学习了相关分析软件，便于学生在完成自己的毕业课题时选择合适的软件分析并指导自己的生物实验，学以致用，能有效提高学生的学习兴趣。据统计，2017—2021 年，针对生物技术专业学生在有效合理地利用生物信息学软件完成毕业课题的同学占 75% 以上。

生物信息学进入后基因组时代，随着测序技术的飞速发展，大量的生物数据呈指数增长，这就要求科研人员在生物信息学方面具有数理统计分析、语言编程技术等方面的能力。在生物信息学研究中得到越来越多的应用和重视。因此，教师通过对生物信息学实践教学内容的完善在课程设置中对组学数据分析方面安排 6～8 学时，帮助学生掌握 Linux 系统下基本的命令，让仅具有生物学背景的学生在了解生物信息学算法和应用软件的基本原理同时，基本熟悉一定的生物信息学编程，学生根据不同生物类型的组学分析软件活学活用，比如 bioconda 等安装一些生物信息学软件进行特征分析。教师要教会学生利用新技术、新方法以提高自主获取新知识的能力，为今后学习和科研打下坚实的学科基础。

在教学的过程中，教师发现很多学生过分专注于使用计算机工具或软件，但是对输出结果的解释能力较为欠缺。在实践教学的过程中，教师对于特定的软件任务均编写了详细的说明，并配有图片及标记说明，尤其是结果文件，针对输出结果的文件有详细的解释，并且对一些软件在执行过程中可能出现的报错信息也提出解决方案。完成课程学习后，学生应该能够进行熟悉常见的数据库；进行简单的 BLAST 搜索；进行多序列比对及系统进化分析；处理一些基本的结构数据，包括访问获取，在计算机上查看大分子结构等；对一些基因组数据进行基因预测及注释分析，并预测基因的启动子，终止子及非编码 RNA 等；同时学生还能采用"描红式"编程进行组学数据分析。

（三）理论结合实践一体化教学的实施

本课程教师在教授了相应的理论知识后，立即采用以实验课程表现形式的教学方式，可以避免理论与实验相脱节，帮助学生去理解晦涩难懂的理论知识，合理简化教材的理论内容，积极落实于实际教学当中，有效提高学生分析问题、发现问题与解决问题的能力。此外，针对目前教学过程中出现的问题，教师要将理论教学内容和实践教学内容加以完善。本团队联合新疆其他高校教授生物信息学课程教师编写适合新疆高校生物学专业生物信息学课程实验指导教材，将教学内容划分为不同的板块，板块内的知识体系可以相互融合，比如在传统的教学过程中，序列分析的内容主要是核苷酸序列分析及蛋白质序列的分析两个部分，通过教学改革，将数据库中的序列认识、检索、搜索及比对作为基础分析模块，理论教学中会讲到数据结构及数据库原理，实践教学就以核苷酸序列或者蛋白质序列为例，结合理论知识的学习，直接进行上机时间，可以把理论学习当中的一些晦涩难懂的概念及知识融入数据分析中去，既加深了理论知识的理解同时，也能够自如地运行软件，教学质量得到提高。教师可以按照此方法将知识体系以模块化进行合理整合，在实际的理论教学过程中插入实践环节，通过任务导入和任务驱动，在学生学习、操作过程中，逐步从简单到复杂，掌握知识，提高能力。

在传统的教学模式下，教学的主体是教师。在进行各个实验时，主要是以教师演示为主，导致在学习与应用上效果不佳，不利于学生的能力的提高和研究水平的发展，并且理论知识与实践技能脱节，学生对枯燥无聊的理论知识不感兴趣，实验教学趋于形式化，教学效果差。长此以往，学生表现出厌学的情绪，成绩不理想。

为了打破生物信息学理论教学和实践教学的脱节现象，本课程在教学方式上加以改进，将课堂理论知识的学习和实际的操作进行有机结合。比如，教师在讲授数据库相似性搜索的内容，需要针对序列比对的算法、得分矩阵及空位罚分体系等进行阐述，还需要学生了解比对的方式、比对的结果类型等。在介绍完算法时，教师让学生立即针对某一软件在选择不同算法时可能出现的不同结果加以解释，这样教师就能够及时了解学生掌握知识的程度，并及时指导学生在实践过程中所遇到的问题，加深学生对相关知识的理解和巩固。

（四）综合考核评价体系的构建

根据本课程理论教学和实践教学的改革，本团队对该课程的考核方式针对性地加以改革，制定理论和实践双重考核制度，其中实践内容考核比重大于理论内容的考核，增强考查学生对生物信息分析的基本技能的掌握程度以及对结果的分析能力。理论内容主要是通过让学生选择一个特征数据库或软件进行自学并撰写使用说明文件，这些说明文件可以作为生物信息学课程资源，理论考核成绩占30%，实践内容主要进行上机开卷考查，实践考核成绩占70%。培养目标要求学生能够熟练利用生物信息学数据库及软件对生物学数据进行分析并解释结果，在考核过程中要针对软件的综合性使用，学生自行在数据库中按要求进行生物数据的检索，并进行针对性的分析，同时解释分析的结果。这样的考核方式能够反映学生在该项课程学习中对数据挖掘技能的掌握程度。这种考核可以全面评定学生的学习效果，促进学生主动学习，准确地发现教师在教学过程中存在的问题，为课程教学的进一步优化提供指导。

| 第九节 |

新疆南疆民汉合班生物化学课程教学探索

生物化学课程是生物学、畜牧兽医学、农学、医学等专业的基础课。在民汉合班统一使用普通话和汉字授课的实际条件下，如何讲好民汉合班的生物化学课程并提高教学效果使全体学生共同进步，是摆在各位教师面前的重要任务。生物化学教学团队采用了一系列的教学改革措施：研发教学素材、制作视频公开课等以各种手段丰富教学内容，不断改革、创新教学方法等，并对高校教师如何适应新疆南疆这种民汉合班的教学实际进行了实践探索。

目前，新疆南疆塔里木大学生物类专业的招生模式是民汉合班。教学模式采用普通话以及汉字授课。面对语言水平参差不齐的各民族学生，如何教好生物化学课程，如何使学生共同进步、持续提高，是摆在教师面前的一道难题。因此，生物化学课程受到学校、学院、教师各方面的高度重视。为了使学生更好地学习生物化学知识、提高教学效果，生物化学教学团队从方方面面对课程进行了教学改革与创新，对高校教师如何适应这种教学实际进行了各种有益的探索与实践。

一、新疆南疆生物类专业学生现状

1. 民汉合班学生语言水平参差不齐

塔里木大学位于新疆南疆塔克拉玛干沙漠北缘，面向全国招生，但主要生源地是新疆。学校对于有少数民族班的专业采用民、汉分班授课，未招收少数民族班的部分专业采用民汉合班授课。由于生物类专业未招收少数民族班，所以采用民汉合班授课。鉴于各民族不同的语言文字背景，虽然生物类专业招收的少数民族学生主要为高考时考汉语言文字的学生，但与汉族学生同班授课，学生们的语言文字水平仍然参差不齐。

生物化学是生物技术、应用生物科学专业的专业基础课，学生需要具备无机化学、有机化学的专业基础知识。同时，生物化学课程教授的主要内容是关于糖类、脂类、蛋白质、核酸四大物质的代谢，其代谢途径往往是包含十几个步骤的代谢反应历程，代谢网络纷繁复杂，知识体系环环相扣，非常考验学生的理解能力。少数民族生与汉族生同班授课，他们的普通话以及汉字水平参差不齐，教师授课内容的难易程度和快慢节奏难以适应所有学生，如何掌握生物化学课程教学的深度和广度、高质量地完成教学计划、使所有学生共同进步是对授课教师的极大考验。

2. 民汉合班学生知识背景条件各异

新疆属于多民族聚居地区，中小学教育根据当地实际情况采用汉语与相应的民族语言授课，具有丰富的语言文化多样性，因而学生在中小学获取知识的背景存在差异。另外，新疆南疆属于偏远地区，与发达地区相比较，信息交流速度较慢，造成学生知识储备也存在差异。鉴于新疆多民族、多语言的实际，国家在招生录取分数上对民族生予以倾斜。进入大学后，部分专业民考汉的学生是民汉合班授课，由于学生来自不同地区、不同民族，学生的家庭教育、知识背景、思考方式都有所不同，对于所授课程的接受程度自然也会有所不同。

生物化学一般在大学二年级的上半学期开课，二年级属于学习任务比较重的时期。除了各种模块的专业课程外，民族生要备考汉语言水平过级考试，而汉族同学们在准备英语四、六级考试的同时还要学习维吾尔语课程，学生学习任务重，时间和精力都很有限。在教与学都困难重重的情况下，如何提高对生物化学的学习效率，对于学生和教师都是必须完成而且必须圆满完成的重要任务。

二、生物化学教学内容改革研究

1. 生物化学教学素材的研发

对于目前的实际情况，教学团队首先对于生物技术、生物科学专业的生物化学教学大纲进行了修订。根据新修订的培养方案，理论教学由 80 学时降到了 72 学时，原采用的教材为王镜岩等编写的第 3 版《生物化学》及《生物化学教程》精简版，由于这两本教材出了更新的版本，因此，今年采用朱圣庚等主编的第 4 版《生物化学》。为了在学时数压缩的情况下不降低教学水准，教学团队做了大量的教学素材研发工作。例如，编写了《生物化学学习指导》，书中的内容提要指明了需要掌握的知识重点要点，便于学生整理所学知识体系架构，了解重点与难点。同时，还有大量的各种类型的习题供学生课后练习，使学生在学习时间比较紧张的情况下，能够较好地掌握各章节的知识。通过大量的作业练习，学生模拟实践了各种考点和题型，对于最后的期末考试就不觉得陌生和难以应对。另外，当习题做完了之后，书后有相应的参考答案供学生对照查看，对于在课堂上尚不能完全理解所学知识的学生，特别是少数民族学生在学习生物化学课程时提供了极大的帮助。针对生物类专业学生汉英双语教学的问题，生物化学教学团队编写了校内教材《Bio-chemistry》，供学生在学习、复习生物化学英语专业词汇和知识点的表述方法的时候参考并对照学习。由于英语教材的编写是针对本校学生实际，结合课堂双语教学内容，因而比较通俗易懂。总之，对于学生学习生物化学课程的各个方面，生物化学团队教师从理论到实践都准备了充分的学习素材，供各民族学生选用参考。

2. 生物化学课程网站的建立

为了帮助学生学习生物化学知识，生物化学教学团队首先建设了生物化学精品课程网站，把教学大纲、教案、多媒体课件、教学视频都上传到校园网，便于学生随时随地上网复习。其次，教师积极申报学校的教学研究项目。比如，生物化学教学团队教师申报了校级教学改革项目——《生命的化学》精品视频公开课，并录制了部分章节的公开课视频；同时，还申报了校级《生物化学》重点课程建设项目，录制了部分知识点的微课，在上课时可以随时让学生观看学习，也可以上传到网上供学生在课余时间随时随地复习。随着教学手段的不断改进，教师还可以利用学习通等平台给学生布置学习任务并进行互动交流。目前，校园网又开通了智慧树等电子教程平台，革新了课堂教学方法，也极大地丰富了学生课外学习的电子视频资料。但需注意的是，目前的慕课、微课电子学习资料是以单一知识点录制的，知识较碎片化，尚需与课堂讲授内容相结合，既要注重对某一知识点的深入了解，又要兼顾全面知识体系架构的建立及各章节之间的内在联系。

三、生物化学课程教学手段与方法探索

1. 教学过程不断引入可视化技术

生物化学主要讲述糖类、脂类、蛋白质、核酸四大物质的代谢，分静态的描述和动态的代谢途径两大部分。这些生物大分子看不见、摸不着，所以需用生动形象的形式来展现，才能让学生直观地看到、感受到所学的相关知识，提高学习的兴趣和效率。首先，与大多数同行一样，生物化学课程教学手段都是采用的多媒体设备，并在教学过程中不断制作、完善多媒体课件。其次，在多媒体课件中引入 Flash 动画，例如，对于 A-DNA、B-DNA、Z-DNA 三种核酸的二级结构，尽管多媒体课件有图片，但学生还需想象其空间立体结构，加入三种核酸模型的三维动态旋转 Flash 动画后，学生就能更加直观地了解三种核酸的空间结构，从而易于理解教师所讲内容。最后，在授课中加入一些中英文视频材料，例如关于脂类代谢的知识，教学团队制作了公开课"脂类与疾病"的视频，并在教学中插入关于胆固醇造成动脉粥样硬化的视频短片。这将生物化学的高深理论知识与健康生活方式紧密联系起来，极大地提高了授课的生动性、活泼性，激发了学生对生物化学课程的学习兴趣。

在民汉合班授课过程中，顾虑的主要问题就是教师教学进度与学生理解力之间是否相适应的矛盾。如果单纯用语言文字描述生物化学知识，汉族生与少数民族生理解的速度上有快有慢，若教师放慢讲课速度，则难以按时完成教学计划；若教师加快讲课速度，则有些同学可能跟不上教师授课内容的快速转换。因此，在教学过程中引入可视化技术，采用直观的图片、动画和视频讲解生物化学知识，就节约了少数民族生理解语言文字以及教师不断重复释义的时间，能够确保少数民族学生与汉族学生相对一致的理解速度，大大提高教学进度。

2. 充分调动学生平时自主学习的积极性

普通高校的教学流程一般采用一次期末考试来评定学生成绩。若是有的学生期末考试发挥不好，这学期这门课就不及格，需要重修或补考。为了促使学生在平时加强自主学习的积极性，故我们采用以下综合措施。

首先，以《生物化学学习指导》作为主要复习资料，安排学生在学完每一章节后，及时归纳总结重点、要点，并整理课堂笔记，同时做大量的相关习题，使学生在平时就对知识要点、重点从内容到形式都非常清楚。

其次，期末成绩综合评定时加重平时成绩占比，平时成绩的评定涵盖考勤、课堂提问、作业、文献阅读等各环节。但在这些环节中教师需要注意的是，由于汉族学生第二语言学的是英语，并且要求考英语四级。有些少数民族生可能在中学没有系统学习过英语，在高校民族生也只要求考汉语水平等级，不要求考英语四、六级，所以大部分少数民族生比汉族生英语水平相对较弱，因而教学过程中要兼顾民汉学生语言方面的差异。例如，对于汉族学生的课堂提问、文献阅读环节，要求用英语回答和翻译，而对于民族学生则要求用汉语回答和写文献综述。教学过程中

对学生完成学习任务的语言进行差异化要求，使民族生能顺利完成学习任务，同时汉族生也能体会用第二语言学习的不易与艰辛，制造民汉学生相互理解并共同探索生物化学知识的学习氛围。

最后，对于民汉学生采用不同及格分数线评定期末成绩，学校采用汉族生 60 分及格，民族生 50 分及格的期末成绩评定标准。学校采取的这一惠民措施，极大地提高了民汉合班中民族生的及格率，也为民汉合班授课的顺利进行及促进民族团结奠定了良好的基础。

3. 加强拓展学生的生物化学知识面

随着各种获取信息手段和学习方式的日新月异，学生目前能够接触到海量的各种知识碎片，如何吸引学生把精力放在生物化学课程相关知识的学习中去？首先，要拓展生物化学中高深理论知识与人类日常生活常识的关联度。例如，讲到脂类代谢时辩证地阐述其利弊，先讲候鸟长途迁徙所用的能量就是来自脂类代谢，所以脂类代谢正常时，脂质是对机体健康有益的，再讲脂类代谢紊乱时，某些脂质会造成高血脂等疾病是对健康不利的。讲到 RNA 聚合酶时，先讲利福平可以抑制原核生物的 RNA 聚合酶，所以这种抗生素对人类和动物是良药；再讲 α-鹅膏蕈碱会抑制真核生物的 RNA 聚合酶，因此有些含有 α-鹅膏蕈碱的蘑菇对人类和动物是毒药。在讲酶学一章时，教学团队制作的公开课"酶与酒量"视频利用乙醇无氧酵解代谢途径中乙醇脱氢酶与乙醛脱氢酶的活性高低，解释了人们酒量大小的原因以及饮酒对身体健康的影响。由于生物化学知识与自身健康的关系如此密切，自然会吸引学生的注意力，使其出于自身保健的需求，探索利用生物化学知识维护身体健康的可行性，从而增加了学生学习生物化学知识的动力。其次，安排学生写一篇小的专题论文。学生自选感兴趣的题目，但必须是生物化学相关的专题。例如，写一篇以物质代谢为主题小专题论文，要求学生利用问题导向性学习方法来了解代谢途径，先在网上检索查阅大量与代谢相关的中英文文献，并参考重要相关文献信息，根据国内外最新研究进展，认真思考归纳总结撰写完成小专题论文。学生从被动听课状态（要我学）转变为主动学习状态（我要学）。为了完成任务，学生必须主动去探索解决某个问题，自然将时间利用在查找生物化学相关知识上。最后，让学生自主做 PPT 进行文献阅读汇报，锻炼学生综合应用知识的能力。但要注意的是，对汉族学生要求看英文文献作文献阅读汇报，对于民族学生要求看中文文献作文献汇报即可。但由于课时数的限制，不能让每位学生都作汇报，因此以团队的形式让学生进行 PPT 汇报。团队中有人查新、有人翻译、有人制作 PPT、有人汇报。在团结协作中锻炼了的学生的综合能力，也自然地将学生的注意力从各种海量的无关信息中吸引到生物化学知识的学习和探讨中来。

经过采取以上各项综合教学措施，民汉合班的教学效果大大提升。在期末学生总成绩的评定中，生物技术两个班中民族生的及格率达 92%，生物科学两个班中民族生的及格率达 86%。在学生评教工作中，教师也获得了 94.826 的评价高分。从师生双方对对方的期末评价中可见，教学结果达到预期。

四、展望

对于生物化学重点课程的建设，经过生物化学教学团队教师们的不断探索实践，从各方面对其加以改进，教学效果稳步提升。同时，在学校的教学效果评价体系中，几位教师都获得了"优课优酬"的良好成绩。随着信息时代的进步和学生获取知识的手段不断变换，生物化学教学也要与时俱进。对于微课、慕课、翻转课堂等现代教学方式，教师们都在跟进培训学习并录制；云课堂、雨课堂、学习通、智慧树、微信等各种现代教学手段也都在不断引入教学中。但是，由于被各种现代信息手段分散了大量的注意力，学生很难分清孰重孰轻从而浪费时间。为了将学生从各种信息中吸引到生物化学知识的学习中来，教师也需做出更多的努力。比如，怎样处理课堂教学与网络资源信息学习的关系和占比，才能达到教与学的最佳效果，这对教师是一种极大的考验。对于学生学习效果的考核是生物化学教学中很重要的一环，如何综合评价学生平时与期末考试的占比，特别是对于民汉合班学生，把握其分寸也很关键。因此，生物化学课程的教与学永远是一门值得探索的艺术，生物化学课程的建设也永远在路上，值得教师用毕生的精力去实践。

| 第十节 |

"超星学习通"在遗传学翻转课堂中的辅助教学实践
——以塔里木大学为例

生物化学课程是生物学、畜牧兽医学、农学、医学等专业的基础课。在民汉合班统一使用普通话和汉字授课的实际条件下，如何讲好民汉合班的生物化学课程并提高教学效果使全体学生共同进步，是摆在各位教师面前的重要任务。生物化学教学团队采用了一系列的教学改革措施：研发教学素材、制作视频公开课等以各种手段丰富教学内容，不断改革、创新教学方法等，并对高校教师如何适应新疆南疆这种民汉合班的教学实际进行了实践探索。

现代遗传学经过 100 余年的发展，研究内容已涉及生命学科的各个领域，每一步发展都对生命科学的发展和人类文明的进步起着重要的作用。为适应新时期学科发展的需要，让学生了解掌握国内外遗传学现状，遗传学课程的授课内容显著增加，与其他相关学科课程的联系也更为紧密，学生学习的内容和难度均有所增加，传统的教学模式面临着调整，需要我们进行相应的教学改革和实践。

一、遗传学传统教学模式存在的问题

遗传学是生物科学类专业的一门必修课程，遗传学的教学在高等院校生物科学专业人才培养中占有十分重要的地位，随着社会的发展，当今的遗传学教学逐渐暴露出许多问题。

1. 课时数减少与知识量增多的矛盾日益突出

随着高等教育改革的不断深入，各门课程的课时分配也有了较大幅度的调整。遗传学的教学课时数由原来的 80 或 72 学时缩减为 64 或者 56 学时；而遗传学的快速发展，使遗传学的教学过程中涉及的新内容越来越多，遗传学教学的内容与学时数少的矛盾日益突出。

2. 传统的教学模式令学生丧失对遗传学的学习兴趣

遗传学扎根于动物学、植物学、微生物学、细胞生物学、生物化学以及分子生物学等相关学科，因此深入讲解不仅课时不允许，也会与其他课程重复，使学生失去学习的兴趣，教师的"填鸭式"教学模式，学生被动地接受知识，也因此缺乏学习兴趣。

3. 学生对遗传学学习产生抗拒心理

遗传学具有抽象、复杂、新知识和新理论发展迅速等特点，多学科的交叉渗透涉及的知识多而杂，如果简单处理又可能出现讲解不透，学生难以理解，因此学生在面对遗传学课程的学习时经常产生畏惧心理；"以教材为基础，以教师为中心"的传统教学方式进一步使学生抗拒。

如何在保证完整教学内容的基础上，在有效的时间内将遗传学知识、前沿领域研究成果介绍给学生，消除学生对遗传学的畏惧感、激发学生的学习兴趣，是目前遗传学教学亟须解决的问题。

为解决以上面临的问题，进一步提高教学质量和教学效果，与时俱进，顺应当今教学发展的大趋势。我们尝试将基于移动网络的翻转课堂应用于教学之中。随着互联网的高速发展以及各种移动设备的迅速普及，移动学习已成为翻转课堂应用的重要手段。利用移动网络的学习能够在任何时间、任何地点学习，跨越地域限制，为提高教师与学生之间的双向交流、提升教学效果搭建了良好的一个平台。

二、基于网络的翻转教学模式应用于课堂

1. 翻转课堂的"教学—学习"模式在遗传学课程教学上的应用

翻转课堂利用网络平台，为学生提供各种学习资源，为教师和学生的互动提供了支撑。学生利用移动设备和网络平台，观看课程相关视频，完成相关扩展阅读和章节测验。学生的积极性被调动起来，由被动变主动。以问题引导或任务布置的方式，引导学生自主学习，有利于培养和提高学生的思考能力、运用遗传学基本原理和技术的能力，取得了较好的效果。

2. 合理规划教学环节，提高网络平台和移动终端的互动效果

当今翻转课堂利用的网络资源，需要通过网络终端才能获取，而移动终端不受时间和地点的限制。因此，合理利用移动终端于教学前、教学中和教学后，避免课堂上学生玩手机，提高课堂教学利用率，以适应现代遗传学教学的发展。

我国教育工作者从使用板书、挂图、模具、幻灯和投影过渡到借助电化、多媒体、网络、远程、微课、慕课等先进教辅工具开展线上、线下混合式教学活动，实现了学生轻松理解深奥知识的目的，提高了教学效果。近年来利用各种网络平台进行以学生为中心的翻转课堂教学实践效果凸显。"超星学习通"是一款学习软件，学生可通过该软件平台，随时随地获取平台上的各种资源，包括课程信息、学习资源查阅、课程学习、交流等。

三、"超星学习通"在遗传学翻转课堂教学中的实践

1. "超星学习通"辅助教学在课堂时间和纪律管理上的应用效果

在传统课堂上授课前需要先点名考勤，当学生人数较多时，会花费较长时间才能完成；另外刚开课时，学生还不认识，如有冒名顶替者很难发现。"超星学习通"可通过课堂拍照签到或者二维码签到（每10秒更新一次），防止没上课的学生由他人顶替现象发生。在学生签到时，授课教师可检查学生课程预习、作业完成情况，每次签到的时间、迟到/早退、请假、旷课情况，"超星学习通"还可给出一个统计数据，从统计数据导出图可见，2022届不同专业出勤率均较高，设施农业专业、生物技术专业、生物科学专业的出勤率分别为95.38%、97.56%、94.44%，差

异不明显。

课堂上利用"超星学习通"进行测验、抢答、提问、课堂问卷等方式的教学，也避免学生上课过程中就玩手机的现象，较"超星学习通"辅助教学前，出勤率、听课情况和互动效果明显提高，同时可以大大缩短点名时间和避免漏记课堂表现的情况。

2. "超星学习通"在重点难点知识巩固上的应用实践

在使用"超星学习通"的课程中，将课程大纲上传，分享给上课的学生，使学生了解遗传学的课程地位、教学目标、每章节的重点和难点、课程安排和考核方式等。

课前，通过提前布置每节课授课内容，指出重点和难点并提供相关的学习资源，如"中国大学慕课"上的遗传学课程、"超星学习通"上的遗传学课程等相关网站的视频资源等和图片资源、新闻案例等，提醒学生认真阅读学习，将问题归纳出来，在课堂上进行讨论。

课中，在每次课堂授课时，先提出本节课的重点和难点，通过"超星学习通"进行课前测验，了解学生掌握情况，然后针对学生学习情况进行重点讲解。在讲授过程中，提出相关的问题，让学生思考、讨论，然后进行抢答、问卷、选人回答等，并计入考核成绩，充分利用手机来进行各种课堂活动，相较于传统的教师在前面讲、学生只是听和记，教师提问而学生不积极回答问题的现象大大减少。学生带着自己的问题和课中授课教师的问题进行学习，能够快速掌握重点知识和难点内容。在每次课的最后 10 分钟，请学生们提出仍然未懂的知识点或者一些疑问，然后同学们进行讨论，并进行回答，任课教师进行本次课知识点的总结归纳。

课后，任课教师可通过"超星学习通"给学生布置当天课程或者整个章节的作业，学生通过"超星学习通"发给任课教师进行评阅，教师对学生作业完成情况进行点评，给出指导意见，再反馈给学生，以巩固重点和难点知识。

3. "超星学习通"辅助教学后学生满意度

利用微信小程序"问卷星"对已修过遗传学部分学生进行问卷抽样调查，2022 届 125 人、2021 届 12 人、2020 届 10 人，共 147 人参与了调查（生物科学专业 55 人、生物技术专业 61 人、设施农业 27 人，其他专业 4 人，其中 2 人未使用"超星学习通"）。结果发现，有 74％学生认为遗传学课程在所学专业中非常重要；有 4.67％的学生认为遗传学课程非常难，86.67％的学生认为有点难，可见大部分学生认为遗传学一门学习起来有点困难的课程。

在 147 名参与调查的学生中，在签到环节，93.1％的学生认为比教师点名更方便快捷；在作业环节 87.59％的学生认为比传统的手写作业更方便；在抢答环节、测试环节，分别有 64.83％和 64.14％的学生认为比传统方式更适合；在学习兴趣提升、掌握重难点方面，分别有 63.45％和 69.66％的学生觉得非常有帮助。

在总体上，61.38％学生认为"超星学习通"在遗传学学习时非常有帮助，37.93％学生认为一般，说明"超星学习通"在辅助教学中还需要进一步完善，提升学生使用满意度，为学习提供更大的帮助。

四、"超星学习通"在遗传学翻转课堂教学中的思考

1. 学生对"超星学习通"熟悉程度和认可度有待提高

学生在刚刚接触到"超星学习通"时，很多模块功能不是很清楚和熟练，影响了最初的使用

体验和最初的成绩，因此需要在课前做好安装通知，及加入班级之后信息的完善和初步的熟悉。同时教师在第一次时需要带领学习使用、提醒注意事项，尤其是测试和作业完成的结束时间，使学生能尽快熟悉相关操作，更好地利用平台提升学习效果。

2. "超星学习通"平台的课程相关资源有待完善

教师在翻转课堂使用过程中，也要在"超星学习通"平台上逐步完善课程学习过程的相关资料，比如习题集、测试、考试题库的完善，视频资源、图片资源、相关学习网站资源的完善，为学生提供遗传学课程学习、相关知识扩展和专业发展方向的认识等提供更多的指导和帮助。

3. 教师翻转课堂实施效果有待进一步提高

任何教师需要熟练掌握"超星学习通"各个模块功能，为遗传学翻转课堂教学提供更多的支持。同时除了利用"超星学习通"这个网络平台，还需要在课程设计和实施过程中，增加讨论课的安排，促进学生思考，学会学以致用，提高发现问题、分析问题和解决问题的能力。

如何提升学生翻转课堂教学的满意度，提高教学效果，还需要对教学体系、管理环节等其他方面进行配套改革，教师的教学方法和教学手段也需进一步改进。

第十一节

发酵工程课程教学改革的探索与实践

在生物技术、生物工程等专业中发酵工程是一门重要的核心课程，在进行该课程的教学时，对该课程的教学特点进行分析，以提升学生的应用技术能力为主要目的，开展实践与理论同步结合的课程教学。单一的教学模式无法带给学生全面的学习体验和进步，所以要在教学方式方面做出创新，利用线上线下交互教学、基地实践教学、企业实践教学等教学方式，提升学生的综合能力。

发酵工程是生物技术、生物工程等专业的主干必修课程，为适应社会的需求，提高学生的综合素质与动手能力，对发酵工程课程内容、教学方法和手段及实验教学进行了一些探索。发酵工程这一课程理论知识内容较多，且课程本质实践性较强，要想学好这门课程，既要对理论知识部分进行了解和分析，又要对实践技术部分进行学习和锻炼。在目前高校实际教学过程中，该课程的教学情况呈现出理论课时占比较多，实践课程占比不足的情况。虽然在该课程的教学过程中，我们也会适当地进行实训教学，但是由于种种方面原因的限制，实训教学并没有起到应有的作用，学生在发酵工程技术操作方面的能力并不乐观。而随着社会结构和社会竞争的变化，实践型的人才在社会竞争中更占优势，也能够为企业和单位创造出更大的价值，为了提升学生实践竞争力、提升学生创造力，我们要对发酵工程这一门学科的教学做出创新和调整。一般来讲，教学包括教学内容、教学形式、教学考核等三个主要部分，作为发酵工程教师，我们要从这三方面对教学工作进行改革和创新。

一、进一步完善发酵工程课程教学体系

1. 明确发酵工程课程定位

发酵工程是生物技术、生物工程、生物制药、食品工程等专业的一门重要专业课程。课程内容丰富，涉及面宽，基础理论性和实践性要求都很高。从专业定位的角度来讲，我们基本将其定位为专业技能课。该课程的特点是涉及的范围比较广，且理论知识部分多，内涵庞大，同时还具备很强的实践性，所以不管是从教师的教学角度来，还是从学生的学习角度，都存在较大的难度。发酵工程目前主要应用于药品、食品生产过程，我们以此为切入点开展该课程教学。在开展该课程教学时，教师要提前对相关企业进行了解，明确市场对相关人才的需求，并以此为导向对

学生进行有针对性的教学。从另一个角度来讲，虽然发酵工程是一门单独的学科，但是在实际生产过程中，它与上下游生产环节都是密不可分的，例如发酵和发酵之后的生物分离工序就有着很紧密的联系。同样地，学生只有在学习过程中学好了发酵工程知识，才能为后续学习生物分离课程打下良好的基础，现代教育背景下，教师要注重各学科之间的交叉合作教学。

2. 对教学内容进行优化

根据发酵工程学科在企业实际生产中的应用，我们发现其具备非常强的实践性，我们学习这一课程的目的也是运用相关的知识更好地进行生产操作，所以在该课程的教学过程中，我们要以培养学生的应用技能为中心，这就要求我们在教学中以实践教学为主。发酵工程的实践教学开展基本上围绕着企业的一般生产流程进行开展，整个流程要包括菌种的选择、培育、保藏，培养基设备的选择与优化，以及无菌操作进行发酵等。在整个流程中学生需要学会使用发酵罐，并注重发酵过程中可能会发生的危险隐患，做好保护措施，提高警惕。除此之外，学生还要懂得对整个发酵过程进行控制，使发酵程度达到预期的标准。总而言之，整个发酵工程教学要以发酵行业的需求为导向，以企业的标准生产流程为参照，展开高效教学。企业实际生产过程中，发酵流程之后还会进行后续的生化分离过程，学生也会在后续的学习过程中接受相关课程的教育，两个课程之间有着紧密的联系，教师在教学内容体系建设中也要充分地考虑到这一点，在进行发酵过程教学时融入生化分离课程的基础知识，在进行生化分离课程教学时回顾发酵工程的知识，做到知识的统一以及课程体系的建立。

在具体的课程体系建设中，教师应当使学生明白理论知识与实训操作之间应当有着怎样的联系，如在理论课程进行到哪一个程度的时候进行实践训练，从而使两者达到相辅相成的目的；其次，教师还要使学生明白发酵工程实践训练是一个怎样的流程，以及怎样使用实践中会涉及的仪器设备，例如教师要帮助学生熟练和安全地使用发酵罐；另外，在整个教学体系中，教师要合理地对考核环节进行设置，使考核环节达到检验学生水平、激励学生进步的功能。

二、对发酵工程课堂教学模式进行创新

1. 在教学中应用交互教学法

交互教学法指的是学生和教师之间在教学过程中互换角度和身份，教师站在学生的角度以学生的思维来思考教学活动，而学生则站在教师的角度以教师的眼光来看待教学活动，如此方式既可以吸引学生兴趣，也可以使学生对教师的教学工作和教学目标更加理解，从而高度配合教师教学；也可以使教师对学生的学习需求和兴趣需求更为了解，在教学过程中更好地满足学生期待。

例如，可以挑选某一难度适中的章节，然后组织几名学生组成授课小组，引导其自行对该章节内容进行梳理和整合，并结合整合之后的内容进行课堂模拟教学，教学方式可以采用传统讲解方式展开，也可以以现代化教学方式展开。在这个过程中，学生通过收集资料，获得更多的知识信息，通过梳理和整合章节内容，提升了思维能力及归纳能力，最重要的是，该方式能够使课堂氛围更加活跃，还能使师生之间彼此更加了解和理解，提升师生关系和谐度。

2. 合理开展线上教学

现代教育背景下，现代化教学手段在高校教学中的应用非常广泛，它有几个明显的优势，第一是该方式符合学生兴趣，能够吸引学生学习注意力；第二是现代化教学手段可以更加全面和细

致地呈现教学内容，使抽象的教学内容更加具象化；第三是现代教学技术能够丰富课堂教学模式，活跃课堂氛围；第四是，例如微课视频等课件可以通过网络传送给学生，便于学生在课余时间进行自我学习。教师可以借助多种多样的教学方式使学生对发酵工程教学更感兴趣，使该课程教学效率更高。

3. 加强基地实训和企业实习

发酵工程应用性极强，学生毕业后有相当一部分会进入药品和食品生产企业工作，会将发酵工程知识运用到药品、食品生产环节中去，为了提升学生的实践操作能力，我们要打破过去理论式教学，开创实践教学新思路。在高校发酵工程实践教学中，利用实训基地进行实践操作是基本路径。塔里木大学根据实践教学和科研需求，建设了发酵中试平台，目前拥有 5-50-500L 三联发酵罐、100L 液态发酵罐、100L 固态发酵罐、喷雾干燥机、板框过滤器、多功能提取罐、管式离心机、四足离心过滤机、等仪器设备，为学生提供了良好的实训条件。为了进一步提升学生的实践能力，还可以将学生的实践教学转移到相关企业中去。现在部分企业存在用工短缺的情况，而学生则存在无处实践的情况，高校及教师可以在企业和学生之间搭合作的桥梁，推荐学生在某时间段内到企业进行实习，解决了学生实践学习问题的同时，还解决了企业的用工问题。

三、进一步完善教学方法

1. 教学方法多元化

现代教育更希望学生能够全面发展，要实现学生全面发展的目标首先需要教师实现全面教学，例如使教学方法更为多元化。发酵工程课程中包含繁多的知识内容，且综合性较强，教师在教授不同课程内容时可以采用不同的教学方法进行教学。例如发酵罐的使用是发酵工程操作教学中较为关键的一部分，教师在进行发酵罐使用教学时可以分两部分进行教学。第一部分教师可以先通过介绍来帮助学生了解发酵罐，为后续的操作教学作好铺垫；第二部分是发酵罐的操作方法和注意事项教学，在任何有安全隐患的教学过程中，教师都要首先向学生强调操作安全性，使学生养成安全意识。之后教师就可以采用操作示范的方法进行教学，如此，有顺序、有逻辑地进行教学能够起到较好效果。

而在进行具体利用发酵工程进行生产的教学时，就要换一种相应的教学方法。例如在教授"谷氨酸"的生产时，可以采用讨论式教学和启发性教学；而在进行"味精的安全性"教学时，则可以采用生活化教学法开展，此外，教师还可以采用仿真软件演示法、真实案例教学法等多种方式开展教学。总之，教学方法不能只有一种，而是要根据不同的课程内容来设计不同的教学方法，只有这样才能提升教学效率和效果。

2. 合理利用多媒体手段进行教学

探索将慕课、微课引入到"发酵工程"教学改革与探索，以期将其作为"发酵工程"课堂教学的补充与延伸，形成一种兼顾课堂教学和个性化教学的新模式。多媒体手段的应用在高校中十分广泛，尤其是在发酵工程这种内容较多、实践较强、难度较大的课程教学中教师可以充分对多媒体教学法进行应用。例如，在进行实验教学之前，教师就可以给学生制作好相关实验演示视频，引导学生利用课余时间观看，使其做到心中有底，提升实验教学效率；另外，教师可以利用慕课论坛来开展教学，发酵工程课程的知识内容丰富，需要学生花费大量时间进行学习，学生在自我学习中遇到疑难的时候可以在论坛进行讨论和交流，也可以向教师提出疑问，教师在线时间或上线后就会进行及时的回答，有效突破了传统教学的时间局限和空间局限。总之，合理利用多媒体手段进行教学对提升教学水平和效率大有裨益。

四、完善考核环节

考核是评价学生水平及激励学生前进的有效策略，增加考核的完善性，有利于考核环节更好地发挥应有功能。在很多高校现行的考核制度中，基本上会在期中和期末各进行一次考核，且在考核过程中过于强调考试成绩的考核作用，该考核模式由于设置不够完善所以缺乏有效性。首先，考核内容设置过于单一，我们应当在考核内容中增加学生日常学习情况考核、实践操作能力考核等，并适当调高实践考核内容的占比，降低考试分数的占比；其次，考核间隔周期过长，一个学期长达几个月的时间，如果此期间内教师不能及时了解学生的情况就无法提供相关的指导，所以教师应当在此期间内适当增加小范围内的考核频次，以每两周或每月为频次进行阶段性考核，根据考核结果为学生提供更为及时和精确的指导。

五、结语

发酵工程是一门实践性非常高的课程，需要学生在学习过程中熟练掌握操作技术，这就要求教师能够为学生提供更加全面和丰富的教学，高校和教师要尤其注重与相关企业之间达成合作，给学生更多的实践锻炼机会。

参考文献

[1] 王建明，李艳宾，罗晓霞．"一带一路"背景下新疆南疆高校生物类专业应用、创新型人才培养模式的探索［J］．中国教育学刊，2015，（S2）：63-64.

[2] 韩占江，王彦芹，李艳宾．应用生物科学专业人才培养模式研究——以塔里木大学为例［J］．教育教学论坛，2019，（36）：173-174.

[3] 王建明，罗晓霞．新疆南疆高校学院文化建设的思考与实践——以塔里木大学生命科学学院文化建设为例［J］．大学教育，2015，（01）：118-119.

[4] 王彦芹，应璐，王文华，等．"慕课"对提高边远地区高校生物技术专业教学质量作用的探讨［J］．教育观察（上半月），2017，6（11）：86-88.

[5] 罗晓霞，夏占峰，刘琴，等．混合式教学模式下新疆高校生物信息学课程教学改革［J］．科学咨询（教育科研），2024，（01）：94-97.

[6] 李树伟，张建萍，陈水红，等．新疆南疆民汉合班生物化学课程教学探索［J］．生命的化学，2020，40（01）：121-125.

[7] 胡超越，韩秀锋，徐雅丽，等．"超星学习通"在遗传学翻转课堂中的辅助教学实践——以塔里木大学为例［J］．教育教学论坛，2020，（45）：361-363.

[8] 夏占峰．发酵工程课程教学改革的探索与实践［J］．教育教学，2021，3（9）：5-6.

[9] 中华人民共和国教育部高等教育司编．普通高等学校本科专业目录和专业介绍（2012年）［M］．北京：高等教育出版社，2012.

[10] 张熠．国际应用生物科学中心第十五届回顾大会在京举行［J］．世界农业，2004，（6）：53-54.

[11] 肖云丽，项俊，钟玉林．地方院校生物科学专业创新人才培养实践教学模式的探索与实践［J］．教育现代化，2016，3（40）：12-13.

[12] 徐敬明．地方本科院校生物科学专业应用型人才培养模式的构建与实践［J］．黑龙江畜牧兽医，2011，（16）：29-30.

[13] 张田俊，等．草业科学类学院文化建设的思考与实践—以兰州大学草地农业科技学院文化为例［J］．草业科学，2012（10）：1642-1645.

[14] 李博超．人才培养视角下的学院文化建设研究—以江西师范大学国际教育学院为个案［D］．南昌：江西师范大学，2012.

[15] 张永刚，等．论大学特色校园文化建设的一种方式——以曲靖师范学院文化建设为例［J］．曲靖师范学院学报，2012（4）：1-5.

[16] 盛新娣，等．新疆南疆高校文化建设的几个特点—基于塔里木大学和喀什师范学院的实地调研［J］．大学教育，2012（9）：77-78.

[17] 陆赛茜．慕课的发展现状与前景［J］．新媒体与社会，2014（1）.

[18] 李志民．"慕课"的兴起应引起中国大学的觉醒［J］．中国高等教育，2014（7）.

[19] 王文礼．MOOC的发展及其对高等教育的影响［J］．江苏高教，2013（2）.

[20] 殷丙山，李玉．慕课发展及其对开放大学的启示［J］．北京广播电视大学学报，2013（5）.

[21] 闫菌，冯怡，等．"分子生物学"的MOOC建设与课程改革［J］．高校生物学教学研究（电子版），2018，8（3）：17-23.

[22] 谢小芳，何华勤，等．探究式教学在生物信息学综合实验中的实践探索［J］．生物学杂志，2020，37（5）：120-123.

[23] 陈铭．生物信息学［M］．北京：科学出版社，2018.

[24] 蔡禄，邢永强，等．生物信息学［M］．北京：科学出版社，2017.

[25] 樊龙江．生物信息学［M］．杭州：浙江大学出版社，2018.

[26] 贺福初．大发现时代的"生命组学"（代序）［J］．中国科学：生命科学，2013，43（1）：1-15.

[27] 冯世鹏，汤华，等．实用生物信息学［M］．北京：电子工业出版社，2018.

[28] 李明源，张甜，等．转型发展视域下专业集群课程微生物学的课程建设探索［J］．生命的化学，2021，41（6）：1316-1320.

[29] SANNE A，DOUWE M，et al. Bioinformatics and systems biology：bridging the gap between heterogeneous student backgrounds［J］. Briefing sinBio informatics，2013，14（5）：589-598.

[30] 杨帅．面向组学大数据的生物信息学研究［D］.中国人民解放军军事医学科学院，2016.

[31] 张渝洁，邢晋祎．生物信息学实验教学中的网络资源及其利用［J］．安徽农业科学，2019，47（11）：276-278.

[32] 张勇．运筹学课程的实践式教学探索研究［J］．课程教育研究，2016（36）.

[33] 冯永，钟将，等．大数据高级技术人才协同创新培养研究与实践：以计算机全日制专业学位研究生与本科生协同创新培养为例［J］.中国电化教育，2017（6）：35-44.

[34] 朱圣庚，徐长发．生物化学［M］.4版．北京：高等教育出版社，2017.

[35] 刘祥云，蔡马，罗淑萍，等．生物化学［M］.3版．北京：中国农业出版社，2010.

[36] 李树伟，陈水红，姜仁军，等．生物化学学习指导［M］．北京：北京科学技术出版社，2015.

[37] 赵国华，王玉珍，赵文英．多媒体技术在生物化学教学中的作用分析．教育探索，2007，194（8）：130-131.

[38] Paula AA，Karinade LC，Vitor WHR，et al. Computational strategy for visualizing structures and teaching Biochem istry. Biochem Mol Biol Edu，2019，47（1）：76-84.

[39] 范三红，张斌，白娟，等．分子可视化技术在生物化学课程教学中的应用．安徽农业科学，2017，45（4）：246-248.

[40] Reginald HG，Charles MG. Biochemistry（影印版）［M］. Second Edition. 北京：高等教与出版社，2002：802-851.

[41] Carola EB，Nicole AV，Daniela VB，et al. Learning me tabolism by problem-based learning through the analysis of health or nutrition articles from the Web in Biochem istry. J Food Sci Edu，2019，18：37-44.

[42] 李德红．小组合作学习在生物化学教学中的应用．高校生物学教学研究（电子版），2016，6（4）：18-21.

[43] 赵文君，叶庆元，章伟睿，等．建设生物化学教学微信公众号的问题及对策．生命的化学，2017，37（5）：872-875.

[44] 安然，王伟，安丽平，等．基于微信公众平台的生物化学移动学习系统的开发．生命的化学，2018，38（6）：860-865.

[45] 夏丽洁．浅谈高校生物学专业遗传学课程的教学现状与改进策略［J］．大学教育，2016（9）：144-145.

[46] 董婷婷．微课在高校遗传学理论教学中的应用浅谈［J］．教育现代化，2018，5（5）：268-269，281.

[47] 李兴锋，仵允峰，王树芸，等．基于翻转课堂教学模式的遗传学实验教改实践［J］．高等农业教育，2017（5）：65-67.

[48] 赵凤娟，赵自国，姚志刚．地方应用型本科院校遗传学翻转课堂教学模式改革［J］．滨州学院学报，2018，34（4）：83-87.

[49] 进茜宁，孙润润，李小军，等．翻转课堂在农学本科遗传学教学中的应用［J］．河南科技学院学报，2018，38（12）：70-72.

[50] 杨莹艳，游文慧，李慧琳，等．遗传学课程改革实践与探讨［J］．高校生物学教学研究（电子版），2019，9（1）：13-19.

[51] 杨海龙，吴明江，李军，等．发酵工程课程教学改革的探索与实践［J］．广西轻工业，2009，000（002）：128-129.

[52] 生书晶，佘婷婷，孙婷琪，等．发酵工程课程教学改革探索与实践［J］．高教学刊，2016，000（013）：69-70.

[53] 林标声，沈绍新．慕课、微课在地方应用型高校"发酵工程"课程教学中的改革与探索［J］．微生物学通报，2015，42（12）：2475-2481.

注：本章是如下基金项目的研究成果。塔里木大学"应用生物科学专业综合改革试点"项目（220101614）；塔里木大学高教研究项目（TDGJ1613）；塔里木大学生物信息学线下一流课程建设项目（TDYLKC202224）；塔里木大学高等教育教学改革研究项目（TDGJYB2115）；塔里木大学生物化学重点课程建设项目；塔里木大学课程思政项目；2019-2021年塔里木大学高等教育教学改革项目"遗传学微课制作及其教学实践效果"（TDGJYB1913）；2017-2020年塔里木大学"应用生物科学专业综合改革试点项目"（220101614）；2017-2020年塔里木大学"生物技术特色品牌专业建设项目"（220101505）；塔里木大学高教研究项目'项目教学法'在《发酵工程》实践教学中的研究和应用（TDGJYB1914）。

第二章

人才培养体系、机制、模式研究与实践

第一节

地方高校"生物＋"创新性复合型生物技术专业人才培养的探索与实践

为了满足国家战略性新兴产业现代生物产业的快速发展需要，培养创新性复合型生物技术专业高素质人才，武汉工程大学生物技术专业，根据教育部专业建设要求，依托学校化工与制药学科优势，进行了"生物＋化工""生物＋医药"的创新性复合型人才培养的探索与实践，并取得了一定的成效。

生物技术是以现代生命科学理论和成果为基础，结合数学、物理、化学、信息学等学科的新进展，利用先进科学技术改造和利用生物体为人类服务的高新技术。生物技术是一门涉及领域宽、涵盖范围广、基础性强、理工结合的新学科，生物技术学科将是多学科发展中最为迅猛的学科之一，生物技术产业将成为世界各国各行业中优先发展的支柱产业，已成为产业结构调整的战略重点和新的经济增长点，将成为我国赶超世界发达国家生产力水平，实现后发优势和跨越式发展最有前途、最有希望的领域。以生物技术为核心技术的现代生物产业已列入我国"十三五"战略性新兴产业。

为了为国家培养急需的生物技术专业人才，满足国家战略性新兴产业快速发展需要，1997年教育部批准建立生物技术专业，目前，全国该专业办学点达 379 个，在校学生有 7.5 万多人。为了保证专业人才培养质量，教育部分别于 2012 年和 2015 年发布了《生物技术专业规范》和《生物技术专业本科教学质量国家标准》。由于生物技术专业涉及领域非常广泛，与国民经济息息相关，不同产业对人才培养的要求不同，任何一个高校都不可能培养"面面俱到，行行精通"的生物技术专业人才。因此，在生物技术专业人才培养上，如何根据教育部对生物技术专业人才的培养要求，创新人才培养模式和机制，突出学科优势和人才开发应用能力，培养创新性复合型人才，办出品牌、办出特色，是高等学校都要面对的重要课题之一。

武汉工程大学是一所中央与地方共建、以地方管理为主、行业划转的省属普通高等学校，具有明显的化工行业特色与化工学科优势，学校具有化学工程与技术一级学科博士授予权，化学工程专业和制药工程专业通过了国家工程专业认证。生物技术专业是在学校化学工程、制药工程、应用化学和生物化工 4 个省级重点学科基础上于 2003 年组建的，成立近 20 年来，依托学校化工与制药学科优势，创新人才培养机制，走生物与化工、生物与医药融合的复合型生物技术人才培养之路，广泛开展创新性复合型人才培养的探索与实践，初步形成了"生物＋"的创新性复合型人才培养模式、人才培养体系、课程改革体系、课堂教学改革体系以及实践能力培养体系等，取得了一定成效。

一、构建了"生物＋"创新性复合型生物技术专业人才培养新模式

按照教育部对生物技术专业建设要求，结合化工与制药学科优势，以"厚基础、重实践、强能力、高素质、显特色"为导向，将生物技术专业人才培养与优势学科有机结合，构建了"生物＋化工""生物＋医药"生物技术专业创新性复合型人才培养新模式，形成生物化工与生物医药专业特色，提高人才培养质量和就业创业创新能力。构建的生物技术专业"生物＋"的化工特色人才培养模式，强化了生物与化工和生物与医药学科的融合，彰显了化工与制药优势学科特色。

二、建立了与"生物＋"人才培养模式相适应的生物技术专业创新性复合型人才培养新体系

探讨和构建了与"生物＋化工""生物＋医药"人才培养模式相适应的创新性复合型人才培养机制创新的8个人才培养新体系，即（1）具有生物化工和生物医药特色的人才培养方案体系；（2）凸显化学和化工基础的生物与化工、生物与医药融合的课程体系；（3）以快乐教学人人成才为理念的"一教二主三化"的课堂教学改革体系；（4）以实践能力培养为重点的实验、实习、实训、毕业设计论文、社会实践"五位一体"实践教学体系；（5）以高校政治文明促进优良学风和优良育人环境形成的育人体系；（6）以"高素质、跨学科、创新型"为特色的"双师型"师资队伍建设体系；（7）以"组织管理、运行管理、制度管理、质量管理和对教学工作全方位、全过程监控"为重点的"4管理1监控"的教学管理体系；（8）以"德、智、体、美、绩"为考核内容，"注重实践能力、自主创新能力和核心竞争要素评价，与校内专家评价、学生评价、校外实习单位评价、用人单位评价相结合"的"2能力1要素4结合"学校与社会相结合的人才质量评价体系。人才培养体系，强化了生物与化工和生物与医药的学科融合，彰显了我校化工与制药优势学科特色，具有理论和实践价值。

三、创立了凸显化学和化工基础的生物与化工、生物与医药融合的课程改革新体系

生物技术专业课程改革新体系，由生物专业课程和化工与医药特色课程组成。生物专业课程，主要包括植物学、动物学、微生物学、生物化学、细胞生物学、遗传学、分子生物学、基因工程、细胞工程、发酵工程、酶工程等；化工与医药特色课程，主要包括化工原理、生物化工、生物分离工程、药理学、药物设计、生物技术制药、生物制药工艺学等。该课程体系以省级基础化学示范中心为平台；以4大化学（无机化学、有机化学、物理化学、分析化学）和化工原理等化学、化工基础课为重点；以生物和化工与生物和医药课程相融合为特点；以生物化工和生物医药为专业方向；彰显了工科化工院校学科特色，具有明显的创新性。

四、开展了以快乐教学人人成才为理念的"一教二主三化"课堂教学改革新尝试

人在快乐状态时，工作效率和质量最高。给学生一个足够的空间，充分挖掘学生的潜力，让学生在快乐中学习、自主学习、自由发挥，有利于学生的个性发展和培养，有利于人人成才。为了改革传统灌输式教学模式导致的"师厌教、生厌学、教学差"的不良教学状况，建立了基于快

乐教学人人成才理念的"一教二主三化"课堂教学改革体系。"一教二主三化",即"关爱学生、因材施教;自主学习、自主出卷考试;沉闷化为轻松、复杂化为简洁、抽象化为具体"。将快乐教学人人成才的教学理念,贯彻落实到课堂教学实践中,通过把幽默带进课堂、营造快乐教学课堂氛围、构建和谐师生关系、精简教学内容、改革考试方法以及将高校思政教育和人文素养培养融入课堂教学等,促进教学课堂呈现出"师生关系融合、师生智慧竞相绽放、全体学生人人出彩"良好局面,达到人人成才的目的。快乐教学人人成才的课堂教学改革体系,具有一定的先进性、科学性、针对性和应用推广价值。

五、实施了"一岗二同三边"实习教学改革和毕业论文"333 工程"新措施

在实习教学中,与武汉光谷生物城的武汉光谷新药孵化公共服务平台公司、武汉中博生物股份公司、武汉科诺生物科技有限公司等生物化工、生物医药高新技术企业,以建设双赢的校外实习基地为平台,改革参观式、袖手旁观式实习教学模式,采用的"一岗二同三边"实习创新模式,即"顶岗实习、同吃同住、边劳动边学习边实践",全面提升学生在生物化工与生物医药方面的专业实践创新能力。

在毕业设计论文工作中,充分利用校内和校外两种教育资源,实施"333 工程",即"三方三真三合:产学研三方、真题真做真项目、生物化工医药三结合",在提高大部分学生在校内进行毕业设计论文质量的基础上,41.23%的学生开拓校企共同培养毕业生进行毕业设计论文工作,大幅度提高了毕业设计论文质量,彰显了应用型人才"开发应用能力"和人才培养"创新性复合型"特色,具有重要的理论价值和实践价值。

六、建设了一支"生物+"创新性复合型人才培养高素质教师队伍

通过推荐攻读博士学位、出国留学与进修、校企合作培养、国内外人才引进等措施,建设了一支符合省属地方高校实际、达到专业发展要求、有一定专业特色的专业师资队伍。专业教师教学科研成果丰硕,为创新性复合型人才培养提供了有力支撑。在教学方面,专业教师广泛开展教学研究与教学改革,发表了成体系成系列的多篇教研论文,仅韩新才教授以第一作者发表的教研论文就有近 40 篇。

七、"生物+"创新性复合型生物技术专业人才培养促进了专业人才培养质量的提高

全方位多领域进行创新性复合型人才培养改革,成效显著,该教学改革成果于 2016 年 10 月通过了湖北省教育厅组织的省级教学研究成果鉴定(鄂教高鉴字〔2016〕030 号),有力地提高了人才培养质量。

一是在校学生创新能力强,表现优秀。生物技术专业学生,有 10 人次荣获国家奖学金,其中,2016 级章鹏同学 3 次荣获国家奖学金,2020 年研究生推免被中国科技大学录取;31 人次荣获国家励志奖学金;有 6 人荣获国家专利;5 个学生团队荣获全国学科竞赛一二三等奖,如何佳佳团队 2018 年荣获"创青春"全国大学生创业大赛"金奖",辛玥团队 2020 年荣获第五届全国大学生生命科学创新创业大赛"一等奖";25 人荣获湖北省生物实验竞赛等省级学科竞赛一二三等奖;40 多人荣获湖北省优秀学士学位论文奖;学生公开发表科研论文 22 篇。以 2016 年学生取得的创新成绩为例,说明人才培养质量。2016 年,我校生物技术专业,闭思琪和瞿蕾 2 个学生荣

获国家奖学金；黄倩、刘小红和吴艳玲3个学生荣获国家励志奖学金；李银平、荣芮等7位同学，荣获湖北省教育厅组织的"第四届湖北省大学生生物实验技能竞赛"2个省级二等奖，4个省级三等奖；罗君雨同学的毕业论文，荣获湖北省优秀学士学位论文奖。2016届生物技术专业毕业生，考研率31.5％，就业率为100％，在生物化工与生物医药行业就业率62％。在校学生的创新性复合型特色表现显著。

二是毕业学生生物化工与生物医药素质高，创新能力后劲强。生物技术专业2007年开始有毕业生，这些毕业学生服务社会的能力强。例如，2009届毕业生徐德红，现为武汉光谷生物城上市公司新药孵化平台公司总经理，公司产值过亿；2009届毕业生刘顿现为广州市妇幼保健院首席试管婴儿专家；2009届毕业生赵家路自己开办生物医药，公司产值近千万；2007届毕业生张红现为湖北白云边酒业公司国家级品酒师等。

三是创新性复合型生物技术专业人才培养实践，获得了学生与社会多方面好评。米雪同学评价"感谢老师对我们学习生活上的帮助，总是为我们树立信心，总是关心大家的各个方面，有了您，这四年我们过得格外幸福，我们不会忘记在我们青葱岁月里有您的陪伴"；张美霞同学评价"老师这份教书育人为人师表的职业精神值得我学习，认真负责、以德育人、以才服人的精神将会伴随我的人生旅程"。实习单位武汉科诺生物科技公司评价"同学们责任心强，对微生物发酵系列产品有很强的专业理解，为公司提出了很多合理化建议，实习效果非常好"；实习单位武汉维尔福生物科技公司评价"实习带队老师和学生与公司员工同吃同住同劳动，积极为公司出谋献策，老师和同学们很敬业，值得我们学习，贵校实习受到公司一致好评"。用人单位武汉光谷新药孵化平台公司评价"贵校学生任劳任怨，吃苦耐劳，综合素质高，专业能力和动手能力强，有较强的领导力"。

| 第二节 |

生物技术专业化工特色应用型人才教育体系的探索与实践

为了培养厚基础、重实践、强能力、高素质、显特色的生物技术专业应用型人才，武汉工程大学生物技术专业，从人才培养目标、人才培养模式与体系、实践能力培养体系、课程体系等方面进行了化工特色应用型人才教育体系的探索与实践，对生物技术专业人才培养质量、专业建设、学术交流等方面的提高起到了较好的促进作用。

一、根据专业特点，结合学科优势，制定生物技术专业化工特色应用型人才培养目标

武汉工程大学是一所特色鲜明的地方本科院校，其优势特色学科为化工学科，具有博士学位授权资格。高校扩招后，学校以化学工程、制药工程、应用化学、生物化工等优势学科为依托，于2003年成立生物技术专业，招收生物技术专业本科生。如何办好该专业，既不能照搬其他高校建设模式，又不能脱离本校实际，必须依托本校化工学科优势，走生物与化工相结合的专业建设道路，这样，专业建设才能成本最低，特色最明显，成绩最显著。

根据教育部对生物技术专业应用型人才培养的要求，结合我国高等院校生物技术专业学科现状，进行生物技术专业化工特色应用型人才教育体系创新研究与实践，旨在构建能把握现代生命科学与技术学科发展方向和前沿、具有鲜明化工特色的生物技术专业应用型人才培养创新模式与创新体系，解决高等院校生物类专业人才培养目标单一、特色不鲜明、盲目向综合性大学培养研究型人才趋同的问题，为我国应用型人才培养提供参考思路。通过生物技术专业建设实践和人才培养机制创新的实施，构建生物技术专业特色鲜明的人才培养目标、专业培养方案、特色课程体系，以及优化学生知识结构、能力结构和素质结构的教学管理、教学内容与方法的改革体系等，将生物技术专业，建设成具有明显化工学科优势，特色鲜明的生命科学类专业，为社会输送合格的创新性、应用型高级生物技术人才。

基于以上思考，根据生物技术专业特点，结合学校化工与制药学科优势，制定了生物技术专业化工特色应用型人才培养目标：本专业培养德、智、体、美全面发展，具备生命科学与技术和现代生物技术系统理论和专业技能知识，以及一定的人文社会科学、自然科学、化学工程与技术等方面知识；具有从事生物技术产业及其相关领域设计、生产、管理和新产品开发、新技术研究能力；具有生物化工和生物制药专业特色和专长；能从事生物技术及其相关领域科学研究、技术开发、教学及管理等方面工作的应用型高级生物技术人才。

二、创新人才培养方式，构建生物技术专业化工特色应用型人才培养创新体系

按照教育部生物技术专业建设要求，结合化工学科优势，研究探讨和构建了生物技术专业化工特色应用型人才培养机制创新的 7 个体系，即：（1）以"厚基础、重实践、强能力、高素质、显特色"为导向的"多元化"的应用型人才培养目标体系；（2）以"生物技术专业课程＋特色课程"为主导的化工特色课程体系；（3）化工与生物相结合的"双师型"师资队伍体系；（4）"4 管理 2 监控"的教学管理体系；（5）"2 能力 1 要素 4 结合"教育质量与人才质量评价创新体系；（6）"利用校内和校外两种教育资源，走产学研合作道路"的"产学研合作"型应用型人才创新能力培养体系；（7）以高校政治文明促进优良学风和优良育人环境形成的育人体系。根据以上人才培养体系，结合化工学科优势，构建了生物技术专业"生物＋化工"的人才培养模式，强化了生物与化工学科的融合，彰显了工科化工与制药优势学科特色。

三、强化人才开发应用能力和实践能力培养，建立"实验、实习、实训、毕业论文、社会实践"五位一体的生物技术专业实践能力培养体系

根据教育部对高等学校本科生物技术专业应用型人才培养定位和要求，应用型人才主要培养其"研究开发应用能力和实践能力"，为了大幅度提高学生"研究开发应用能力和实践能力"，进行了生物技术专业实践能力培养体系的建设与实践，建立"实验、实习、实训、毕业论文、社会实践"五位一体的生物技术专业实践能力培养体系。一是"实验"，重点开设生物化工、生物制药方面的综合性、设计性实验，培养学生研究开发思维与动手能力。二是"实习"，以就业为导向，安排学生在生物技术企业"顶岗实习"，亲自参加生产劳动，培养学生劳动就业素质与能力。三是"实训"，开设化工原理课程设计和金工实习，培养学生生物化工素质，彰显生物学生"化工"特色。四是"毕业论文"，以"产学研"合作模式进行，除一部分学生在校内进行研究外，另一部分学生送到校外企业事业科研单位，结合单位研究课题，进行毕业研究工作，大力培养学生科学研究创新素质和研究开发应用能力。五是"社会实践"，让学生了解国情、热爱劳动、奉献社会、珍惜生活，培养学生务实的思想作风和高尚的品质。五位一体的实践能力培养体系，可以大幅度提高应用型人才的创新素质与实践应用能力。

四、凸显化工特色，创立工科院校生物与化工融合的生物技术专业课程体系

课程体系应该体现生物技术专业人才培养目标的多层次和多样化要求以及人才培养特色。武汉工程大学为工科化工院校，为了彰显培养人才的化工特色，建设了凸显化学和化工基础的化工与生物融合的生物技术专业课程体系。该课程体系，以生物和化工课程相融合为特点，以生物化工和生物制药为专业方向。课程体系中，除生物技术专业课程外，开设了化工与制药的特色课程，如化工原理、化工原理课程设计、生物化工、药理学、药物分子设计、生物技术制药等，通过生物课程与化工课程的有机融合，彰显了工科化工院校学科特色，可以大幅度提高生物技术专业人才特色。

五、生物技术专业化工特色应用型人才教育体系的实施及效果

1. 化工特色应用型人才教育体系的实施，有力促进了专业建设的发展

一是建设了一支结构较为合理、素质较高的师资队伍，生物技术专业。二是建设有微生物

学、生物化学、细胞生物学、遗传学、分子生物学、发酵工程等 6 个专业实验室。三是建设了 6 个校外教学实习基地，分别是武汉科诺生物科技有限公司、宜昌科力生高农公司、中国科学院武汉植物园、孝感啤酒厂、黄石兴华生化公司、武汉大成设计咨询公司，这些基地为生物技术专业学生进行校外认识实习、生产实习、毕业实习以及毕业论文（设计）提供了有力保证。四是编制了生物技术专业化工特色应用型本科人才培养方案，撰写修订了 24 门专业课程教学大纲。五是已招收培养了多届本科生。六是基本形成了化工特色的生物技术人才培养模式、课程体系、实践环节教学体系、教学内容与教学方法改革体系以及育人体系。七是专业教学研究与科学研究取得较大发展。近几年来，在教学方面，承担国家级、省级、校级教学研究项目共计三十项，获得中国石油和化学工业联合会、中国化工教育协会"中国化工教育科学研究成果奖"二等奖 1 项、三等奖 2 项，校级教学成果一等奖 3 项、湖北省高等学校教学成果奖三等奖 1 项、全国高校生物学教学研究优秀论文奖 4 项。

2. 化工特色应用型人才教育体系的实施，有力促进了人才培养质量的提高

生物技术专业化工特色应用型人才教育体系的研究与实践，有力提高了人才培养质量。研究成果在学校生物技术专业全面试点实施，共有 800 多名学生直接受益，项目的研究思路、人才培养模式、教学改革方法等辐射学校生物工程、食品工程等专业，有 2000 多名学生受益。在提高生物技术专业人才培养质量上，有如下方面表现。

一是学生政治思想良好，学风端正。生物技术专业学生，获得荣誉称号的人数多，如黄亮平同学 2005 年荣获"武汉工程大学杰出青年"称号；魏桂英同学 2006 年荣获"武汉工程大学优秀共产党员"称号；李金林同学 2007 年荣获"武汉工程大学优秀毕业生"称号；革伟同学 2009 年荣获"武汉工程大学三好学生标兵"称号。学生要求入党人数比例高，入党比例平均为 37.12%。获三好学生、优秀团干、优秀学生干部等称号的人次多，占 63.64%。获各种奖学金的人次多，占 63.64%。

二是学生学习成绩优良。生物技术学生，专业课成绩优良率（80 分以上）占 71.88%，不及格率（60 分以下）仅为 1.42%；四六级通过率平均为 94.44%；考研率平均为 32.5%。2008—2013 年，生物技术专业，有 3 名学生 4 次荣获国家奖学金；3 名同学荣获省政府奖学金；24 人（次）荣获国家励志奖学金；2 名学生荣获全国大学生英语竞赛一等奖，2 名学生荣获二等奖，1 名学生荣获三等奖；14 人荣获湖北省优秀学士学位论文奖。

三是学生综合素质有较大提高。近 5 年来，生物技术专业学生，有 5 人荣获国家发明专利和实用新型专利；有 5 人荣获湖北省大学生化学化工学术创新成果奖；革伟同学分别于 2009 年和 2011 年 2 次荣获"国家奖学金"；张红同学荣获第十三届奥林匹克全国作文大赛（主赛区）一等奖；黄亮平同学 2 次荣获"湖北省大学生田径运动会优秀运动员"称号；王欢同学 2010 年荣获"武汉工程大学优秀运动员"称号；常立超同学 2013 年被深圳航空公司挑选为民航飞行员；多名同学在学校举办的各类素质教育和社会实践中获奖。

四是专业人才培养质量较高。对 2012 届生物技术专业毕业情况综合数据分析表明，学生一次性就业率高达 100%，高质量就业率高达 9.52%，考上研究生录取率高达 38.1%，毕业论文获湖北省优秀学士学位论文奖比率高达 13.64%，这些指标均位居理科专业前列。

3. 化工特色应用型人才教育体系的实施，有力促进了专业教学研究与学术交流的开展

一是开展生物技术专业化工特色应用型人才教育体系创新研究与实践，共主持完成了 3 项省级以上和 5 项校级教学研究项目。3 项省级以上项目分别是：主持全国高教研究中心"十一五"国家教育规划项目重点子项目"生物技术专业应用型人才培养机制创新研究"，韩新才任生命科学与技术学科总负责人，2012 年已经结题；主持全国化工高等教育学会教育科学"十一五"规划研究课题"建设双赢生物化工校外实习基地的探索与实践"，2009 年已经结题；主持湖北省省级教学研究项目"构建化工特色生物技术专业人才培养模式的探讨与实践"，2008 年已经结题，成果通过省级鉴定，达到国内领先水平。此外，还主持完成了 5 项校级教研项目。

二是通过教学研究学术交流，扩大了在国内的学术影响和应用价值。进行的生物技术专业化工特色应用型人才教育体系创新研究与实践的经验与成果，分别于 2011 年在教育部与南昌大学举办的第六届"高校生命科学教学论坛"上进行了大会分组典型报告交流；2010 年和 2012 年分别在武汉生物工程学院和江汉大学举办的"武汉地区高校生命科学院院长联席会"上进行了大会报告交流；2009 年在重庆三峡学院举办"国家十一五课题'我国高校应用型人才培养模式研究'生命科学类项目中期研讨会"上进行大会典型报告交流。

三是发表 20 多篇系列教学研究论文。分别就人才培养方案、人才培养模式、专业建设规划、专业建设实践、实习基地建设、实验室建设、理论课教学方法改革等人才培养机制创新等方面研究内容，在《高等理科教育》《化工高等教育》《武汉工程大学学报》等刊物发表了 20 多篇教学研究论文，在国内引起了广泛的关注。

| 第三节 |

高校生物技术专业应用型人才培养机制创新

　　生物技术是一门多学科交叉融合、理论与实践并重的新型综合性学科，实践性和应用性都很强，在国家经济社会发展中的地位和作用日益突出。为了培养高素质的应用型生物技术专业人才，本节从人才培养目标、人才培养方案、课程体系、师资队伍建设、教学管理与改革、人才评价体系、产学研合作教育等人才培养机制创新方面，进行了探索，以期对我国高校生物技术专业应用型人才培养有所帮助。

一、我国高校生物技术专业人才培养存在的问题

　　自 20 世纪 90 年代中期开始，生命科学领域的巨大进步，以及对生物产业的快速发展的期待，使生命科学相关专业成为高考考生的一项时髦选择，特别是 1999 年高校大规模扩招，更有力地推动了生物学科人才培养，2001—2005 年，我国高校生物技术专业，办学点从 122 个增长到 248 个，在校生从 2.9 万多人增加到 6.2 万多人。由于该专业办学历史比较短，缺乏可供借鉴的成功经验，能否办好该专业，主要靠各院校在实践中不断探索与完善。因此，在生物技术专业人才培养上，存在一些不容忽视的问题和困难。

（一）专业定位模糊，人才培养模式和人才培养方案单一

　　在高等教育大众化阶段，按高等教育人才培养目标定位划分，高校培养人才包括以下三种类型，即：重点院校培养的以学术型为主的研究型人才；一般本科院校培养的以开发型为主的应用型人才；高职高专类学校培养的技能型为主的实用型人才。社会对这三种类型的人才在知识、能力、素质等方面的要求是不同的。按照教育部的要求生物技术专业主要是培养应用型人才，其专业定位、人才培养模式和人才培养方案均应围绕应用型人才培养这一主题。高校扩招后，不少学校在不十分了解生物技术专业特点的情况下盲目上马，结果导致专业定位和人才培养定位模糊，在办学指导思想、人才培养目标、人才培养模式上单一雷同，不顾社会实际需求与学科特色，忽视生物技术专业应用型定位，盲目向综合性大学培养研究型人才趋同，导致高校人才培养难以适应经济社会发展对应用型的生物技术人才的需求。为此，高校应该根据自身学科优势，强化专业特色，创新人才培养模式，构建多元化的人才培养目标和人才培养方案，注重人才开发应用能力的培养。

（二）教学模式呆板，对学生的主体性和差异性重视不够

现代素质教育的核心和应用型人才培养的本质要求是，教育教学要最大限度开发和挖掘学生固有潜能，要因材施教，充分尊重个体差异。目前，我国高校生物技术专业遵照的培养方案基本相同，教学内容大致相同，课程体系类似，学制一致，学生自主选择内容、安排进度的空间很小。对学生的主体性和差异性重视不够。教学方式方法千篇一律，缺乏灵活性，不能充分调动学生的积极性和主动性。在教学中看重培养学生"知识储备"，轻视培养学生"知识应用能力"，过分强调学生对书本知识的掌握，扼杀了学生对知识的兴趣，埋没了学生的创新性精神。因此，高校应该构建符合本校实际、科学合理的课程体系，加强教学方式方法改革，适应应用型人才培养差异化要求。

（三）"双师型""复合型"师资缺乏，培养的人才实践能力不足

生物技术是在现代分子生物学等生命科学的基础上，结合了化学、化学工程、数学、微电子技术、计算机科学、信息科学与技术等尖端基础学科而形成的一门多学科交叉融合的综合性学科，涉及学科广泛，特别注重不同学科之间的知识交叉与融合；同时也是实践性和应用性很强的一门学科，特别注重实践能力的培养与应用。目前，我国生物技术专业师资队伍，主要以"生物学"背景的教师为骨干，而"双师型"教师、不同学科交叉融合的"复合型"师资严重缺乏，这种状况不利于生物技术专业的发展与生物技术多元化人才培养的要求。

在教学上，存在重视理论教学，轻视实践教学的问题，学生动手能力差。而且由于生物技术专业实验教学投入大，设备昂贵，在实验教学中，存在实验内容陈旧，综合性、设计性、研究性实验缺乏的问题。此外，在毕业论文研究方面，由于扩招后学生人数增加，毕业论文实验条件不能满足要求，毕业论文质量不高。这样导致了我国高校特别是一般本科院校，培养的生物技术人才，独立工作能力、分析与解决问题能力以及知识加深拓宽的能力不足。因此，我国高校特别是一般本科院校，在应用型人才培养上，应该加强"双师型""复合型"师资队伍建设，以市场为导向，走产学研合作道路，加强学生实践能力培养，培养符合科学发展观要求和市场需要的应用型人才。

（四）人才培养特色不鲜明，就业难度加大

目前，我国高校特别是一般本科院校，生物技术专业人才培养，特别重视对生命科学学科培养，而各高校结合自身学科特色，培养具有特色学科优势的生物技术人才，缺乏典型与示范。高校培养的生物技术人才千篇一律，很难适应社会对多样化生物技术人才的需求，造成大学生就业难度加大。

二、生物技术专业应用型人才培养机制创新的指导思想

高等学校是社会系统的一员，服务、服从和满足社会需要，适应社会发展观念、发展模式以及经济增长方式，从而有效支持经济社会的发展，是高校的基本职能。当前，我国经济社会正在大力贯彻落实科学发展观，其核心是以人为本，基本要求是全面协调可持续发展，根本方法是统

筹兼顾。新的发展观念与发展模式，从客观和整体上要求高校必须树立相应的科学人才观，并以此进行人才培养目标、人才培养模式、人才培养机制的重新界定和创新。

此外，中国现代社会是多元化的社会，在产业结构上，既有以信息技术、生命科学、材料科学为代表的技术密集型高新技术产业，也有多年来形成的传统工业产业，又有劳动密集型的手工业和农业产业，还有改革开放后快速发展的服务业等。在地域分布上，既有东部发达地区，又有中部地区，还有国家大力开发的西部地区。多元化社会与国情，决定了对人才需求的多元化，同时也对高校人才培养机制与模式的改革创新提出了客观要求。

人才培养机制创新，要使人才培养目标与社会需求和学生全面发展相适应，要使培养方案与培养目标相适应，要使人才培养质量与专业定位相适应。为此，生物技术专业人才培养机制创新的指导思想是：（1）全面贯彻党的教育方针，坚持育人为本、德育为先；（2）遵循人才培养和生物技术学科发展的规律，注重人才培养的创新与传承，凸显人才培养时代特征，凸显高校办学特色，凸显生物技术专业应用型特点；（3）坚持思想道德素质、文化素质、业务素质、身体素质和心理素质协调发展，注重学生个性发展，树立社会需要和个人发展相协调的全面教育价值观；（4）注重学生实践能力、科研能力、创新能力的培养；（5）实现人才培养目标的差异化、多元化、特色化，以适应科学发展观对应用型人才培养的要求。

三、生物技术专业应用型人才培养机制的创新

（一）以"厚基础、重实践、强能力、高素质、显特色"为导向，构建多元化的应用型生物技术专业人才培养目标

生物技术是由多学科交叉形成的综合性很强的新兴学科，它包括生命科学的所有次级学科，又结合了化学、工程学、数学、微电子技术、计算机科学等尖端基础学科，要求生物技术人才具有较深厚的理论基础和较宽广的知识面。

生物技术是一门实验性、实践性很强的学科，它是以现代生命科学为基础，以工程学原理，按预先设计改造生物体或加工生物体生产产品为人类服务的一门技术科学，需要使用大量的现代高精尖仪器，如超速离心机、高效液相色谱、DNA合成仪等，要求生物技术人才具有较强的实验和实践能力。

同时，生物技术是一门应用性很强的高新技术，具有高智力、高投入、高效益、高竞争、高风险、高势能等显著特点，要求生物技术人才具有较高的思想文化道德素质和较强的创新能力。

由于生物技术涉及领域非常广泛，包括与国民经济息息相关的诸多产业，如：农业、能源、环保、化工、医药、卫生、矿产、材料、食品等，这些产业对生物技术人才培养的素质要求不同。我国近250个高校设置了生物技术专业，具有点多面广的特点，任何一所高校，都不可能培养面面俱到、行行精通的生物技术人才，各高校培养的人才应凸显各校特色，实现应用型生物技术人才培养目标的差异化、多元化、特色化，以适应国家对人才的需求。应用型生物技术人才的特色，包括农业特色、能源特色、环保特色、化工特色、医药特色、矿产特色、材料特色、食品特色等。

（二）构建科学规范的人才培养方案，满足应用型生物技术人才培养需要

人才培养方案是高等学校为达到人才培养目标所制定的总体设计，是人才培养的纲领性文

件，对应用型生物技术人才培养具有十分重要的意义。要根据学校的学科特色，应用型人才的特点，以及科学发展观的要求，制定行之有效、科学规范的人才培养方案。人才培养方案，应对业务培养目标、业务培养要求、主干学科、主要课程、主要实践教学环节、学制、学分、学位、教学进程等，作出明确规定和安排。

（1）在业务培养要求上，规定学生必须熟悉国家有关生物技术产业的方针、政策、法规，必须掌握生物技术专业基础理论知识，了解本学科的前沿和发展动态，掌握文献检索与查阅的方法，具有从事生物技术专业的基本业务能力、科研能力以及实际工作能力。

（2）在课程设置上，构建理论教学平台、实践教学平台和创新教育平台等三个平台。理论教学平台，由通识教育课程、学科基础课程和专业课程组成；实践教学平台，由实习、实验、实训组成；创新教育平台，由课程创新教育、学术创新活动、实践创新活动组成。

（3）要不断探索和完善学分制培养方案，设置通识教育学分、学科基础学分、专业学分以及创新学分，构建人才培养模式多元化、差异化局面，满足学生个性化、自主化发展需求。

（4）在实践教学上，规定学生必须进行认识实习、生产实习、毕业实习、毕业论文（设计）以及社会实践活动等，使学生对生物技术产业现状与发展趋势有切身了解与体会，大幅提高学生的综合素质、实践能力和创新能力。

（三）建立科学合理的课程体系，彰显应用型生物技术人才培养特色

课程是体现教育教学理念的重要载体，是创新性人才培养的重要途径。高校培养应用型人才的重点是课程体系设置科学合理、特色鲜明。生物技术是一门生命科学与其他学科交叉融合的综合性学科，在课程体系设计上，应改变过去只设置生命科学相关课程为唯一课程平台的模式，注重生命科学与其他相关学科的融合与创新，形成特色课程体系，构建"生物技术专业课程＋特色课程"这一新的创新课程的体系。创新的生物技术课程体系应涵盖以下三大模块。

（1）专业基础课：主要包括生物化学及实验、微生物学及实验、细胞生物学及实验、植物生物学、动物生物学等，以及专业基础特色课程。

（2）专业必修课：主要包括遗传学及实验、分子生物学及实验、基因工程、细胞工程、酶工程、发酵工程、生物技术大实验等，以及专业必修特色课程。

（3）专业选修课：主要包括生态学、免疫学、生物统计学、生物信息学、生物制品学、生物工艺学等，以及专业选修特色课程。特色课程应根据各高校的学科优势而定，它涵盖农业、能源、环保、化工、医药、卫生、矿产、材料、食品等诸多领域。

（四）加强"双师型""复合型"师资队伍建设，为应用型生物技术人才培养提供智力支撑

多元化的培养目标与交叉融合学科的特殊要求，决定了生物技术专业要想培养和造就一批合格的、能满足社会发展需求的应用型人才，必须强化师资队伍的建设，建设一支高素质、跨学科、具有创新能力的"双师型""复合型"教师队伍。

"高素质"，不仅仅体现在高学历、高职称上，更主要的是要有高度责任心和使命感，要精于教学、勤于科研、乐于奉献，做到爱岗敬业、为人师表。"双师型"专业教师，不仅要具有较高的专业理论水平，较强的教学、科研能力和素质，还要具有广博的专业基础知识，熟练的专业实践技能，较强的生产经营和科技推广能力，以及指导学生实践教学及创业的能力与素质。"复合

型"教师，则要求教师，特别是专业课教师，必须具有不同的专业教育背景，具有生命科学与其他学科交叉融合的素质能力，如"生物＋化工""生物＋环保""生物＋材料"等。"创新能力"，要求教师能跟上时代步伐，及时更新教学内容和方法，具有较强的教学改革和科研创新能力。

建设高素质"双师型""复合型"具有创新能力的师资队伍，需要政策和制度保障，可采用选送青年教师到重点大学培训、资助教师攻读博士学位、人才引进等方式，提高师资队伍质量，形成一支素质高、结构合理、具有特色的师资队伍。

（五）改革教学管理模式和教学方式方法，为应用型生物技术人才培养提供保障

高等学校教学管理模式改革，应顺应高等教育大众化趋势，更新教育教学观念，满足社会对应用型创新型人才的多层次和多样化的需求，营造一种有利于应用型创新性人才培养的教育环境，使学生创新能力和实践能力得到有效提高。

要制定和完善教育教学管理规章制度，促进教育教学管理系统化、规范化；要建立健全全面质量管理体系，对学校教学、管理工作进行全方位全过程监控，做到组织管理、运行管理和制度管理的有机统一；要以学生为主体，以提高教学质量为目标，以实现学生个性和特色发展为目的，提高教学管理人员整体素质，鼓励管理创新，以先进的教学理念和科学的工作方法，推动学校发展和人才培养质量的提高。

教学方式方法改革，要尊重学生主体地位和学生的个体差异，因材施教，充分挖掘学生潜能，提高学生参与教学的积极性；要加强学生实验、实习、毕业设计论文以及社会实践环节的教学，提高学生动手能力、实践能力；要重视教学内容的更新与衔接，强化理论知识在实践中的应用与发展，把握学科发展前沿；要充分利用多媒体等现代教学先进手段，提高教学质量。

（六）创建科学的教育质量评价和人才评价体系，确保应用型生物技术人才培养质量

当前高校教育质量评价和人才评价机制主要以学生的学业成绩为标准进行评价，这种评价机制具有不科学、不规范的缺点，这种评价体系不利于人才质量的评定和人才培养质量的提高。应用型人才教育质量评价和人才评价，要制定科学合理的教学质量标准和学生学业评价标准；建立校内专家评价、学生评价与校外实习单位评价、用人单位评价相结合的教育质量评价和人才评价体系；要以德、智、体、美全面发展为主要评价内容；要更加注重教育产出评价、学生学习产出评价、学生个性化发展评价，以及专业办学宗旨实现程度的评价；更加注重毕业率、就业率、成才率的评价；更加注重实践能力、自主创新能力和核心竞争要素的评价。

（七）以市场为导向，走产学研合作道路，为应用型生物技术人才培养创造条件

高等教育必须面向市场经济，回归市场是教育的根本与最终目标，应用型人才的最终培养目标也就是市场需求。生物技术专业应用型人才培养，必须以市场为导向，走市场化道路，充分利用校内和校外两种教育资源，主动走出去，了解市场，服务市场，走产学研合作培养的道路，大幅度提高学生实践能力。要加强与生物技术企事业单位的合作，共同创建校外实习实践基地，发挥校企合作独特功能。要依托专业优势和行业协会，根据市场需求，构建校企联合、双向互动的办学机制，培养高层次生物技术专业应用型人才。高校可以根据生物技术企事业单位需求，量体

裁衣，定向为其培养有特色的专门人才，即"订单培养"；也可以请生物技术产业的相关专家学者、研发人员及管理专家，到学校开讲座、做报告、进行短期培训，通过他们把行业的最前沿知识带进学校，拓宽学生眼界，使学生了解国情，坚定专业信念。

毕业学生除在校内完成毕业论文（设计）外，还可到校外与生物技术产业相关的企事业单位完成毕业论文，在校外完成的毕业论文，不仅论文题目与企业事业单位生产实际紧密结合，专题专做，科研成果对企业有利，而且学生通过科研，大大提高了实践能力以及科研能力，同时还可以促进就业。此外，高校应利用自身知识密集的优势，与企事业单位广泛合作，为企事业单位提供人才培养、产品开发、技术咨询、科学研究等方面服务，共建研发中心，共同开发产品等，形成校企优势互补合作双赢的良好关系，为应用型人才培养创造良好条件，打下坚实基础。

| 第四节 |

化工特色生物技术新专业人才培养模式探讨

　　根据高等学校本科生物技术专业建设规范的要求，结合工科化工院校学科优势，进行了化工特色生物技术新专业人才培养模式的探讨，构建了符合工科化工院校实际的，具有化工特色的生物技术新专业人才培养方案、课程体系、实践环节教学体系、教学方法改革体系和育人体系，为工科化工院校生物技术专业建设和人才培养提供参考。

一、构建具有生物化工和生物制药化工特色的人才培养方案

　　人才培养方案是实施人才培养工作的根本性指导文件，是开展各项教学活动的基础，是组织实施教育教学活动的依据，反映了学校人才培养思想和教育理念，对人才培养质量具有重要的导向作用。武汉工程大学生物技术专业是依托化学工程、制药工程、应用化学、生物化工4个省级重点学科建立的、具有生物化工和生物制药等学科优势的生命科学类专业，构建的化工特色人才培养方案具有如下特点。（1）体现国家教育方针，实现工科院校学校培养目标；（2）遵循人才培养和学科发展规律，体现工科化工院校学校办学特色；（3）拓宽专业口径，加强基础教育和通识教育，实现因材施教、以学生为本的教育理念；（4）培养能把握生命科学发展方向和前沿，具有生物化工与生物制药鲜明化工特色的生物技术应用型高级专门人才。

二、凸显化学和化工基础的生物与化工融合的课程体系

　　课程体系是实现专业培养目标，构建学生知识结构的中心环节，建立适应社会主义市场经济发展需要，体现生物技术学科内在规律和学校学科特色，科学合理的课程体系极为重要。武汉工程大学生物技术专业的课程体系分为6大模块，即公共基础课＋学科基础课＋专业主干课＋专业方向选修课＋实践性教学＋全校任选课，课程体系凸显生物课程与化工基础的融合。

　　1. 公共基础课重视人文、法律基础和外语、计算机综合素质培养，以适应现代社会对人才素质的要求。公共基础课包括数学、物理、外语、计算机、大学语文、法律等。计算机、外语教学贯穿人才培养全过程。公共基础课共67学分，1210学时。

　　2. 学科基础课以省级基础化学示范中心为平台，凸显化学和化工基础，实现化工与生物基础学科的有机结合。学科基础课包括4大化学板块和生物基础板块。4大化学板块即无机化学、有机化学、分析化学、物理化学，依托武汉工程大学省级基础化学示范中心这一发展平台，强化

学生化工学科基础，形成化工特色；生物基础板块包括植物生物学、动物生物学、微生物学、细胞生物学、生物化学等，形成生物技术基础学科群。学科基础课共46学分，836学时。

3. 专业主干课把握生命科学的发展方向与前沿，强化学生生命科学专业的背景与特色。专业主干课包括分子生物学、遗传学、基因工程、细胞工程、酶工程和发酵（微生物）工程等。专业主干课共20学分，360学时。

4. 专业方向选修课以化工优势学科为依托，形成生物化工与生物制药2个专业方向，生物化工方向选修课包括化工原理、生物分离工程、生物化工、生物工艺学等。生物制药方向选修课包括药理学、生物技术制药、生物制药工艺学、药物设计等。专业方向选修课共8学分，144学时。

5. 实践性教学强化学生化工学科与生物学科实验动手能力、实践能力和创新能力。实践性教学共23学分，计划23周完成。

6. 全校任选课要求学生至少选6个学分108个学时的生命科学以外的其他学科课程，培养综合素质。

三、 强化生物与化工双基础实验教学和以双赢实习基地为平台创新实习教学的实践环节教学体系

现代素质教育要求高等教育通过各种教育实践活动，大力提高学生动手能力、实践能力和创新能力的培养，生物技术是由多学科交叉形成的理论与实践并重的新兴学科，实践教学是十分重要的教学环节。生物技术专业的实践环节教学体系由实验课程、实习课程、毕业论文（设计）组成。

1. 实验课程教学体系。实验课程立足两个基点，即强化化工和生物2个学科学生综合动手能力培养。在化工方面，以省级基础化学示范中心为平台，强化4大化学实验课程建设，同时，开设化工原理课程设计，加强对学生工程实践能力的训练，使学生具有明显化工知识优势。在生物科学方面，开设细胞生物学、遗传学、分子生物学、生物化学和微生物学等实验，使学生掌握生物技术基础实验技能，开拓创新能力。

2. 实习课程教学体系。实习课程包括认识实习、生产实习和毕业实习，建设双赢的校外实习基地为平台，全面提升实习教学质量，提高学生的实践能力和创新能力。生物技术专业是一门实践性很强的实验性学科，校外实习教学对培养学生的创新意识和实践能力具有特别重要的意义。高校扩招后，高校校外实习教学存在着实习基地难建、实习教学质量差等具体困难。其根本原因，是高校没有与校外企事业单位形成互利双赢的局面，校外实习教学对企业利益促进不大，企业对高校建设实习基地和支持基地实习教学缺乏内在动力。高校如果与校外企事业单位建立双赢的实习基地，积极为企业提供人才培养、产品开发、技术咨询、科学研究等方面服务，则企业积极性高，积极支持和参与高校校外实习教学，可较好解决实习基地难建和实习质量不高的矛盾，大幅提高实习教学质量以及学生的实践动手能力和创新能力。

3. 毕业论文（设计）教学体系。毕业论文（设计）在提高大部分学生在校内进行毕业论文（设计）质量的基础上，开拓校企共同培养毕业生进行毕业论文（设计）的工作，该工作在武汉工程大学称为"宜化模式"，校企根据企业生产科研实际选题，共同指导毕业生，学生毕业论文（设计）质量高，这一模式得到了湖北省教育厅的表彰和推广。

四、参与式与探究式的教学内容与教学方法改革体系

1. 优化课程结构体系，更新和优化课程内容。建立适合化工特色生物技术人才培养机制的课程教学内容模式，除传授书本知识外，还应紧跟生物学科与化工学科发展前沿，传授最新信息和动态，提出本学科有争议的问题和领域，供学生自主学习和研讨，开阔学生的视野。

2. 注重教学方法改革，建立科学合理的教学改革体系。着重建立以学生为教学主体的、能培养学生终身学习能力与创新能力的、参与式和探究式的教学方法改革体系。参与式教学是激发学生主动参与课堂教学的一种新方式，它改变由教师讲、学生被动听、灌输填鸭式的传统教学模式，学生主动积极参与课堂教学，如主动提问、主动回答问题、上讲台演讲、参与课堂讨论等，大大提高学生主动学习热情。探究式教学是大幅提高学生学习效果和创新思维能力的一种新方式，它实现了由知识接受向知识探究的转变，学生在参与探究中获得知识，发展情感，所学知识记忆更持久，更具迁移性。探究式教学，采用情景探究、发现学习、开放性学习、合作学习、研讨式学习等方法，可极大地锻炼学生分析和解决问题的能力、创新思维能力以及终身学习能力。

3. 充分利用现代教育教学手段，提高课堂教学质量。充分利用多媒体、幻灯、投影仪等先进教学设备和手段进行课堂教学，提高教学效率和教学质量。在教学内容上，重点把握生命科学与生物化工和生物制药的有机融合，彰显化工知识体系特色。

五、以高校政治文明建设促进优良学风和优良育人环境形成的育人体系

高校的政治文明，最根本的就是要求师生具有较高的政治意识文明。政治意识主要包括政治思想、价值观念、民主意识、法律观念、政治舆论、政治认同感、自强不息的民族精神等。思想政治工作是高校政治文明建设的重要手段，通过学校民主政治建设，大力加强大学生思想政治工作，全面提高大学生政治修养、民主意识、参与学校管理和建设意识以及法治意识，形成优良学风和优良育人环境，把大学生培养教育成中国特色社会主义事业的建设者和接班人。主要育人体系包括如下：（1）加强政工队伍建设和组织领导。大力加强政治思想队伍建设，为大学生思想政治教育的开展提供坚强的组织保证，健全大学生思想政治教育的保障机制。（2）营造良好育人环境。努力营造加强和改进大学生思想政治教育的良好社会环境和学校环境。（3）发挥课堂育人主导作用。创造性地抓好思想政治理论课、哲学与社会科学课和其他各门课程建设，充分发挥课堂教学在教书育人中的主导作用。（4）建立实践育人机制。建立大学生社会实践保障体系，探索实践育人的长效机制。

参考文献

[1] 韩新才，熊艺，肖春桥，等．地方高校"生物＋"创新性复合型生物技术专业人才培养的探索与实践［J］．高校生物学教学研究（电子版），2017，7（4）：26-29.

[2] 韩新才，王存文，喻发全，等．生物技术专业化工特色应用型人才教育体系的探索与实践［J］．化工高等教育，2013，（6）：1-4.

[3] 韩新才，户业丽，王存文，等．高校生物技术专业应用型人才培养机制创新［J］．武汉工程大学学报，2010，32（10）：39-43.

[4] 韩新才，潘志权，丁一刚，等．化工特色生物技术新专业人才培养模式探讨［J］．武汉工程大学学报，2007，29（5）：80-82.

[5] 教育部高等学校生物技术，生物工程类专业教学指导委员会．生物技术专业本科教学质量国家标准（征求意见稿）［J］．高校生物学教学研究（电子版），2014，4（4）：3-7.

[6] 教育部高等学校生物科学与工程教学指导委员会．生物技术专业规范［J］．高校生物学教学研究（电子版），2012，2（1）：3-10.

[7] 廖可佳．就业导向的应用型专业教育体系改革初探——以石油工程专业为例［J］．长江师范学院学报，2012，28（4）：100-103.

[8] 朱常香，郭兴启，王芳．注重实践能力构建生物技术应用型创新人才培养体系［J］．高校生物学教学研究（电子版），2012，2（1）：16-19.

[9] 荚荣，尹若春．生物技术复合应用型人才培养模式的探索与实践［J］．生物学杂志，2013，30（1）：103-105.

[10] 邢朝斌，田喜凤，吴鹏，等．生物技术专业创新性实践教学体系的建立与实践［J］．高师理科学刊，2013，33（1）：107-110.

[11] 郑明顺，柴军红．生物技术专业课程体系建设与应用性技术人才培养［J］．黑龙江高教研究，2011，（5）：152-153.

[12] 吴海波，王利红，万晓文．健康保险专业应用型人才培养模式创新论［J］．安徽警官职业学院学报，2009，8（41）：5-8.

[13] 唐启群，肖本罗．论人才培养模式创新［J］．中国成人教育，2007，（12）：19-20.

[14] 王子贤，马国富，郭顺祥，等．实践教学与人才培养模式创新研究［J］．中国科教创新导刊，2009，（7）：29.

[15] 于林，郑成超，刘学春，等．生物技术专业人才培养模式的探讨［J］．高等农业教育，2001，（2）：29-30.

[16] 张莉娜，虞海珍，潘学松，等．高校实践教育管理存在的问题及对策浅议［J］．高等理科教育，2008，（5）：72-75.

[17] 李瑞芳．对生物技术专业人才培养模式的思考［J］．科教文汇，2007，10月上旬刊：62-63.

[18] 刘芳，张继和．关于人才培养模式创新的研究［J］．文教资料，2008，2月号中旬刊：159-160.

[19] 胡兴昌．生物技术专业建设的探索性研究［J］．上海师范大学学报（教育版），2003，32（3）：38-41.

[20] 张玉霞．我校生物技术专业建设意见［J］．赤峰学院学报（自然科学版），2005，21（1）：31-32.

[21] 曹军卫，杨复华，张翠华．生物技术专业建设的实践与探索［J］．微生物学通报，2002，29（2）：99-101.

[22] 李竞，黄伟，周国安，等．农业生物技术人才培养模式的创新与实践［J］．农业教育研究，2005，（3）：19-23.

[23] 龚明生，宋世俭．思政工作在高校政治文明建设中的作用［J］．武汉化工学院学报，2005，27（6）：40-42.

[24] 龚明生．对高校政治文明建设的几点思考［J］．学校党建与思想教育，2005，（12）：64-65.

注：该章内容是如下基金项目的研究成果。湖北省高等学校教学研究项目"构建化工特色生物技术专业人才培养模式的探讨与实践"（鄂教高〔2005〕20号，项目编号：20050355）；"十一五"国家课题"我国高校应用型人才培养模式研究"的重点子项目"生物技术专业应用型人才培养机制创新研究"（FIB070335-A10-01）武汉工程大学校级教学研究项目（X2012018）；武汉工程大学校级教学研究项目"基于快乐教学人人成才理念的高校课堂教学改革研究"（项目编号：X2016019）等。

第三章

课堂教学方式方法改革研究与实践

第一节

"双一流"背景下高校课堂教学"一教二主三化"
教学改革探索与实践

在"双一流"背景下，课堂教学改革是教育改革的重要内容之一。在高校课堂教学中，实施基于"快乐教学人人成才"理念的"一教二主三化"教学改革，是切实提高课堂教学质量和人才培养质量的有益探索和可行途径。"一教二主三化"即"关爱学生、因材施教；自主学习、自主考试；沉闷化为轻松、抽象化为具体、复杂化为简洁"。本节对"一教二主三化"课堂教学改革进行了探讨和实践，取得了较好的效果。

在国家建设一流大学和一流学科的"双一流"背景下，习近平总书记指出，"只有培养出一流人才的高校，才能成为世界一流大学"，因此，"双一流"建设的核心和落脚点，在于人才培养质量，而人才培养的主渠道和重要阵地是课堂教学。课堂教学，是学生对专业知识理解与掌握的重要环节，是学生个性成长和全面发展的生命场域，是创新精彩生成、分享个人智慧、合作探究实践的过程。然而，在高校课堂教学的实践中，由于传统教学理念、教学方式方法、教学管理政策以及灌输式教学模式没有得到根本性改变，高校教学课堂，老师与学生双方，均缺乏教与学的快乐，教师照着教学课件 PPT 念，学生感到很沉闷和很无奈；与此同时，学生上课玩手机、开小差、打瞌睡、精神萎靡不振的情况也很普遍。高校课堂教学存在的不良现状，难以适应新时代"双一流"建设的要求，迫切需要在教学理念、教学方式方法以及教学管理政策等方面寻求新的突破与变革，打造"金课"，消灭"水课"，为不同类型的受教育者提供个性化、多样化、高质量的教育服务，促进学习者主动学习、释放潜能、全面发展。为了切实提高课堂教学质量和人才培养质量，让课堂教学"活起来"、学生"参与进来"、课堂教学质量"高起来"，我们在近20年的生物技术专业本科课堂教学中，进行了基于"快乐教学人人成才"理念的"一教二主三化"的课堂教学改革探索与实践，取得了一定的效果，以期为我国高校课堂教学改革提供参考。

一、课堂教学"一教二主三化"教学改革的探索与实践

高等教育质量内涵发展转向关注学生的学习，是高等教育回归教育本质的必然诉求。快乐教学人人成才，是教育教学的美好愿景。为了从根本上改变高校课堂教学的不良状况，打造

"金课"，我们探索建立基于"快乐教学人人成才"理念的"一教二主三化"课堂教学改革创新体系，目的是：（1）给学生创设愉快、自由、轻松、主动的学习氛围，让快乐和欢笑充满课堂，使学生保持浓厚的学习兴趣；（2）系统培养学生个性发展、差异化发展和全面发展素质，提高自主学习、合作学习和终身学习能力；（3）充分挖掘和发挥每一个学生的潜能，让每个学生都有"人生出彩"的机会。通过教学改革，使高校教学课堂呈现出"师生关系融洽、师生智慧竞相绽放、全体学生人人出彩"的良好局面，切实促进课堂教学质量的内涵发展和人才培养质量的提升。

"一教二主三化"，即"关爱学生、因材施教；自主学习、自主考试；沉闷化为轻松、抽象化为具体、复杂化为简洁"。

1. "一教"——关爱学生、因材施教

"关爱学生、因材施教"，是课堂教学改革的基础。可以拉近老师与学生的距离，为学生参与教学、提高学习兴趣营造良好的环境。

爱因斯坦认为，兴趣是最好的老师。快乐教学，是从根本上抑制学生厌学的教学方法，教师教学要心情愉悦、热情高、态度好、引人入胜，要关心学生情感，激发学生学习兴趣，与学生建立平等友好师生关系，使教者教得轻松，学者学得愉快。

（1）关爱学生

爱是最崇高的语言，爱是春风化雨，爱是心灵的春天。教师关爱学生，是教师职业道德的本质要求，是教育回归本质回归初心的必然选择。有爱心不会孤独，有爱心的老师，会得到学生的真心尊重，会激发学生学习兴趣和参与课堂教学的积极性。每一个学生，都是有着鲜明特质和个性的生命个体，每个人的学习情况、家庭经济状况、身体素质和智力品德等各不相同，要根据学生的不同情况，关心帮助每一个学生，尊重善待每一个学生，特别要关心帮助学习困难、生活困难和心理困难的学生，让他们健康快乐成长。在课堂教学中，不仅关注学习成绩好的学生，而且要鼓励成绩差的学生积极参与课堂教学，如回答问题、课堂讨论等，对学生一视同仁，使每一个学生都得到尊重和激励。例如：某同学大学一年级有六七门功课不及格，经常旷课，通过谈心，教师了解其家庭和个人情况后，积极做好其思想工作并提供所需的帮助，使该同学学习成绩得到了明显改变，后来没有1门挂科，并于2018年顺利毕业。此外，教师在资助困难学生、辅导学生考研、推荐学生就业与勤工俭学等多方面，真心为学生提供帮助，得到了学生的真心尊重，拥有了相当多的学生粉丝，也得到了学校的表彰，多次被评为学校"优秀共产党员"和"优秀党务工作者"等荣誉称号。

（2）因材施教

每个学生的爱好、智力、性格等各不相同，在教学中，要根据学生的个体差异，采取有针对性的措施，因材施教，提高教学水平和育人质量。武汉工程大学在小班化教学、个性化答疑和辅导、兴趣化实习实践、老师坐班制和科研导师制等方面，采取切实措施，对学生进行差异化教学和个性化辅导，促使每一个学生学有所成，人人出彩，让每一个学生都体验成功的"快乐"。例如：生物技术专业课堂教学，均是20多人的小班教学；专业全体老师均采取坐班制，

随时为学生提供个性化答疑和辅导；每年暑期，学生成立10多人的兴趣小组，专业老师带队到武汉光谷生物城高新技术企业进行勤工俭学和社会实习实践；此外，在学生课外学科竞赛、毕业设计论文、科研训练等方面，按照学生兴趣，采取师生双向选择的方式，实施学生科研导师制，提高学生科研素质和能力。这些举措，贯彻因材施教思想，取得了较好的效果，得到了学生的支持和认可。

2. "二主"——自主学习、自主考试

"自主学习、自主考试"，是课堂教学改革的动力，可以真正发挥学生在课堂教学中的主体地位，使学生快乐学习，个性化发展。

自主学习、自主考试，不是在课堂上放任自流、混光阴，而是遵循教育规律，用先进的教学理念和手段，更好地激励学生，减轻学生学习压力，有计划、有步骤、有目的、科学有序地开展教学，形象深刻地教育指导学生，教学相长，真正提高教学质量。

（1）自主学习

老师既是知识的传授者，又是学生学习的引导者，学生既是知识的接受者，又是知识信息加工的主体。通过学生上讲台、学生自由讨论、学生小组学习、学生撰写章节小论文和制作PPT课件等"自主学习"方式，可以让学生真正参与课堂教学，提高学生学习自觉性和课堂教学效果。例如：我们在课堂教学中，将班级学生分为3个自主学习小组，小组学习具有竞争性，教师根据小组表现，评定自主学习成绩。课前，小组集体预习课文，或制作课件PPT，或提出章节学习重点以及要探讨的问题等；课中，拿出一部分时间由学生自己主持课堂教学，或上讲台讲课，或小组相互提问相互回答，或提出争议的问题自由讨论等，教学课堂非常活跃，学生自主学习展现的创新性学习成果，也对老师的知识更新与教学提高，起到了较好的促进作用，真正实现师生的"教学相长"。随后，老师根据课堂改革成果，进行归纳总结，解惑释疑，提出需要继续探讨的问题和前沿发展方向，增强学生获得感；课后，学生完成课堂作业或撰写章节小论文，完成章节重点知识的归纳总结。自主学习，提高了学生学习的积极性、主动性和创造性。

（2）自主考试

在学校认定的校级考试改革示范课程"细胞工程"和"植物生物学"等中实施自主考试，然后推广。采用的是"学生自己出卷子"的考试方式，即改革传统的老师出卷的闭卷考试机制，改由每一个学生独立自主地在考试周，开卷出一套120分钟的考试标准试卷，并给出自己的答案和依据。老师根据学生自主出卷和答案质量，评定考试成绩。学生根据自己对课程内容掌握的情况，并以自己的眼光，标定重点和难点，来出试卷题目并解答，丰富了学生成绩评价机制，减轻了学生学习压力，可以使学生在课堂教学和平时学习时，更加轻松愉快和系统地学习掌握知识，而不是被动地学习掌握老师讲授的要考试的"重点"，彰显学生个性化发展，利于人人出彩和人人成才。

为了保障考试改革的质量，确保改革取得成功和实效。一是精心组织，出台考试改革实施方案；二是对"学生自己出卷子"考试的情况，进行规范，对学生所出试卷的知识覆盖课程内容情况、试卷题目类型、试卷题目和答案的正确性与创新性、试卷规范性以及独立完成情况等，提出明确要求，确保考试公平公正进行；三是结合考试改革，加强学生平时成绩比重，将学生平时的真实学习情况，如考勤、作业、笔记、课堂表现等，按 40％纳入总评成绩，促进学生重视平时学习。而学生出卷子的期末考试成绩只占 60％。

生物技术专业考试改革，从 2012 年开始以来一直在进行，分别在植物生物学、微生物学、细胞工程、基因工程等多门课程实施，改革有详细的实施方案、有规范的实施措施、有师生的积极参与，改革效果显著，得到了学生和学校的好评和支持，"细胞工程"和"植物生物学"等被学校认定为校级课程综合改革项目考试改革示范课程。

3. "三化"——沉闷化为轻松、抽象化为具体、复杂化为简洁

"沉闷化为轻松、抽象化为具体、复杂化为简洁"，是课堂教学改革的核心。可以使课堂教学轻松快乐、简单明了、容易掌握，提高课堂教学质量。

（1）沉闷化为轻松

活跃课堂气氛，吸引学生注意力，营造快乐教学的课堂环境。科学化、形象化、富有知识性、趣味性、生动性的教学，能够活跃课堂教学气氛，感染和吸引学生，使学生保持浓厚的学习兴趣。在课间穿插几分钟时间，通过讲故事、作诗、生活经验分享、科学家的花絮等，把幽默带进课堂，营造快乐教学课堂氛围，构建和谐师生关系，提高学生学习兴趣，同时也起到了教书育人的作用。例如，2017 届生物技术专业学生毕业时，给专业老师每人赠诗一首，给作者的诗是"鲁巷堂开皆物华，路人道是韩公家。令公桃李满天下，何须堂前更种花"。作者回赠了一首《桃李》诗，赠送给同学们"华星秋月映桃李，景星凤凰满园春。今日放飞堂前燕，拭目天宝景更深"。课堂小"花絮"，使课堂生动有趣，得到学生普遍好评，也为课堂教学质量提高，营造了宽松和谐的快乐环境。

将高校思政教育和人文素养培养融入课堂教学，能够将"沉闷化为轻松"，形成课堂育人新气象。"双一流"背景下的大学教育，要求高校人才培养目标，要从知识能力的提升，拓展到人格素养和精神信仰的升华。大学生成才，不仅要求专业教育能够培养其为社会服务的能力，而且要求对其进行人文素质培养，加强学生为社会服务的动机与精神的教育。通过将专业知识传授，与人文素养培养和思想道德教育相结合，让学生树立热爱国家、服务社会的价值观念，强化学习动机、提高学习动力、增强服务能力，培养具有良好思想道德品质、科学文化知识、人文情怀和爱国精神的国家建设有用人才。

我们在课堂教学中，结合专业知识传授，进行悠久历史文化和诗词歌赋的花絮点评、社会主义核心价值观和党新时代新思想的传播弘扬，分享生命故事和人生感悟，对学生进行健全人格和知识教育，在轻松快乐的氛围中，促进学生品德、智力、个性全面发展，让课堂充满吸引力，展现新气象，充满正能量，谱写育人新篇章。

（2）抽象化为具体

把抽象的理论和知识转化为具体形象的概念，有利于学生理解掌握。在课堂教学中，精简教学内容，列举产业实例，灵活应用多媒体手段，推广应用慕课、微课、翻转课堂教学等，运用多种教学模式和方法，使抽象理论和技术化为具体生动事例，使学生掌握知识更直观更牢固。例如：在课堂教学中，我们通过比喻、模拟、仿真虚拟等教学手段，采用"传统板书"结合"多媒体教学"结合"老师总结"的"三结合"教学方法，获得良好的教学效果。

"双一流"背景下的课堂教学改革，就是要革除当下知识本位、教师主体、教室局限的弊端。学习场域，从有限场突破到无限场；成长空间，从教室拓展到社会空间；教育价值，从知识场拓展到生命场。高校专业实习与毕业设计论文，虽然不是"教室课堂教学"模式，但是，这类实践教学环节，显然是课堂教学改革的重要组成部分。为此，我们改革专业实习和毕业设计论文实践教学模式，在武汉光谷生物城高新技术企业，专业实习实施"一岗二同三边（顶岗实习、同吃同住、边劳动边学习边实践）"教学改革，毕业设计论文实施"333工程（三方三真三合：产学研三方、真题真做真项目、生物化工医药三结合）"，这些改革新措施，将理论知识与产业实践有机结合，把抽象的理论和知识转化为具体形象的产业实际概念，给学生留下深刻印象，大幅度提高了学生专业素养以及理论与实践结合的素质与能力。

（3）复杂化为简洁

将复杂的知识简单化，去粗取精，去伪存真，强化知识点学习，利于学生掌握和记忆，将知识真正变成学生的素质，使教学变得简单明了，使学生掌握知识变得轻松。对于复杂的理论和技术，采用情景探究、合作学习、研讨式学习等方法，师生共同努力，提纲挈领，归纳总结，以最精简的语言来掌握知识点，可极大地提高学生分析和解决问题的能力、创新思维能力以及终身学习能力。除传授书本知识外，还应紧跟学科发展前沿，传授最新信息和动态，提出学科有争议的问题和领域，供学生自主学习和研讨，开阔学生的视野。例如：植物的根、茎、叶等器官的解剖结构非常复杂，不仅植物不同时结构不同，而且有的植物还分初生结构和次生结构，这些都是学生学习植物学的难点。但是，植物的各种器官的解剖结构，都包含有3种基本组织，即皮组织、薄壁组织、维管组织，在此3种组织系统基础上，差异掌握根、茎、叶等器官区别，学习就会变得非常轻松和简洁。

二、课堂教学"一教二主三化"教学改革的实践效果

全方位多领域进行基于"快乐教学人人成才"理念的"一教二主三化"课堂教学改革，成效显著，有力地提高了人才培养质量。

1. 学生的支持与评价

课堂教学改革模式创新，得到了学生的积极支持和高度评价。学生章鹏评价道：认识到一位热情洋溢、饱含激情的老师，韩老师上课活泼有趣，课前几分钟，老师往往会用有意思的诗作或故事吸引我们，等我们都集中精力了，再开始讲课，这大大提高了课堂效率，课堂上，老师不仅只放PPT，还会述以故事、辅以图片乃至在黑板上给我们画图，让我们能够很轻松快乐掌握知识。老师致力于教书育人，这种精神很鼓舞我们。瞿蕾同学评价说：课改方式新颖，能够加强学生自主学习自主创新的能力，老师的课堂志在以学生为本，强调快乐学习，在学习过程中，加强学生的人文素养。老师课堂教学模式，是以老师教学、学生自主讨论、学生记笔记、学生上讲台自主讲解，最终以学生出一套有学术含量的试卷，作为结课考试的。这种模式

能够让学生站在新的角度去学习，很值得提倡和推广。此外，课堂教学改革，大幅度提高了学生学习成绩和课堂教学质量，也得到了学生的大力支持。例如，2017 年参加课改的生物技术专业"植物生物学"学生成绩为：平均分 86.71；最高分 98；最低分 75；90 分以上占41.67％；80～89 分占 54.17％；70～79 分占 4.17％；60～69 分占 0％；60 分以下占 0％。比没有参加课改的班级成绩有显著提高，班级平均分增加了 12.08 分。2011 年没有参加课改的学生成绩为：平均分 74.63；最高分 98；最低分 50；90 分以上占 21.05％；80～89 分占36.84％；70～79 分占 15.79％；60～69 分占 10.53％；60 分以下占 15.79％。学生的高度认可和大力支持，是课堂教学改革能够长期坚持和不断完善的强大基础和动力源泉，必将促进课堂教学改革不断适应新时代要求，为高校内涵发展和培养社会主义建设者和接班人作出更大贡献。

2. 学校和社会认可

课堂教学改革经验突出，得到了学校和社会认可。一是韩新才教授主讲的本科课程"植物生物学"和"细胞工程"被学校评定为"武汉工程大学校级课程综合改革课程"。二是教学改革成果，2016 年 10 月通过了湖北省教育厅组织的省级教学研究成果鉴定（鄂教高鉴字〔2016〕030号），2018 年荣获武汉工程大学校级教学成果一等奖。三是教学改革经验，分别在 2017 年全国"第十二届高校生命科学课程报告论坛"上，作分组交流报告；2016 年在湖北省高校生命科学学院联合会暨生物学科实验教学示范中心联席会上，做大会交流报告。其教改经验得到与会代表的高度评价。

3. 提高了人才培养质量

课堂教学改革成果显著，有力提高了人才培养质量。以武汉工程大学 2018 届生物技术专业 01 班取得的创新成绩为例，说明人才培养质量。该班共有学生 23 人，其学生入校时，存在着专业思想不牢固、专业认可低、高考成绩低、学习成绩差等问题，通过四年培养，大幅度提高了该班学生的培养质量与专业认可度。该班，一是学习成绩好。瞿蕾、黄倩 2 个学生荣获国家奖学金，获奖比率为 8.7％；刘小红等 3 个学生荣获国家励志奖学金；黄倩等 2 人荣获武汉工程大学 2018 届优秀毕业生。二是创新能力强。胡明慧同学荣获国家专利 1 项；瞿蕾、胡明慧 2 人分别荣获湖北省省级学科竞赛三等奖。三是政治素质高。王文生、柳玉婷等 5 人光荣加入党组织，入党比率为 21.7％；2 人荣获校级三好学生标兵；3 人荣获校级优秀学生干部。四是考研率、就业率高。该班考研率为 35％，一个寝室的 6 个女生全部考上重点大学分别是武汉大学、华中科技大学、浙江大学、中国科技大学、中国科学院和日本北海道大学的研究生；就业率为 100％。

三、课堂教学"一教二主三化"教学改革的探索与实践的意义

新时代的高等教育，注重"一流本科、一流专业、一流人才"，是高校回归教育教学初心的必然要求，课堂教学是"三个一流"的核心环节之一，打造"金课"，消灭"水课"，开展"课堂革命"，是新时代高等教育内涵发展和高等教育现代化的迫切需求。真正地采取切实有效的措施，开展课堂教学改革创新，提高课堂教学质量和人才培养质量，是全社会殷切期望的。通过近 20

年的探索与实践，我们开展的"一教二主三化"课堂教学改革，充满正能量和创新思维，提高了学生学习兴趣，得到了学生的广泛参与与普遍好评，课堂没有"迟到早退和旷课"、没有"低头族"、没有"打瞌睡"、经常有外校和外专业的学生来"蹭课"，大幅度提高了课堂教学效率和人才培养质量。这些课堂教学改革，对发挥课堂教学中教师的主导作用和学生的主体地位，提高师生的教学兴趣、积极性、主动性和参与度，真正地打造学生喜爱的"金课"，真正地提高课堂教学质量，真正地促进高等教育内涵发展，是一个有益的探索，具有一定的理论价值、实践价值和示范推广借鉴价值。

第二节

"双一流"背景下高校课堂快乐教学
人人成才的教学改革探讨

在"双一流"背景下，课堂教学改革是教育改革的重要内容。高校课堂实施"快乐教学人人成才"的教学改革，是切实提高课堂教学质量和人才培养质量的重要措施之一。本节对"快乐教学人人成才"的教学改革的内涵、研究现状、创新思路进行了探讨，为高校课堂教学改革提供参考。

建设世界一流大学和一流学科，简称"双一流"，是国家为了提升我国高等教育综合实力和国际竞争力以及实现高等教育现代化而作出的重大战略决策。2015 年国务院印发了《统筹推进世界一流大学和一流学科建设总体方案》，拉开了高校"双一流"建设大幕。"双一流"的落脚点和核心，在于提高育人水平和培养一流人才，而育人水平的提升，直接取决于教师的"教"和学生的"学"，没有高质量的课堂教学，就没有高质量的高等教育，也就没有高等教育的现代化。课堂教学，是学生对专业知识理解与掌握的重要环节，是学生个性成长和全面发展的生命场域，是创新精彩生成、分享个人智慧、合作探究实践的过程。然而，在课堂教学的实践中，由于教学内容、教学方式方法与教学理念等方面存在一些问题，使得高校教学课堂，存在着无聊与无趣的不良情况，老师与学生双方，因为缺乏"教"与"学"的快乐，"师厌教、生厌学、教学差"的不良状况，在高校也是不争的事实。良好的课堂教学质量，要求在教学理念和教学方式方法等方面，寻求新的突破与变革，殷切期待"课堂革命"的到来。2017 年教育部部长陈宝生在人民日报撰文对教学提出了要求，他指出，要始终坚持以学习者为中心，为不同类型的受教育者提供个性化、多样化、高质量的教育服务，促进学习者主动学习、释放潜能、全面发展。在"双一流"背景下，实施"快乐教学人人成才"的课堂教学改革，是促进学生主动学习全面发展和提高课堂教学质量的有益探索和可行途径，对让课堂教学"活起来"、学生"参与进来"、课堂教学质量"高起来"具有重要的实践意义，为此，论文对"快乐教学人人成才"的教学改革的内涵、研究现状、创新思路进行了探讨，以期为高校课堂教学改革提供参考。

一、高校课堂"快乐教学人人成才"的教学改革的内涵

"快乐教学"，是指运用适应学生特点的教学方法和手段，调动师生两者教学积极性，使教师乐教、学生乐学的教学方法。就是运用学生喜闻乐见的教学形式，营造一种快乐的课堂气氛，对

学生进行文化知识、道德观念等方面的传导和教育，让他们在愉快中受教育，求得知识，在快乐中求发展，在发展中享受快乐。

"人人成才"，即努力让每一个学生都能得到充分、自由、全面的发展，都成为有用之才。《国家中长期教育改革和发展规划纲要（2010—2020年）》中明确提出，教育要树立人人成才的培养观念。习近平总书记在庆祝中国共产党成立95周年大会上指出，要努力形成人人渴望成才、人人努力成才、人人皆可成才、人人尽展其才的良好局面。"人人成才"的观念，既符合马克思主义唯物史观，又符合国家全面建设小康社会的客观需要，既是学生和家长的理想，也是社会发展的需要，更是高校本科教学的愿景。

快乐是一种心理体验，是人类情绪中重要的、积极的、正确的情绪。人在快乐状态，工作效率和质量最高。给学生一个足够的空间，充分挖掘学生的潜力，让学生在快乐中学习、自主学习、自由发挥，有利于学生的个性发展和培养，有利于人人成才。中国教育梦的核心是"有教无类、因材施教、终身学习、人人成才"。就高等教育而言，如何促使学生"梦想成真""人生出彩""人人成才"，是当下提升高校教学质量的应有之义。"人人成才"的标志是学生服务社会的能力和毕业证书的含金量，迫切需要通过教学改革，让所有学生的潜力得到尽可能地挖掘与发挥。

二、高校课堂"快乐教学人人成才"的教学改革研究现状和趋势

"快乐教学人人成才"，是教育教学的最高境界。关于"快乐教学人人成才"的教育教学理念，自古有之。早在2000多年前春秋时期，孔子就提出了"学而时习之，不亦说乎？""知之者不如好之者，好之者不如乐之者"和"有教无类"等"快乐教学人人成才"的教育理念。1854年英国教育家斯宾塞也提出了"快乐教育"的思想。目前，快乐教学法在中小学教育中推广较为广泛，作为教育教学的科学理念，同样适合大学教学课堂。

基于"快乐教学人人成才理念"的高校课堂教学改革，国内高校进行了一定的探索与实践。关于"快乐教学"，主要是人文科学类专业与课程，如旅游、广告学、体育、英语、营销学等；理工科类专业和课程，有关快乐教学的资料相对较少，孔继利（2010年）发表了基于快乐教学的物流类专业课堂教学研究。关于"人人成才"理念的课堂教学研究，曹晋红（2011年）、郑志辉（2014年）等，发表了相关报告。

在2016年的国际论坛上，主题聚焦于"学生·教师·课堂"这三个关键词，再次明确提高教学质量，需要教师和学生共同发力，构建活泼生动上进的师生学习共同体。日本京都大学培养了9位诺贝尔奖得主，当之无愧为世界一流大学，其学位制度极其严格，但是，在办学实践中，力求给学生最大弹性空间，上课没有"点名"，大量课程没有"考试"，这种"散养"和"放养"，并不是放任自流，而是给了教师静心治学、全心育人和学生安心求学、快乐成才的良好氛围。而这种氛围更加有利于学生快乐学习人人成才，也是课堂教学改革的发展方向和趋势之一。

关于基于"快乐教学人人成才"理念的高校课堂教学改革的系统研究与实践，以及采取切实有效的政策和措施使大学课堂"活起来"和大学课堂教学质量"高起来"，是我国高等教育现代化的殷切希望，尚需要进一步研究与实践。

三、高校课堂"快乐教学人人成才"教学改革的创新思路

高等教育质量内涵发展，转向关注学生的学习，是高等教育回归教育本质的必然诉求。建立

基于快乐教学人人成才理念的课堂教学改革创新体系，是从根本上改变传统灌输式教学模式导致的"师厌教、生厌学、教学差"的不良课堂教学状况的有益探索和可行途径，对提高我国高校课堂教学活力与人才培养质量，具有重要的理论意义和实践价值；改革传统的课堂教学模式，探讨与实施快乐教学的方式、方法、手段与措施，让快乐和欢笑充满课堂，给学生创造愉快、自由、主动的学习氛围，使学生保持浓厚的学习兴趣，对让大学课堂教学"活起来"和课堂教学质量"高起来"具有重要的示范作用；改革考试方法与学生成绩评价机制，系统培养学生个性发展、差异化发展和全面发展素质以及自主学习、合作学习和终身学习能力，充分挖掘和发挥每一个学生的潜能，让每个学生都有"人生出彩"的机会，对提高大学生服务社会素质能力具有重要的实践意义。

（一）以"快乐教学人人成才"为理念，以提高大学课堂教学质量为核心，将"快乐教学人人成才"理念纳入高校课堂教学质量提高工程

将因材施教、考试改革、思政与人文素质培养等根植于课堂教学中，全方位、多领域、深内涵地打造精品课程与精品课堂，构建高校课堂教学的改革创新模式，解决高校教学存在的"师厌教、生厌学、教学差"的课堂教学难点问题。根据大学课堂教学特点，探讨课堂教学中，营造快乐教学课堂氛围、构建和谐师生关系、提高学生学习兴趣的方式、方法与措施，将"快乐教学人人成才"理念，纳入高校课堂教学质量提高工程，贯穿于人才培养全过程。

（二）以"快乐教学"为导向，形成让高校课堂教学"活起来"、课堂教学质量"高起来"的教学方式方法与手段的创新体系

实施课堂"快乐教学"模式，解决高校课堂教学死气沉沉以及课堂教学内涵发展的问题。改革课堂教学模式和教学内容与教学方式方法，通过讲故事、作诗、生活经验分享等，把幽默带进课堂，营造快乐教学氛围；以激发学生学习兴趣为目的，端正教学态度、改革教学方法、精简教学内容、灵活应用多媒体教学、推广慕课、微课、翻转课堂教学，积极组织学生参与课堂教学等，提高课堂教学质量；在课堂教学中，实施"一教二主三化"课堂教学改革，即"关爱学生、因材施教；自主学习、自主考试；沉闷化为轻松、抽象化为具体、复杂化为简洁"，使学生在轻松愉快氛围中掌握知识，切实提高课堂教学质量以及学生的分析问题、解决问题的实际能力与素质。

（三）以"因材施教"为手段，加强考试改革，构建能够让大学生"人人出彩"的学生成绩考核评价创新机制

现行的学生评价，教师是评价的单一主体，学生始终处于被动接受评价的地位，无法作为评价主体介入到对自我的评价中，学生在评价中的缺位必然导致成功体验的缺失，进而导致学生学习动机的丧失，按照全面发展、人人成才、多样化人才、终身学习和系统培养教育教学理念，充分发挥学生的教学主体地位，关爱困难学生与因材施教相融合，创新考试改革与学生成绩评价体系，将学生学习态度、学习过程、学习参与、学习能力纳入评价体系，实施"学生自己出卷子"的自主考试改革，解决高校学生成绩评价与人才培养机制单一、不利于学生人人成才与个性化发展的问题。突出因材施教与学生个性化发展、突出知识的理解掌握应用与实践能力、突出解决学生学习困难并发挥其优势、突出关爱困难学生与彰显教师大爱情怀，达到人人成才目的，使高校教学课堂呈现出"师生关系融合、师生智慧竞相绽放、全体学生人人出彩"的良好局面。

（四）以"教书育人"为目标，在课堂教学中，将高校思想政治教育融入课堂教学，将专业知识传授与人文素养培养相结合，实施课堂思政教育和人文素质培养促进学生综合能力提升的创新举措

充分发挥课堂育人作用，探讨高校课堂将思想政治教育、人文精神培养、道德品质塑造与社会主义核心价值观践行，与课堂教学相互融合、相互促进的方法与机制，大幅度提高学生思想道德素质、文化素质、社会责任感、劳动观念和社会实践能力，达到教书育人、以德树人、课堂育人的目的。充分发挥高校课堂思想政治教育优势，促使大学生形成良好的思想道德品质和强烈的事业心，提高大学生服务社会与国家政治思想素质与能力，解决高校课堂教学跟学生思想道德教育和人文素质培养相脱节的问题，培养具有良好思想道德品质、科学文化知识、人文情怀和爱国精神的国家建设有用人才。

| 第三节 |

高校生物技术专业教学方法改革探索与实践

根据现代教育理念和生物化工学科生物技术专业特点，在生物技术专业教学方法改革中，进行了利用教学课堂，坚持教书育人；更新教案内容，紧跟学科发展前沿；结合实际讲解基本概念，加深学生对核心知识理解；改革课堂教学模式，引导学生参与互动；加强理论与实践教学融合，培养学生创新能力等方面的改革与实践。为我国生物化工学科生物技术专业教学方法改革提供参考。

自 1999 年我国高校开始连续扩招以来，我国高等教育规模不断扩大，大学教学已经从精英教育转为大众教育，高等教育改革与发展被提到了举足轻重的地位，教学质量成为社会广泛关注和高度重视的问题，教学改革已成为高等教育改革的核心。从 1997 年教育部正式批准建立生物技术专业至今，全国高校生物技术专业无论从办学点还是从招生人数上都得到了巨大的发展，高等学校如何结合自身优势，创新人才培养模式与途径，改革教学理念与教学方法，培养社会需要的创新型合格人才，是摆在高等学校生物技术专业改革与发展面前的一个重要课题。武汉工程大学生物技术专业是从 2003 年开始招生的新办本科专业，作者根据教育部生物化工学科特点和生物技术专业建设要求以及多年教学实践，在负责建设生物技术新专业的同时，开展了新的教学方法的改革探讨与实践，取得了较好的教学效果。

一、利用教学课堂，坚持教书育人，激发学生的学习热情

课堂是学校教学最基本的要素，是大学教与学过程实现的场所。课堂教学是高等学校人才培养的主要阵地，传道、授业、解惑，以及人才培养计划和教学计划的完成，主要靠课堂教学，同时，课堂也是育人的主渠道。2004 年中共中央、国务院《关于进一步加强和改进大学生思想政治教育的意见》中明确指出，高等学校各门课程都具有育人功能，所有教师都负有育人职责。要深入发掘各类课程的思想政治教育资源，在传授专业知识过程中加强思想政治教育，使学生在学习科学文化过程中，自觉加强思想道德修养，提高政治觉悟。

在教学过程中，每次课前 5 分钟，由于学生思想还没有集中在课堂上，课堂上很嘈杂，这样，不急于马上进入上课程序，而是针对上次课或作业情况做一些总结，同时，根据大学生心理特点讲一些故事，启发学生珍惜大学宝贵时间，刻苦攻读，全面发展，早日成为新世纪国家栋梁之材，这样，很快就会使课堂安静，进入授课阶段。由于生物技术专业是我国新开设的新专业，

我国生物化工学科与生物技术高新产业的发展还比不上发达国家，生物技术专业学生就业形势压力较大，部分学生对学习这个专业的前途感到茫然，产生厌学情绪，为了解决部分学生的思想问题，在课堂上，讲述了生物技术专业与国民经济息息相关的一系列例证，启发学生打牢专业思想，热爱所学专业，并用微软总裁比尔·盖茨的一句名言"21世纪的世界首富将出自基因领域"来勉励大家，生物技术专业与生物化工、生物制药等高科技产业紧密结合，其前途是无量的。这样，一方面将学生的注意力吸引到课堂上来，另一方面学生受到启发后，注意力高度集中，学习热情高涨。此外，根据课堂情况和教学内容，适当讲述一些科学家的故事，引导学生树立献身科学的崇高理想。注重课堂教书育人，反过来又促进了课堂教学效果提高，学生喜欢上课，到课率高达97%以上。

二、更新教案内容，紧跟学科发展前沿，提高课堂教学质量

在科技飞速发展，知识呈几何级数增加的今天，大学教材呈现的知识水平肯定会出现滞后现象，教学内容不应该完全按课本进行，除了介绍老师个人的科研成果外，更重要的是要跟上本学科发展前沿，既依据教材又跳出教材，传授学科最新的信息和发展动态，提出有争议的问题由学生讨论，确保教学内容的前沿性。

生物技术是生命科学的前沿和尖端学科，发展日新月异，新发展、新技术、新成果层出不穷，要求我们不断更新知识，才能紧跟前沿。将这些新知识重组进入教案，课堂上传授给学生，可促进教学质量的提高。例如，讲达尔文生物进化论，达尔文认为现代生物是从古代生物逐渐适应环境进化而来的，适者生存，不适者淘汰。这一学说，已家喻户晓。现在这一学说得到了丰富和发展。2003年我国国家自然科学一等奖"澄江化石群和寒武纪大爆发"，就是丰富和发展达尔文生物进化论学说的最新科研成果，我国科学家陈均远、侯先光、舒德干在研究云南澄江古生物化石时，发现距今5.3亿年前的寒武纪澄江大爆发时，古生物化石中既有最原始的单细胞原生动物，又有最高级的脊椎动物，动物种类一应俱全。这个发现证明，现在地球上生活的多种多样的动物门类，寒武纪开始不久就几乎同时出现，其基本身体构造均开始出现于寒武纪大爆发时期。将这一最新成果讲给学生听，加深了学生对生物进化的理解。此外，在上"生命科学导论"课时，除将生命科学的基本理论、基本概念、基本方法传授给学生外，还将生物化工、生物制药等高科技产业中的新知识、新技术、新设备介绍给学生，丰富学生的视野。根据教学内容，适时将人类基因组计划、生物克隆、基因芯片、蛋白质工程及新型生化反应器等新进展介绍给学生，让学生参与探究与讨论。

三、注重基本概念讲解，紧密结合实际，加深学生对核心知识的理解

在有限的课堂教学时间内，要完成课程教学任务，必须合理安排教学内容和教学重点，将教学内容分类传授，课程内容分为核心内容、重点内容和一般内容。核心内容包括基本概念、基本方法和基本原理，以及新知识、新技术和新设备，要重点讲授；重点内容，简单讲解；一般内容，学生自学。在核心内容，特别是基本概念讲解上，紧密结合实际，加深学生理解与记忆，切实提高教学效果。

例如，讲"生物浓缩"，其概念是生物对某种元素或难溶解的化合物富集，使生物中这些物质的浓度超过环境中的现象。讲生物对元素的富集，举例：日本九州鹿儿岛水俣市1953年发生

一种病叫"水俣病"，症状是，猫得病后尖叫不止，而且集体投河而死；人得病后骨头疼痛难忍。后来发现这种疾病是"汞中毒"，即生物富集汞元素所致。讲生物对难分解化合物富集，举例：六六六粉为一种高效杀虫剂，1825 年由英国物理学家和化学家 M. 法拉第首次合成，之后，法国 A. 迪皮尔等发现其具有杀虫特性，1945 年由英国卜内门化学工业公司开始投产，该农药为人类防治农林卫生害虫立下了汗马功劳，1983 年我国因该化合物在自然环境中难分解，以及生物富集导致人体癌症等疾病而禁用该农药。结合实际举例后，学生对这一概念非常深地印在了脑海里。

在上"生物化学"课时，讲蛋白质折叠时，以牛海绵状脑病（也称疯牛病）为例，该病发生的原因是一种蛋白质折叠错误，该蛋白质与体内某种正常蛋白质的氨基酸顺序相同，是同一种基因所编码，但两者三维结构却相差很大，因此，由蛋白质折叠错误引起的疾病称为构象病。通过该病发生机理的阐述，既增强学生对生物化学学习的兴趣，又可以加深学生对蛋白质结构与功能的认识。

四、改革课堂教学模式，引导学生参与互动，强化学生在教学过程中的主体地位

传统的课堂教学是老师讲，学生听；老师板书，学生做笔记。这样，学生学习处于被动和被灌输的状态，忽视了学生独立思考能力的培养，学生感受不到获得知识的快乐，学习积极性不高。现代高等教育的教育和教学理念，要求改变传统灌输式教学方式，将老师的主体地位替换为学生为教学的主体地位，充分发挥学生在教学中的主观能动性；教学重点除了传授知识外，还要培养学生能力，培养学生自学能力、终身学习能力、创新能力，以及分析和解决问题的能力，让学生学会学习，学会生存，学会创新。

为了改变传统教学模式，引导学生参与互动，在"动物生物学"和"基因工程"课堂教学中，进行了尝试。在上"动物生物学"课时，将第 14 章"鸟纲和哺乳纲"的内容由学生来讲授，讲课学生由各小组学生预习后推荐而成，由学生参加讲课的课堂教学，学生积极性高，教学互动效果好，加深了学生对课程内容的理解。根据学生讲课情况，老师最后拾遗补漏，提出重点应掌握的内容，课后布置作业为该章内容的 500 字左右的小论文。这种教学方法改革，活跃了课堂教学气氛，激发了学生学习热情，形成教学环节的良性互动，学生学到了知识，增长了才干，教学效果受到学生好评。在上"基因工程"课时，进行了学生"合作型学习"的教学改革，教改内容为第 5 章的"目的基因导入受体细胞"。本章有 3 节内容，将班级同学分为 3 个组，每个组分别负责 1 节内容。在课前准备时，每小组分别提出该章节应掌握的问题，并备有明确答案；在上课时，第 1 组同学提出问题由第 2 组同学回答，第 2 组同学提出问题由第 3 组同学回答，第 3 组同学提出问题由第 1 组同学回答。如果回答正确，鼓掌通过，进入下一个问题；如果回答不正确或不完整，可以由出题人说出正确答案，也可以由其他同学补充完整。这种教学改革，同学课前预习充分，课堂教学热烈，课堂时间利用十分充分，学生参与率高达 95%，仅该章学生所提的问题就多达 50 个，这种教学改革，充分调动了学生学习的积极性，受到学生的热烈欢迎。

五、加强理论教学与实践教学的融合，着力培养学生的实践能力与创新能力

现代素质教育就是要通过各种教育实践活动，最大限度地挖掘和培养学生的素质和潜能，培养学生的实践能力、创造意识和创新能力。生物技术是在现代分子生物学等生命科学的基础上，

结合了化学、化学工程学、数学、微电子技术、计算机科学等尖端基础学科而形成的一门多学科交叉融合的理论与实践并重的综合性学科，理论与实践相融合是十分重要的教学环节，对培养现代生物技术人才具有特别重要的意义。在生物技术专业课堂教学中进行了理论课与实践课相融合教学方法的探讨，取得了有一定价值的经验。例如，上"植物生物学"课程时，讲述各类植物的分类，讲理论课时学生只是有初步印象，但仍觉得掌握不牢，为此，我们利用课堂教学将学生带到中国科学院武汉植物园进行实地参观教学，除老师讲解外，还聘请植物园专家对照活体植物，讲解植物的分类、地位、生活环境以及经济价值等，学生在植物园学习掌握的植物种类近200种，完成的实习报告图文并茂，生动真实，真正强化了学生的记忆和感知印象。在"细胞工程"教学中，讲授生物反应器时，除讲理论知识外，为了让学生对生物反应器有感性认识，我们组织学生到生物化工与生物制药工厂实地参观学习，如到武汉科诺生物农药有限公司、宜昌高农公司等高新技术企业，结合理论知识，现场讲解生物化工与生物制药企业中生物反应器的构造、原理、工艺及注意事项，通过理论与实践相结合的学习，学生的实践意识、创新能力得到了较大的锻炼和提高。

| 第四节 |

高校基因工程课堂教学改革的探索与实践

基因工程是生命科学类专业的主干课程，为了切实提高基因工程课堂教学质量，在基因工程课堂教学中，在精选课程教材、优化教学内容、规范教学文件、实施"一教二主三化"的课堂教学综合改革等方面，进行了基因工程课堂教学改革的探索与实践，取得了一定的效果，为我国高校基因工程的课堂教学与改革提供参考。

基因工程是在分子生物学和分子遗传学发展的基础上，在分子水平对基因或基因组进行改造，使物种获得新的生物性状的一种崭新技术，是按照人们的愿望，通过严密的工程设计，在体外将外源目的基因与基因工程载体相连，然后，导入受体细胞，使外源目的基因在受体细胞内稳定地表达的过程。自20世纪70年代初基因工程诞生以来，经过40多年的发展，基因工程发展迅猛，已经成为现代生命科学领域和现代生物技术产业最具生命力和最引人瞩目的前沿学科之一，广泛应用于医学、农业、工业、制药、环保、国防等国民经济的各个行业，为解决人类社会面临的粮食、能源、健康、环保等重大问题和可持续发展的问题，发挥着不可替代的作用。

作为国家"十三五"战略性新兴产业的"生物和生命健康"产业，急需要一大批懂得现代生物技术的基因工程人才，为此，我国高校生命科学类的很多相关专业都开设了"基因工程"课程，希望为国家培养和输送急需的生物技术人才。基因工程是一门理论性、技术性和实践性都很强的课程，如何设计安排好这门课的教学，改革教学方式方法，使学生深刻理解和熟练掌握基因工程的相关理论和技术，合理构筑学生的知识结构，培养学生的综合素质和创新能力，是该门课程教学都要面临和解决的问题。笔者在"基因工程"10多年的课堂教学中，进行了一些教学改革探索和实践，取得了一定的效果，以期为同行的相关课堂教学提供借鉴和参考。

一、精选课程教材，保证课程知识体系的先进性

教材是教学内容的知识载体，是课程教学的依据和蓝本，是老师和学生教与学的沟通桥梁，是学生学习的主要材料，对学生知识体系的形成具有极其重要的价值和作用。教材类似士兵的武器，在课堂教学中，是不可或缺的。基因工程是生物技术、生物工程、生物科学、生物制药等生命科学类专业的专业主干课，对学生生物技术核心内涵素养的培养具有极其重要的作用。基因工程技术作为高新技术，发展日新月异，相关知识发展快速，新教材不断涌现，为了保证课程知识体系的系统性、完整性、科学性、先进性，武汉工程大学认真选取"21世纪优秀教材"和"国

家级规划教材"等优秀教材，作为生物技术专业和生物工程专业的《基因工程》教材和参考教材。例如将化学工业出版社陆德如主编的《基因工程》等作为主要参考教材。为了满足学生更高的学习需求，还推荐科学出版社吴乃虎主编的《基因工程原理》、科学出版社 J. 萨姆布鲁斯和 D. W. 拉塞尔著、黄培堂等译的《分子克隆实验指南》等作为参考书，同时鼓励学生经常查阅国际权威刊物《Science》《Nature》《Cell》等，了解基因工程最新国际研究前沿，拓宽学生知识面。

二、优化教学内容，构建科学合理的课堂教学内容体系

基因工程课程内容多，信息量大，与生物化学、分子生物学、遗传学等课程内容联系紧密，相互渗透。在高校课堂教学学时缩短的大背景下，必须优化教学内容，构建科学合理的课堂教学内容体系，才能确保课堂教学质量。优化教学内容，既要避免与其他课程的内容重复，又要确保基因工程课程的核心技术的全面体现，彰显课程特色。基因工程课程的主要内容包括：基因工程工具酶、克隆载体、目的基因的分离与修饰、重组基因导入受体细胞、外源目的基因表达与调控、基因工程应用，以及基因芯片技术、PCR 技术、DNA 序列分析技术、基因敲除与诱变技术、基因组研究技术等。对于已经学过的重复内容，可以简要提及，一带而过，如核酸的结构性质与制备、基因的相关知识、基因表达调控的内容等；对于本课程的核心内容，紧紧围绕基因工程技术的"分、切、接、转、筛"5 步来进行教学，化复杂为简洁、化抽象为具体，化沉闷为轻松，提高学生的学习兴趣，将核心知识内化为学生的基因工程素质和能力。

三、规范教学文件，保障课堂教学有序进行

课堂教学文件是课堂教学有序进行的基础和前提，是课堂教学质量的重要保障。课堂教学文件，主要包括课程的教学大纲、教学日历、教案、多媒体课件、教材等。

课程教学大纲，是教师进行教学的主要依据，也是评定学生学业成绩和衡量教师教学质量的重要标准。制定基因工程教学大纲既要全面又要严谨，主要包括：课程中英文名称、先修课程、课程学时学分、教材与参考资料、主讲教师、课程简介、课程教学要求、课程教学内容、章节重点与难点、章节学时分配、考核方式、成绩评定依据、学生学习建议，以及课程教学改革与建设等。武汉工程大学基因工程课程学时为 48 个学时，由 8 章组成，课程从基因工程创立和发展的理论和技术基础入手，重点介绍基因工程研究发展的基本概念、基本原理、基本技术，以及基因治疗、基因工程药物、转基因植物、转基因动物等基因工程应用基础知识，架构起基因工程上游和下游知识的完整结合。促使学生理解基因工程有关基本概念，掌握在体外对 DNA 进行操作的基本技术，熟悉基因工程复杂的操作流程，建立运用基因工程技术开展生命科学研究的基本思路，培养学生运用所学的基本理论、知识和技能，分析、解决生产实践和科学实验中的实际问题的能力，为生物技术专业等生物类专业学生的专业素质与能力水平的提升提供有力支撑。

课程教学日历，是课堂教学的时间表，是课堂教学的进度安排。要对讲课日期、讲课内容、讲课学时等进行合理安排，确保教学进度和教学质量。

课程教案，是课堂教学的剧本，与课堂教学质量有密切的关系。主要撰写每个章节和教学单元的教学目的、教学内容、教学重点与难点、教学方法与手段、课程作业等，每个教学单元都要包含旧课复习、新课讲授、新课小结等环节。

课程多媒体课件，是利用文字、图形、图像、动画、声音和视频等对课程内容、原理、技

术、方法等进行有效演示的课堂文件。多媒体课件，对于理论和实践要求都很高的基因工程教学，具有重要的应用价值。

影响课堂教学质量的因素较多，包括教师因素、学生因素、教学条件、教学设备、教学方法与手段、教学政策导向等，其中，教师因素是影响课堂教学质量的主要因素之一。教师作为课堂教学的主导，如何组织好课堂教学过程，把握好课堂教学的节奏，发挥好学生的课堂教学主体地位，这些都要通过备好课和讲好课来实现，而备好课和讲好课的标准和依据，是规范的教学文件。规范的教学文件指导课堂教学，可以使课堂教学规范、合理、高效、科学。课堂教学中的多媒体课件PPT，不能代替教案，也不能代替教材，只有依托教案、结合教材、按照教学大纲的要求和教学日历的时间安排PPT，来进行教学，才能使学生知道课堂教学内容在教材的出处，才能利于学生课前预习、课堂学习和课后复习，才能促进课堂教学质量的提高。

武汉工程大学针对基因工程的课堂教学，不仅认真编写制定了系列课堂教学文件，而且以规范的教学文件指导教学，确保了基因工程课堂教学工作的高质量有序进行。

四、改进教学方法，提高课堂教学质量

科学的教学方式方法是提高课堂教学质量的支撑。大学回归教学本质，殷切希望大学课堂教学质量的提高。由于落后的教学理念和填鸭式教学方法在高校没有得到彻底改变，高校课堂教学存在着"无味与无趣"的情况，"师厌教、生厌学、教学差"也是高校课堂教学中存在的不争的事实，已经成为高校课堂教学的沉疴。有的教师上课无激情，照着多媒体课件PPT念，使学生很无奈，学生说："老师放PPT，就像放电影，看着看着，我们就睡着了"。与此相应的是，学生上课玩手机、开小差、精神萎靡不振等不良状况也很常见。这些课堂教学情况，严重影响了高校课堂教学质量。

为了改变课堂教学不利现状，我们在基因工程课堂教学中，进行了以"一教二主三化"为核心的课堂教学综合改革尝试，该教学改革尝试，基于"快乐教学，人人成才"教育教学理念，取得了较好的效果。"一教二主三化"，即"关爱学生，因材施教；自主学习，自主考试；沉闷化轻松，复杂化简洁，抽象化具体"。

（一）"一教"：关爱学生，因材施教

1. 关爱学生。按照快乐教学、人人成才、终身学习、全面发展的教育教学理念，充分发挥学生的教学主体地位，将关爱学生与因材施教相融合，促进人人成才，全面发展。重点关爱学习困难学生、生活困难学生、心理困难学生，在学习和生活上提供力所能及的帮助，在学生的学习生活中，教书育人，以德树人，做学生的知心朋友和领路人，认真细致做好学生的思想工作，疏导学生心理压力，促进学生快乐成长。

2. 因材施教。每一个学生，都是有着独立人格和独立特质的有尊严的生命个体，每个人的智力、性格、品行、爱好各不相同，要尊重每一个学生的个体差异，尊重和保护每一个学生的独创精神，在课堂教学中，要让学生大胆地发表自己独到的见解，即使是微不足道的见解，也要给予充分的肯定，并提出有针对性的学习建议与改进意见，使学生在学习上有成就感，让每一个学生都能体验到学习的快乐和成功的快乐。

（二）"二主"：自主学习，自主考试

1. 自主学习。在课堂教学中，采取切实措施，广泛开展参与式学习、基于问题探究的学习（problem-based learning，PBL）、案例式学习（case-based learning，CBL）等，鼓励学生自主学习，让学生学会学习，学会问答，学会质疑，锻炼学生科学思维方法，发挥学生学习主动性。例如，让学生制作多媒体课件 PPT 上讲台讲课、学生分组讨论、学生分组提问、学生分组辩论、学生分组答问、学生撰写章节小论文等，真正使课堂教学"学生参与进来"，课堂教学"活起来"，课堂教学"质量高起来"。仅仅"目的基因导入受体细胞"这章内容，进行课堂教学改革，学生自己提出的问题就达 50 多个，并且，学生对于这些问题都进行了自己的解答和探讨。自主学习，提高了学生学习的积极性主动性和创造性。

2. 自主考试。进行"学生自己出卷子"的自主考试改革，改革学生成绩评定机制。"学生自己出卷子"自主考试改革，就是将传统的 120 分钟闭卷考试，改革为学生自己利用考试周时间，独立出一套 120 分钟的考试标准试卷，并给出自己的标准答案。

为了保障考试改革的质量，对"学生自己出卷子"的考试改革，提出 5 点具体要求：一是学生出的试卷内容，应该覆盖全部课程教学内容的 80％；二是试卷题目类型，必须多样化，要有 4 种以上，课堂作业题目原则不能作为出卷题目，鼓励题目创新；三是学生出的试卷，必须独立完成，严禁相互抄袭，两份试卷如果超过 10％雷同，该 2 位同学不及格；四是试题答案，要求既要精练又要详细全面，还要有理有据；五是学生要积极备考，系统复习，认真看书看笔记看资料，结合网络查阅学习相关文献，出一套高质量创新试卷。

为了配合考试改革，在考试改革的同时，改革学生成绩评定机制，加强平时成绩的比重，定量考核，科学评价学生成绩。学生成绩的评定，由平时成绩和考试成绩组成。平时成绩占 40％，由课堂考勤占 10％、课堂笔记占 10％、课堂作业占 10％、课堂表现占 10％等组成；"学生自己出卷子"的期末考试成绩占 60％，由试卷知识覆盖课程内容情况占 10％、试卷题目类型占 10％、试卷题目正确性占 10％、试卷题目创新性占 10％、试卷答案的正确性占 10％、试卷规范性占 10％等组成。

通过考试改革，改革长期以来高校考试以闭卷考试为唯一手段，"一卷定终身"来评判学生成绩的做法，将学生平时的真实学习情况如考勤、作业、笔记、课堂表现等定量纳入成绩评定体系，成绩评价更加客观科学，促进了学生更加重视平时学习；改变学生长期以来，被动应考、死记硬背、考试作弊的陋习，使考试成为学生主动学习的平台，使学生的考试过程，成为对知识主动学习与归纳总结提高的追求；大幅度提高学生的学习积极性与主动性、学习能力与效率，以及课程教学质量。

（三）"三化"：沉闷化轻松，复杂化简洁，抽象化具体

1. 沉闷化轻松。是为了活跃课堂气氛，吸引学生注意力，营造快乐教学的课堂环境。在课堂教学中，花一二分钟的时间，通过作诗、讲故事、生活经验分享以及科学家的故事等，穿插在课堂教学过程中，缓解课堂教学紧张空气，提高学生学习兴趣，同时也起到了教书育人的作用。这样的教学方法，使得课堂教学，变得轻松快乐，深受学生欢迎。例如：为了表明每个同学成才的意义，老师把带领学生实习期间写的《育苗》诗分享给大家，"万千种子落玉盘，粒粒珍贵粒粒繁。育人堪比人育苗，每粒每苗都重要"。又如：在讲 PCR（polymerase chain reaction）技术之前，先简短地介绍 PCR 技术发明人 Kary Mullis 的个人故事以及发明灵感，提高学生的学习兴趣，"1983 年春天，Kary Mullis 在开车过程中，头脑浮想联翩，构思出了链式反应蓝图，经过与 Cetus 公司深入合作和反复研究，促使了 PCR 技术的诞生，该技术 1993 年获得诺贝尔奖"。课堂小"花絮"，使课堂生动有趣，得到学生普遍好评，也为课堂教学质量提高，营造了宽松和谐的快乐环境。

2. 复杂化简洁。是为了将复杂的知识简单化，去粗取精，去伪存真，强化知识点学习，利于学生掌握和记忆，将知识真正变成学生的素质。基因工程内容复杂，通过复杂化为简洁，可以提高学生学习效率。例如："基因敲除技术"，涉及"整合载体的构建"和"功能基因的验证"等多种技术，而构建"整合载体"的核心部件是"同源序列"，整合载体能够敲除基因的原理，是基于"同源重组"。"复杂化简洁"，使教学变得简单明了，使学生掌握知识变得轻松。

3. 抽象化具体。是为了把抽象的理论和知识化为具体形象的概念，利于学生理解掌握。基因工程不像动物学、植物学等课程，可以直观看到实物，知识抽象、理论深奥、技术难懂，单一的教学手段授课，已经不能满足教学需要，必须采取多种教学手段，将抽象的理论和技术，化为具体形象的实例，才能将晦涩难懂的知识，讲得通俗易懂。在课堂教学实践中，通过比喻、模拟、虚拟仿真等手段，采用"传统板书"结合"多媒体教学"结合"老师总结"的"三结合"教学方法，获得良好的教学效果。"传统板书"，显示教学内容框架，突出重点和难点内容，吸引学生注意力；"多媒体教学"，利用文字、图片、动画、视频等现代手段，生动形象地演示各种抽象的技术原理和过程，给学生留下生动印象；"老师总结"，可以起到画龙点睛的效果。这样学生既可掌握基因工程各种方法的原理，也强化了对基因工程理论与技术的整体认识。

除了以上的教学改革之外，为了更好地培养学生基因工程实验操作技能和科研能力，武汉工程大学与中国科学院武汉植物园、华大基因研究院等校外科研单位合作，联合指导学生进行毕业设计论文研究工作，广泛开展分子生物学和基因工程等方面科学研究，近 10 年来，共培养了 100 多名毕业学生，其中，有 10 多篇毕业论文荣获湖北省优秀学士学位论文奖，例如，罗君雨的"黏着斑激酶 FAK 在肿瘤再生细胞中的功能探讨"、张宇尘的"中国野生狗牙根遗传多样性的 SSR 标记分析"、胡鹏的"不同个体肠道环境中微生物群落进化的比较分析"等。通过毕业设计论文的科研实战，有力地提升了学生基因工程实验技能和实践水平，为毕业后从事相关工作打下了坚实的基础。

五、改革效果显著，促进了人才培养质量的提高

在基因工程课堂教学中，充分发挥学生的主体作用和教师的主导作用，全方位多手段进行课堂教学改革，成效显著，得到了学生的欢迎和社会的肯定，该教学改革成果，2016 年 10 月通过了湖北省教育厅组织的省级教学研究成果鉴定（鄂教高鉴字〔2016〕030 号），有力地提高了课堂教学质量和人才培养质量。一是教改提高了学生学习成绩。参加教改的班级成绩为，平均分 86.11，最高分 98，最低分 75，90 分以上占 35.7%，80～89 分占 60.71%，70～79 分占 3.59%，69 分以下为 0，比没有改革班级的成绩，平均分高 3.70 分。二是教改得到了学生积极支持。如李刘圆同学评价道："我们有幸上了韩教授讲授的基因工程课程，老师讲课内容全面、精彩，对概念的定义简洁准确。但是，仅仅聆听老师的讲课是不够的，还要通过自己总结消化知识，我们

才能够更深层次、更加清楚地掌握知识结构，而考试改革无疑是一次成功的举措！"三是教改促进了学生创新能力的提高。2016年，生物技术专业，闭思琪和瞿蕾2个学生荣获国家奖学金；黄倩、刘小红和吴艳玲3个学生荣获国家励志奖学金；李银平、荣芮等7位同学，荣获湖北省教育厅组织的"第四届湖北省大学生生物实验技能竞赛"2个省级二等奖，4个省级三等奖；罗君雨同学的毕业论文，荣获湖北省优秀学士学位论文奖。

第五节

植物生物学"四位一体"教学改革的探索

> 植物生物学是生物专业本科生的一门重要专业必修基础课，具有不可替代的地位。在植物生物学课程教学中，以创新性人才培养为主线，大学四年不断线，大一理论教学，大二大三实验、实习，大四毕业论文，进行了"理论教学打基础、实验教学强能力、实习教学长见识、毕业论文重创新"的"理论、实验、实习、毕业论文""四位一体"的教学改革与实践，取得了较好的成效，为植物生物学打造"金课"提供参考。

植物生物学是生物专业本科生的一门专业必修基础课，与动物生物学、微生物学一起构成生物学的三大支柱，具有不可替代的地位。主要讲授植物的形态结构和功能、生长发育和调控、水分和营养物质的代谢，以及光合作用、生态和进化等，它既是生物类各专业的重要基础课程，也是学习细胞生物学、遗传学、分子生物学、生态学等课程的必要条件和基础。植物生物学还是一门实践性很强的学科，是培养学生科研、实践能力和综合素质的重要途径，对学生分析问题和解决问题能力的培养，尤其对学生综合素质的提高和创新能力的培养具有独特的作用。

由于植物生物学涉及学科多，内容广泛，基础理论与基本概念复杂，植物生物学教学难点较多，学习理解难度较大，学好植物生物学，培养创新型人才，并非易事。为了提高课程教学质量，培养高素质创新型人才，我们在近20年的植物生物学课程教学中，以创新性人才培养为主线，大学四年不断线，大一理论教学，大二大三实验、实习，大四毕业论文，进行了"理论教学打基础、实验教学强能力、实习教学长见识、毕业论文重创新"的"理论、实验、实习、毕业论文""四位一体"的教学改革与实践，取得了较好的成效。

一、理论教学打基础

现有的教学理念和教学方法，一直以来教师关注的焦点是"教什么"和"怎么教"，而忽视了对学生"怎么学"的考虑，忽视了对学生学习能力、应用能力的培养。教学课堂存在着"老师讲得口干舌燥，学生课堂昏昏欲睡"，为了从根本上解决学生参与课堂积极性不高的问题，让课堂"活起来"、学生"参与进来"、课堂教学质量"高起来"，我们在植物生物学课堂教学中，开展了以"快乐教学人人成才"为理念的课堂教学改革，在营造课堂教学氛围、增强学生参与意识、注重创新性教学等方面，进行了课改，促进了学生对知识的掌握和创新思维的形成。

1. 营造好的学习氛围，提高学生参与学习的积极性

课前 3 分钟，学生刚进教室，课堂还没有安静下来，老师通过讲故事、作诗、生活经验分享，吸引学生注意力，让学生把思想集中到课堂上来。例如，讲植物器官"花"时，分享老师作的诗《荷花》，"桃红点点接天碧，花中仙子唇含玉。清风送爽缕缕情，腹傲千载出污泥"。诗作一分享，马上吸引了学生注意力，为后续课程教学，营造了非常好的氛围，提高了学生学习兴趣和学习积极性。

2. 增强学生的主体参与意识，促进学生对知识的理解与掌握

课堂教学中，积极发挥教师的主导地位和学生的主体地位，充分发挥学生参与课程教学的积极性。例如，让学生制作 PPT 上讲台讲课，让学生分组学习讨论，让学生"问题式教学"互问互答，让学生撰写章节小论文等。通过鼓励学生主动参与教学，提高了学生学习积极性和学习效率，更加深刻地掌握课程知识。如，为什么"萝卜是一个，红薯是一窝"，这是主根系与须根系发育区别；为什么"树怕剥皮，不怕空心"，这是树皮具有血管输导功能；为什么"仙人掌茎肉质多汁，莲藕空心多孔"，这是沙漠植物与水生植物茎的生态适应结果；为什么"C4 植物比 C3 植物高产"，这主要是 C4 植物的光合作用具有 C4 途径，C4 途径具有 CO_2 泵的作用（转运 CO_2）等。诸如此类，这些问题的提出、解答、总结等，都有学生主动提问和主动参与的功劳，也有老师使课堂真正"活起来"的教学努力。

3. 注重创新性思维和创新性教学，促进创新性人才的培养目标的实现

大学生创新能力的培养是 21 世纪我国教育教学改革的重要目标之一，其根本目的是提高学生分析问题与解决问题的能力，培养学生创新意识和进取精神。在植物生物学教学中，积极开展创新性教学，培养学生创新思维和创新能力。例如，植物包括藻类植物、苔藓植物、裸子植物和被子植物等，每一类植物都有其生活史，各种植物的生活史都不同，要死记硬背这些植物的生活史难度较大，能不能归纳总结出一个涵盖全部种类植物的生活史，便于记忆和理解？课堂提出了问题，而各种教科书都没有这个问题的答案，为此，我们在学习完植物所有生活史后，归纳总结，画了一个简洁的植物生活史（图 1），这个生活史，是创新教学的一个有力例证。

图 1 植物生活史简图中，包括的植物是植物界的各类植物，如藻类植物、苔藓植物、蕨类植物、裸子植物和被子植物等。

（1）藻类植物

有的藻体是二倍体（2n），如鹿角菜，鹿角菜产生配子囊（2n），减数分裂形成雌雄配子（n），雌配子和雄配子结合，形成合子（2n），合子有丝分裂，形成鹿角菜藻体，完成生活史。

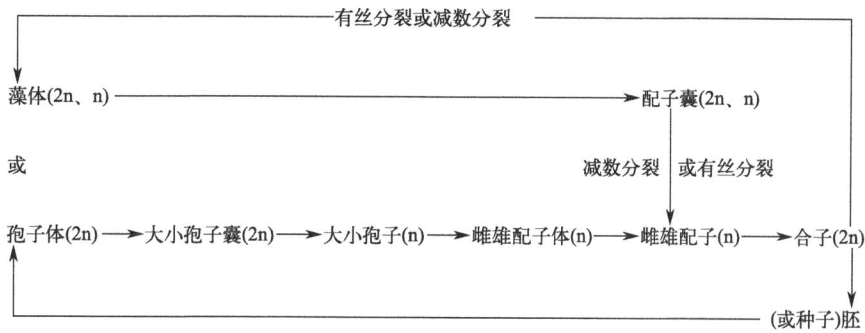

图 1　植物生活史简图

有的藻体是单倍体（n），如水绵，水绵产生配子囊（n），有丝分裂形成雌雄配子（n），雌配子和雄配子结合，形成合子（2n），合子减数分裂，形成水绵藻体，完成生活史。

还有的藻体具有孢子体和配子体，以海带、紫菜为例，海带、紫菜孢子体（2n），通过大小孢子囊（2n）减数分裂，形成大小孢子（n），大小孢子萌发生长，形成雌雄配子体（n），产生雌雄配子（n），雌配子和雄配子结合，形成合子（2n），合子有丝分裂形成孢子体（2n），完成生活史。

（2）苔藓植物、蕨类植物等孢子植物

其孢子体（2n），通过大小孢子囊（2n）减数分裂，形成大小孢子（n），大小孢子萌发生长，形成雌雄配子体（n），产生雌雄配子（n），雌配子和雄配子结合，形成合子（2n），合子形成胚（2n），胚生长，形成孢子体（2n），完成生活史。

（3）裸子植物和被子植物等种子植物

其生活史与孢子植物类似，其不同之处，是雌配子和雄配子结合，形成合子（2n）后，产生种子，种子萌发，形成孢子体（2n），完成生活史。

植物进化关系，很复杂，如何根据不同植物的进化关系，绘制一个简要的植物进化关系图，也需要在学习后，进行知识点的归纳总结和创新。学生根据老师布置的作业，结合小组学习讨论和课外查阅知识情况，绘制了一幅植物进化关系图（图 2），表现出了良好的归纳总结能力和创新素质。

二、实验教学强能力

植物生物学是一门以实验为基础的学科，实验教学是其中一个非常重要的教学环节，相对于理论教学更具有直观性、实践性、综合性与创新性，在加强对学生的素质教育与培养创新能力方面有着重要的、不可替代的作用。它不仅是本科教学计划中的一个重要组成部分，也是培养学生科研、实践能力和综合素质的重要途径，更是实施素质教育的重要手段。学生对实验结果进行分析、综合、概括，可以发展学生的思维能力和创新意识。

武汉工程大学植物学实验教学，以湖北省大学生生物实验技能竞赛为依托，以植物学基本实

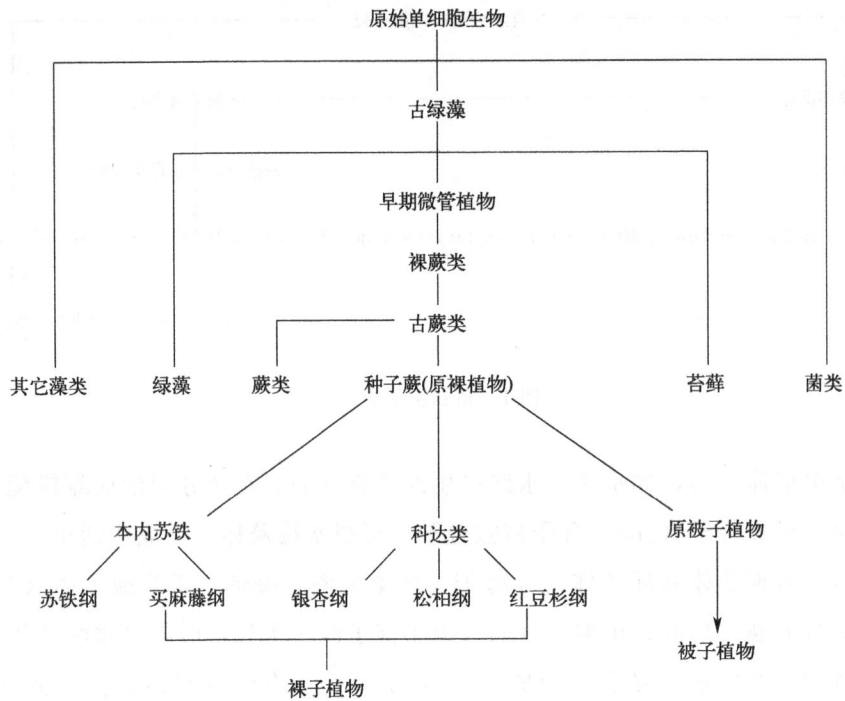

图 2 植物进化关系图

验技能为主线，强基固本，增强学生实验动手能力和操作能力，以此提升学生科研创新素质和能力。如显微镜的使用技术、生物绘图的方法、徒手切片技术、临时装片的制作、染色技术、新鲜材料的解剖、植物的鉴定检索、标本采集与制作以及解剖器械的使用方法等，通过一系列的实验、观察、操作，让学生自己动手、多操作、多练习，进一步加深对植物学理论知识的消化和理解，使学生牢固掌握植物学基础知识，培养学生实际动手能力。

例如，花的解剖与花程式撰写，非常能够考查学生的动手能力，因为，花很小，要解剖了解花的对称方式、花萼和花冠数量、雄蕊和雌蕊情况，以及心皮、心室和胚珠数，必须有较强的动手能力。紫薇花很漂亮，夏天盛开，想要知道紫薇花的内部奥秘，紫薇花的解剖与花程式的撰写就是动手能力考察的一个例子。花解剖时候，子房横切，可以看心皮、心室和胚珠；子房纵切，了解胚珠的纵向数量；横切的胚珠数与纵切的胚珠数之积，就是胚珠总数。通过解剖，紫薇花的秘密是：两性花，辐射对称，花萼 6 片合生，花冠 6 片离生，雄蕊 8 个，子房下位，6 心皮 6 心室胚珠 12 个合生。

通过组织学生参加湖北省生物实验竞赛，锻炼了学生实验动手能力，师生多次荣获省生物竞赛奖励。

三、实习教学长见识

实习教学是对理论知识进行验证、探索和创新的重要教学环节，是运用所学知识认识自然界植物组成、生态分布规律、植物生长发育规律以及与环境相互关系的重要途径。教学实习对于激发学生学习兴趣，培养学生观察能力、创新思维和动手能力具有重要意义。实习肩负着巩固理论知识、强化专业技能、提升专业素质的重任。

　　课程实习教学包括认识实习和生产实习，分别在大二和大三进行。认识实习在中国科学院武汉植物园进行，中国科学院武汉植物园作为中国国家植物资源储备和植物迁地保护的综合研究基地，收集保育植物资源11700多种，具有世界上涵盖遗传资源最广的猕猴桃专类园、世界最大的水生植物资源圃、中国华中最大的野生林特果遗传资源专类园、中国华中古老孑遗和特有珍稀植物资源专类园、中国华中药用植物专类园，以及沙漠植物园、松柏园、竹园、兰花园、梅园、杜鹃园、牡丹园、山茶园等16个特色专类园。武汉植物园植物种类繁多，生态环境多样，特色植物品种丰富，非常适合开展认识实习教学，是对不同种类、不同生活环境、不同价值的植物的科属特征、代表植物、经济价值进行认识的良好教学基地。认识实习聘请植物园分类专家给学生进行讲解，使学生认识了很多植物，提高了学生的学习兴趣，增长了见识。例如，世界上最毒的树，幌伞枫，也叫"见血封喉""箭毒木"，将树皮汁液涂抹箭头，射杀动物，箭毒进入血液，动物即亡。又如，菩提树，树叶非常特殊，其叶尖很尖很长，它的作用是使雨后水珠，在叶片上马上掉落，不会停留。再如，猪笼草，呈瓶子状，瓶子内壁光滑，有蜜腺，昆虫掉入瓶中，会被瓶中水溶解消化，因此，猪笼草是吃昆虫的草，它是对环境氮素营养缺乏的适应。

　　生产实习在武汉农科院唯尔福花卉种苗公司进行，师生通过顶岗实习，同吃同住同劳动，学习掌握了植物花卉种苗生产技术，加深了对课堂知识的理解和掌握，增长了见识。一是学习了花卉和蔬菜种子浸种、催芽、播种、嫁接、管理技术，增强了学生对植物生长发育调控的理解；二是学习了大棚蔬菜设施农业的植物生产管理技术，提高了学生对现代农业生产的认识；三是学习蝴蝶兰和红掌等名优花卉的组织培养技术和苗木栽培管理技术，让学生了解了生物工程技术在现代农业的应用前景。

四、毕业论文重创新

　　毕业论文是大四学生毕业前最后一个培养环节，是学生通过毕业论文科学研究，对大学四年学习成果的一次总检阅。学生通过毕业论文科研，解决实际科研问题，可以了解学生对理论知识的掌握情况，可以培养学生独立思考、综合分析、动手操作和自主创新的能力。

　　学生毕业论文工作与中国科学院武汉植物园合作进行，植物学相关研究课题的选题和研究工作，均结合植物园在研科研课题进行，2007年以来，共有100多个学生在武汉植物园进行了植物学相关的100多个课题的毕业论文的科研工作，植物学相关的科研工作，真题真做，一人一题，结合在研课题开展，真枪实战，提高学生科研创新素质和科研创新能力。科研涉及植物，包括藻类植物、蕨类植物、裸子植物、被子植物等各类植物，如，黑藻、荷叶铁线蕨、疏花水柏枝、鸢尾、吉祥草、花榈木等。科研涉及研究内容，包括植物生理、生化、遗传、分子、环境、生态以及濒危植物的保护等领域，例如，氮对荷叶铁线蕨生理生态响应；三峡库区消落带狗牙根水淹生长响应；矮慈姑自然居群的遗传分化研究；盐胁迫对黑麦草光合作用的影响等。

　　毕业论文重创新，有力提高了学生植物学科研创新素质和能力，取得了较好的培养效果。"濒危植物荷叶铁线蕨对光强和土壤水分的生理生态响应""鸢尾在沙土和壤土培养条件下泌氧的比较研究""中国普通野生稻种子萌发特性的初步研究""中国野生狗压根遗传多样性的 SSR 分析"等 18 篇植物学科研的毕业论文，荣获湖北省学位委员会、湖北省教育厅颁发的"省级优秀学士学位论文"奖。

第六节

生物信息学课程"教研一体化"教学模式初探

生物信息学是一门集生物学、物理学、化学、数学、计算机科学、信息科学及系统科学等诸多学科综合交叉的前沿产物，它极大地推动了诸如生命科学、医学等相关学科的发展。在生物信息学课程的教学中，存在师资力量薄弱、教学内容陈旧和教学资源缺乏、教学方法单一、学生知识水平不够扎实等有待深化改革问题。提出生物信息学课程科研教学一体化教学模式，以期通过教学模式改革，增强学生应用理论知识解决实际生物学问题的能力。

随着分子生物学、人类基因组计划的实施、测序技术的发展，各种生物医学数据已达到海量级别，生物信息学也进入了后基因组时代。如何从海量生物医学数据中获取新的知识呢？这就催生了一门新兴的交叉科学-生物信息学（Bioinformatic）。

一、生物信息学的学科特点

生物信息学是一门新兴的学科，从研究内容的角度来说生物信息学包含着基因组信息的获取、处理、存储、分配、分析和解释等六个方面的内容；从研究方法的角度而言生物信息学是把基因组 DNA 序列信息分析作为源头，破译隐藏在 DNA 序列中的遗传语言，特别是非编码区的实质；同时在发现了新基因信息之后进行蛋白质空间结构模拟；从哲学的角度阐述生物信息学为揭示"基因组信息结构的复杂性及遗传语言的根本规律"，它是 21 世纪自然科学和技术科学领域中"基因组""信息结构"和"复杂性"这三个重大科学问题的有机结合。

生物信息学与其他的生物学学科诸如生物化学、分子生物学、基因工程等课程相比，有很大的不同，主要有以下三大特点：①生物信息学无论是从课程学习还是从研究角度而言，都必须以基本的数据库为基础，数据量丰富而复杂。截至 2016 年 12 月，根据权威杂志《Nueleic Aeidse Rseearch》统计，目前大约有 1685 个生物学相关的数据库，涵盖了生物学研究相关的所有领域。数据库分类包括核酸序列和结构、蛋白质序列和结构、基因组序列注释及分析、蛋白质组学相关研究、人类基因组相关研究等几大类数据库；包括了动物、植物、微生物等 30 多万种生物的信息，包括的信息有核苷酸序列、蛋白质序列、蛋白质结构及其他功能数据库。②生物信息学研究方法主要是以计算机服务器为工具，以互联网环境为基础，通过服务器强大的搜索功能对生物大数据信息进行收集、存储、管理、分配、分析和解释。③生物信息学是一门交叉学科，它是一门集中了生物学、物理学、化学、数学、计算机科学、信息科学及系统科学等诸多学科综合交叉的前沿学科。综上所述，生物信息学与其他学科相比，具有如下特点：学科综合交叉性强、学习难度大、学科发展时间短、学科体系和教学模式还需不断完善与更新。

二、生物信息学教学中存在的问题

（一）师资力量薄弱

生物信息学是一门集多学科知识体系综合交叉性强的前沿学科，因此对该课程教师的专业知识要求较高，需要同时具备计算机科学与生物科学知识体系的专业性强的教师来授课，缺乏合格的生物信息学师资队伍，教师的整体数量和质量与我国生物信息学教育快速发展的规模不符。而目前由于高校专业设置和学科间交叉融合的力度尚不够，对生物信息学的知识板块不能够系统地把握，同时将前沿知识模块也不能及时地融入，所以生物信息学专业人才非常紧缺，因此目前高校生物信息学课程的教师多为生物学科其他教师辅教的课程，而专业教师非常少。

（二）教学内容陈旧和教学资源缺乏

生物信息学是一门新兴的正处在发展中的学科，在很多普通高等院校开设时间相对较晚，课时较短、教学内容都因为缺乏专业教师导致安排较为单一；同时我国对生物信息学专业课程的建设方面投入较少。由于生物信息学是一门新兴学科，学科发展时间较短，因此生物信息学目前缺乏完善的教学大纲及教案、丰富完整的多媒体课件、全面详细的教学视频和习题等教学资源，造成生物信息学教学资源稀缺匮乏。同时生命科学日新月异，发展迅速，生物信息学作为生命科学的前沿学科，势必要求其更新速度较快，为生物信息学教学大纲及多媒体课件、教学视频等教学资源的日益更新带来一定的困难。再次不同的专业背景的学生其培养方案及教学大纲需作适当的调整。

（三）教学方法单一

目前，国内的生物信息学教学目前主要用以多媒体课件进行"教师讲授为主"的传统教学模式，以理论教学为主以实验教学为辅，以课堂为中心进行"满堂灌"式教育，因此缺乏与生物信息学交叉前沿性特点相适应的新型教学模式。同时，实验教学内容单一，以验证实验为主。有时候生物信息学课程被当成了"文献检索"课程，缺乏和专业相适应的综合性、设计性实验，因此不能极大地激起学生学习的兴趣，学生学习就是以考试合格获得学分为主要目的，不能达到较好的效果。

（四）学生知识水平不够扎实

生物信息学是一门集多学科综合交叉的前沿学科。这就要求学生在生物学知识方面需要对生物化学、分子生物学、遗传学、基因工程等相关课程的知识有系统、清晰全面地了解；同时在计算机知识方面要求学生对计算机语言及数据库有一定的了解。另外目前生物信息学一般使用的是国外的数据库及生物信息学分析工具，这就要求学生具备熟练的英语水平。在实际的学习过程中，虽然很多学生能够满怀热情积极学习，但是前期学习过程中对知识结构熟练掌握的程度不够及将知识体系融会贯通的能力尚且不足，导致了学生在学习的过程将生物信息学当成计算机课，从而使教学效果大打折扣。

三、对生物信息学教学改革的思考

（一）对于生物信息学师资薄弱的高校来说，聘请专业的生物信息学团队进行集中授课是一个非常好的方法。专业的生物信息学团队具备扎实的理论基础和丰富的教学研究经验，不但能够将教学和科研融会贯通，真正做到将生物信息学为生物科学研究服务，并且对于专业的生物信息学团队而言对研究前沿和发展动态把握及时且全面，能够抓住课程的重点，并且还能够将课堂上的知识与科学研究进行关联，这样能够拓宽学生的知识面，同时还能够激起学生的兴趣。

（二）针对教学内容陈旧教学资源缺乏方面可以结合本校的专业特点及培养特色，不单单是以现有教材为背景，而是以不同研究方向及不同学科方向来制定生物信息学的教学大纲中的教育目标、教学要求、教学方式、教学内容、难点、重点。例如，针对本校生物技术和应用生物科学专业的本科生来说，学生学习生物信息学更多的是将这门课程作为一个辅助及分析工具，对于数据库的构建、工具的建模、软件的算法及统计分析方法可以作为了解内容，更多的是需要培养学生应用生物信息学技术来为所学的专业知识服务，解释一些生物学现象。针对这一情况本校生物信息学的教学大纲在通过与各个学科方向的共同商讨下确定了以下的教学内容：教学内容共 50 学时，分为理论教学和上机操作两部分。理论教学内容共 30 学时包括：生物信息学绪论、生物信息数据库的查询与搜索、生物进化与分子系统发育分析、基因及基因结构的预测、蛋白质结构及功能的预测、序列的拼接及引物设计、计算机辅助药物设计等；上机操作共 20 学时包括：常用生物数据库的查询与搜索（核酸和蛋白序列数据库、生物大分子的结构数据库、功能数据库）、数据库的检索、数据库的搜索与分析（Blast 工具、Fasta 工具）、多重序列比对和系统发育树的构建（Clustal 工具、Mega 工具）、蛋白质结构及功能预测、PCR 引物设计及评价。

（三）生物信息学是一门实践性很强的课程，如果在教学过程中还是采取多媒体课件进行"教师讲授为主"的传统教学模式，学生很难在有限的课时中掌握诸多的知识点，并利用各知识点解释一些生物学现象，鉴于此，为了能够让学生积极掌握各个软件和工具就需要学生在了解分析工具所能揭示的生物学现象的基本原理的情况下进行练习，掌握相关软件和数据库的应用，以及计算结果的生物学解析。考虑到课程特点，在教学中将理论与实验结合在一起，边讲解边演示边练习，实现讲解-演示-练习的无缝衔接，每次课程 4 学时，全程在计算机网络实验室进行，以学生为中心，培养学生的自主学习能力和动手能力。具体教学过程如下：（1）理论教学：首先要介绍软件与工具的分析原理，在了解原理的基础上再学习，学生学习更有基础，然后通过一些简单的案例或实验进行讲解和引导，这样学生学习会带着问题去学习，印象深刻，学习效果好，最后再阐述学习章节内容的重要性，这样更能激发学生的学习兴趣和求知欲。（2）教师演示：主要内容为教师实时操作软件，边操作演示边分析解释结果，并且始终围绕着生物信息学软件能够分析解释什么，如何操作，每一步操作的原因及所选择的参数，可以得到什么样的结果，结果说明什么。这就要求课程教师能够熟练、准确、详细地示范每一个软件的操作步骤，每一个步骤操作的原因，软件中所涉及的所有参数所代表的含义，最后解释结果能够说明的问题，解释的生物学现象。同时，教师将每一步的操作通过屏幕截屏，制作成详细的操作指导文档或视频编著出适合本校生物学专业学生适用的《生物信息学实验指导》。（3）学生练习：通过教师演示让学生熟悉各个软件和工具的操作步骤，学生练习分析同样的数据来重复教师的操作步骤，最后教师以各个课题组及各个学科方向给学生布置一些案例，教师在实验课程期间全程指导观察学生的操作过程直到完全重复教师的实验结果。

（四）要想学好生物信息学就要求学生综合具备生物学基本知识及熟悉计算机及英语，但很多学生偏科较严重，所以部分学生对生物信息学不感兴趣，仅仅是抱着科目合格的态度学习，这样教学效果不好，针对这一情况，我们将生物信息学课程的实验练习做成不同的专题和案例，并且每一个专题和案例都与学生即将进行的毕业课题或毕业设计相关，这样不但能够激发学生学习生物信息学的兴趣，而且学生还能够举一反三，触类旁通，巩固实践，提升学习能力，以期使学生逐步对所学的理论知识达到完全掌握和熟练运用的程度，并把自己的课程学习融入毕业课题当中去一举两得，这样能够大大提升教学效果。

四、结束语

生物信息学是一门重要的且处于快速发展中的学科，贯穿于整个生命科学领域，是一个发展中的具有交叉性、前沿性、实践性强特点的学科。要想提高生物信息学的教学效果就要求在教学中，教师的知识体系不断完善，教学内容和授课方式要及时更新，坚持"以生为本"，将多媒体教学和网络计算机上机操作相结合，选取合适的案例素材将讲解-演示-练习进行无缝对接，激发学生学习热情，推动生物信息学"案例式"教学，切实做好紧跟国内外发展前沿而且立足于学生实际。

| 第七节 |

雨课堂在细胞生物学课程教学改革中的应用

探讨了"雨课堂"在"细胞生物学"课程教学改革中的应用实践,包括借助"雨课堂"课前教师可以将带有图片、习题的预习课件和音频视频推送到学生手机端,让学生自主完成预习,课上通过随机点名、弹幕投稿互动等手段,抽查学生对知识点的掌握情况,起到了很好的教学互动效果,课后后台教学日志提供了大量的数据,教师基于该数据对教学效果进行考察,学生复习时可以查阅所有学习资料。在"细胞生物学"课程教学过程中采用"雨课堂"教学工具后,很大程度地改善了学生的学习体验,拓宽了学生知识面、提高了学生分析问题和解决问题的能力、调动了学生学习的积极性。该实践有效提高了学习成绩和优秀率,取得了理想的教学效果。

随着互联网及人工智能的快速发展,移动互联网对传统教学方式的挑战日趋明显,尤其是对高校的教育造成了较大的冲击。当代大学生对网络和智能手机有一种天然的亲近和依赖,如今智能手机在高校里已经大面积普及,学生认为传统课堂教学内容枯燥和教学方式单一,产生了对上课的倦怠情绪,很多学生认为听老师讲课不如看手机,致使课堂上出现了众多的"低头党"。如何把手机从"低头的工具"变为教学的有力工具,是摆在教育者面前的一个重要的课题,在这个背景下雨课堂应运而生。"雨课堂"一款免费的教学软件,它是由学堂在线与清华大学在线教育办公室组织研发的,通过它连接教师与学生的手机,实现了教师和学生在课前、课上、课后的实时互动,让课堂互动永不下线。

目前,很多学者对雨课堂应用于课程教学过程中作了积极的探讨与实践。像将雨课堂应用于"电路""运动生理学""电磁场与电磁波""无机化学""单片机原理""马克思主义基本原理概论""C++程序设计""网络教育应用""C语言程序设计"等课程中。雨课堂将教学工具巧妙融入PPT与手机微信中,轻量易用,操作便捷,全面提升了课程教学体验。"细胞生物学"课程是生物学和医学各专业学生必修的一门重要的专业课,是现代生命科学中的一门重要的基础前沿学科。为了更好地提高"细胞生物学"课程教学效果,我们探讨了雨课堂在细胞生物学教学改革中的应用。

一、"细胞生物学"的教学现状

1. 生物技术专业"细胞生物学"的教学和考核模式

"细胞生物学"是生物技术、生物科学和生物制药专业的专业核心课,在该课程的讲授过程中采用传统的课堂讲授＋实验相结合的方式，总学时是 68 学时（其中理论授课 48 学时，实验实践课 20 学时）。理论课以教师讲授和视频音频播放为主，通过细胞结构与功能的讲解加深学生对结构与功能相统一的理解；实验课老师讲解实验目的、实验原理和实验操作过程中的注意事项，每节课会布置实验任务，学生通过自主操作完成实验操作获得实验结果来达到实验的目的。根据教学计划，该课程为考试课，采用平时成绩（10％）＋实验考核（30％）＋期末考核（60％）的考核方式，其中，平时成绩包括上课出勤率和课堂上回答问题情况，实验成绩包括实验报告、实验操作规范性和实验完成质量。

2. "细胞生物学"传统教学模式的不足

"细胞生物学"存在知识点多而散，需要大量记忆等特点，传统教学模式主要以"教师讲课、学生听课"为主要特征，教师通过单纯讲授或讲授配合提问等来实现知识的传授，以课后作业辅助学生掌握学习的知识点，最后通过考试来督促学习和记忆课程知识。在这种"满堂灌"教学模式下，学生学习的积极性和主动性不够，多数学生的学习目的就是为了应付考试。雨课堂则恰好打破了这种死板的课堂，它将教学与反馈的各教学环节有机地组合在一起，能够让师生实时互动，并且借助雨课堂能够让教师及时掌握学生的学习情况，提供教学全周期的大数据支持。

二、基于雨课堂的细胞生物学教学实施

以"细胞生物学"课程为例，本课程开设于 2019 年秋季学期，授课对象为 2018 级生物技术 1 班和 2 班学生，共计 83 人。将雨课堂引入该班级"细胞生物学"的授课过程中，课堂的实施步骤为：

1. 课前准备

教师利用智能手机微信中的雨课堂公众号在我的课程里创建课程和班级信息，邀请该班级学生加入。根据该章的教学内容，收集大量的不同类型教学资源，这些资源主要是用于授课所需要的动画、视频、音频、习题和实验操作演示，通过雨课堂课前上传到学生手机上，供学生进行课前预习。预习内容包括：（1）理论求证过程的背景知识。一般是教材上没有给出的背景知识，如对克隆羊多利的认识，让学生预习克隆技术、显微注射以及克隆羊多利诞生的实验过程等背景知识，为推导出"动物细胞具有全能性"作好铺垫，可以是自制动画、语音讲解、图片介绍、视频演示、英文文献推荐等，相关的资料在互联网、中国大学 MOOC 上比较全面，也容易获得。（2）知识点预习。将根据教学知识点制作好的微课、视频、教学 PPT 或实验操作演示推送给学生，让学生提前预习并标记不懂的地方，便于学生更好地理解相关知识和教师在课上可以有针对性地回答问题。

2. 课上教学

教师利用微信通过"雨课堂"软件自动生成本节课二维码，每次课学生都要通过微信扫码的方式进入课程，教师可以在手机端查看学生的到课情况。同时，课件会同步显示在学生手机上，并保存在"雨课堂"的云端，方便课后复习和查阅。在课堂上，教师根据教学大纲的要求，讲解教学内容，并结合雨课堂反映的预习数据，对学生在预习过程中出现的共性问题进行讲解。学生可以随时点击"不懂"或者"收藏"按钮来标记不理解的 PPT 或知识点，学生所作的标记会显示在教师手机端，对于某 PPT 页码的点击量较多时，教师也应该考虑是否没有讲述清楚，应及

时调整授课进度，为学生答疑解惑；在课堂教学过程中，教师还可以开启"弹幕"，针对某一问题，与学生进行实时互动，学生可以通过"弹幕"表达自己的想法或者提出疑问，这样既能活跃课堂气氛，又能根据"弹幕"内容观察到学生的课堂表现。在课堂上，教师还可以通过"随机点名"吸引学生的注意力，当大屏幕上滚动全班学生的名字的时候，会有一种像在"抽奖"的画面感，学生感觉紧张又兴奋，这是将学生的注意力集中到课堂上和促进学生积极思考问题的很有效的方法。

适时课堂测试也是"雨课堂"的一大特点，借助课堂测试教师可以实时了解到学生对知识点的掌握情况，学生也可以从中看到自己的学习在班级中所处的位置。在课堂教学中，教师每讲授一个重要知识点，可以在课件中设置一些有针对性的测试题，通过限时回答让学生现场作答。如图1所示，答题结束后通过柱状图的形式在屏幕上显示本题的作答情况，教师就能实时了解学生对刚刚讲授的知识点的掌握情况，有哪些同学回答正确，有哪些同学回答错误，还可以让答错的同学讲述一下他为什么选择这个选项，教师分析错误原因，从而有效地把握课堂进度。看到自己的作答情况和听了教师的讲解之后，学生会对自我产生一个实时评价，从而加强课后复习的针对性。

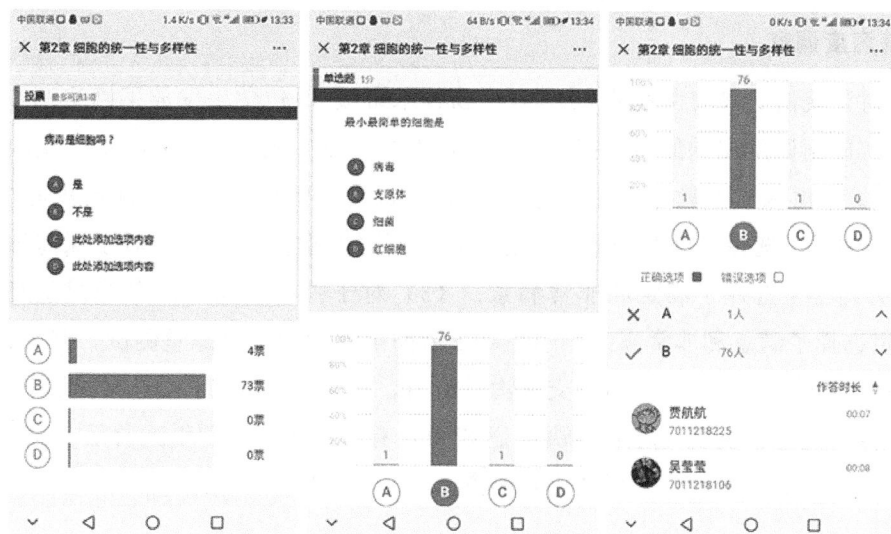

图1　在线答题柱状图分布

3. 课后总结

"雨课堂"自动采集课前-课上-课后的每一个教学环节的数据，并且在学生的手机端保留完整的课件，为师生提供完整真实的大数据支持。如图2所示，以"雨课堂"后台教学日志大数据为基础，进行教学分析和总结，教师可以在"雨课堂"里查看有多少学生在何时进入课堂，从而记录学生出勤率；教师也可以查看学生学习行为和状态方面的数据，可以看到答题前3名的优秀学生和答题后3名的"预警"学生信息，教师可以根据统计数据对"预警"学生进行有针对性的辅导，帮助学生改进自己的学习过程；教师还可以查看学生答案的正确率和哪些题目错误率高，从而确定学生对所学知识点的掌握情况。课后学生可以通过"雨课堂"查阅教师发布的PPT、试题等教学内容，进一步复习和巩固相关的知识，若遇到问题也可以在讨论区上发布，教师可以在线答疑。

图 2　基于后台教学日志数据分析和总结

三、"雨课堂"实施的教学效果评价

1. 学生满意度调查

课程结束时，我们对参与课程的 2018 级生物技术班级 83 位学生发放了网络调查问卷，目的是了解学生对实施雨课堂授课的真实接受程度，而在这之前，有 87.21% 的学生反映之前没有听说过"雨课堂"。"雨课堂"教学效果问卷调查结果如表 1 所示。对调查问卷内容的回答如下：（1）有 95.18% 的学生选择了满意和非常满意教师采用雨课堂授课；（2）对于课前知识点预习环节，有 91.57% 的学生选择了满意和非常满意；（3）对于弹幕、随机点名等课堂互动活动，有 85.54% 的学生选择了满意和非常满意；（4）对于借助雨课堂的适时课堂测试，有 87.95% 的学生选择了满意和非常满意；（5）对于培养交流沟通能力，有 91.57% 的学生选择了满意和非常满意；（6）对于提升自学能力、发现问题和解决问题能力，有 93.98% 的学生选择了满意和非常满意。这说明绝大部分学生对"雨课堂"授课比较满意。

表 1　学生对雨课堂教学效果评价结果

问卷内容	非常满意		满意		一般		不满意	
	人数	百分比（%）	人数	百分比（%）	人数	百分比（%）	人数	百分比（%）
对于教师应用雨课堂授课	20	24.10	59	71.08	3	3.61	1	1.21
课前知识点预习环节	23	27.71	53	63.86	6	7.23	1	1.21
弹幕、随机点名等课堂互动	31	37.35	40	48.19	10	12.04	2	2.41
借助雨课堂的适时课堂测试	32	38.55	41	49.40	8	9.64	2	2.41
培养交流沟通能力	24	28.92	52	62.65	7	8.43	0	0
提升自学能力、发现问题和解决问题能力	25	30.12	53	63.86	3	3.61	2	2.41

2. 学习效果统计

在"细胞生物学"课程的授课过程中，对于 2017 级学生采用传统教学模式，而在 2018 级学生中采用"雨课堂"教学工具。学习效果统计采用相对标准化试卷进行综合考试的方式，以 A

（100-80）、B（80-70）、C（70-60）、D（＜60）四个档次统计考试成绩。所用的试卷经专家评议，题量和题型完全一致，试题难度相当。对 2017 级和 2018 级学生学习效果的统计结果如表 2。经过差异显著性分析，得出 2017 级学生与 2018 级学生成绩为 A 的差异显著（P＜0.05）。通过比较 2017 级与 2018 级学生考试成绩的差异，发现采用雨课堂教学工具后，提升了"细胞生物学"课程的学习体验，学生整体成绩和优秀率有了较大提高。

表 2　2017 级和 2018 级细胞生物学成绩对比

年级	学生人数	考试成绩			
		A(100-80)	B(80-70)	C(70-60)	D(＜60)
2017	80	17(21.25％)	21(26.25％)	37(46.25％)	5(6.25％)
2018	83	29(34.94％)*	33(39.76％)	19(22.89％)	2(2.41％)

注：2017 级学生考试成绩与 2018 级学生考试成绩对比，* $P＜0.05$。

四、结束语

本文研究了"雨课堂"在"细胞生物学"课程教学改革中的应用实践。在利用"雨课堂"进行该课程课前准备、课上教学、课后总结三个阶段的交互环节中，能将传统的教师通过单纯讲授实现知识的传授真正改变为教师和学生的双向互动。课前教师可以将带有视频、图片、习题的预习课件推送到学生手机端，学生在雨课堂上完成预习，课上通过随机点名、弹幕投稿互动等手段，抽查学生对知识点的掌握情况，起到了很好的教学互动效果，课后总结时教师可以通过雨课堂后台教学日志查看教学效果，学生复习时可以查阅所有学习资料，该教学日志还为今后的教学改革提供具体的数据依据。在"细胞生物学"课程教学过程中采用"雨课堂"教学工具后，很大程度地改善了学生的学习体验，拓宽了学生知识面、提高了学生分析问题和解决问题的能力、调动了学生学习的积极性，有效提高了学习成绩和优秀率，取得了理想的教学效果。

| 第八节 |

智慧教学五步教学法在植物学课程教学中的应用

以植物学课程为例，分阶段采用传统教学方法和智慧教学五步教学法授课，并通过问卷调查等形式对两种方法的教学效果进行了评价。结果表明：与传统教学方法相比，智慧教学五步教学法能够明显提高学生的学习兴趣；学生在课堂上的注意力更加集中，课堂气氛更加活跃；学生的参与度更高，更愿意积极思考并主动回答老师提出的问题；学生对课堂教学更加满意，教学效果也更好。

当前，互联网和信息化技术已经渗透到了我们生产生活的方方面面。教学作为一种教师与学生互动的过程，是新兴科学技术应用的前沿地带，信息化技术顺理成章地在教学过程中得到了广泛应用。雨课堂、学习通、UMU 互动等信息化教学软件和工具也应运而生，传统课堂掀起了一场惊涛骇浪的变革。在这些信息化教学的应用和研究中，内蒙古民族大学于洪涛副教授提出的"基于雨课堂的高校智慧教学五步教学法"取得了良好的效果和较突出的成绩。这是一种以赫尔巴特的"五段教学法"思想为指导，以"雨课堂"为教学工具的智慧教学方法，包含考一考、说一说、讲一讲、做一做和想一想五个教学环节。该方法简单可行，易于掌握和操作，不仅能够让教师实时掌握学生的学习情况，而且能充分调动学生学习的积极性，教学效果好，具有很大的推广应用价值。笔者有幸听了于洪涛老师关于智慧教学五步教学法实施方法的报告，深受启发和教育，决定在自己的植物学课程教学过程中尝试运用该方法，结果令人满意。现将实施过程和效果论述如下。

一、"智慧教学五步教学法"的内涵

智慧教学五步教学法包括"考一考""说一说""讲一讲""做一做""想一想"5 个相辅相成的教学环节。

第一，"考一考"环节是教师在上课前要通过雨课堂向学生推送预习课件，上课时通过雨课堂的测试功能设置 2～3 道客观题，对学生进行课前测试。测试内容主要是一些基本知识的客观题，多为填空题或选择题，以了解学生对当堂课教学内容的预习情况。

第二，"说一说"环节是在完成课前测试后，让学生在课堂上通过口述或雨课堂投稿弹幕的功能来回答老师提出的问题，或者讨论内容，或者反馈自己在预习过程中遇到的问题、困惑及对当堂内容的学习需求和愿望等。教师可以根据学生的表现来判断学生对当堂教学内容的理解程度。

第三，"讲一讲"环节包括学生讲和教师讲两方面。学生讲是让学生在预习时，将学习内容制作成简短的PPT或思维导图。课堂上，老师利用雨课堂的随机点名功能随机抽取1~2名学生，讲解自己的PPT或思维导图。其他学生则可通过投稿功能将自己的作品发布到雨课堂。教师讲是教师根据学生前三个环节的表现来确定当堂课的教学内容重点讲什么，讲到何种程度。

第四，"做一做"环节是指让学生利用自己所学的知识来做作业或做一个小的实验设计等，让学生将自己所学的知识真正应用于实践，进一步提高学生对知识的理解和应用。

第五，"想一想"环节是让学生在课后思考自己当堂课的表现，今后应该如何继续或改进；教师则反思自己当堂的教学设计是否合理，教学内容安排是否得当等，为以后的教学提供依据。

二、"智慧教学五步教学法"实验对象及实施方法

本次实验以园艺22-1班学生为实验对象。该班共有学生40人。实验分两个阶段进行，第一阶段为讲授植物学的第一章"细胞"和第二章"植物组织"（共6学时），使用传统的教学方法；第二阶段为讲授第三章"种子和幼苗"及第四章"根的形态结构和功能"（共6学时），应用智慧教学五步法。每个实验阶段授课结束时，教师分别对学生的学习兴趣、满意度、课堂参与度、课堂氛围及教学效果等进行调查和统计。两个阶段的调查内容相同，方便对不同阶段的相关指标进行比较分析。

学习兴趣和满意度以调查问卷的形式直接通过雨课堂的测试功能完成。设置的调查题目包括：

（1）你对植物学的兴趣程度是？

A. 很感兴趣　　　　B. 比较感兴趣　　　　C. 不太感兴趣　　　　D. 没兴趣

（2）你的课堂注意力集中程度是？

A. 很集中　　　　B. 比较集中　　　　C. 不太集中　　　　D. 不集中

（3）你对现在的教学方法是否满意？

A. 很满意　　　　　B. 比较满意　　　　C. 不太满意　　　　D. 不满意

（4）你对老师课堂上提出的问题态度是？

A. 主动思考并积极回答　　　　　　　B. 会思考但不愿意回答

C. 懒得思考，更不会回答　　　　　　D. 不假思索，胡乱回答

（5）你认为课堂气氛怎样？

A. 非常活跃　　　　B. 比较活跃　　　　C. 比较沉闷　　　　D. 非常沉闷

课堂参与度的统计通过在采用两种不同教学方法的两个阶段各6个学时内，教师提出相同数目的问题及讨论题目，学生主动回答老师问题或主动发表观点的人数来确定。在第一个调查阶段，统计口述回答问题的人数；在第二个调查阶段，除了统计口述回答问题人数外，还要统计雨课堂投稿弹幕的人数。课堂氛围通过教师的观察和感受及学生评价来确定。教学效果通过学生课后的测试成绩来评定，两个阶段设置的题目数量和题型保持一致。

三、结果与分析

（一）两种教学方法学生兴趣、注意力和满意度等的比较分析

调查问卷显示，采用传统教学方法时，学生对课堂教学很感兴趣的仅有6人，占15%，比较

感兴趣的占 50％，总感兴趣人数占 65％；完全不感兴趣的人占 15％。而采用智慧教学方法时，学生对课堂教学很感兴趣和比较感兴趣的分别占 35％ 和 57.5％，总感兴趣人数 92.5％，远高于传统教学；完全不感兴趣的仅有 1 人。从对教学方法的满意程度来看，对传统的教学方法，学生很满意和比较满意的人数占 85％；而智慧教学方法提高到了 92.5％，仅 1 名学生选择了不太满意。在课堂注意力集中程度方面，采用传统教学方法时，注意力非常集中和比较集中的共 23 人，占总人数的 57.5％；采用智慧教学方法时，则有 38 人，高达总人数的 95％。与传统课堂视学生玩手机为大忌相比，能在上课的同时名正言顺地"玩"手机，学生的兴趣自然会空前高涨，自然也会更为满意。

对待老师课堂提问的态度，采用传统教学方法时，仅有 10％ 的学生愿意主动思考并积极回答问题；60％ 的学生虽然愿意思考，但不会主动回答问题；25％ 的学生懒得思考；还有 5％ 的学生选择不假思考，信口开河，胡乱回答。而采用智慧教学方法时，愿意积极思考并主动回答问题的学生提高到 75％，30％ 的学生不愿主动回答，懒得思考的学生为 0，但胡乱回答的学生由原来的 5％ 提高到了 15％。这是因为在传统课堂上，由于上课时间的限制，老师在提出问题时，并不能给学生太多思考和回答问题的时间，很多学生产生了一种既然不会回答又何必费脑思考的心态；还有学生虽然思考，也想发表观点，但却羞于表达。但雨课堂的投稿弹幕的功能使得每一个学生都有同等的机会和更多的时间去发表自己的观点，且并不直接在屏幕上显示发言人。因此，每个人都可以无所顾忌地表达自己。但也正因如此，发言的学生中更多地出现了不假思索、胡乱回答的人。这是学生爱玩爱闹的心态使然，可以理解，但并不鼓励。

课堂气氛方面，采用传统教学方式时，大部分学生认为课堂气氛比较活跃，少数同学（20％）认为比较沉闷；改变教学方法后，100％ 的学生认为课堂气氛非常活跃或比较活跃。雨课堂中随机点名、投稿弹幕、抢红包等功能多种多样，非常符合现代年轻人的"口味"，课堂气氛就变得异常热烈，每个学生都在积极参与教学。

（二）两种教学方法学生参与度及教学效果的比较分析

据统计，在采用传统教学方法的 6 个学时内，学生主动回答教师提问及发表观点的共 49 人次，平均 8.1 人次/节课；而采用智慧教学方法时，学生口述回答问题共 42 次，但投稿弹幕回答问题及参与讨论的高达 536 人次。这说明学生中有很大一部分对老师的问题并不是没有思考或无自己的观点的，只是羞于表达。

（三）两种教学方法教学效果的比较分析

本实验对使用两种教学方法讲授的内容以小测的方式对学生的学习效果进行分析和评价。采用传统教学方法的部分，学生的平均成绩为 65.2 分。采用智慧教学法的部分，学生平均成绩为 70.3 分，明显高于传统教学方法的学习效果。学生的学习兴趣提高了，对知识的接受程度自然随之提高，学习效果自然也会有所改善。

四、总结和反思

本实验利用雨课堂实施智慧教学五步法。与传统教学方法相比，学生的学习兴趣更加浓厚，注意力更加集中，课堂气氛更加活跃，学生参与度更高，更愿意积极思考并主动回答老师提出的问题，对课堂教学更加满意，教学效果也更好。信息化时代，手机已成为学生交流、学习、休闲娱乐的必需品。教师应充分利用学生爱玩手机、易于接受新事物等特点，将手机与教学有机结合起来，让学生在玩手机的同时参与到课堂教学中，真正成为课堂的主体，从而提高教学质量和效率，更好地完成教学任务，达到预期的教学目标。但在信息化教学的过程中，教师也应注意智慧教学法与传统教学相结合，循序渐进，特别是在"考一考"和"说一说"环节，要注意数量和频次，否则可能导致用力过猛，学生出现抵触心理，最终过犹不及。

| 第九节 |

探究式教学改善生物化学教学效果的研究

> 针对生物化学课程理论性强、内容复杂抽象的特点，以塔里木大学动植物检疫专业学生为学习主体，将探究式教学引入教学过程，以学生为主体，通过课外学习，小组讨论和全班交流的形式培养学生的自学水平、提高学生的沟通交流、团队合作能力，结果表明该方法对学生的科学思维起到较好的促进作用。

生物化学是塔里木大学动物科学、动物医学、草业科学、园艺、园林、生物技术、食品科学等专业的基础课。该校学生来源复杂，有汉族、维吾尔族、哈萨克族等民族，有本科、专科班，不同的基础教育条件使得学生知识基础差异较大。生物化学课程的学习存在很大的难度，是生命科学领域重要的基础学科和前沿学科，是分子生物学、遗传学、细胞生物学、微生物学、生理学等课程的前期必修课程。如何有针对性地教学，激发受教对象的兴趣，使其能将复杂的生物化学知识内化形成逻辑系统，从而提高教学效果，是国内外每一位从事生物化学的教师一直追求的目标。

探究式教学模式于 1950 年由美国课程理论学家和生物学家施瓦布教授提出。近 60 年来，该教学模式一直是世界各国教育工作最为关注的焦点之一，各国教育组织机构对其模式的方法和标准进行了各种改进。

1996 年，国际教育标准（The National Science Education Standards，NSES）将探究式教育定义为："科学家运用多样的方式探索自然并通过探索提出对世界的理解。"无疑，科学的探究式教学引入课堂对学生或者教师都是一个巨大的挑战。

一、探究式教学提高教学过程

探究式教学中教师的教学技术非常重要，为了达到教学效果，教师首先要明确什么是科学的探究式教学方式，教师在这个过程中所起的主要作用是什么，如何引导学生像真正的科学家一样具有科学的思维，正确对待科学问题，在讨论和寻找科学证据支持的过程中由推理得出科学问题，从而以问题讨论式方法为形式完成对探究式教学效果评估。塔里木大学的模式为：两个生物化学教师（7 年生物化学教龄）和动物科学学院动物医学专业学生（5 人/每组），过程约为 15 周时间，教师根据教学大纲要求设计研讨专题表格，学生依此检索并下载专题文献。该过程主要包括三个模型：什么是生物大分子？生物大分子的功能？生物大分子是如何合成？每两个小组选择一个模型来完成，每个模型设计一个具体的问题，以问题引导学生收集证据，例如查阅相关英文文献以推理出自己的观点，并在这个过程中向学生自然地引导出目前已有的科学观点和科学原理。在探究式教学过程中，Edwards and Merce 认为目前的教学状态是多数学生学习的知识是课程设置预先定好的，因此教育本质上是社会化的过程进入现有认知论的世界。因而，当教师引导学生的时候其实是在向学生灌输现有知识。因此，应以学生为主体，专题由小组讨论并制作成PPT，展示给全班同学，所有专题完全由学生完成。

1. 设计问题

教师引导学生深层次理解概念并完成阅读文献的作业，学生在阅读过程中一定要想出至少一个与文献相关的问题。教师根据"塔里木大学生物化学"教学大纲整理出教学重点和难点，结合学科发展过程中的重大发现、前沿领域以及与人类健康和疾病相关的热点问题：①血红蛋白的功能是什么？②犯罪证据的提取与亲子鉴定是如何应用杂交技术？③各种限制性内切酶在基因重组中起了什么作用？④线粒体的电子传递链与衰老的关系是什么？⑤糖代谢与糖尿病存在怎样的关系？⑥脂代谢调控与肥胖。⑦Glu 和 Gln 的生理学功能。⑧肿瘤细胞中的核苷酸代谢；核苷酸的代谢和肿瘤的关系是什么？⑨DNA 复制与修复的分子机制；端粒复制有什么特点？⑩翻译中如何保证质量的精准？每个小组根据文献选择相应的问题并进行文献查阅式回答，在进行 PPT 展示之前，将问题以电子文档方式提交给笔者作为评估成绩使用。

在 2012～2014 年的探究式教学活动中，笔者与学生一起研讨了综述性论文和研究性论文 15 余篇。民族学生阅读中文文献，汉族学生阅读英文文献，文献以研究性论文为主。阅读文献的过程中注重对学生科研思维的培养。在这个教学模式中，笔者按照设计专题、选择文献、研读文献、制作讲稿、全班交流和成绩评定六个阶段实施。

2. 文献研读

选定文献之后，由教师引导学生根据兴趣分组，每组负责研读一篇文献。文献的阅读是收集证据的过程，是探究式教学是教学中的一个十分重要的环节。由于多数学生第一次接触英文科研性文献，专业术语底子薄，英文功底参差不齐，在整个研读过程中理解的速度特别慢。在研读过程中，教师重点加强对学生科学思维的引导，使学生在一个具体问题的研究中分析和思考：①作者是如何提出问题的？②作者解决问题的办法是什么？③本文的结论是什么？还有什么问题有待解决？④该文献对你的专题认识的启示是什么？引导学生带着问题阅读文献，找出文章的不足之处，并讨论可能解决的方法，对于学生创新思维的培养大有裨益。通过训练，使学生逐步掌握一些阅读英文文献的方法。

3. 全班交流

学生在阅读文献后进行小组讨论，整理出文章的目的、方法、技术结论，作成 PPT。教师要求学生 PPT 做到"背景明亮、字体适中、颜色沉稳、图片美观"。内容方面"重点突出，条理分明、语言简练"。隔周进行一次全班交流会，每次 2 学时。首先由小组同学轮流上台讲解文献，随后进入提问和讨论阶段。

4. 评估成绩

为了"激励学生学习，帮助学生有效调控自己的学习过程，使学生获得成就感，增强自信心，培养合作精神"，笔者引入了形成性评估，使学生"从被动接受评价转变成为评价的主体和积极参与者"。建立了学生成绩评定的 10 分制。其中包括上传资料（1分）、PPT 制作（2分）、演讲（2分）、答疑或提问（2分）、作业（3分）。通过成绩评定，使教学过程体现教育功能和激励功能。

二、讨论

主讲小组在文献研读的基础上将文章核心内容制成 PPT，在全班进行演讲，并组织讨论。最后，教师进行课程总结和成绩评定。学生通过论文研讨，开阔了视野，提高了文献阅读能力、演讲能力，从中学习和体会到科学家的严谨思维和探索精神。生物化学探究式教学活动的开展，对学生知识、能力和素质的全方位培养起到了扎实有效的促进作用。

以教师为主体的传统教学和验证实验一直是生物化学的主要教学形式。生物化学知识点多，课时又极度压缩，学生只能强记硬背，不仅难以掌握，还可能丧失学习兴趣和积极性，教学质量难以得到保证和提高。但是探究式教学是注重以素质为核心，让学生"主动发现"的"积极学习"型的教学模式，通过教学实践总结，探究式教学具有以下优势：

1. 思想方面

在探究式教学中，学生自主探究得到了鼓励，并在教学中导入竞争机制，充分调动了学生的积极性和主动性，从而激发了学生探索科学知识的信心，提高了对生物化学的兴趣。探究式教学实现了从科学专业素质向综合素质教育的转变，加深了学生对专业知识的理解和掌握，不仅提高了学生的实践操作能力，还提高了学生的语言表达和交流能力。

2. 在学习能力方面

通过教师设置的专题，引导学生在文献搜索的过程中，探索和发现新知识，并进行归纳总结。提高了学生自学能力和分析解决问题的能力，培养了学生的科研思维和创新意识。

生物化学探究式教学在培养学生文献阅读能力、自学能力、演讲交流能力以及团队合作精神等方面进行了有益的尝试。在教学中积累的一些教学素材和实践经验，还可促进生物化学基础理论课程的教学，使更多的学生受益，对学生综合能力的培养是一项长期而系统的工程。

三、结语

实践基本实现以下目标：①与生物化学基础教学相配合，完成探究式教学专题的初步设计；②建立并不断完善探究式教学文献资料库；③建立了一整套学生训练计划，包括文献研读、PPT 制作、演讲答疑、完成作业等环节。存在的问题主要表现为：①在专题设计方面尚存在一定的局限性，应根据学科发展动态，对选题进行优化和调整。同时可以增加学生自主选题的环节，让学生提出他们感兴趣的话题；②在文献选择方面，由于学生是二年级本科生，大多数专业课程还没学过，不适合阅读信息量较大的综述性文章，应选择难度适宜、短小易懂的研究性论文，并在研读过程中注重对学生科研思维的培养；③在教学组织方面，10～20 人的小班最为适宜，人数太多，会减少学生提问交流的机会。每篇文章由 2～3 人主讲较为合适，有利于同一小组的学生整体把握内容，更好地体现条理性和衔接性。

参考文献

[1] 韩新才，熊艺，刘汉红，等．"双一流"背景下高校课堂教学"一教二主三化"教学改革探索与实践［J］．高校生物学教学研究（电子版），2018，8（5）：23-28.

[2] 韩新才，熊艺，王雪梅，等．"双一流"背景下高校课堂快乐教学人人成才的教学改革探讨［J］．课程教育研究，2018，（33）：231-232.

[3] 韩新才．高校生物技术专业教学方法改革探索与实践［J］．广东化工，2008，35（1）：118-120.

[4] 韩新才，周文科，程波．高校基因工程课堂教学改革的探索与实践［J］．化工高等教育，2018，35（2）：36-40.

[5] 熊艺，韩新才．基于创新能力培养的植物生物学"四位一体"教学改革的探索［J］．化工高等教育，2021，38（3）：58-62.

[6] 习近平谈治国理政（第二卷）［M］．北京：外文出版社有限责任公司，2017.377.

[7] 陈宝生．努力办好人民满意的教育［N］．人民日报．2017-09-08（007）.

[8] 郑志辉，刘德华．当代高校教学评价改革与中国教育梦［J］．当代教育科学，2014，（21）：6-9.

[9] 雷敏．论提高高校学生评教质量的方法和策略［J］．高教探索，2005，（1）：50-53.

[10] 国务院印发《统筹推进世界一流大学和一流学科建设总体方案》．中国政府网，2015-11-05.

[11] 瞿振元．着力向课堂教学要质量［J］．中国高教研究，2016，（12）：1-5.

[12] 王桂琴．让快乐导航——浅谈制图快乐教学法［J］．新课程，2010，（8）：133.

[13] 零东智．高校思想政治理论课"快乐"教学浅议［J］．中国高等医学教育，2008，（10）：54.

[14] 伍育琦，陈国生．论高校旅游专业的"快乐旅游教学"［J］．职业教育研究，2007，（10）：99-101.

[15] 何竞平．浅谈快乐教学法在高校广告学课程中的应用［J］．教育教学论坛，2012，（8）：192-193.

[16] 袁英．快乐教学应该成为高校体育的主旋律［J］．重庆大学学报（社会科学版），2002，8（3）：141-142.

[17] 孙莉．"快乐教学法"在大学英语课堂教学中的应用［J］．长春大学学报，2010，20（2）：18-21.

[18] 蒋达云，邹鹏．营销学快乐教学的思考［J］．中国商界，2010，（8）：160-161.

[19] 孔继利，平艳伍．基于快乐教学的物流类专业课程教学研究［J］．物流工程与管理，2010，（10）：182-186.

[20] 曹晋红．本科教学中人人成才培养观念的实现［J］．中国电力教育，2011，（1）：16-17.

[21] 任羽中．大学要守住根本［N］．人民日报．2016-12-27（023）.

[22] 薛永刚，樊建荣．高校课堂教学改革与创新人才培养［J］．山西经济管理干部学院学报，2006，14（4）：7-9.

[23] 董志峰．互动式教学：高校课堂教学改革的突破口［J］．甘肃政法学院学报，2002，（4）：88-91.

[24] 张家艳，郑璐．大学课堂教学与改革［J］．中国高教研究，2003，（10）：91-92.

[25] 范钦珊．以内容方法技术为重点深化课堂教学改革［J］．中国高等教育，2004，（1）：35-37.

[26] 江广奋，郭晓雨．基因技术：解密生命天书［M］．北京：中国广播电视出版社，2001.

[27] 刘羽，姚玉鹏．积极营造原始创新的环境—记2003年国家自然科学一等奖［J］．中国科学基金，2004，（4）：237-240.

[28] 马芹永．大学课堂教学方法的研究［J］．煤炭高等教育，2000，（1）：81-82.

[29] 户业丽，吕中，程波．关于生物化学课堂教学的几点思考［J］．科学时代，2007，（9）：73.

[30] 韩启祥．关于提高大学课堂教学质量的几点想法［J］．南京航空航天大学学报（社科版），2000，2（增刊）：27-35.

[31] 何义芳，王志敏，许占全．从学校教育缺陷谈课堂教学改革［J］．白求恩医学院学报，2005，3（3）：179-180.

[32] 孙开进，项东升，陈瑜．高职院校化工类专业素质教育目标架构化建设初探［J］，广东化工，2007，34（9）：135-136.

[33] 龙敏南，楼士林，杨盛昌，等．基因工程（第三版）［M］．北京：科学出版社，2014：1.

[34] 雷小英，向安，刘永兰，等．本科生基因工程教学改革初探［J］．基础医学教育，2012，14（9）：669-671.

[35] 许崇波，逄越，迟彦，等．深化基因工程课程改革提高教学质量［J］．微生物学通报，2008，35（7）：1153-1156.

[36] 陈国梁，薛皓，贺晓龙，等．普通院校基因工程实验教学的改革与创新［J］．高校生物学教学研究（电子版），2012，2（4）：47-50.

[37] 陈英，黄敏仁．"基因工程"教学改革初探［J］．生物学杂志，2005，22（5）：48-50.

[38] 李安明，邓青云，黄欣然，等．基因工程理论教学改革探析［J］．现代农业科技，2014，（7）：333-334.

[39] 马利兵，王凤梅．基因工程教学改革的探索与实践［J］．新课程研究，2011，（2中旬）：100-101.

[40] 姜波．参与式教学法的教学模式研究［J］．黑龙江高教研究，2017，（1）：165-167.

[41] 张冬梅，焦瑞清，卢彦，等．以"有效教学"为目标的南京大学生物化学教学实践［J］．高校生物学教学研究（电子版），2016，6（4）：30-34.

[42] 郭慧琴，尹俊．"基因工程"课程教学改革的初探［J］．内蒙古农业大学学报（社会科学版），2013，15（3）：51-55.

[43] 龚双姣，姜业芳，刘世彪，等．植物学实践教学改革与学生创新能力的培养［J］．高等理科教育，2006，（3）：104-107.

[44] 周云龙，方瑾，刘全儒，等．把握教材编写准则 编写创新性《植物生物学》教材［J］．中国大学教学，2008（4）：93-96.

[45] 李德荣，张志勇，赖小荣，等．发挥植物学课程优势培养学生实验能力［J］．实验室研究与探索，2011，30（9）：283-286.

[46] 吴晓霞，黄金林，丁海东，等．适应于创新人才培养的植物学教法实践［J］．内蒙古师范大学学报（教育科学版），2017，30（2）：131-133.

[47] 左经会，杨再超，向红，等．基于以能力为本位的植物学教学改革与实践［J］．生物学杂志，2020，37（1）：127-129.

[48] 段德君，姚家玲，魏星．植物学研究性教学模式探索与实践［J］．中国大学教学，2011，（6）：61-62.

[49] 李德荣，张志勇，赖小荣，等．发挥植物学课程优势培养学生实验能力［J］．实验室研究与探索，2011，30（9）：283-286.

[50] 任永权，李性苑，刘立波．植物学实践教学改革的探索［J］．高教论坛，2016，（9）：28-31.

[51] 罗晓霞，夏占峰，王建明．生物信息学课程"教研一体化"教学模式初探［J］．教育现代化，2017，4（52）：57-59.

[52] 张建萍，李树伟，邓芳．雨课堂在细胞生物学课程教学改革中的应用［J］．教育现代化，2020，7（44）：14-18.

[53] 黄文娟，刘艳萍．智慧教学五步教学法在植物学课程教学中的应用［J］．科学咨询（科技・管理），2019，（12）：130-131.

[54] 任敏，曾红．探究式教学改善生物化学教学效果的研究［J］．安徽农业科学，2015，43（13）：378-379.

[55] 王洪奇．试论后基因组时代生命科学的基本特征［J］．Medicine and Philosophy. 2003，24（2）：8-11.

[56] Daniel J. R.，Xosé M. F.，Michael Y. G. The 2016 database issue of Nucleic Acids Research and an updated molecular biology database collection. Nucleic Acids Res［J］. 2016，44（Database issue）：D1-D6.

[57] 李黎明．生物信息学本科课程的教学实践与探索［J］．高教学刊. 2016，20：166-167.

[58] 管丽红，韩亚伟．对生物信息学教学的思考［J］．教改探索. 2016，8：92-93.

[59] 张乐平，冯红玲，宋茂海，等．生物信息学教学与医科学生计算思维培养［J］．计算机教育，2012（19）：12-16.

[60] 多依丽，付晓岩，海军．"雨课堂"与传统教学模式的比较研究［J］．大学教育，2017（12）：153-155.

[61] 孙笑微．"互联网＋"时代下"雨课堂"在课程中的教学改革实践研究［J］．2018，36（1）：92-96.

[62] 于洪涛．基于雨课堂的高校智慧教学五步法探究——以"网络教育应用"课程为例［J］．现代教育技术，2018，28（09）：54-58.

[63] 刘雪静，伦关臣．融入微信雨课堂的编程课程教学改革的探索［J］．福建电脑，2019，35（12）：100-102.

[64] 葛玉敏．"共鸣式智慧型教学"的课程设计方案探索［J］．河北农业大学学报（社会科学版），2019，21（4）：100-105.

[65] 谢放，孟宪刚，薛林贵．《细胞生物学》课堂教学模式改革的探索与实践［J］．中国细胞生物学学报，2011，33（07）：826-829.

[66] 王欣欣．信息化手段在教学过程中的应用实践研究［J］．计算机产品与流通，2019（9）：203-204.

[67] 尹维玲，李旭．信息化技术在建筑设计类课程教学中的应用研究：以临沂大学建筑学专业教学为例［J］．高教学刊，2019（18）：112-114.

[68] 高胜寒．信息化教学在高职客户关系管理教学中的应用研究［J］．才智，2019（25）：181.

[69] 张颜．浅谈信息化教学在护理心理学教学中的应用［J］．名医，2019（8）：296.

[70] 杨志伟，张玮玮，陈志玲，等．生物化学探究式教学的设计和实施［J］．生命的化学，2013，33（1）：105-108.

[71] ERIKA G. Offerdahl Lisa Mon tplaisir. student-generated reading ques-tions：diagnosing student thinking with diverse formative assessments［J］. Biochemistry and Molecular Biology Education，2014，42（1）：29-38.

[72] NIAZ M，TREAGUST D，TUAN，H. Inquiryin science education：Interna-tional perspectives［J］. Science Education，2004，88（3）：397-419.

［73］ 肖建勇. 问题引导式教育法在生物化学中的应用探讨［J］. 基础医学教育，2012，14（2）：92-93.

［74］ 王晓丽，晏本菊，陈惠，等. 生物化学教学改革的实践探索［J］. 高等教育，2003，19（4）：107-108.

［75］ 谭帮换. 浅析施瓦布科学探究思想及科学教师培养方法［J］. 世界教育信息，2010（1）：49-52.

　　注：本章是如下基金项目的研究成果。湖北省高等学校教学研究项目（项目编号：20050355）；武汉工程大学校级教学研究项目"基于快乐教学人人成才理念的高校课堂教学改革研究"（项目编号：X2016019）；武汉工程大学校级课程综合改革项目（项目编号：40）；塔里木大学高等教育改革项目"基于教-学-研模式的生物信息学课程改革研究"（TDGJ1511）；塔里木大学教学改革和研究项目（项目编号：TDGJ115）；塔里木大学重点学科生化与分子生物学学科项目；塔里木大学教学改革研究项目（TDGJ1306）；塔里木大学植物学重点课程建设项目（220101437）；塔里木大学生物学实验教学示范中心建设项目（220101301）；塔里木大学高教项目（TDGJ1402）。

实验、实习、毕业设计（论文）等
实践教学改革研究与实践

高校利用校外教育资源开展毕业设计（论文）工作的实践

利用校外教育资源，开展毕业设计（论文）工作，可以弥补校内教育资源的不足，对提高本科毕业设计（论文）的质量以及大学生科研创新能力和综合素质具有重要的作用。本节论述了武汉工程大学生物工程专业和生物技术专业，充分利用校外教育资源，广泛开展校外毕业设计（论文）工作的思路、措施、特点和效果，以期为我国高校利用校外教育资源，提高毕业设计（论文）质量提供参考。

高校毕业设计（论文）工作，是大学生毕业前的最后一个综合性实践教学环节，对大学生的思想道德素质和专业技术素质的提高，以及高校人才培养目标的实现，都具有重要的意义。高校毕业设计（论文）的培养目标是，通过毕业设计（论文）工作，提高学生运用所学知识发现问题、分析问题和解决问题的能力、科学研究能力、创新能力、动手能力以及专业技术素质与水平，为毕业后从事专业技术工作，打下坚实的基础。高校扩招后，毕业大学生数量剧增，高校自身教育教学资源，如专业教师数量、科研经费、仪器设备、专业实验室等，满足不了大学生毕业设计（论文）工作的需求，导致了高校毕业设计（论文）质量的下降。因此，高校充分利用校外教育教学资源，将部分学生送出校外，在校外企事业科研单位进行毕业设计（论文）工作，不仅可以弥补高校校内教育资源的不足，大幅度提高大学生的科技创新能力、综合素质以及毕业设计（论文）质量，而且可以增强校外单位研究开发实力，促进企业创新能力提高。为此，武汉工程大学生物工程专业和生物技术专业，近 10 年来，充分利用校外教育教学资源，广泛开展了大学生校外毕业设计（论文）工作的探索与实践，取得了较好的效果。现将有关工作报告如下，以期为我国高校利用校外资源，提高本科毕业设计（论文）质量提供参考。

一、利用校外教育资源开展毕业设计（论文）工作的思路

高校扩招后，高校培养人才的校内教育资源明显不足，人才培养质量呈下降趋势是不争的事实。虽然我国高校之间校内教育资源存在较大的差距，但是任何一所高校都不能仅仅依靠自身的校内教育资源培养出社会所需要的合格人才的。任何一所高校都是社会的一个细胞，其校内的教育资源是有限的，而校外的社会教育资源是无限的。因此，高校必须充分利用校内与校外两种教

育资源为人才培养服务，才能培养出社会需要的合格人才。高校充分利用校外教育资源，开展产学研合作教育培养人才，已经纳入国家中长期教育发展纲要（2010—2020），是教育与社会实践和生产劳动相结合的重要体现，是高等教育发展的迫切需要和时代要求，也是高校人才培养的必然趋势和选择。

纵观当今国内外高校教育教学发展现状与发展趋势，由于高校存在着校内教育资源的有限性问题，而人才培养质量提高却具有无限性，因此，充分利用校内与校外两种教育资源，为高校人才培养服务，是国内外高校教育教学发展的必然选择和必然趋势。而且，这些方面的实践方兴未艾。例如：高校之间的校校人才培养联盟、校企合作联盟、中外合作办学、人才培养国际化、2011协同创新计划，以及高校的校外实习、校外社会实践等，都是高校利用校外资源为人才培养服务的生动实践。这些实践中，当然包括毕业设计（论文）工作。当前，我国高校毕业设计（论文）工作，虽然绝大多数在校内完成，但是，在校外完成毕业设计（论文）工作，各高校都有实践，只是人数多少不同而已。随着教育教学改革的深入和国家中长期教育发展规划的实施，利用校外教育资源开展毕业设计（论文）工作，将会得到更多高校的认可和社会的支持，成为高校提高毕业设计（论文）质量和人才培养质量的重要选择和措施之一。

武汉工程大学是一所特色鲜明的地方本科院校，其优势特色学科为化工学科，具有博士学位授权资格。高校扩招后，学校以化学工程、制药工程、应用化学、生物化工等优势学科为依托，分别于2000年和2003年招收生物工程专业和生物技术专业本科生，2004年开始有毕业生。受扩招影响，这两个专业招生人数均超过3个班，毕业生人数较多，而学校生物专业教师人数、实验室条件及设备、科研项目与经费等，均不能满足学生毕业设计（论文）需求，毕业设计（论文）工作压力极大。要确保学生毕业设计（论文）质量，一人一题，真题真做，就应该充分利用学校与社会联系广泛的优势，充分利用校外教育资源，把部分学生送到校外企事业科研单位，开展毕业设计（论文），这样可以取得学校与校外单位互利双赢的较好效果：一方面，学校利用校外教育资源，如校外师资、设备、场地、技术、资金、项目等，开展校外毕业设计（论文）工作，不仅可以缓解学校毕业设计（论文）工作压力，大幅度提高学生毕业设计（论文）质量和专业素质，而且学生在校外进行毕业设计（论文）工作，接触社会，了解国情，可以大幅度提高学生思想道德素质，同时，还可以促进大学生就业。另一方面，校外单位通过引进大学生到单位进行毕业设计（论文）研究，可以增加研发人员数量，而研究课题是结合单位的科研、生产和工程实际的项目，研究结果对单位有实际价值和意义，校外单位喜欢；同时，通过考察大学生毕业设计（论文）工作表现与水平，校外单位可以挑选优秀大学生到本单位工作，可以解决校外单位急需人才招聘难的问题，校外单位满意。根据以上思路，近10年来，我校生物工程专业和生物技术专业采取了一系列措施，充分利用校外教育资源，开展了校外毕业设计（论文）工作的探讨与实践，取得了较好效果。

二、利用校外教育资源开展毕业设计（论文）工作的措施

1. 与社会广泛联系，遴选校外毕业设计（论文）单位与选题

遴选校外毕业设计（论文）单位，主要选择与生物专业相关的生物技术产业及其相关的教

学、科研、生产、设计等单位，要求校外单位具有能够确保本科毕业设计（论文）质量的相应指导老师、设备、技术、资金等条件。选题要结合校外单位的科研、生产、工程等实际，真题真做，一生一题，深浅适宜。校外毕业设计（论文）的质量，要求达到学校生物工程专业和生物技术专业人才培养目标的质量要求。在校外单位遴选和论文选题上，采取了如下 4 项措施。一是充分发挥学校专业教师的积极性，利用专业教师与社会企事业科研单位的广泛联系，通过专业教师与校外单位的沟通协调，遴选校外毕业设计（论文）单位与选题；二是充分发挥毕业生的主动性，利用毕业生的社会联系与就业需求，如果就业单位要求毕业生到就业单位进行毕业设计（论文）工作的，通过学校审查，同意毕业生到就业单位进行毕业设计（论文）工作；三是充分尊重考取研究生的毕业生意愿，研究生录取单位要求毕业生到录取单位进行毕业设计（论文）的，通过学校审核批准，支持毕业生到录取单位进行毕业设计（论文）工作；四是收集遴选校外行业协会、专业联盟、订单培养等校外合作单位的需求信息，遴选校外毕业设计（论文）单位和选题。通过严谨细致的校外单位遴选和选题征集、遴选、确认，为开展校外毕业设计（论文）工作提供了坚实基础和有利条件。

2. 公示校外毕业设计（论文）遴选单位与选题，进行学生与校外单位双向选择

校外毕业设计（论文）单位分布广，选题涉及面广、内容丰富，不同单位、不同选题对学生素质与能力要求不同，同时，不同学生对研究方向与研究选题有不同的兴趣和爱好。为了发挥学生与校外单位双方的积极性，实现选题与学生愿望的最佳组配，学校将校外单位及其选题公示，先由学生选择，再由校外单位确认，实现双向选择。这样，既保证了学生参与的积极性，做到因材施教，又尊重了校外单位意愿，达到了公开、公正、透明的目的。

3. 加强校外毕业设计（论文）工作的监管，确保毕业设计（论文）质量

校外毕业设计（论文）工作在全国各地开展，给学校管理工作带来了新的挑战与困难，为了确保这一工作的安全、高效、顺利进行，采取了以下 4 个方面的措施。一是精心组织，工作布置前移。高校毕业设计（论文）工作通常安排在第 8 学期，而校外毕业设计（论文）单位遴选和选题确认等工作细致复杂，为了确保毕业设计（论文）工作能在第 8 学期按时进行，将校外毕业设计（论文）的前期工作，如单位遴选、选题确认、双向选择、学校审批等，安排在第 7 学期末完成。二是签订校企共同指导毕业设计（论文）工作协议。为了确保校外毕业设计（论文）工作的顺利实施，明确校、企、学生三方的责权利，签订校、企、学生三方协议，规范校外毕业设计（论文）工作行为。三是实施校外单位指导老师与校内指导教师双导师制。校外与校内的导师，选择工作认真负责、热心敬业、有经验的中级及以上职称的人员担任。校外导师，应为校外单位科研、生产、工程等方面的技术骨干，负责毕业设计（论文）工作的具体指导、研究工作的实施、学生安全、学生表现评价以及成绩评定等。校内导师，负责与校外学生的联系、研究工作技术咨询、论文规范写作、毕业答辩以及成绩评定等。学生毕业设计（论文）成绩，由校外导师、校内导师、毕业答辩三方面成绩组成，按照 50：30：20 比例评定。四是加强与校外学生和单位的沟通。要求校内导师每周要与校外学生和单位沟通一次，了解学生在校外的工作、生活情况以及研究工作进展，方便学生及时进行技术咨询，帮助解决学生在校外生活、工作、研究等方面的问题与困难。通过以上具体措施，使校外毕业设计（论文）工作能够得到有效监管，为校外毕业设计（论文）质量的提高，提供了重要的机制保障。

4. 强化政策支持，促进校外毕业设计（论文）工作科学发展

学校出台了《关于实施"三实（实习、实验、实训）一创（创新）"人才培养模式的意见》，将产学研合作教育和校企共同开展毕业设计（论文）工作，纳入学校发展规划；制定了校外毕业设计（论文）质量指标体系和监控细则；出台了相应政策进行鼓励，如：（1）开展校外毕业设计（论文）的指导教师的工作量系数增加三分之一；（2）增加校外毕业设计（论文）时间，将4周的毕业实习时间，纳入校外毕业设计（论文）中，确保毕业设计（论文）质量；（3）校外毕业设计（论文），在评选省级优秀学士学位论文时，优先推荐。学校政策支持，促进了生物专业利用校外教育资源，开展校外毕业设计（论文）工作的顺利开展和科学发展，促进了生物工程专业和生物技术专业毕业设计（论文）质量和人才培养质量的提高。

三、利用校外教育资源开展毕业设计（论文）工作的特点

对近10年来生物工程专业和生物技术专业，利用校外教育资源开展毕业设计（论文）的工作进行了统计，基本情况如下。（1）2004—2013年，生物工程专业、生物技术专业，共有本科毕业生1217人，其中，生物工程专业有850人，生物技术专业有367人。（2）参加校外毕业设计（论文）学生共226人，占毕业生总数的18.57%。（3）校外毕业设计（论文）中，毕业设计有66人，占29.20%，毕业论文有160人，占70.80%。（4）参加毕业设计（论文）指导的校外单位共有50家。其中，按照单位类别分：校外高校4所，占8%；校外科研单位8家，占16%；校外企业38家，占76%。按照单位属地分：校外单位分布于13个省及直辖市，分别是北京、上海、辽宁、内蒙古、新疆、甘肃、福建、广东、浙江、贵州、江西、湖南和湖北，其中，湖北省省内的单位有29家，占58%。（5）参加毕业设计（论文）校外指导教师共86人，其中，具有高级职称的62人，占72.09%，中级职称24人，占27.91%。

根据以上数据可以看出，生物专业校外毕业设计（论文）有如下5个特点：一是参加学生比例高，达18.57%，说明校外毕业设计（论文）工作在整个毕业设计（论文）工作中作用重大；二是毕业论文比例大，达70.80%，说明了学生科技创新意识浓厚；三是校外单位以企业为主，占76%，说明产学研合作中，企业是主体；四是校外单位分布广，达13个省及直辖市，说明我校比较充分地利用了国内校外教育资源；五是校外单位以湖北省本省内的单位为主，占58%，外省市为辅，占42%，说明产学研合作中，利用校外教育资源具有明显的地缘性，以近地和本地为主；六是校外单位指导老师人数多，职称高，职称以高级职称为主，占72.09%，说明我国校外师资力量雄厚，有效利用可以弥补高校师资不足。

四、利用校外教育资源开展毕业设计（论文）工作的效果

1. 校外毕业设计（论文）选题，紧密结合我国生物技术产业的科研、生产和工程应用实际，促进了生物专业人才培养目标的实现和人才培养质量的提高

校外毕业设计（论文）具有任务明确、针对性强、经费充足、条件较好、指导有力等优势，校外毕业设计（论文）选题和研究，紧密结合我国生物技术产业的科研、生产和工程应用实际，促进了生物专业人才培养目标的实现和人才培养质量的提高。校外毕业设计（论文）主

要包括两个方面，即以科学研究为主的毕业论文和以工程设计为主的毕业设计。在毕业论文研究方面，选题与研究内容主要包括生物化工、生物制药、生物浸矿、生物能源、生物环保、生物食品等诸多行业，涉及生理、生化、遗传、生态、分子生物学等诸多领域。如：膜生物反应器研究、胸腺五肽合成、大豆异黄酮提取、抗胰蛋白酶分离、狂犬疫苗制备、生物浸磷、生物柴油制备、三峡库区水质监测、滇池污染治理、鄱阳湖湿地种子库研究、鲟鱼营养食品研究、珍稀植物生理生态研究、三峡库区濒危植物保护以及 SSR 标记用于棉花品种鉴定等。这些项目研究，很多为当前的热点和难点领域，对培养生物专业学生把握生命科学与生物技术前沿，以及培养学生动手能力、科研能力、创新能力具有重要推动作用。在毕业设计方面，工程设计选题主要包括药品、食品、氨基酸、有机酸、酒类等行业，涉及发酵、分离、提取、制剂以及工艺、设备、管道等工程环节。如：藏药、中药、西药、丝氨酸、亮氨酸、柠檬酸、赤霉素、酒类等的工程设计。这些项目，结合校外单位工程实际，对提高学生工程实践能力具有重要意义。

2. 校外毕业设计（论文）研究成果丰硕，毕业论文质量显著提高

毕业设计（论文）研究成果，主要表现为理论价值、经济价值和工程价值三个方面。一是理论价值，如：李露同学的"高脂膳食对小鼠附睾脂肪组织巨噬细胞浸润的影响"、刘春花同学的"SSR 标记在陆地棉纯度分析和品种鉴定中的应用"、郭文思同学的"长江三峡库区支流水华情况和水质生物监测"等，研究工作都取得了较大突破，具有一定的理论价值，这些论文都获得了湖北省优秀学士学位论文奖。二是经济价值，如张莹同学在武汉科诺生物科技公司进行的"离子交换法提取井冈霉素工艺的改进研究"，使井冈霉素 A 的含量提高了 15％，达到 65％，达到了出口标准，企业因此每年出口创汇超过 1000 万元人民币。三是工程价值，如南丽君同学在武汉大成设计咨询公司进行的"启瑞药业天门冬氨酸和鸟氨酸精制车间的生产工艺设计"，设计全部采用 CAD 设计，设计图纸和成果直接应用于工程建设实际，具有重要工程应用价值。

利用校外教育资源，开展校外毕业设计（论文）工作，有力提高了生物工程专业与生物技术专业毕业设计（论文）的质量。2004—2012 年，生物专业校外毕业设计（论文）共获得湖北省优秀学士学位论文奖 18 项，获奖比率高达 7.96％，远高于校内毕业设计（论文）1.81％的获奖比率。

3. 开展校外毕业设计（论文）工作，促进了大学生就业

通过开展校外毕业设计（论文）工作，校外近 30 家企事业单位，如：深圳华大基因研究院、上海森松集团、福建盼盼食品公司、新疆制药厂、武汉远大医药集团等，通过学生毕业设计（论文）工作，考察其表现与思想道德素质和专业水平，挑选了 60 多名优秀毕业生到其单位工作，有力促进了生物工程专业和生物技术专业本科生的就业工作。

4. 开展校外毕业设计（论文）工作存在的问题与改进措施

生物工程专业与生物技术专业的毕业设计（论文）工作，主要包括校内和校外两种模式，以校内为主，校外为辅。校内毕业设计（论文），具有学生生活安全、教师指导得力、学校能有效监管等优点；主要问题是，学生人数多，毕业设计（论文）工作条件、设备、项目、资金、指导老师数量等不足，毕业论文总体质量不高等。校外毕业设计（论文）工作，具有工作条件好、真题真做、项目资金有保障、毕业论文总体质量高等优点；但是，也存在一些问题，如：学生远离学校，有一定的安全风险；学生交通费、住宿费等校外生活费用较高；学校监管难度加大；以及存在因为校内指导老师不负责、学生自我管理能力差等原因，导致校外学生放任自流，论文质量不合格的问题。对于校外毕业设计（论文）工作存在的问题，将通过争取校外单位和学校对学生进行科研补贴、加强学校监管、提高校内指导老师的责任心以及选择优秀学生到校外进行毕业设计（论文）工作等措施，加以解决和完善。

第二节

高校化工特色生物技术专业实验室建设的探索与实践

根据我国高等学校生物技术专业特点，结合工科化工院校化工学科优势，在依托化工学科优势，构建化工特色生物技术专业实验课程体系；加大实验室建设资金投入，高质量建设化工特色生物技术专业实验室；优化创新生物与化工融合的实验内容，大幅度提高实验教学质量；强化实验室科学管理，促进实验室运转顺畅、有序、高效等方面，进行了化工特色生物技术专业实验室建设的探索与实践。

生物技术是在现代分子生物学等生命科学的基础上，结合了化学、化学工程、数学、微电子技术、计算机科学等基础和尖端学科而形成的一门多学科交叉融合的综合性学科。它是利用生物体的特征和功能，设计构建具有预期性状的新物种或新品系，以及与工程学原理相结合进行加工生产，为社会提供商品和服务的一门综合性高新技术。国际上公认，信息技术和生物技术是21世纪决定国家命运的关键技术，是世界各国优先发展的支柱产业。由于生物技术专业是由多学科交叉融合而形成的理论与实践并重、理工结合的新兴实验性学科，实验教学是十分重要的教学环节，实验室建设质量与实验教学水平，对生物技术专业人才培养质量具有重要的作用。工科化工院校生物技术专业实验室建设，要依托化工学科优势，彰显化工特色，以此促进化工特色生物技术专业人才培养质量的提高，为社会输送合格的具有化工特色的应用型创新型生物技术专业人才。对此我们进行了一些探索与实践，取得了较好效果。

一、依托化工学科优势，构建化工特色生物技术专业实验课程体系

高校的工科化工院校建设生物技术专业，涉及生命科学领域，是一项全新的工作，生物技术专业实验室的建设与实验课程体系的构建，如果照搬国内外现存的实验课程教学体系，则存在着启动慢、新设备投入大、师资不足等缺点，而建设具有自身化工特色的实验课程体系，则具有节约办学成本、实验课程启动快、特色明显等优点。

武汉工程大学为工科化工院校，其生物技术专业是在学校化学工程、制药工程、生物化工、应用化学等省级重点学科的基础上建设的，发挥学校化学、化工等学科优势，构建生物技术专业实验课程体系，则具有明显的先进性、科学性。为此，我们将生物技术专业实验课程体系划分为化学化工基础实验课程、生物技术专业基础实验课程和生物技术专业的专业实验课程三大模块。

其中，化学化工基础实验课程，以武汉工程大学湖北省省级基础化学示范中心为平台，开展基础化学、有机化学、物理化学、分析化学和化工原理的实验教学，彰显化工特色；生物技术专业基础实验课程，以财政部中央与地方共建实验室经费为契机，重点建设生物化学实验室和微生物学实验室，开展生物化学、微生物学等生物学基础实验的教学，掌握生命科学基本实验技能；生物技术专业的专业实验课程，以绿色化工过程省部共建教育部重点实验室为依托，建设细胞生物学与遗传学实验室、分子生物学实验室，进行细胞生物学、遗传学、分子生物学等专业实验课程的教学。

实验课程改变以往设置在理论课程内的做法，将实验课程全部单独列出，作为一门独立的课程，编写教学大纲，独立考核与授予学分。除分子生物学实验为 4 学分 60 学时外，基础化学、有机化学、物理化学、分析化学、化工原理、生物化学、微生物学、细胞生物学、遗传学等实验课程均为 2 学分 36 学时。

二、加大实验室建设资金投入，高质量建设化工特色生物技术专业实验室

生物技术是生命科学的前沿和尖端学科，发展日新月异，新技术、新设备、新成果层出不穷，要求我们不断更新知识，才能紧跟前沿。生物技术专业无论是设备投入还是实验耗材都相对较高，要求高校必须加大投入，才能确保实验教学的质量，而加强实验教学的关键是要有一个功能齐全、设备先进的实验室。

在生物技术专业实验室建设中，加大实验室建设投入，可确保实验室的建设质量。在化工特色生物技术专业实验室建设中，一是利用湖北省投入的 1000 万元资金，建设和改造化学化工实验室，增加实验设备，建成实验面积近 $4000m^2$、设备台（套）数近 2000 台（套）、设备总值 1267 万元的省级基础化学化工实验教学示范中心，为生物技术专业打牢化学化工基础和形成化工优势发挥重要作用；二是利用财政部中央与地方共建实验室 300 万元经费与学校配套资金，改造更新生物技术专业基础实验室，重点建设微生物学实验室和生物化学实验室，建设实验室面积达 $450m^2$，形成学校生物技术、生物工程、食品工程等专业生物基础实验教学基地；三是利用学校绿色化工过程省部共建教育部重点实验室建设资金和学校投入 100 万元的专项建设资金，新建了细胞生物学与遗传学实验室、分子生物学实验室，建设的生物技术专业的专业实验室面积达 $300m^2$，设备台（套）数为 200 多台（套）。

实验室建设按照高标准高质量进行，从实验室建设的规划、装修、仪器设备采购与安装、实验室功能区划分到实验室管理等各方面，按照能把握生命科学发展方向与前沿，具有生物化工和生物制药特色来规划建设。除设置实验室外，还配套设置了实验教师办公室、实验准备室和实验室仓库等实验室配套区域，确保建设的实验室环境优良、设备先进、运转高效、功能突出。

三、优化创新生物与化工融合的实验内容，大幅度提高实验教学质量

实验教学的目的是促进学生深化理论知识，掌握实验技能和方法，养成科学的思维习惯和严谨的工作作风，培养学生的创新意识和科学素质，最终实现理论知识积累到素质形成再转化为能力生成，以此培养现代社会所需要的知识、素质、能力相统一的应用型创新型人才。在实验内容设置上，根据化工特色生物技术专业人才培养模式的目标和改革方向，对实验内容进行重组、优化、创新，改变各实验课程的封闭性，消除实验内容上的重复与脱节，精选内容、优化结构、创

立新的知识体系。

实验内容设置与创新，一是加强生物学科与化学化工学科双基础实验技能的培养，体现厚基础、宽口径的时代要求；二是取消一些内容陈旧、方法落后的实验项目，增加综合型、设计型、创新型实验内容，将细胞工程、酶工程、发酵工程、基因工程等实验内容融入分子生物学大实验中，避免了内容重复与耗材浪费，大力培养学生的动手能力与创新意识；三是开放实验教学，学生通过参加教师科研项目和申请主持学校大学生校长基金，在教师指导下，查阅文献，拟定实验方案、开展科学研究、解决实验中的难点和问题，撰写科研论文等，以此培养学生的综合能力和创造能力；四是在实验中注重开设生物化工、生物制药方面的特色实验内容，如基因表达 α_1 胸腺素的纯化测定、黄芩总黄酮的提取、生物柴油的制备等，通过特色实验锻炼，学生形成生物化工与生物制药的特色素质与能力。

四、强化实验室科学管理，促进实验室运转顺畅、有序、高效

为了规范实验教学、提高实验室建设效益、促进实验教学改革，强化实验室科学管理具有不可替代的作用。在实验室科学管理上，一是建立实验室管理规章制度，用相框装裱悬挂在实验室，明确职责与义务，严格按照制度执行；二是加强仪器设备的运行、维修管理，提高仪器设备的利用率与使用寿命；三是加强实验教学的监管，严格按实验课程教学计划执行，防止实验教学环节的随意性，减少低值易耗品的浪费，提高实验教学质量；四是加强实验师资队伍建设，设立实验室专职实验员，提高实验教学老师的指导水平；五是强化实验室安全管理，加强实验室水、电、气以及设备的安全管理，强化易燃、易爆、有毒、有害、污染环境的生物与化学试剂的监管，确保实验室安全运行。

五、生物技术专业实验室建设化工特色明显，成效显著

经过近几年化工特色生物技术专业实验室的建设、改革与实践，建设的生物技术专业实验室特色明显，化工优势突出，成效显著。目前，生物技术专业仅生物基础实验和生物专业实验开设的基本实验项目就达 43 项，开设率达 100％；学生在教师指导下从事的创新实验有 23 项；主持武汉工程大学大学生校长基金项目 10 项；学生发表的科研论文 20 余篇，申报国家发明专利 2 项；在实验室进行的毕业论文，获湖北省大学生优秀学士学位论文奖一等奖 1 项，二等奖 6 项，三等奖 15 项；毕业学生化工特色明显，在生物化工与生物制药等领域工作的占 57.1％。

| 第三节 |

建设双赢生物化工校外实习基地的探索与实践

根据高等学校实习教学的具体情况和工科院校生物化工学科的实践教学要求，提出了高等学校建设校外实习基地存在的问题，如实习基地没有形成互利双赢的机制，企业积极性不高；部分企业经营困难，实习条件难以满足需要；实习时间和实习经费不足；缺乏鼓励企业支持教育的相应政策等。介绍了共创双赢生物化工校外实习基地的具体做法，即深入细致作好校外实习基地前期选择工作；强化校外实习管理，外树学校形象；精心组织实习基地挂牌活动；探讨互利合作，谋求共进双赢等。为工科院校建设双赢稳定的校外生物化工实习基地提供参考。

在知识日新月异和现代社会对高等教育人才培养要求越来越严，对人才培养质量要求越来越高的情况下，社会需要高等院校培养德、智、体、美全面发展的高素质综合性创新型人才，学生的动手能力、终身学习能力、创新能力的培养对高等教育更显迫切。高等学校在不断提高课堂教学质量基础上，如何利用社会资源，强化学生实践能力培养，最大限度挖掘和培养学生固有的素质和潜能，意义重大。高等学校的实践教学主要包括社会实践、实验课程、校内实习和校外实习等教学环节，为了保证实习任务的完成，不断提高实习质量，建立一批稳定的校外实习教学基地，是高等学校刻不容缓的任务和实习改革的必然选择。

从 1999 年开始高校连续扩招后，生物类专业在工科院校得到普遍发展，工科院校如何根据自身的学科优势和专业特色以及生物化工学科相对薄弱的状况，大力进行生物专业实习基地建设，确保学校培养目标的实现等，是工科院校要面对的重要课题之一。武汉工程大学化工与制药学院生物化工学科部有生物工程和生物技术两个本科专业，充分利用学校化工学科优势和生物化工特色，就建设稳定双赢的生物化工校外实习基地进行了探索与实践，取得了较好效果。

一、建立校外实习基地的基本思路与存在的问题

（一）建立校外实习基地的基本思路

高等学校作为为社会培养高层次专业人才的基地，要最大限度地为社会培养高素质的人才，必须充分利用校内各种资源和校外更广阔的社会资源，为培养人才服务。任何一所学校的校内资源是有限的，而社会资源则是无限的。因此，在实践教学环节，挖掘潜力，充分利用社会资源，

建立产学研结合、优势互补、共进双赢的高等学校校外教学实习基地，对促进高等学校教育资源优化、促进社会经济发展、促进高校学生综合素质和创新能力培养具有重要的意义。

建设产学研结合的稳定的校外实习基地，是社会对高校的现实要求，2005年教育部在《关于进一步加强高等学校本科教学工作的若干意见》中明确指出，高等学校要加强产学研合作教育，充分利用国内外资源，不断拓展校际之间、校企之间、高校与科研院所之间的合作，加强各种形式的实践教学基地和实验室建设。产学研结合教育可利用学校和社会两种教育资源，达到使学生更好地掌握知识、了解社会、培养能力、提高素质的目的。

（二）建立校外实习基地存在的问题

高校在建设校外实习基地的工作中，存在着基地难建、实习质量差等一些具体困难，其主要原因和问题有如下几点。

1. 实习基地没有形成互利双赢的机制，企业积极性不高

高校校外实习基地建设由于对高校教学目标的实现有利，学校积极性高，而实习基地建设对企业利益不大，高校在为企业提供人才培养、产品开发、科学研究等方面的合作支持力度不够，没有形成互利双赢的长期稳定的合作机制，因此，企业对建设实习基地缺乏内在动力。

2. 缺乏鼓励企业支持教育的相应政策

高等教育离不开全社会的关心、支持和参与，但是，由于缺乏鼓励企业参与支持教育的相应政策，企业和科研院所等校外单位没有法定义务来为高校提供实习场所和条件，很多企业对接受大学生实习表示不积极、不欢迎。

3. 部分企业经营困难，实习条件难以满足需要

接待学生校外实习的传统国有企业，在市场经济条件下，由于企业经济不景气以及生产和技术落后等原因，根本无暇顾及学生的实习需要。此外，企业还要考虑学生的食宿条件、人身安全，以及企业的设备安全、生产秩序等因素，因此，高校校外实习条件存在着一定的困难。

4. 实习时间和实习经费不足，师资薄弱，指导不力

高校扩招后，学生人数急剧增加，而高校资金投入未能跟上，没有充足的实习经费来保证实习教学的质量要求，同时，由于工科院校本科四年教学计划的限制，生物化工类专业实习时间过短，而且，实习企业为了不影响正常的生产秩序，通常不让学生单独操作设备，致使学生实践动手能力较差。此外，工科院校生物化工学科师资相对薄弱，存在着对学生实习要求不严、指导不力的情况，导致学生实习质量不高。

二、精心操作，共创稳定双赢的生物化工校外实习基地

面对校外实习基地建设存在的困难，高校应充分发挥自身教学科研与学科的优势，主动走出校园，与校外企事业科研单位广泛联系，并通过自身的教学、科研成果，带动企业经济发展，实现产学双赢。武汉工程大学化工与制药学院生物化工学科部根据教育部对生物化工学科学生实习教学的要求以及学校培养目标，广泛联系社会，充分利用本校生物化工学科优势和社会资源为学校教学服务，建设了一批产学互利双赢的校外稳定实习基地，保证了实习教学的顺利进行。

（一）深入细致作好校外实习基地前期选择工作

校外实习基地建设要充分利用学校与校外实习单位的优势，形成优势互补和共进双赢的机制，才能确保实习基地的长期稳定。为了确保共建实习基地的质量，我们广泛联系国内生物化工的企事业单位，精心进行基地选择前期工作，多次前往实习基地参观考察，联系实习基地领导，争取领导支持，同时宣传学科优势，以及与基地优势互补、共建互利双赢实习基地的想法，引起实习基地领导对实习基地建设的重视。

（二）强化校外实习管理，外树学校形象

实习单位可以通过学生实习，了解一个学校的校风、学风及其综合实力，学生实习表现、学校的形象是实习单位是否愿意与学校共建实习基地的一个重要因素。为此，我们加强了学生实习管理和外树学校形象的工作，在校外实习期间，对指导老师和学生从严要求，遵守实习单位纪律，服从管理，保守实习单位技术秘密，树立良好学校形象，获得了实习单位的好评，为与实习单位建立牢固的实习基地起到了良好的推动作用。

（三）精心组织实习基地挂牌活动，引起较好社会反响

高校与实习基地达成协议后，应签订"共建实习基地协议书"，并挂牌运行，以此规范运作，明确双方责权利与法律约束，确保实习基地的长期稳定健康发展。生物化工学科建设的稳定校外实习基地，都签订了协议书，并给企业授"武汉工程大学化工与制药学院校外实习基地"铜牌。在挂牌活动中，精心组织，领导重视，效果显著，社会反响良好。如在金龙泉啤酒孝感有限公司挂牌时，武汉工程大学校党委副书记、孝感市分管工业副市长等领导亲自参加，挂牌仪式以及校企共建实习基地模式在孝感市电视新闻予以报道；在中国科学院武汉植物园挂牌时，学校教务处处长、化工与制药学院院长，以及武汉植物园领导、武汉植物园的武汉市政协委员等领导参加了活动，活动在武汉科技报进行了新闻报道。

（四）探讨互利合作，谋求共进双赢

在共建双赢的校外实习基地方面，充分利用自身化工学科优势，积极探讨与校外企事业单位互利合作意向，在人才培养、科学研究、产品开发、技术服务等方面为企业提供服务，效果显著。

1. 利用生物化工学科优势和科研优势，成立企业科技开发中心。通过成立企业科技开发中心，解决企业在发展中存在的技术难题，将高校科研成果在企业孵化。化工与制药学院与湖北祥云集团在武汉工程大学成立了"祥云集团企业研发中心"，解决了企业发展中存在的问题，得到了企业的高度评价与积极参与。

2. 利用师资和办学条件优势，为企业举办各种人才培训。通过为企业举办各种人才培训，提高企业人才素质和专业技能。我院在中石化湖南长炼公司举办工程硕士学位班，解决了企业高层次人才缺乏的状况，提高了企业整体水平和综合竞争力。

3. 合作进行科学研究，提高校企科研实力。在共建实习基地的同时，武汉工程大学与中国

科学院武汉植物园利用双方优势，就天然药物研究达成了合作意向，双方组织力量进行科研攻关，达到互利双赢。

4. 建设大学生就业基地，为企业输送急需高素质人才。我们在建立实习基地的同时，与企业还签订了大学生就业协议，为企业挑选优秀人才提供帮助。我们与武汉葛化集团不仅签订了实习基地协议，还签订了大学生就业基地协议，较好地解决了企业用人难以及高校学生就业难的矛盾，形成了互利双赢的人才培养与就业的良好机制。

三、实习基地教学效果显著，学生素质大幅提高

校外实习基地是培养学生动手能力以及培养应用型人才必不可少的场所，建立一批互利双赢的稳定的校外实习基地，为学生实习创造了良好条件，极大地锻炼和培养了学生实践能力。建立稳定校外实习基地的效果主要表现在如下几方面。

1. 大幅度增强学生的创新意识和综合素质

学生通过实习与企事业单位职工亲密接触，培养了学生艰苦奋斗、通力合作和严谨求实的思想作风，提高了动手能力、科研能力以及创新能力，学生在实习基地进行的毕业设计（论文）研究的成果显著。学生在武汉大成设计咨询公司进行毕业设计，均采用 CAD 设计，设计成果直接在企业工程施工中使用，设计论文质量高；在武汉科诺生物农药有限公司进行的毕业论文，应用离子交换法提取井冈霉素，使井冈霉素的产品纯度提高了 15％，达 65％，达到了出口标准，企业因此每年出口井冈霉素创汇达 2000 万元，该毕业论文获湖北省首届优秀学士论文二等奖。2005 年生物化工学科毕业生在实习基地进行的毕业论文（设计），获湖北省优秀学士论文奖 5 项，占生物化工学科获奖数的 31.3％。

2. 确保学校实习教学顺利进行

建设双赢的实习基地，其企业积极性高，积极支持并为学生实习提供良好的条件，可以较好地解决高校大学生实习难的矛盾。

3. 促进了高校教学观念、专业设置和人才培养模式的改革

校外实习基地根据学生实习情况以及存在的问题，将高校教学中存在的"盲点"反馈给学校，促进了高校教学改革的不断提高以及人才培养质量的与时俱进。

4. 提高了学生就业率，较好解决了大学生就业难以及高等教育与劳动就业脱节的矛盾

实习基地建设对促进大学生就业起到了重要作用，目前，生物化工学科毕业生就业率达到 95％以上，学校通过实习基地建设与产学研合作教育，为实习基地单位培养和推荐了一大批优秀本科毕业生，为实习基地发展提供了较好的智力支持。

第四节

高校生物技术专业校外实习基地建设实践与实例

高校校外实习基地建设，对高校实习教学质量提高和大学生实践能力、创新能力培养具有至关重要的作用，纳入国家中长期教育发展纲要。根据生物技术专业校外实习基地建设的实践，以武汉工程大学生物技术专业校外实习基地建设为例，对高校校外实习基地建设的建设思路、主要做法、具体举措、管理实施方法、合作方式、保障条件等方面进行了全方位的探讨与实践，取得了较好的效果，为我国高校生物技术、生物工程、生物科学、生物制药、食品工程等专业校外实习基地建设提供参考。

生物技术是一门多学科交叉融合、理论与实践并重的新型综合性学科，实践性和应用性都很强，作为国家战略性新兴产业，在国家经济社会发展中的地位和作用日益突出。社会要求高校培养的生物技术专业人才，具有较强的研究开发能力、科研创新能力和实践动手能力。高校校外实习基地建设，是高校实践教学环节的重要组成部分和重要工作之一，对高校实习教学质量提高和大学生实践能力、创新能力培养具有至关重要的作用，已经纳入国家中长期教育发展纲要。根据10多年来生物技术专业校外实习基地建设的实践，以武汉工程大学生物技术专业校外实习基地建设为例，对高校校外实习基地建设的建设思路、主要做法、具体举措、管理实施方法、合作方式、保障条件等方面进行了全方位探讨与实践，取得了较好的效果，以期为我国高校生物技术、生物工程、生物科学、生物制药、食品工程等专业校外实习基地建设提供参考。

一、校外实习基地的基本情况

武汉工程大学生物技术专业校外实习基地——武汉科诺生物科技股份有限公司，位于武汉市光谷的东湖新技术开发区，是国家级高新技术企业，主要从事生物农药、生化农药、饲料添加剂及氨基酸的研发、生产和销售，具有自主进出口经营权。公司拥有亚洲最大的微生物杀虫剂苏云金芽孢杆菌（Bt）的研发和中试基地以及肯尼亚（非洲）Bt生物农药示范工厂。产品行销中国、日本、美国、韩国、朝鲜、越南、西班牙等10多个国家和地区。从2000年开始，接收生物工程专业和生物技术专业的学生进行认识实习、生产实习、毕业实习和毕业设计（论文），2002年10月，签署协议成为共建实习基地，2006年10月，正式挂牌成为武汉工程大学实践教学基地。现在，形成了良好的基地建设与合作关系。实习基地有发酵车间、前处理和后处理车间、动力车间、包装车间和污水处理站等生产车间岗位，有大型发酵罐、离子交换柱、喷雾干燥塔等多种高新技术生产设备，有 20 多位技术员为基地指导老师，每年接受生物技术、生物工程、食品工程以及化学工程与工艺等专业实习学生约 200 人，进行认识实习、生产实习、毕业实习以及毕业设计（论文）等校外实践教学工作，成为生物学科及其他相关学科重要的校外实习基地。

二、校外实习基地的实习内容与任务

在武汉科诺公司教学校外实习的车间，主要有发酵车间、后处理车间、动力车间、污水处理站和包装车间等。在各个车间实习的主要内容任务与要求如下所述。

1. 发酵车间：（1）了解发酵车间发酵生物制品的种类与功能；（2）掌握苏云金芽孢杆菌（Bt）与井冈霉素发酵生产工艺流程以及工艺区别；（3）掌握发酵设备功能与原理，发酵管道布置的特点。

2. 后处理车间：（1）掌握 Bt 与井冈霉素后处理工艺流程；（2）掌握碟氏离心机与喷雾干燥塔的工作原理；（3）掌握离子交换树脂提取井冈霉素的工艺流程与原理。

3. 动力车间：（1）了解动力车间的设备与功能；（2）掌握动力车间如何提供水（热水、冷却水）、电、无菌空气、蒸汽。

4. 污水处理站：（1）掌握发酵工厂污水处理工艺；（2）掌握 UASB 反应器和 BAF 滤池的工作原理。

5. 包装车间：了解包装车间的主要设备及其工作原理。

三、校外实习基地的建设思路

实习基地建设，采取校企合作、互利双赢的建设思路。学校采取技术投资为主、资金投入为辅的方式，进行基地建设。学校根据自身化工与制药的学科优势，科学研究和产品研发的师资优势、人才培养的教学优势以及高素质毕业生众多的人才优势，为企业提供产品研发、技术服务、职工培训以及优秀毕业生人才推荐到企业工作等服务，提高企业和实习基地的创新能力、核心竞争力、科研开发生产实力。企业根据自身高新技术企业的产品开发、设备设施、生产工艺技术、市场辐射、企业管理等方面的优势，为学校提供本科人才培养实习、实训、实践等实践教学岗位，对学校教师进行工程能力培训，吸纳部分毕业生就业等，提高学校人才培养质量与实践创新能力。

四、校外实习基地建设的主要做法

1. 深入细致作好校外实习基地前期选择与商联工作。实习基地建设，一要做好与企业的商联工作，二要积极向学校汇报，获得学校支持。由于做了大量细致的基地建设前期工作以及后期工作，形成了与基地良性互动的合作关系，得到了学校领导的支持与重视，校领导亲自参加基地挂牌仪式。

2. 强化校外实习管理，外树学校形象。实习单位可以通过学生实习，了解一个学校的校风、学风及其综合实力。在校外实习期间，对指导老师和学生从严要求，遵守实习单位纪律，服从管理，保守实习单位技术秘密，树立良好学校形象，获得了实习单位的好评，为与实习单位建立牢固的合作关系，起到良好的推动作用。

3. 精心组织实习基地挂牌活动，确保实习基地的长期稳定健康发展。与实习基地达成协议后，签订"共建实习基地协议书"，并挂牌运行，以此规范运作，明确双方责权利与法律约束，确保实习基地的长期稳定健康发展。

4. 探讨互利合作，谋求共进双赢。现代社会不同单位之间的合作，只有达到双赢，才富有持久生命力，获得双方的认可与支持。在共建双赢的校外实习基地方面，武汉工程大学充分利用自身化工学科优势，积极探讨与校外企事业单位互利合作意向，在人才培养、科学研究、产品开发、技术服务等方面为企业提供服务，效果显著。

五、校外实习基地建设的具体举措

1. 利用生物化工学科优势和科研优势，成立企业科技开发中心。通过成立企业科技开发中心，解决企业在发展中存在的技术难题，将高校科研成果在企业孵化。

2. 利用师资和办学条件优势，为企业举办各种人才培训。通过为企业举办各种人才培训，提高企业人才素质和专业技能，解决了企业高层次人才缺乏的状况，提高了企业整体水平和综合竞争力。

3. 合作进行科学研究，提高校企科研实力。在共建实习基地同时，与企业利用双方优势，就生物化工与生物制药等方面的科研技改项目进行合作，采取委托研究、联合申报科研项目、联合攻关等方式，双方组织力量进行科研攻关，达到互利双赢。

4. 建设大学生就业基地，为企业输送急需高素质人才。在建立实习基地的同时，还与企业签订了大学生就业协议，为企业挑选优秀人才提供帮助，较好地解决了企业用人难以及高校学生就业难的矛盾，形成了互利双赢的人才培养与就业的良好机制。

六、校外实习基地建设的管理实施方法

1. 成立实习基地建设与管理领导小组。实习基地建设与管理领导小组，由学校领导和公司领导任组长，院领导和公司生产部领导任副组长，学校实习指导教师和公司实习指导技术人员任成员。

2. 加强实习教学组织与管理，创新实习教学模式，提高实习教学质量。加强实习教学组织与管理，强化实习教学过程监控，完善实习教学考核评价机制，提高实习指导教师工程素质与指导水平，创新实习教学模式，实行"三段式三结合"实习教学模式，大幅度提高实习教学质量。

3. 加强实习基地的建设与投入，提高实习基地的整体实力与规模。学校与企业加强合作与协调沟通，加大投入，完善设备设施，提高指导教师的素质与能力，强化基地的科学管理与运作，大幅度提高实习基地的整体实力与水平。

4. 建立实习基地建设与管理制度，确保实习基地规范科学运行。根据企业生产实际和学校实习教学要求，建立规范实习基地建设、教学、运行的管理制度，确保达到企业生产增效、学校实习质量提高的双赢效果。

七、校外实习基地建设的合作方式

基地建设采取共建共享、合作共赢的合作方式。学校以科技咨询、技术入股投资、技术服务等技术投资为主，资金投入为辅，参与实习基地建设。企业以场地、设备设施、资金、技术等投

入为主，进行实习基地建设。校企通过共建共享，合作共赢，提高基地建设质量与水平。

八、校外实习基地建设的保障条件

1. 政策保障。提高本科应用型人才实践能力培养，加强实习实践基地建设，纳入国家教育中长期发展规划，湖北省政府专门发文，加强政策支持。学校实施"三实一创"实践能力培养模式，为实习基地建设，提供了政策制度保障。

2. 经费保障。学校为实习基地建设划拨专项经费支持基地建设。企业经济的发展势头强劲，积极支持基地建设，将随着经济发展，加大对实习基地的经费投入。校企双方为实习基地发展，提供经费保障。

3. 智力保障。学校有学科、科研、人才优势，为基地建设提供了智力保障。校内有实习指导教师 20 多人，其中，教授 6 人，副教授 6 人，50％为博士学位。企业有实习指导技术人员 20 多人，均为企业研发生产技术骨干。高素质的师资队伍，为大学生工程技术应用能力培养提供了坚实的智力支撑。

4. 机制保障。通过校企 10 多年的合作，学校与企业形成了良好的合作关系，建立了良好的实习教学、实习管理、实习模式，这些将为基地建设发展提供较好的机制保障。

九、校外实习基地建设取得的成效

1. 创新实习教学模式，实习教学过程科学规范，实习质量显著提高。采用"三段式三结合"的实习教学新模式，即：实习分为实习前预习阶段、进厂实习阶段和实习后答辩考核阶段等三个阶段；实习采用跟班顶岗实习与劳动就业能力培养相结合、企业技术人员培训与学校指导教师辅导相结合、实习知识掌握和实践创新能力提升与考核评价相结合的三结合新模式。加强实习教学过程管理，提高师生的实习积极性。实习前，有详细实习实施计划和实习教案；实习中，师生全程参与实习过程，教师全程监督检查和辅导解答学生实习技术问题；实习后，组织学生进行实习技术经验交流和答辩，提高学生整体实习质量。

2. 实习基地建设与实践能力培养，有力提高了人才培养质量。以生物技术专业为例，2008 年以来，生物技术专业有 3 名学生 4 次荣获国家奖学金，3 名同学荣获省政府奖学金，24 人次荣获国家励志奖学金；9 人荣获省优秀学士论文奖；1 人荣获省大学生生物技能大赛（综合赛）三等奖；3 人荣获国家发明专利和实用新型专利；2 人荣获湖北省大学生化学（化工）学术创新成果三等奖；2 人荣获学校"求实杯"大学生课外学术科技作品竞赛二等奖。张莹同学在公司进行的"离子交换树脂提取井冈霉素的改进研究"，每年为企业增加 100 万元收入，获得省优秀学士学位论文奖；张昌毅同学在公司进行的"高浓度污水处理工艺研究"，所研究的工艺成为公司污水处理站的核心工艺技术。

3. 实习基地建设，促进了大学生就业，达到校企双赢。企业通过实习以及大学生在企业完成毕业设计（论文）等，选拔优秀的毕业生到企业工作，一方面充实了企业技术人员队伍，解决了企业急需的高素质人才缺乏的问题，企业满意。另一方面，也促进了高校大学生就业工作。近几年，科诺公司共接收了武汉工程大学 10 多名生物技术与生物工程专业大学生就业。

第五节

高校生物专业实习教学实施计划探讨与实例

> 制定科学规范和严谨的专业实习教学实施计划，是高校实习教学工作中的一个关键环节，也是创新实习教学模式，切实提高实习教学质量的重要措施之一，对提高学生专业实践能力具有重要意义。进行生物专业实习教学实施计划探讨，结合多年实习教学实际与经验，制定了生物专业实习教学实施计划，为高校生物、生物化工、生物制药、食品工程等专业实习教学提供参考。

高校专业实习包括认识实习、生产实习、毕业实习等，是高等教育人才培养计划中的一个重要环节，也是高校实践教学体系中，教学时间最长、专业系统性最严格、实习内容综合性最强、教学任务最重的一个教学单元，对提高学生专业实践能力、社会适应能力、创新发展能力以及思想道德素质和劳动观念具有重要的意义。为了切实提高高校专业实习教学质量，确保实习教学高效、安全、顺利进行，制定科学规范和严谨的实习教学实施计划，是创新高校实习教学与管理切实可行的措施之一。我们在生物技术、生物工程、食品工程等专业多年实习教学工作中，进行了制定实习教学实施计划的探讨与实践，取得了较好的实习教学效果。

专业实习教学实施计划主要包括如下内容：实习单位情况简介、实习日程安排、实习任务与实习计划安排、实习纪律与实习要求、实习工作安排、实习安全培训、实习考核方式与评分方法、实习经费预算、实习技术要点等。现将武汉工程大学生物专业在武汉科诺生物科技有限公司进行专业实习的教学实施计划报告如下，以期为我国高等学校的生物、生物化工、生物制药、食品工程等专业实习教学提供参考。

一、实习单位

武汉科诺生物科技有限公司，是位于武汉东湖高新技术开发区内的高新技术企业，主要从事生物农药原药及高效、低毒、无公害生化农药、饲料添加剂原药及其制剂的研发、生产和销售，具有自主进出口经营权。公司拥有亚洲最大的微生物杀虫剂苏云金芽孢杆菌（Bt）的研发和中试基地以及肯尼亚（非洲）Bt 生物农药示范工厂。被国家发展改革委等四部委联合认定为国家级企业技术中心。2005 年 9 月通过 ISO9001—2000 质量管理体系认证。

二、实习日程安排

（1）实习动员及资料查阅，1周。（2）进厂实习，2周。（3）实习总结、实习报告写作，1周。

三、实习任务与实习计划

实习任务与实习计划见表1。

表1　生物专业实习计划安排表

序号	部门	时间/天	负责人	需掌握的内容
1	发酵车间	4	王主任	(1)了解发酵车间发酵生物制品的种类与功能； (2)掌握 Bt 与井冈霉素发酵生产工艺流程以及工艺区别； (3)掌握发酵设备功能与原理,发酵管道布置的特点
2	后处理车间	4	伍主任	(1)掌握 Bt 与井冈霉素后处理工艺流程； (2)掌握碟氏离心机与喷雾干燥塔工作原理； (3)掌握离子交换树脂提取井冈霉素的工艺流程与原理
3	动力车间	3	王主任	(1)了解动力车间的设备与功能； (2)如何提供水(热水、冷却水)、电、无菌空气、蒸汽
4	污水处理站	3	杨主任	(1)掌握发酵工厂污水处理工艺； (2)掌握 UASB 反应器和 BAF 滤池的工作原理
5	包装车间	1	张主任	了解包装设备及其工作原理

四、实习纪律与要求

（1）无特殊情况不许请假，严格遵守实习作息时间和实习纪律，按时上下班，不得擅离职守。

（2）严格遵守实习单位规章制度，听从实习单位的安排和实习老师的管理。

（3）切实注意实习安全，不得串岗，不得在工厂闲逛，不得擅自操作设备，以免扰乱公司正常生产和导致安全事故。

（4）实习期间集体住宿，不得擅自外出，不得做违法乱纪的事情。

（5）严守实习单位技术秘密，不得泄密。

（6）按时完成实习任务，写出实习报告。

五、实习工作安排

（1）实习分为5个实习小组，即发酵车间、后处理车间、动力车间、包装车间和污水处理站各1个小组。实习小组每3～4天一轮换。

（2）实习过程包括培训、在岗跟班实习、答疑总结3个环节。其中，培训：包括公司领导进行的安全培训、学校指导教师的讲课、公司车间主任的讲课等；在岗跟班实习：要求学生在车间全程跟随一个技术工人进行实际学习；答疑总结：在实习结束前，请公司技术人员解答学生技术疑问，使学生的问题在实习单位得以解决。总结交流，让学生交流各个车间生产技术要点，探讨技术创新思路，提高全体学生实习收获，大幅度提高实习教学质量。

（3）成立由学校指导教师、公司领导、学生干部组成的实习领导小组，确保实习顺利进行。学校指导教师全程在工厂指导学生实习，作好实习指导、实习协调、应急处置、学生成绩考核评价等工作。

六、实习安全培训

（1）安全教育的意义：安全教育，老生常谈，关系国家、企业和个人家庭。

（2）工厂生产特点：生物发酵，存在高压电、高压、高温、蒸汽、强酸、强碱、强腐蚀等危险因素；管道多，一个工序到下一个工序通过管道联系，传动设备多，传递信号多；涉及水、气、料等多种物料。

（3）如何注意安全：按规章制度和操作章程办事。不串岗，不闲逛，不随便动手；禁止抽烟；禁止在工厂嬉戏；开玩笑要把握度。

（4）安全教训：多。如落入电梯机井、蒸汽伤人、污水站沼气中毒、电扇打断学生手指等。

七、实习考核方式与评分方法

实习考核由实习单位评价、实习指导老师评价和实习小组评价组成，评分标准如下。

（1）实习考勤：占40分，包括参加实习的天数考勤、按时上下班考勤等。

（2）实习表现：占30分，包括实习态度、实习表现、实习记录、实习纪律、实习安全、实习内容掌握情况等。

（3）实习报告：占30分，应圆满完成实习任务和实习内容的各项要求，撰写实习报告合格。

八、实习经费预算

包括交通费、住宿费、实习费、资料费、工厂技术人员指导费、讲课费等。

九、实习技术要点

武汉科诺公司主要发酵生产产品为苏云金芽孢杆菌（Bt）。Bt是国际上应用最广、产量最高、用量最大的微生物杀虫剂。以苏云金芽孢杆菌（Bt）发酵技术要点和污水处理技术要点为例说明实习技术要点。

1. 苏云金芽孢杆菌（Bt）发酵技术要点

（1）简介

苏云金芽孢杆菌，为生物杀虫剂，学名为 *Bacillus thuringienis*，菌体成熟时，杆菌一端形成芽孢，与此同时，另一端形成伴孢晶体，伴孢晶体为蛋白质，为杀虫的主要物质。伴孢晶体本身无杀虫活性，当害虫吞食Bt后，伴孢晶体蛋白在昆虫碱性胃肠中消化，一分为二，变成2个小分子量的晶体蛋白，小分子量晶体蛋白才有杀虫活性。它可使昆虫肠穿孔，上吐下泻，得败血症而亡。而人和动物胃肠为酸性，伴孢晶体蛋白不分解为有毒蛋白，故对人和动物无毒。

（2）用途

杀虫剂。对水稻螟虫、棉铃虫、小菜蛾等40多种农林蔬菜害虫，以及仓储、卫生害虫有杀虫活性。

（3）发酵技术要点

① 菌种：2℃沙土管菌株（可以保存3年）→取沙，接入斜面试管→长出光滑圆菌落→加无菌水、玻璃珠振匀→接种到三角瓶培养→升温60℃，3min，营养体死亡，芽孢萌发→接种种子罐（400～4000L），菌种整齐，30℃，培养8～12h→接种到大发酵罐发酵（40t）30℃，培养28～31h。

② 原料：C∶N为1∶2，以豆粕为主要原料，粉碎至80目，发酵液中含固4%。

③ 发酵技术要点。

a. 发酵主要影响因素有：菌种种子品质，接种量6%～10%；发酵液pH；发酵温度，30℃；发酵时间30h；培养基配方；发酵液溶O_2量；灭菌技术等。菌体生长到对数期约25h，溶O_2为3μg/mL以上，发酵过程会产大量发酵热，有泡沫产生（有噬菌体时，泡沫多），加豆油、聚醚等消泡剂进行消泡。

b. 无菌O_2供应：（无纺布）空气过滤（去尘埃粒子）→空气压缩机（升温100℃）→降温去冷凝水（35～50℃）→三级膜过滤→入发酵罐供氧→排气，尾气含Bt，对环境有污染，用旋风分离器除去Bt，再排放无Bt的尾气。

c. 灭菌：用水蒸气空消、再对料液湿消、再连消，蒸汽物料对撞，温度达130℃，降温后入罐。

d. 后处理：发酵液含芽孢、晶体、营养体、N源、抗生素。发酵液预处理，调pH4.0左右，除去发酵液中的N源→100目水筛过滤，除豆皮渣等→碟式离心，6000r/min→上清液含增效外毒素，下面为菌浆→菌浆或灌装为水剂→或菌浆喷粉，喷嘴转速12000～18000r/min将菌浆喷成雾状，喷粉进口温度200～240℃，喷粉出口热空气温度90℃，下沉菌粉温度为55℃，菌粉制成粉剂。

2. 生物发酵工厂污水处理技术要点

科诺公司污水主要是发酵后的废水，污水进口COD为1800～2000mg/L，公司每天处理污水140～150t，出口COD为100mg/L，达到国家一类水质排放标准。污水处理站要保存污泥菌种，防污水池污泥活菌意外死亡。

污水处理技术要点为：污水入调节池，栅栏去渣、调COD为1800～2000mg/L、调pH达7.0左右、调水温为室温→上流式厌氧污泥床反应器（UASB）厌氧池，水池底为污泥，厌氧除C，CH_4等沼气排放→曝气生物滤池（BAF），好氧池，曝气池，水由上向下，管道通气，空气由下向上，经过10t氧化硅粒，除去污水中N→澄清池，污泥下沉，水更清→在线检测COD，排放净水。

| 第六节 |

高校提高专业实习教学质量的创新思路与措施

高等学校实习教学对提高学生思想道德素质、综合实践能力和创新精神具有重要的意义。为了提高高校实习教学质量，提出了高校实习教学存在的 4 个主要问题，探讨了解决这些问题的 4 条机制创新思路和措施。

高等学校专业实习教学，是理论联系实际的重要渠道，是培养学生专业实践能力的重要途径，也是高校实践教学体系中，教学时间最长、专业系统性最严格、实习内容综合性最强、教学任务最重的一个教学单元。高校专业实习教学的质量，直接影响高校人才培养的质量。加强实习教学管理，创新实习教学模式，进行实习教学机制创新，是切实提高高校实习教学质量的重要措施。

一、高校专业实习教学中存在的问题

专业实习教学，主要包括认识实习、生产实习和毕业实习等，是高校人才培养计划中的一个重要实践环节，已引起高校的广泛关注与重视，特别是 2005 年教育部启动高校本科教学工作水平评估以后，促进了专业实习教学工作的规范化和科学化，实习教学质量得到了大幅度提升。然而，当前我国高校实习教学的现状与高校的快速发展形势以及"质量工程"要求，还存在很大差距，专业实习教学质量还与社会、学校、学生的期望相差甚远，主要存在如下问题。

（一）专业实习教学管理不规范，体系不健全，对实习教学监管不力

由于传统教育观念的束缚，以及专业实习客观条件制约，高校在教学中，存在重视理论教学、轻视实践教学的问题，对实习教学重视不够，改革力度不大。具体表现为，对专业实习教学管理不规范，体系不健全，对实习教学监管不力。高校对理论教学，有严格的科学的管理措施和监控方法。如：理论教学必须有教学大纲、教学日历、教案、教材等教学文件；有严格的教学纪律约束，如不许旷课、不许迟到早退等；有严格的教学过程监管和教学质量评价，如课堂巡查、同行评教、教学督导评教、学生评教等。而这些在实习教学中，没有有效执行。学生下厂实习后，学校往往是放任自流，缺乏科学规范的监管，同时，学校也缺乏对实习教学质量科学规范的评价体系和评价方法。

（二）"双师型"教师缺乏，实习指导教师素质不能适应专业实习教学的要求

高校专业实习教学是专业性最强、实践性最大、工程性最高教学环节。要求实习指导教师，不仅要具有较高的专业理论水平，较强的教学、科研能力和素质，而且要具有广博的专业基础知识，熟练的专业实践技能，较强的生产经营和科技推广能力、工程实践能力与实践教学能力。目前，我国高校教师，大多数是从高校到高校的学术科研型教师，而经过工厂实践锻炼，具有较强生产应用能力和工程能力的工程技术型教师相当缺乏。实习指导老师的素质缺陷，导致其对工厂生产的工程技术环节不甚了解，不能有效指导学生熟练掌握实习知识与技能，加上部分实习教师对实习教学重视不够，疏于实习教学管理与实习教学现场指导，这些因素是高校专业实习教学质量难以取得重大突破的瓶颈。

（三）校外实习基地难建，实习基地对高校实习教学支持不够

在市场经济条件下，企业以提高经济效益为中心，而高校实习不能为企业带来直接经济效益，而且，现场实习对企业的生产安全和生产计划还会造成一定影响，企业特别是高新技术企业，还存在技术保密的问题以及对学生人身安全问题的担忧等，导致了企业对接收高校学生实习不感兴趣。特别是高校扩招以后，使校外实习基地的资源更为稀缺，同时，部分高校对实习基地建设和实习教学重视不够，与社会企事业单位联络不畅等，导致了高校实习基地难建的困局。即使已经建设的实习基地，由于高校与企业没有形成互利双赢的紧密合作关系，实习基地企业虽然允许高校进厂实习，但是参与实习教学的积极性不高，支持实习教学力度不够。主要表现为，企业技术人员对实习学生技术指导流于形式，进行现场技术培训、技术指导、技术解答不深入、不系统、不全面，学生对工厂实际生产技术知识掌握很有限等。

（四）对专业实习教学重要性认识不足，实习教学走过场

高校专业实习是学生接触社会、了解国情、理论联系实际的好机会。由于它与理论教学方式不一样，不要求课后做大量习题和进行理论考试，实习成绩评定具有很大的随意性，因此，无论实习指导老师还是实习学生，都存在着对实习教学重要性的认识不足、重结尾、轻过程、走过场的情况。

二、高校提高专业实习教学质量的创新思路和措施

（一）加强实习教学管理与监控，建立健全实习教学管理体系

加强实习教学管理与监控，建立健全实习教学管理体系，是切实提高实习教学质量的根本措施。要针对目前高校实习存在问题，制定切实可行的实习教学管理规章制度，对实习教学进行有效的规范和监管。

一要建立健全实习教学管理制度。对实习教学的教学大纲、教学计划、教学组织、教学实施、教学检查、教学监督和教学考核与评价等，进行明确的规范，建立明确的规章制度，做到制度落实、组织落实、管理落实和运行落实，做到有法可依、有章可循，确保实习教学质量的稳步提高。二要明确实习教师与学生的职责。对实习指导教师和实习学生的职责、任务、要求作出明

确规定，规范实习期间指导教师和学生的行为，确保实习教学顺利、安全、高效进行。三要建立科学规范的实习教学监控体系。要加强实习教学各环节监控和管理，定期巡查，建立学校、实习基地、学生和指导老师四方信息反馈渠道，严格进行实习考核与评价，强化实习日常监控、过程监控和质量监控。四要将实习教学纳入理论教学管理体系，提高实习教学在高校教学工作中的地位和作用，以此进行制度创新、改革创新和机制创新，大幅度提高高校实习教学质量。

（二）强化对实习教学的领导，科学规范实习教学过程

高等学校校外专业实习教学，对学生增强劳动观念、提高思想道德素质、提高专业实践能力、创新能力和社会适应能力，具有重要的意义，是理论教学所不能达到的。要切实提高学校、教师和学生对实习教学重要性认识，转变重理论教学轻实践教学的思想观念，强化实习教学。要成立学校、院（系）、教研室三级实习教学领导小组或指导委员会，对高校实习教学进行有效领导，切实解决实习教学中存在的问题。为了使实习教学高效、安全、顺利进行，必须对实习教学过程进行科学规范地运行。规范的实习过程包括如下几个方面。

实习前，一要选定实习单位，主要了解实习单位的产品特征、工艺流程和技术方法；二要进行实习动员，使学生了解实习的目的、任务、要求与纪律，布置学生进行资料查阅；三要制定周密的实习实施计划，编写实习技术指导手册。

进厂实习期间，一要成立由实习单位、学校指导老师和学生干部组成的实习领导小组，协调解决和管理学生的吃、住、行、安全等问题；二要进行学生实习分组，按车间、工段等安排学生实习岗位和轮换时间；三要落实实习现场对学生技术指导的方法，采取在岗跟班学习、工厂技术人员讲座和学校指导老师讲课等方法，加强实习技术指导，提高学生的实习质量；四要进行实习过程监控，对实习进度、实习纪律、实习质量进行管控；五要及时、妥善解决实习期间出现的矛盾和问题，确保实习安全。

实习结束后，一要进行实习总结，撰写实习总结报告，召开实习总结大会，让学生交流实习所掌握的技术知识、经验和教训，提高学生整体实习质量；二要进行实习考核与评价，对实习指导老师、学生以及实习质量进行考核与评价，奖优罚劣，采用实习单位评价、实习指导老师评价和学生评价三方结合的方式进行评价与考核，指出成绩和不足，为今后实习提供借鉴；三要进行实习报告写作与学生实习成绩评定，实习成绩主要根据学生实习态度、实习纪律、实习考勤、实习现场表现、实习知识技能掌握情况以及实习报告等方面进行评定。

（三）重视实习基地建设，共建高质量稳定的校外实习基地

校外实习基地，是保障学校实习教学顺利进行的重要条件和基础，是提高实习教学质量的重要平台和支撑。高等学校要切实将实习基地建设，纳入高校教育教学改革与发展的重要目标，充分利用校内和校外两个教育资源，高质量建设校外实习基地，为国家人才培养服务。高校实习基地建设，需要有政策和制度保障，要结合高校实际与专业特点，要以提高实习教学质量为目标。高校实习基地建设的模式主要有："订单培养模式""校办企业模式""共建共享模式""互利双赢模式""企业自主模式"等。

"订单培养模式"，是企业用人单位要求高校为其订单培养人才，要求学生指定到其企业进行实习的模式。这种模式，企业积极性高，实习针对性较强，实习质量高，实习单位对实习教学支

持力度大。"校办企业模式"，是学生到学校自己的校办企业实习的模式。这种模式，校办企业为了支持学校教学工作，通常积极配合，大力支持，学生实习能达到较好的理论联系实际的目的，实习质量与校办企业技术水平有较大关系。"共建共享模式"，是校企双方共同出资建设实习基地的模式。双方以资金、设备、技术、场地为投资，入股建设生产经营企业，利润分成，基地共建共享，同时为学生实习提供场所和条件。这种模式，可解决实习基地难建和不稳的问题。"互利双赢模式"，是高校与企业建设的互利双赢的基地模式。高校通过一系列措施，为企业服务，与企业形成互利双赢的合作局面。如：利用学科优势，成立企业研发中心，解决企业发展的技术难题；利用师资和办学条件优势，为企业进行人才培养；利用科研优势，进行校企合作研究，提高企业科研实习；建立大学生就业基地，为企业输送急需高素质人才等。这种模式，大大提高了企业参与高校实习教学的积极性和支持力度。以上这些基地建设模式，对提高高校实习教学质量具有重要的积极意义。"企业自主模式"，是高校利用自身资源，如老师与企业的关系、领导与企业的关系、企业领导是高校的毕业生的关系等，建立的实习基地模式。这种模式，高校与企业没有实质性的合作关系，实习对高校有利，因此，企业积极性不高，对实习教学支持力度不大。而这种模式，是高校扩招以后，实习基地建设的主要模式之一，也是实习基地难建、实习质量不高的主要原因之一。

（四）大力加强"双师型"教师队伍建设，为实习教学质量提高提供有力保障

高校实习教学指导教师的素质和责任心，是决定实习教学质量的重要因素。现在，高校教师欠缺的是工程实践能力，缺乏既懂理论又懂工程实际的"双师型"教师。教师对企业工程技术设备、流程、工艺不甚熟悉与了解，是不能高质量指导学生的。因此，高校应大力加强"双师型"教师队伍建设，大力提高实习指导老师的素质和水平，确保实习质量的稳步提高。可采取推荐教师攻读工程硕士学位、推荐青年教师到高新技术企业挂职锻炼与研修、实施高校"卓越工程师"工程、聘请高新技术企业技术专家来校讲学与培训、引进有工程实践专长的人才、聘用企业技术专家为高校兼职教师等措施，大幅度提高高校"双师型"教师的素质与能力。

| 第七节 |

高校利用校外教育资源开展毕业设计（论文）工作的意义

> 毕业设计（论文）是高校人才培养计划中的最后一个教学环节，在培养学生科学研究能力、创新能力、动手能力以及专业技术素质与水平方面具有重要的意义。利用校外教育资源，开展毕业设计（论文）工作，是高等教育发展的迫切需要和时代要求，可以弥补校内教育资源的不足、提高毕业设计（论文）的质量、大幅度提高大学生科研创新能力和综合素质、促进大学生就业。

　　高校大学生毕业设计（论文）工作，是学生在完成全部专业课程学习之后，结合毕业实习，进行的最后一个综合性实践教学活动，是高校实现本科培养目标的重要教学环节，对提高学生运用所学知识发现问题、分析问题和解决问题的能力、科学研究能力、创新能力、动手能力以及专业技术素质与水平，具有重要的意义。高校扩招后，毕业学生数量剧增，高校专业教师指导大学生毕业设计（论文）工作压力增大，指导学生人数和工作量成倍增加，而高校自身教育教学资源的发展，远远满足不了扩招后对学生培养的需求，如专业教师数量与水平、教师科研项目数量与经费、科研仪器设备数量与质量、专业实验室数量与面积等，很难满足对学生培养的需求，导致高校毕业设计（论文）质量呈下降趋势。因此，高校充分利用校外教育教学资源，将部分学生送出校外，在校外企事业科研单位进行毕业设计（论文）工作，可以缓解高校教育资源的不足，大幅度提高大学生毕业设计（论文）质量。为此，武汉工程大学生物技术专业和生物工程专业，近10年来，进行了充分利用校外教育教学资源，提高生物大学生毕业设计（论文）质量的探索与实践，取得了较好的效果。为了充分利用校外资源为高校人才培养服务，提高本科毕业设计（论文）质量，充分认识大学生校外毕业设计（论文）工作的理论价值与实际意义，现将高校利用校外教育教学资源，开展校外毕业设计（论文）工作的价值与意义做如下探讨，以期为高校提高本科毕业设计（论文）质量提供参考。

一、利用校外教育资源，开展产学研合作教育，是高等教育发展的迫切需要和时代要求

　　国家中长期教育改革和发展规划纲要（2010—2020）指出：要充分调动全社会关心支持教育的积极性，共同担负起培养下一代的责任，为青少年健康成长创造良好环境；要创新高校与科研院所、行业、企业联合培养人才的机制；要促进高校、科研院所、企业科技教育资源共享，推动

高校创新组织模式，培育跨学科、跨领域的科研与教学相结合的团队。因此，高等学校充分利用校外教育资源，开展产学研合作教育，是高等教育发展的迫切需要和时代的要求。高校毕业设计（论文）工作，是人才培养的一个重要环节，开展校外毕业设计（论文）工作，与校外科研院所、企事业单位联合指导大学生毕业设计（论文），是产学研合作教育的重要途径和方式之一，对高校人才培养质量提高具有重要的实践意义。

二、开展校外毕业设计（论文）工作，可以弥补校内教育资源的不足，提高毕业设计（论文）的质量

高校扩招后，由于高校在师资、场地、资金、固定资产、设备、图书等诸多方面的教育资源的限制，影响了人才培养质量，人才培养质量呈下降趋势是不争的事实。虽然我国高校之间教育资源存在一定的差异，甚至有较大的差异，但是，任何一所高校都无法仅仅依靠自身校内教育资源培养出社会所需要的高质量合格人才的。高校校内教育资源是有限的，而校外的社会资源是无限的。因此，高校应该充分利用校内和校外两种教育资源为人才培养服务。充分利用校外教育资源，可以弥补校内教育资源的不足，提高人才培养质量。高校毕业设计（论文）工作，除了大部分学生在校内完成毕业设计（论文）工作外，将部分学生送出校外，在校外企事业科研单位，进行联合培养完成毕业设计（论文）工作，一方面，可以减少校内专业教师指导学生毕业设计（论文）的人数，降低工作压力，提高校内毕业论文质量；另一方面，部分学生在校外进行毕业设计（论文），结合校外单位科研、生产和应用的实际选题，真题真做，研究工作条件、环境和经费有充分保障，研究结果对所在单位具有一定的科学价值和应用价值，校外单位满意，达到了互利双赢的效果，这样，可以显著提高校外大学生毕业论文质量。

三、开展校外毕业设计（论文）工作，可以大幅度提高大学生科研创新能力和综合素质

学生在校外进行毕业设计（论文）工作，论文选题和研究，要结合校外单位的科学研究实际、工程技术开发实际、产品研发与应用实际，研究目标是解决企事业科研单位的科研与生产实际问题，从研究选题、资料查阅、实验设计到科研实验、数据处理分析、论文写作等，学生都要在校外亲身体验科学研究的全过程，通过这种方式的锻炼，可以大幅度提高大学生的科研能力、创新能力和专业技术素质和水平。同时，毕业设计（论文）工作在校外进行，学生离开大学校园环境，接触社会，可以使学生了解国情，了解本专业产业现状和发展趋势，培养团队合作精神和科学精神，显著提高学生的思想道德素质和综合素质。

四、开展校外毕业设计（论文）工作，可以促进大学生就业

动员全社会力量解决大学生就业难，是扩招后高校需要面对的重要课题，也是全社会的共同责任。高校选送大学生到校外进行毕业设计（论文）工作，是利用社会力量促进大学生就业的重要途径。一方面，大学生到校外进行毕业设计（论文）工作，校外全新的环境和研究条件，可以调动学生的工作积极性与主动性，激发学生工作热情与工作效率，达到全面培养学生的目的；另一方面，校外单位通过大学生毕业设计（论文）工作的表现，可以考察大学生的工作态度、工作能力、工作水平以及其思想道德素质，选择优秀大学生到本单位工作。这样，既可以实现大学生就业与单位技术人员招聘的无缝对接，又可以解决高校大学生就业难与单位招聘急需合适技术人员难的矛盾。

五、 开展校外毕业设计（论文）等实践教学，培养创新性人才实例——塔里木大学水产养殖学专业本科生实践能力培养与提升途径探究

新疆地处祖国西部边陲，国土辽阔，自然资源丰富，山川地貌复杂多样，自然环境恶劣。特别是新疆南疆地处塔里木盆地，全球第二大流动沙漠塔克拉玛干沙漠覆盖全境，戈壁沙漠环境恶劣，同时，水系湖泊河流纵横交错，两千多公里的塔里木河横贯沙漠，滋润 33 万平方公里的土地，也为南疆水产养殖产业发展提供了天然环境。但新疆尤其是南疆地区，盐碱水含量高、水质复杂，特殊的水环境对水产养殖技术提出了极高要求。过去，受制于技术瓶颈，新疆渔业发展步伐缓慢，长期处于相对滞后状态。近年来，随着科学技术持续突破，盐碱水水质改良、土著鱼类人工繁育等关键技术不断取得新进展，新疆渔业产业迎来了快速发展期，逐步探索出一条具有地域特色的发展道路，展现出巨大的发展潜力与广阔前景。如今，新疆十大产业集群建设如火如荼，在区域经济社会高质量发展的浪潮中，水产养殖业作为新兴特色产业，急需大批掌握创新实践能力的专业人才，为产业升级注入强劲动力，推动其实现跨越式发展。

塔里木大学是西北地区最早开设水产养殖学专业的高校之一，是目前新疆唯一一所有水产养殖学本科专业的高校，2000 年首次招生。面对水产养殖学专业人才培养与新疆渔业产业发展需求脱节的现实困境，2010 年开始，团队锚定破局方向，深入探究水产养殖学专业本科生实践能力培养与提升途径，充分利用校外社会资源，产学研协同育人，精准匹配水产产业对盐碱水域开发、特色品种养殖的技术需求，创造性地构建了"三结合、四阶段、五平台"的实践教学体系，提高了水产养殖学专业人才实战水平和实践动手能力，培养了具有兵团特点、南疆特色"下得去、留得住、用得上、干得好"的一流水产人才，为南疆水产养殖业突破技术壁垒、实现产业升级注入强劲动能，切实将教学成果转化为服务边疆发展的现实生产力。

（一）实践教学"三结合"，切实提升学生实践创新素质和能力

"三结合"即实践教学与科学研究、社会实践、创新创业相结合。（1）实践教学与科学研究相结合。教师科研课题全面对学生开放，提升学生实践创新素质；构建"科教融合、学术育人"的学术氛围，以 54 项国家自然科学基金等省级以上的高水平的科研项目，支撑高质量本科实践教学。（2）实践教学与社会实践相结合。构建从入学到毕业的全过程差异化实践育人供给体系，实习实训与"科技小院""三下乡"等结合，培育学生扎根边疆的坚定意志；涵养学生"不怕吃苦"的精神品格，锤炼学生爱国爱疆建功边疆的意志品质。（3）实践教学与创新创业实践相结合。充分利用新疆和南疆水产企业资源，开展校企合作，企业参与人才培养全过程和实验实习实训等实践教学全环节，广泛开展课外科技活动与学科竞赛，培养学生实践动手能力和创新创业能力，锻造兵团特点南疆特色一流水产人才。

（二）实践教学"四阶段"，全面提升学生面向南疆水产养殖的实战水平

"四阶段"即"基础性实验、提高性实践、创新性科研、实战型拓展"四级教学阶段。以能力成长为脉络，构建"基础-提升-创新-实战"四级阶梯，基础性实验主要于大一至大三期间完成，提高性实践于大二至大四期间完成，科研训练则贯穿于大学四年期间，实战训练于大三至大四期间完成。在"基础性实验、提高性实践、创新性科研、实战型拓展"四级教学阶段实施实践

教学，四个阶段相应承担"实验教学、实践教学、科研训练、实战训练"四级实践教学任务。实验教学内容包括养殖水化学、水环境保护等基础化学类实验课程和普通动物学、鱼类学、水生生物学、鱼类生理学、动物生物化学、水产动物遗传学、水产动物组织胚胎学、水产微生物学等基础生物类实验课程，以及鱼类增养殖学、水产动物疾病学、水产动物营养与饲料学、水产动物育种学等专业性实验课程的教学；实践教学环节包括社会实践、生产实践、生产实习等实习环节；科研训练包括大学生创新性实验，大学生创新项目，课外科技作品竞赛，科研吸收本科生参与的科研项目等环节；实战训练包括毕业实习、毕业设计论文、三下乡等实践拓展环节。

（三）实践教学"五平台"，大力保障实践教学质量和效果

"五平台"即慕课西行计划2.0及智慧树平台，实践教学平台，科研训练平台，学科竞赛平台，社会实践平台。

（1）慕课西行计划2.0及智慧树平台。打破传统教学边界，构建"书中与书外""线上与线下""东部与西部"多维融合的资源体系。通过整合虚拟仿真实验等数字化教学资源，实现线下实践教学与线上智慧教学平台的无缝衔接，让西部学子同步共享优质教育资源，在虚实交互中拓展实践教学平台，赋能实践能力培养。

（2）实践教学平台。依托省部共建塔里木生物资源保护与利用国家重点实验室、塔里木盆地生态保护与生物资源利用国际合作基地、塔里木珍稀鱼类研究中心、分析测试中心等科研平台，以及生命科学与技术学院生物学教学示范中心等教学实践载体，构建科教双轨并行的实践育人模式，拓宽学生实践能力培养渠道，助力学生在前沿科学研究与专业实训环境中深化实践认知、提升实操水平。

（3）科研训练平台。依托教师科研课题与实验室资源，实施本科生"三早"培育计划（早进科研课题、早参与科研实验、早融研究团队），通过全流程科研实践浸润，系统提升学生的科研思维与创新能力。

（4）学科竞赛平台。聚焦"互联网＋""挑战杯""全国大学生水产类创新大赛"等高水平学科竞赛，打造具有边疆特色的竞赛品牌。通过"以赛促学、以赛促创"的培养模式，引导学生将专业知识转化为创新实践，在各类竞赛中锤炼创新思维、提升协作能力，全方位赋能创新型人才培养。

（5）社会实践平台。依托暑期"三下乡""科技小院"等实践载体，打造沉浸式边疆服务基地，在服务"三农"的具体实践中，培育学生吃苦耐劳的坚韧品格，厚植爱国爱疆的家国情怀，筑牢扎根边疆一线的理想信念。

该成果实践教学体系，突破南疆水产人才实践创新能力不足的瓶颈，产教融合、科教融合，科研项目、实验教材、实验材料、实习实训企业来自南疆，培养的人才扎根南疆。将塔里木河土著裂腹鱼类和高原鳅类、南疆盐碱水罗非鱼、大口黑鲈等南疆特色鱼类养殖技术的前沿科研成果，深度融入教学，使利用校外资源培养实践创新人才的产教融合、科教融合的实践教学，落实落地落细有力。人才培养质量显著提高，毕业生受到社会欢迎，近三年毕业生一次性就业率达100％，学生在养殖技术操作、团队协作、创新意识等方面表现突出，毕业生在新疆企事业单位及水产企业中口碑极佳，社会影响广泛，央视、中国新闻网、兵团日报、新疆青年网、学习强国等10余家媒体报道了该成果的相关成果。

塔里木大学聂竹兰教授主持的该成果在2024年获塔里木大学教学成果奖一等奖。

第八节

生物技术专业特色实验材料的筛选与应用

生物种质资源不仅是生物学相关专业教学、科研成功的决定性材料，也是衡量综合国力的指标之一，更是一个国家重要的战略资源，关系到国家主权和安全。从生物技术本科专业的人才培养目标入手，融合课程思政元素，阐述了生物技术专业人才培养过程中实验材料选择的重要性和选择原则。以塔里木大学所处地域及地域生物资源为特色，列举了一系列用于本科生教育教学的、具有独特功能的荒漠生物资源，在完成实验课程教学的同时培养学生保护环境、关心生态恢复、关注荒漠化治理的家国情怀，同时科普了种质资源普查的重要意义。

一、实验材料的重要性

随着我国生物种质资源普查的全面开展，摸清种质资源的分布特点、发育特性，建立种质资源实体库和信息库，对保障国家食物安全、促进资源有效保护和高效利用具有重要意义。本科生实验课程结果的正确性不仅会激发学生学习的积极性和自觉性，还会激发学生开展大学生创新创业项目、参加学科竞赛的兴趣，进而提升学生的就业竞争力，或坚定其进一步深造从事科学研究造福社会的职业理想。成功的实验课程离不开适合的种质资源的选择或实验材料的选择。

二、实验材料选择的原则

（一）所选的实验材料易于操作

生物技术专业实验课程所用的材料，首先要易于操作，即让学生敢于动手。如对于以植物为材料、需要研磨的实验，一般选用幼嫩的茎或叶；一些要提取次生代谢产物的则往往需要已经木质化了的茎或根，这种情况要先用粉碎机破碎成尽可能小的粉末，再过筛收集更细小的材料。对于动物材料，如果没有特殊需求，往往选择日常生活中常见的小型动物，让绝大部分学生可以动手操作，不会因害怕而产生抵制情绪。对于微生物材料，往往使用普通培养基易于培养的菌株，并且所选菌株应该是不能感染人、不能造成环境污染的安全的菌株。

（二）所选的实验材料要保证安全、易于获得、成本低

在实验操作过程中，对于植物材料，可以从校园、城市绿化区、附近实习基地或周边农田采

集，也可以在室内提前人工种植，还可以从市场购买，如瓜果蔬菜等；对于动物材料，一般从市场购买经过检疫的安全材料，或者选择指导养殖场养殖的安全动物，以保证操作者的人身健康；对于微生物，往往选用工程菌株，其特点是安全、易于培养且成本低。总之，对实验材料选择的第二个原则是保证安全、易于获得、成本低。

（三）实验材料的选择要尽量体现区域性特点

一所大学所处的地域不仅影响该所大学人才培养目标的定位，还为大学的发展提供了多方位多层次的导向和平台、场所、环境等支持。相反地，大学的科学研究和社会影响，也为该地区在各行各业所遇到的问题提供了相应的解决方案和措施。因此，实验材料的选择尽量能体现区域特色与优势，这不仅能让学生了解当地的生态环境特点、生物资源特色，还能使学生建立对学校和所在地区的感情，促进学生培养改善生态环境意识、发掘利用特有生物资源的兴趣与信心，同时将爱护环境、保护生态的课程思政元素自然而然地引入实践教学，具有积极的作用。

三、生物技术核心实验课程与特色课程实验材料的筛选及融合

（一）"生物化学实验"与"生物技术制药"课程的实验材料筛选及融合

"生物化学实验"是生物技术专业重要的学科基础实验课程，也是学生在个体水平认识植物、动物、微生物后，了解生物化学的重要课程。实验一般从生物体内分离糖类、核酸、蛋白质、维生素C等物质，并分析其含量。由于塔里木大学地处新疆南部，关于糖类的分离提取和测定，往往选用本地水果，如温宿县的冰糖心苹果、阿拉尔市的灰枣、哈密市的甜瓜。通过横向比较不同瓜果中糖分的含量，分析高含糖的原因。除了以上常规实验外，还设置了植物黄酮、生物碱等物质的分离提取及含量比较分析。在此实验中，常常采集塔克拉玛干沙漠中豆科植物新疆甘草、苦豆子的根、夹竹桃科植物白麻的根，提取并比较其中天然产物成分的多少，为医药产业提供参考，也为学生未来的就业、创业提供思路。

（二）"植物学""植物生理学"与"荒漠化治理"课程的实验材料筛选及融合

塔里木大学位于塔里木盆地北部。盆地北起天山南麓山地，南至塔克拉玛干沙漠北缘，属暖温带极端大陆性干旱荒漠气候，年降水量不足100mm，年蒸发量（潜势）在1900mm以上。土壤盐碱含量高，夏季气温高，全年日照时数2556.3～2991.8h，年平均气温8.9～11.4℃，夏季最高温度45℃以上。正是这种典型的荒漠气候孕育了典型的具有广谱抗逆性的植物资源。植物生理学实验的主要培养目标是让学生了解植物的物质代谢、生长发育、环境适应等规律与机理，调节与控制以及植物体内外环境条件对其生命活动的影响。实验内容主要包括光合作用、植物组织水势测定、叶绿素的测定、过氧化物保护酶的测定、调渗物等的提取与测定。一般选择塔克拉玛干沙漠干旱-高温环境下的菊科植物花花柴、夹竹桃科植物白麻、茄科植物黑果枸杞、豆科植物骆驼刺等，干旱-盐碱环境下的藜科植物盐地碱蓬、盐穗木、猪毛菜、盐生草、盐角草等荒漠植物，具有新疆农业产业支柱之称的锦葵科植物陆地棉和海岛棉，来测定过氧化物保护酶、调渗物，从而评价植物的抗逆性，同时，与特色平台课程"荒漠化治理"相结合，为荒漠化治理、极端环境的生态恢复、高产稳产高质量农田的改良提供基础数据。让学生了解塔里木盆地、塔克拉

玛干沙漠脆弱的生态环境及植物资源种类、新疆农业发展，培养学生爱护环境、恢复生态的理念和信心。

（三）"生物信息学"与"基因工程"课程的实验材料筛选及融合

生物信息学（Bioinformatics）是研究生物信息的采集、处理、存储、传播，分析和解释等各方面的学科，也是随着生命科学和计算机科学的迅猛发展，生命科学和计算机科学相结合形成的一门新学科。生物信息学通过综合利用生物学、计算机科学和信息技术揭示大量而复杂的生物数据所赋予的生物学奥秘，是当今生命科学和自然科学的重大前沿领域之一，也是 21 世纪自然科学的核心领域之一。其研究内容主要包括基因组学、蛋白质组学、转录组学、代谢组学等系统生物学领域，即从核酸、蛋白质、代谢产物等出发，分析不同生物之间基因序列、蛋白质结构、代谢物种类和含量的差异，同一生物不同发育时期、不同组织器官中基因表达差异的生物信息。在该门课程的教学中，往往要选择基因、蛋白质、天然产物等相关数据库中具体的例子来分析。在数据选择中往往会将荒漠环境下典型植物，如前文中提到的豆科植物、菊科植物、夹竹桃科植物、藜科植物来源的组学数据与模式植物，如拟南芥、烟草、水稻的信息进行比较。通过这些数据的检索与文献查阅，让学生了解荒漠生物资源的珍贵与价值，也了解生物的分布与环境之间的关系，同时了解在生命科学快速发展的 21 世纪，依然有大量的种质资源未被开发利用。这也有利于培养学生追求真理的探索精神，解决问题的科研精神，以及创新意识和创新能力。

（四）"基因工程"实验材料的筛选应用

21 世纪是生物科学的世纪。"基因工程"是利用分子生物学的一般原理阐述在"分子生物学"实验中所涉及的技术方法、原理和策略，是从事分子生物学研究的必修课程。"基因工程"课程承载了分子生物学所有的操作原理、技术及方法。在 2020 年之前，塔里木大学"基因工程"实验课包含 PCR 技术克隆绿色荧光蛋白基因 GFP，然后通过琼脂糖电泳检测、目的基因回收、构建载体、制备感受态并转化、原核表达蛋白的提取及 SDS-PAGE 检测、转 GFP 基因的大肠杆菌的在荧光显微镜下的菌落观察等。近年来，我们尝试以微生物学科的教师分离或改造的来自塔里木盆地的产蒽酮霉素的放线菌为材料，通过发酵、诱导表达，分离提取蒽酮霉素并测定其含量。此外，还鼓励学生在综合性实验中以阿拉尔棉花常见的黄萎病菌、梨树常见的枝枯病菌、红枣树常见的火疫病菌为对象进行抑菌实验，从而分析所提取化合物的功能及应用前景；直接利用所分离的极端环境微生物资源或通过"基因工程"改造的微生物进行抑菌实验，发掘可用于生物防治的生物农药资源和生物肥料资源。这些微生物资源的发掘与利用、改良不仅为学生培养提供了本地化的实验材料，也与专业课程的教学目标紧密结合，还将教师的科研成果融于教学，实现了科研反哺教学、教学—科研互促共进、共谋发展的创新型育人目标；同时，这些课程中实验材料的选择与开发将为荒漠环境下脆弱的生态环境的恢复、荒漠化治理、高产稳产高标准农田的建设提供优良的微生物资源，同时将教学与本地特色林果业和农业发展需求相结合，体现大学的社会功能。

（五）"基因工程"实验与"细胞工程"实验课程的实验材料筛选及融合

"基因工程"课程作为生物技术专业的核心专业课程，不仅与"发酵工程""酶工程"紧密联系，与"细胞工程"也密不可分，"基因工程"实验和"细胞工程"实验更是如此。无论是"基因工程"实验还是"细胞工程"实验，都需要植物再生这一关键步骤。在实验中，塔里木大学以生长于塔克拉玛干沙漠的植物花花柴为受体材料。花花柴又名胖姑娘、胖娃娃草，是菊科花花柴属多年生草本植物，在我国主要分布于新疆的准噶尔盆地和塔里木盆地、青海的柴达木盆地、甘肃西北部和北部、内蒙古西部等干旱、半干旱地区河谷冲积平原及沙质草甸盐土环境。花花柴叶片扁平且明显肉质化，体内有发达的储水组织，保水能力强；具有较低的萎蔫系数、较强的繁殖特性，叶片能积累大量游离脯氨酸等调渗物质以适应荒漠高温干旱环境。作为重要的防风固沙植物，花花柴具有耐盐碱、耐干旱、耐高温以及耐沙埋等特性，而且生物产量极高，生长较好时亩产可达鲜草 1532.2 千克或干草 422.9 千克，是一种改善荒漠地区生态平衡的重要植物资源。在前期研究中，新疆大学的张富春教师团队建立了花花柴高效再生体系。正因为具有耐盐、耐高温、耐干旱等广谱抗逆性的优点及已建立的再生体系，花花柴成为连接"基因工程"和"细胞工程"的特色实验材料。

塔里木大学生物技术专业的"基因工程"和"细胞工程"课程同时开设。为了提高实验效率和成功率，这两门课程的主讲教师通过协商，在开学第一周就带领学生制备培养基、接种花花柴的无菌苗，培养至 2 个月左右，以花花柴叶作为外植体进行基因转化，然后经过脱分化诱导愈伤组织的形成，进而产生胚性愈伤，再分化形成芽和根，但由于此过程所需时间大约 4 个月，该实验的后续结果要在下学期观察。

随着分子生物学的迅速发展，实验内容有了较大的改良，其中的验证性实验所占比例大大减少，而体现学生专业综合能力的综合型实验、创新型实验的比例大量增加。在"基因工程"实验中，以荒漠植物为供体材料，提取幼嫩器官的总 RNA，再通过 RT-PCR 克隆基因，基因的克隆根据学生的兴趣和目标自行选择，对所克隆的基因通过琼脂糖电泳检测、目的基因回收、T-A 克隆并测序分析所克隆基因序列的结构，然后为克隆的与预期目标一致的基因构建载体、制备感受态并转化、原核表达分析蛋白质分子量的大小。以上实验主要在微生物中进行遗传转化。在真核生物转基因模块中，则是以花花柴为受体材料，通过构建植物超表达载体（over-expression vector）、用于植物的 RNA 干涉（RNA interference，RNAi）载体、用于植物的病毒介导的基因沉默（virus induced gene silencing，VIGS）载体来浸染植物外植体，最终获得转基因的阳性植株，再通过相应的处理，结合生理生化指标的测定、表型变化来分析基因的功能，从而为基因资源的应用提供研究基础。

自 2020 年开始，在课程团队教师和研究生的共同努力下，本实验室克隆并构建了 10 余个荒漠植物抗逆相关基因的载体作为阳性对照，为本科生的"基因工程"实验顺利开展打下了坚实的基础。通过该课程的操作，让学生掌握"分子生物学"的研究思路和基本方法。允许有目标基因的学生选择自己课题的实验材料，克隆自己的目标基因，在完成实验课的同时完成"大创"项目，甚至毕业论文的部分内容。

四、未来对"生物技术实验"课程材料的筛选展望

随着生物技术的飞速发展、生物制造产业的兴起和生物技术产品的产业化、商品化，生物技术已经进入农业、食品工业、能源工业、医疗卫生、新药研发等各个领域，形成了庞大且发展前景良好的生物制造产业。相应地，生物技术本科专业的发展及人才培养目标也将紧密地与社会需

求、产业发展相融合，生物技术专业课程相关的实验也将从现在的经典验证型逐渐过渡到应用型和创新型，同时，实验材料的选择也会有大的变革。比如，现在的"基因工程"实验是教师带领学生克隆单独的基因，完成分子克隆技术的上游过程，可能在不久的将来，"基因工程"实验课程将结合育种4.0版的分子设计育种克隆大片段的DNA，不仅要研究结构基因的功能，还要分析基因的调控表达。目前是在室内开展研究，将来可能会利用植物工厂开展大规模的实验探索；主要采用野生型的个体开展研究，将来可能会从转基因材料中筛选相关的表型研究其生物学性状。但无论如何变化，实验材料的选择、发掘利用都将是研究成果及应用前景的决定性因素，这与我国开展第三次新疆科考的目的和意义高度吻合，因此，培养学生认识种质资源的重要性、提高学生保护种质资源的责任感具有重要的意义。

第九节

动物学实验课程教学改革初探

介绍了动物学实验课程的教学改革，内容包括实验教学要求、修改教学大纲、改革实验内容等方面，以期通过一系列改革，提高动物学实验教学课堂质量，达到预期教学效果，为学校和社会培养优秀的综合型人才。

动物学作为应用生物科学、动物医学、生物制药等生命科学及畜牧兽医学各专业低年级大学生的一门专业基础必修课程，该课程主要由理论教学和实验教学组成。动物学实验是动物学课程中必不可少的教学环节，其中实验教学在整个课程中占有较高的学时（学时占总学时的 1/3），在最终课业成绩评定中占有较大权重，直接影响学生最终考核成绩。该门课程在动物学理论指导下，学生自己动手操作，在实验中巩固认识不同类群动物的正常结构及其特征并验证，学习并熟悉动物进化性特征。使学生初步掌握基本动物学实验操作技能，同时注重学生的观察能力、动手能力培养，达到检验、巩固和加深基础理论的理解和记忆的目的。通过团队实验操作及后续经验总结，培养学生团队合作意识及严谨务实的工作态度，提高学生综合分析和判断的能力，为后续相关课程打下坚实基础，为将来从事相关的生产实践、科学研究夯实基础。

随着现代生物学技术的高速发展，尤其在互联网普及的今天，动物学实验课程课堂教学也面临越来越多的矛盾与挑战，主要表现为：教师传统"简单粗放式"灌输知识的教学方法与学生期待的高效快速多渠道获取知识相矛盾；教师传统的"知识搬运工"角色与学生期望的"知识大楼的设计师"之间存在落差；教师传统的"权威姿态"与学生心目中"心灵导师"式的新式师生关系存在差别。现如今大学课堂多以"00 后"学生为主，这一代大学生受生活环境的影响，大多为"信息控""科技控"与"90 后"学生"被动接受式"获取知识有很大不同，传统的教学模式很难适应现代大学生对知识的需求。为了教学活动能够顺利进行，为了学生能够更快更容易地接受所学知识，必须对传统的教育教学模式进行改变，构建新的教育教学体系，整合缩减不适应时代发展的教学内容，创新教学设计环节，采用"多元化""信息化"的师生互动模式，让学生真正地参与到教育教学活动的每一个环节。结合学生的"学困"问题和"电子控、网络控"特点，在原有实践教学的基础上，对现有的课程要求、课程大纲编写、实验课内容等进行改革，寻找更适合当代大学生的教育教学模式。

近年来通过动物学教研室全体教师的努力，在动物学实践教学环节进行了一系列大胆有益的探索改革，对动物学从师生要求、大纲编写、教学内容等方面进行了尝试，其目的主要改变传统动物学实验课程教学模式，以学生为主体，在掌握传统解剖方法基础上，引导学生独立思考，注重学生动手能力培养，提高学生实践创新能力。

一、从动物学实验教学要求出发，明确师生在实验教学中各自角色

传统动物学实验教学，大多以教师讲述为主，在此过程中学生仅为机械性听讲，缺乏自主思考过程，造成后期独立操作实验中仅为简单机械性循环重复教师讲述的操作过程，很难调动学生主动学习的兴趣，容易养成思维惰性，尤其是对于刚入学的大一新生，更应注重学生自主学习能力的培养。首先在动物学实验课要求上出发，让师生明确自己在教学中所扮演的角色。为此，笔者对学生进行分组，以 2～3 人为宜，每个小组选出一名队长，实验课开课之前专门召集学生进行动物学实验课程动员会。让学生明确师生职责及实验室相关规章制度，以便学生能在后续实验中明确自己的任务，更好地参与实验教学中，并对教师的授课过程做好监督及意见反馈。

1. 对教师要求

教师提前 1 周通过互联网，发布实验教学内容及相关资料参考网站，提醒小组收集图文或视频资料，让学生参与到教学设计环节，启发学生思考，激发学生主动学习和训练的积极性，增强学生勇于探索与创新意识。对学生汇总提交的预习试验资料进行点评，指出不足并给出建议，督促学生修改。对做得好的要加以表扬，并给予相应的奖励。授课过程中，采用现代教学手段，利用图片及视频资料展示操作流程。教师讲述时间控制在 13～15min，重点讲述操作中注意事项，及与试验相关的实际生产问题，启发学生思考，注重培养学生实际解决问题的能力。课后及时展示学生的实验结果，对各组实验流程及时做出点评和指正，重点讲述实验操作过程中出现的问题，并提出合理有效的解决办法作好教学反思。

2. 对学生要求

课前 1 周查阅教师发布任务，小组队长召集队员分配任务，通过团队合作主动查阅图文或视频资料，对收集资料进行充分讨论汇总形成实验预习材料。熟悉实验内容，了解基本操作过程，准备好个人物品（实验记录册、绘图工具、教材）。上课过程中，认真听讲，了解实验基本操作流程及实验过程中注意事项。在教师指导下，团队协作或独自完成实验操作，认真观察实验现象并如实记录实验数据，对实验过程中出现的问题及时反思，并按时完成作业。

二、修改教学大纲，确保教学质量

塔里木大学处于多民族聚集地区，班级成员构成多为民汉混班情况，班级成员中民族学生比例平均在 30%～50%，由于民族差异及专业培养目标不同，传统的"一贯式"教学大纲，很难满足不同专业、不同民族学生需求。为此，针对不同专业、不同民族、不同层次学生，编写实验大纲。实验教学大纲将按实验难易程度分层次编写选择代表性动物进行实验，结合班级多民族特点及专业发展需求，将动物学实验分为 3 种类型：基础验证试验、综合分析实验及创新探究实验，由教研室组长分配任务并对最终实验大纲把关，协调完成整个实验大纲编写，从实验内容上确保实验教学质量。

三、改革实验内容，注重学生综合创新能力培养

传统动物学实验课程内容安排多为验证性实验，学生对实验结果没有过多的期待，在实验课

程中学生仅简单地对照实验指导书实验操作流程机械性重复进行试验。在实验课程中缺少自主思考环节，学生通过实验虽然能学会相应的试验方法，但缺乏对学生综合分析能力的培养，久而久之会养成学生思想上的惰性，形成机械呆板、不思改变的思维模式。因此，结合民汉混班现状，对实验课程体系和内容进行优化，针对学生学习能力及接受能力，来设置不同内容和层次的实验，主要设置：必修基础型实验、选修综合型实验和开放创新型实验。

（1）必修基础型实验：该部分内容主要为验证性实验，在理论课基础讲述基础上，主要考核学生对理论课中基本理论知识的理解记忆，通过实验验证进一步加深对理论知识的理解，为后续课程打好坚实的理论基础，相对难度不大，大部分同学都能很好地完成，通过简单的验证试验，在一定程度上可以增加学生动手能力自信，可以提高学生的学习兴趣。

（2）选修综合型实验：该部分内容主要为难度稍大的综合实验，在完成必修基础型实验基础上，鼓励学生开动大脑，在基础型实验基础上独立设计实验方案完成对应的系列实验，该部分不是实验课强制内容，但鼓励所有同学一学期至少独立设计 1～3 个综合实验，该过程需要课程指导教师参与，但指导教师在指导过程中仅起辅助作用，以鼓励学生独立自主探索为主。通过该部分主要培养学生独立设计实验能力。

（3）开放创新型实验：该部分实验内容难度最大，主要鼓励前两个阶段实验中有突出成绩学生尝试，鼓励学生在设计创新实验时除了联系本门课程其他内容外，可以更多地考虑与其他课程之间的联系，甚至其他专业的课程。在实验条件允许的情况下，鼓励学生大胆尝试。

1. 整合必修基础型实验，缩减传统实验学时

对传统的形态观察及内部解剖实验比例进行缩减整合分类，尽可能地将验证实验与机体生命活动联系起来，提高学生学习兴趣，注重基础型人才培养。课程设置为必修观察验证系列实验和解剖验证系列实验，将原有的动物组织观察、原生动物观察、扁形动物切片观察实验三个独立实验整合为一个观察验证系列实验。鉴于大一新入学学生普遍熟悉显微镜构造但没有使用过显微镜的现象，笔者强化了显微镜操作流程的讲解，并提供草履虫及绿眼虫的活体标本及永久装片、华支睾吸虫及肝片吸虫等扁形动物永久装片，让学生通过对比原生动物与扁形动物切片，使学生了解单细胞动物与多细胞动物结构上的差别，加强学生生物体进化过程的理解。将原有的线形动物、环节动物、节肢动物、鱼类、两栖类、鸟类和哺乳类 7 个解剖实验整合为解剖验证系列实验，为学生提供多种无脊椎和脊椎动物实验材料，随机选取任意无脊椎和脊椎动物各一种分配各个小组，通过小组成员配合对所分配实验材料进行解剖对比观察。该模块主要培养基础型人才，使 95% 以上的学生都能掌握动物学实验课程的基础操作，培养学生树立基本的实验理念，掌握基本实验操作方法。

2. 开放创新型实验，注重创新型人才培养

近几年的学生毕业去向统计显示，大部分学生毕业后继续深造的人数呈逐年上升趋势。动物学实验作为农林及生物学专业的专业基础课程，传统单一的解剖验证实验不利于培养学生创新意识和科学思维能力。教研室成员在对基础验证试验整合的基础上增设了创新性实验，如在解剖验证系列实验中，给学生提供多种实验材料，保证学生在完成基本的外形观察与内部解剖观察的基础上，引导学生探索动物体外形特征、内部解剖结构与机体生理功能的相适应性，或者鼓励学生探索形态和解剖学特征与生活环境的联系。还可让学生查阅相关资料，以蛙、鸡等脊椎动物为实验材料设计动物细胞的提取及培养、DNA 的提取等，以增强学生学习兴趣，结果良好的实验组参加相关的学科竞赛等，丰富大学生课外科技活动，培养学生创新实践能力。也可在不脱离教学大纲的情况下，鼓励学生自主选择实验动物设计实验方案，在完成观察解剖实验基础上，设计探究实验，培养学生独立自主学习能力，提高学生课堂参与率，提升教学效果。例如，教师在发布原生动物观察实验后就发布一个相关的创新实验，鼓励学生探索一下学校"小东湖"和"小西湖"原生动物种类及区别，并分析可能是因为什么原因造成了种类的不同，分小组将自己观察结果形成探索报告，并以文字、图片的形式向全班同学展示，通过讲解，加深学生对原生动物的认识，充分理解原生动物与环境相适应特征，让大家现场打分以激励大家学习、探索的积极性，同时进一步巩固基本技能的训练及分析解决问题能力和科学的思维能力。

3. 增加选修综合型实验，注重能力型人才培养

密切联系生产生活及南疆特色且学校临近沙漠、水库优势增开选修综合型实验，增设塔克拉玛干沙漠爬行动物解剖、人体寄生虫中间寄主软体动物解剖等，每个小组同学除完成每个必修实验以外可根据自己的兴趣有选择性地选择 3～4 个选修实验，利用自己课程所学理论知识和实验操作技能，能够独立完成选修实验，如在开设沙漠爬行动物蜥蜴的外部形态与内部解剖观察实验的同时，给予一定的主题，让学生自主查阅文献资料，自己设计实验步骤并完成试验，再进行爬行动物蜥蜴的外部形态与内部解剖观察，实验的同时让学生自己设计细胞培养的实验、骨骼标本制作等。或者将实验课与野外实践相结合，如进行原生动物观察实验时需要采集的草履虫、绿眼虫等动物，可以先组织部分感兴趣同学在做实验前到野外进行采集，并由学生自己查阅资料负责培养，既有利于学生掌握水生生物采样方法，又使学生了解动物的生活环境，在结构、功能和环境的统一方面得到进一步的深入理解，为以后的野外实习打下良好的基础，可根据学生选择的试验难易程度、试验前资料收集完整与否、学生实验操作规范程度及实验结果等方面综合考核，给予相应的分数奖励。该模块注重学生在基本型基础上能力的培养，突出了技能的训练和综合运用现代生物技术的能力，为学生创造了更多的学习实验的机会。在实验中保存好本届学生采集的标本，让下届做实验的学生看到他们的学长、学姐的劳动成果，不仅是对往届学生成果的一种肯定，也是对本届学生学习上的一种鼓励。该模块注重学生在基本型基础上能力的培养，突出了技能的训练和综合运用现代生物技术的能力，为学生创造了更多的学习实验的机会。

4. 开放实验室，拓宽学生视野

传统的动物学实验教学基本课程结束，学生离开实验室后关闭实验室，要等下一次实验前才会再次开放实验室，这种做法既阻碍了学生主动进行探究实验的想法，也不能充分发挥实验室的作用。近年来，越来越多的学者提出开放实验是提高学生实践创新能力最有效的途径。因此在吸取其他高校成功经验的基础上，教研室教师一致同意开放实验室，利用本校制作标本的优势，定期开设标本制作选修课程，既丰富了学生的课外生活也锻炼了学生的动手能力，较好的成果可以作为实验教学教具，也可以赠送其他低年级学校，还可以进行教育落后地区的学生教学支教。也可根据学生的兴趣及实验方案的可行性，指导学生参加全国大学生生命科学竞赛、标本大赛以及创新创业项目申报等。既充分利用了实验室资源，拓宽了学生视野，激发学

习兴趣，形成发现问题、探究答案、形成结论的科学思维，也可以让学生在自主学习中充分消化吸收理论知识。

以上是几年来，笔者针对动物学实验大纲及实验内容方面所做出的改革，通过验证以上改革在提高教学效率、提升教学质量、锻炼学生思维能力等方面有显著成效。任课教师可以通过学生反馈的信息及时调整教学方法，增强教学效果，实现教师业务能力的提升，从而实现"教"与"学"的双赢。当然在后续课程中将继续探索，以满足现代社会对复合型人才的需求。

| 第十节 |

生物化学实验教学改革初探

生物化学是食品科学与工程、制药工程、生物工程、动物医学、动物科学等生命科学类相关科学专业的基础课。作为一门实验性基础学科，对生命科学学科的发展起着重要的作用。在其教学实践过程中，任课教师要有针对性地培养学生严谨的科学态度，为提高学生的综合素质贡献出自己的力量。

生物化学是生命科学基础类学科，其理论基础之复杂需要学生对各种相关实验的原理进行理解和掌握。因而在传统的生物化学实验课安排的内容多以验证性实验为主，其主要目的是加深对生化理论的理解，基本上每个实验都是验证性实验，其教学本身忽视了各个实验间的联系，忽略了学生的能力培养，导致培养出来的学生缺乏实践技能、科研能力及创新能力。因而，生物化学实验的设计与教学过程中，不仅要以学生获得正确的科研思维，从而深刻理解生化理论为目标，更重要的是教师要知己知彼，了解学生的学情，用其长，避其短。在生物化学教学活动过程中，教师应具备严谨的科学态度、深厚的科研素养，利用科学的教学方式，取得最佳的教学效果。

一、教师以深厚的科研素养培养学生的科学态度

教学，从其组织结构来讲，是一个系统。教学就是教师和学生在教学系统中通过各种媒介进行的传递信息的双边活动。教师在这个系统中处于管理者的地位，是教学内容的选择者，也是教学信息的主要提供者。满足学生的身心发展需要，使每个学生的潜能得到充分发挥，培养其和谐健康的人格与鲜明的个性，一直是教育者孜孜以求的目标。

学生对待实验课的态度，在一定程度上取决于任课教师自身的科学态度、科研素养。在生物化学实验课的教学过程中，教师的科学指导尤为重要。生化实验教学一般是实验辅导人员提前将试剂配置好，上实验课的教师按实验指导书上的实验步骤完成实验课，绝大多数的实验是验证性实验，实验课结束后，学生得到预期的结果，最后完成实验报告。至于为什么进行这样的实验设计？还有没有其它的方法？这个实验的历史背景是怎样的？则没有学生提问，也很少有老师关注这些问题。因而教师要对此进行引导，在准备实验课教案时，教师要多预设一些启发性的问题，并和其他生化教学教师及实验教师进行探讨，形成对生化实验教学的交叉体会。每节课结束后，便告诉学生下节课的实验目标，引导学生下节课前查阅有关此实验的原始方法，及改进后的方

法，鼓励学生在对即将上的实验课提出不同的方法及相应方法之间的联系，运用比较法预测可能的结果，使学生在生化实验课上逐渐养成善于比较分析的逻辑思维。教师必须从思想上认识到自身的科研素质对学生科学态度的重要性，认真准备相关文献，这样才能更好地引导学生养成良好的科学态度与科研习惯。此外，教师还可将自己习得的生化实验方法的发展历史与学生分享，让学生认识到科研是一个不断探索的过程。

二、利用各种教学手段培养学生良好的科学思维

任何教学方法都是在特定的条件下发挥其独特的功效，无论哪一类型学科，在教学过程中，每一堂课的教学该采用多种教学方法，并注意各教学方法的有机结合和综合运用，以最大限度地发挥每一种教学方法的作用。提倡教师运用丰富多样的教学方法，是指要改变教师教学方式单一的局面，除采用讲授法以外，增加合作学习、探究学习等新方法所占的比重。值得注意的是，教师要明确这些教学方法是有主从关系的。通常来讲，理论教学应以讲授法为主，合作学习、探究学习等新的方法为辅。但对于实验课而言，学生的合作学习、探究学习应该占有重要地位，而讲授法为辅助地位。

为了更好地提高生物化学实验教学效果，我们不但改进了教学方法，而且利用塔里木盆地周边环境的特殊植物材料开设了综合设计实验。同时也要求学生上网查找本次实验的原理、发展历史，通过 QQ 等通信工具，将自己的见解以"说说"的形式上传到生化实验群空间，并进行互相点评和提问。

综合性实验设计让全班学生进行分组，每组抽调两名学生准备试剂、仪器的调试，样品的预处理、预实验的开展，记录实验过程中相应的问题。让部分学生参与实验中，可以给其他学生对该堂课的实验目标以更好的理解，并且调动了学生思考问题的积极性，在此过程中形成良好的科学思维和科学的实验习惯。

为了更好地促进学生对科学研究的认识，我们引用了多媒体教学，介绍一些比较好的生命科学网站，引导学生关注科学前沿，教会学生利用网络查阅下载相关文献、视频，并介绍学生利用软件科学管理自己下载的文献。目前本校的生化实验室配置的多是普通仪器，虽能满足实验课所需，但远远落后于目前的科学发展和需要。对于目前较为先进的生化大分子分离及纯化的仪器及试剂，应尽可能利用多媒体课件向学生介绍。比如分离纯化用的蛋白分离仪器，筛选细胞表面标记的流式细胞仪，各种凝胶成像系统，特色的显微镜等，让学生更加了解科研前沿，拓宽知识面。

由于多媒体课件中所传递的信息量大，屏幕"转瞬即逝"，课堂上留给学生的思考时间不足，学生学习的主动性受到较大影响。我们设计了一个关于生化实验的在线学习网站，包括几个方面内容：实验目标、实验方法、历史人物。此外，教师可以利用该页面发布课堂教学总结、提出科学问题的学生名字及相关内容和在线表现等，教师可以提纲形式给出教学内容、重点、难点内容。此外，学生可登录该网页，对一些问题进行讨论、论证。

撰写实验报告是生物化学实验课培养学生科学思维和习惯的重要环节之一，在"生化实验课堂通告"中，我们给出实验报告的模板，并展示老师批改过的实验报告的容易出错的地方，对实验报告的关键部分——结果及讨论，我们着重比较了较为合乎科研的讨论与不合乎科研的讨论。书写实验报告，要对其内容做出详尽的模板要求，如目的、原理、材料、操作等简单明了，但实验结果的分析与讨论要做到详尽分析，可结合原理，分析误差出现的原因，并使学生了解到不以

实验结果作为评分标准，但要以实验过程及实验报告分析的层次作为最重要的考核指标。通过多次实践分析，多数学生能养成良好的科学研究能力，更为重要的是，能不断增强本科生对科研的信心和认可度。

三、培养学生良好的实验习惯

多数大学生在做实验时，往往不太认真，造成达不到预期的学习效果，甚至在实验过程中损坏仪器从而影响整个教学进度。因而，在实践教学中及时纠正学生的不良实验习惯，就显得尤为重要。如，实验有序操作，试剂用后迅速放回原位；保持实验过程中的安静，多思考及时提问；分析两个以上样品，为样品准确编号，以防混淆；认真观察并作好相关结果的记录。另外，有必要在课前讲解仪器使用规范，培养学生养成正确使用仪器的习惯。如：移液器用完后归至最大计量位置；分光光度计的比色皿用毕立即洗净，或者浸入无水乙醇。绝大多数学生经过一段时间的训练后都养成了良好的实验习惯，教师重视学生操作过程中的各个环节，不但顺利完成实验教学任务，而且学生的综合素质也显著提高。

四、实验课前设置问题

每节实验课一般都开设在理论课之后，因此学生对相关的理论已经有了一定的理解，但对于实验步骤，及一些关键点，学生还不是十分清楚。针对此情况，教师可从每一组中抽一名学生，对其设置一些问题来完成实验过程的引导，然后再由让这些学生对小组其他成员进行问题的讨论及解答。

五、实验过程中的问题设置

多数学生在实验课中经常忙于实验的具体操作，因此，教师要在适当的时候针对错误的操作及时指出并加以纠正。这样可避免其他学生犯同样错误的同时，也可以加深学生的印象，从而在今后的实验中采取正确的方式方法。实验过程中，教师可以随堂问一些有启发性的问题，如：这一步为什么要这么做？是否有其它可能的方法？

六、结束实验课的问题设置

要在实验课结束之前，对实验中的问题、实验结果进行评价与总结。如：请每一组选出一位同学对实验进行口头分析，阐述实验结果是否符合预期，成功的原因是什么，或失败的原因是什么？学生在讨论过程中不仅培养了科学思维，也提高了分析问题、解决问题的能力。最后，教师针对学生的讨论与交流作简明扼要的总结。

教师还可以设计一个综合性问题供学生讨论，并将讨论结果附在实验报告中。此外，为了活跃课堂气氛，还可以让学生向教师提出疑问，教师给出恰当的回答。

七、小结

生化实验课是一门引导性课程，实验内容的合理设计以及学生的积极参与，能够有效提高教学效果。因此，教学改革的手段和方法也非常多，但是从根本上讲，无论是教师，还是学生，都需要从自身出发，不断提高自己，以实现教学相长。

新形势下高校病原微生物实验室安全管理探索

书评科学出版社 2016 年出版的《食品安全与病原微生物防控研究》，编者：夏咸柱，钱军，刘文森，书号 ISBN：9787030479068。

21 世纪是生物科技迅猛发展的世纪，病原微生物科技研究事业取得了巨大进展。对病原微生物的研究关联着社会民众的生命健康，是生物科技领域的重点研究课题之一。生物学科是部分高校的重要学科，为了培养病原微生物科研人才，亦为了推动病原微生物科技进步，高校可根据本校生物科研实际情况与研究方向设置不同类型的病原微生物实验室，开展相关实验活动。病原微生物实验室是开展病原微生物实验活动的场所，其安全管理工作尤为重要。在实验过程中，病原微生物处理不当则可能会对人体生命健康产生潜在威胁，因此，病原微生物实验有着更高更严格的安全要求标准。

病原微生物防控研究工作与食品安全有着较为密切的关联，《食品安全与病原微生物防控研究》是中国工程院开展相关实验研究活动的集体研究成果。全书采用专题研究方式，基于病原微生物性质分为 7 个专题，包括食源性细菌、食源性病毒、食源性寄生虫，食源性生物毒素、兽药残留、进出境食源性病原微生物防控以及综合防控战略等方面内容。病原微生物可通过多种方式威胁或伤害个人生命健康，加强病原微生物实验室建设，针对性开展实验研究，找到有效防控方法路径，是新形势下病原微生物科技研究的方向。

编者认为，高校病原微生物实验室安全管理工作开展要求强化安全责任意识，且基于安全管理制度将责任落实到具体个人。高校设置病原微生物实验的目的是研究病原微生物的生理特征与致病机制，并以此推动生物治疗与生物制药等产业发展，为社会民众生命健康提供更有效保障。病原微生物具有高度危险性，它在实验室的获取、分离、培养、保存等实验教学与应用等过程中，都有严格的安全管理要求，任何一个环节出现疏忽，都可能会导致病原微生物泄漏，给参与实验的师生带来生命健康威胁。以埃博拉病毒为例，它是一种传染性很强且致死率非常高的病毒，目前并没有有效治疗药物。为了找到有效治疗埃博拉病毒的手段和药物，须在生物实验室开展针对性研究，探索不同治疗药物对埃博拉病毒的治疗效果。

在埃博拉病毒的实验室研究过程中，必须保持严格隔离状态，任何疏忽意外都可能会导致灾难性后果。在病原微生物实验室展开病毒实验研究时，必须做好安全防护措施，不能有任何疏忽，否则一旦发生实验室泄漏事故，实验室工作人员将会处于高度危险中。鉴于此，高校病原微生物实验室需强化每一位实验室工作人员的安全意识，让他们意识到遵守实验室安全管理规则，做好个人安全防护不仅是对自身生命健康负责，同时，也是对他人生命健康负责。病原微生物实验室会根据风险等级设置差异性的安全管理制度与要求，高校师生在进入实验室开展病原微生物实验活动之前，必须认真阅读安全管理制度，且严格执行。高校病原微生物实验室可设置专业的安全管理工作人员，专门负责执行落实安全管理制度，既负责病原微生物实验室日常安全管理工作，也负责实验过程中的安全制度措施落实。通过个人承担具体且清晰的安全管理职责的方式，起到对于病原微生物安全管理工作效果提升有显著促进的作用。

笔者认为，安全科技快速发展与广泛应用新形势下，利用科技手段加强高校病原微生物实验室安全管理是必然趋势，亦能提高安全管理效率。高校病原微生物实验室安全管理工作则要求具体执行者具有认真细心等特质，然而，个体可能会受到情绪波动、生理状态等因素影响，可能会产生安全管理工作纰漏。如实验室工作人员在过度疲倦的生理状态下，在开展安全检查时就容易忽略一些安全细节，留下安全隐患。采用安全科技则可以弥补相关不足，如病原微生物实验室设置自动安全扫描与监测设备，在实验开展过程中一旦发现有微生物泄漏等状况，立刻启动应急程序，对实验人员进行预警并要求他们撤离到指定的独立安全区域，同时迅速封闭实验室，并喷洒消毒杀毒药剂，确保病原微生物不会泄漏到实验室外。病原微生物安全监测系统可 24h 对实验室的培养皿、空气以及下水道等进行全方位监测，一旦出现风险因素立刻预警，工作人员立刻根据情况采取应对措施，降低风险。

高校是推动病原微生物研究，培养专业科技人才的重要机构，加强病原微生物实验室安全管理，既可保护师生健康安全，亦可推动生物实验安全开展。

基于"双创"人才培养的植物学开放性实验设计与实践

以"双创"教育为目标进行了植物学开放性实验的设计和实践。开放性实验项目体系包括植物形态解剖和植物系统分类两个部分，共 5 个实验项目。开放性实验项目的考核成绩由实验过程中的表现、实验报告的撰写及实验的总结汇报三部分组成，分别占总成绩的 20％、60％和 20％。开放性实验的实践效果良好，能够在很大程度上激发学生的学习兴趣，提高学生的综合能力。

自教育部提出"把创新创业教育贯穿人才培养全过程"以来，"双创"已成为评价高校人才培养质量的重要指标。如何将"双创教育"融入人才培养体系，已成为高校人才培养不得不直面的问题。植物学作为高校生物类和植物生产类专业必修的专业基础课程，具有很强的实践性，是培养学生实践能力、科研思维和综合素质的重要环节，也是激发学生学习兴趣，培养学生积极性、主动性和求知欲的重要途径，更是开展"双创教育"不可忽视的重要抓手。传统的植物学实验教学以验证性实验为主，综合性和创新性实验的比例很小，且学时有限，往往仅集中于课堂实验教学的 2—4 小时内完成，很难真正挖掘出学生的潜能，培养学生的学习兴趣，更无法满足新时期对高校人才培养质量的要求。因此，以"双创教育"为目标，设计一些开放性实验项目，供学生在课堂以外的时间进行实验实训，就显得非常必要。这既能弥补实验课堂教学学时的不足，又能真正培养学生，提高学生的综合素质。目前，已有高校在积极探索开展以"双创"为目标的综合性、设计性实验项目，如柳文媛等设计开展了"兰索拉唑的合成、质量检验和体内分析的综合实验"。结果显示，综合性实验有利于培养学生的药物研发思维以及对实验技术的综合运用能力，是"双创"教育背景下提高学生药学专业技能及创新实践能力的有益尝试。本文以塔里木大学为例，将植物学课程的开放性实验项目设计与实践效果进行总结，旨在与同行进行交流和探讨。

1. 开放性实验项目的设计思路

首先，植物学课程是一门系统性学科，各章节的知识点间存在紧密的联系。在开放性实验项目的设计中，既要体现出综合性和设计性，也要体现出系统性和完整性，实验项目体系要能够涵盖植物学包括植物形态解剖学和植物分类学在内的完整理论体系。其次，开放性实验项目的设计要保证在实验实施的过程中能够全方位培养学生对理论知识的运用能力，以及发现问题和解决问题的能力。最后，实验项目的设计要能体现学生的自主性和创造性，需要学生在实施的过程中自主查阅文献，自主选择实验材料和实验方法，自主安排实验进度，在教师的指导下自主完成实验，并能有效激发学生的创新性和创造力。

2. 开放性实验项目的开设环境

开放性实验项目均在课堂教学以外的时间进行。所有开放性实验项目的开设地点均在塔里木大学开放式运行的生物学校级实验教学示范中心进行，中心的植物学实验室、数码显微互动实验室和综合创新开放实验室可为所有开放性实验项目的实施提供所需的仪器设备，每个实验项目均有植物学专业的教师进行指导。学生根据个人兴趣爱好，4—6 人自由组合为一个小组，然后以小组为单位选择 1—2 个开放性实验项目，在中心实验室开放的时段内到实验室完成相关实验内容。

3. 开放性实验项目的体系及内容

开放性实验项目体系包括植物形态解剖学、植物系统分类学 2 个部分，共 5 个实验项目（见图 1）。

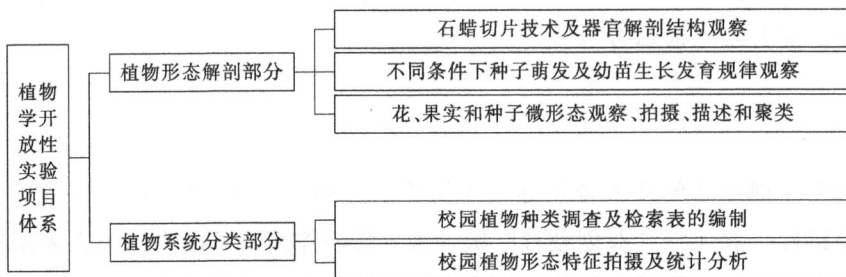

图 1　植物学开放性实验项目体系

植物形态解剖部分包括"石蜡切片技术及器官解剖结构观察""不同条件下种子萌发及幼苗生长发育规律的观察""花、果实和种子微形态的观察、拍摄、描述和聚类"等 3 个实验项目。通过该部分实验项目，使学生能够学会观察植物外部形态和内部解剖结构的基本技术和方法；掌握植物种子萌发和幼苗生长发育的基本规律，学会分析生长发育与环境因子的关系。植物系统分类部分包括"校园植物种类调查及检索表的编制"和"校园植物形态特征拍摄及统计分析" 2 个实验项目。通过该部分实验，使学生能够学会植物形态分类的方法，学会利用形态术语描述植物特征，并能够将所有形态特征进行对比和统计分析，进一步编制出植物分类的检索表。

4. 开放实验考核方式

实验考核方式要能够综合反映学生方方面面的实践能力。开放性实验项目的考核成绩由三部分组成。第一部分为实验过程中的态度、团结协作、实验操作及发现问题、解决问题的能力等，本部分主要考查学生对待实验的态度是否积极主动认真，是否能够与小组同学互助协作；实验过程中，操作技巧是否准确娴熟，是否善于发现问题和提出问题，对于出现的问题是否善于动脑思考并提出解决的方法等，占比 20%。第二部分为小组 PPT 汇报情况，本部分主要考查学生对本组实验的研究结果是否熟知并能准确而条理清晰地向听众进行展示，同时也考查 PPT 的制作和运用水平，占比 20%。第三部分为实验的完成和实验报告的撰写情况，主要考查学生对开放实验研究内容的完成、研究方案的设计及研究结果的分析的论述等方面，占比 60%。此种考核方式能较为全面地反映学生的综合实践能力。

5. 开放性实验项目的实施效果

通过实践发现，开放性实验项目的开设对增强学生的学习兴趣、提高动手能力和解决问题能力、增强创新意识及自主学习能力有着积极的效果。以"石蜡切片技术及器官解剖结构观察"实验项目为例阐述如下。植物显微制片技术和方法多样，不同的材料和观察目的可以选用不同的制片方法。营养器官在植物体中执行一定的功能，与之相适应形成特殊的解剖结构特征，不仅同一植物的不同营养器官存在差异，不同植物的同一营养器官同样存在差异。为了使学生掌握各种植物显微制片技术并能针对不同材料选择不同的制片方法，掌握植物不同器官的解剖结构特点，并会分析和比较植物器官的差异，加深学生对结构—功能间的协调统一性的认识，我们设计了"石蜡切片技术及器官解剖结构观察"的开放性实验项目。该实验项目在实施过程中，首先需要学生根据个人兴趣爱好自主选择实验材料，可以选择同一植物的不同营养器官，也可以选择不同植物的同一营养器官；其次，学生根据材料特点在自主查阅文献的基础上，自主选择徒手切片、石蜡切片或冷冻切片的制片方法；最后，在制片完成后自主进行显微观察，对结构的异同进行定性的比较分析，也可进一步采集显微结构图像，对各结构指标进行测定后进行定量的比较分析，还可进一步分析结构与环境的关系。通过这一实验项目，可以多方面培养学生的综合能力。一方面，由学生自主完成实验方案的设计，实验选择从哪个角度进行，进行到哪一个深度，完全由学生自主选择和设计，这就在很大程度上可以激发学生在实验过程中的积极性和主动性；另一方面，学生遇到问题后需要结合学到的理论知识，在查阅文献资料的基础上，自己动脑思考并与小组成员讨论解决问题的方法，不仅可以提高解决问题的能力，也能加强学生间的团结协作能力。此外，由于实验内容涉及根、茎、叶 3 个不同章节的内容，如果进行到一定深度还会涉及生态学方面的内容，这就要求学生对知识要有整体性和系统性的掌握，不能仅停留在对某一或某几个独立的知识点的掌握，必须以辩证的观点认识到知识点间的联系，增强学生综合分析问题的能力，加深他们对知识的理解和掌握。

从实践来看，开放性实验项目的开设可以增强学生的学习兴趣，提高学生的实践能力和分析问题、解决问题及自主学习的能力，加强他们的创新意识，对学生综合素质的培养起着积极的作用。但也存在一定的问题，突出反映在以下两个方面。第一，目前我校植物学开放性实验的开设尚属于试验阶段，仅在少数班级中进行，虽然实践结果显示对学生综合能力的培养有较大的促进作用，但学生也反映这样的教学方式让他们花费更多的时间和精力去完成实验，存在个别学生有一定消极情绪的情况。另外，在指导学生进行开放实验的过程中，往往需要指导教师牺牲正常的休息时间，而这部分工作尚属于纯粹性的义务劳动，导致部分指导教师不太愿意承担指导任务，这就需要指导教师有正确的认识，积极争取学院和学校的政策支持。第二，开放性实验项目的数量有限，综合性和设计性还有待进一步加强，需要与学生双创素质的培养紧密地结合。

参考文献

[1] 韩新才，王存文，熊艺，等．高校利用校外教育资源开展毕业设计（论文）工作的实践 [J]．高等理科教育，2013，（5）：116-121.

[2] 韩新才，潘志权，熊艺，等．高校化工特色生物技术专业实验室建设的探索与实践 [J]．高等理科教育，2008，（6）：121-123.

[3] 韩新才，潘志权，丁一刚，等．建设双赢的生物化工校外实习基地的探索与实践 [J]．化工高等教育，2006，（3）：56-58.

[4] 韩新才，熊艺，王存文．高校生物技术专业校外实习基地建设实践与实例 [J]．教育教学论坛，2013，（15）：218-220.

[5] 韩新才，王存文，严静，等．高校生物专业实习教学实施计划探讨与实例 [J]．中国科教创新导刊，2011，（19）：46-47.

[6] 韩新才，王存文，熊艺．高校提高专业实习教学质量的创新思路与措施 [J]．科教文汇，2011，（9上旬刊）：50-51.

[7] 韩新才．高校利用校外教育资源开展毕业设计（论文）工作的意义 [J]．科技创新导报，2013，（3）：196.

[8] 高玉华，丁涛，李刚，等．提高毕业设计（论文）质量研究与实践 [J]．高等理科教育，2007，（1）：147-149.

[9] 王世刚，姜淑凤，周成．地方高校本科毕业设计（论文）模式的改革与实践 [J]．中国校外教育，2012，（6）：31.

[10] 吉长东，王崇昌．提高本科毕业设计（论文）质量的方法与措施 [J]．矿山测量，2011，（6）：98-99.

[11] 薛彩霞．本科毕业设计（论文）存在问题及质量控制措施 [J]．高教论坛，2011，（11）：56-58.

[12] 樊文军，张胤，蔡颖．"产学研"结合毕业设计（论文）模式初探 [J]．价值工程，2010，（20）：165.

[13] 杜德正，张麦香，杜萍．整合校外教育资源，拓宽学校育人途径 [J]．中国校外教育，2012，（20）：3.

[14] 易自力，刘选明，周朴华，等．生物技术专业特色与人才培养模式的改革 [J]．高等农业教育，1999，（7）：46-47.

[15] 龙健，乙引．生物技术专业课程体系教学创新探索 [J]．中国生物工程杂志，2005，增刊：221-223.

[16] 李红玉．发挥学科优势，搞好生物技术专业实验课程建设 [J]．高等理科教育，2006，（3）：90-92.

[17] 邹长军，吴雁，兰贵红，等．生物工程专业实验教学环节的改革与实践 [J]．实验室科学，2007，（6）：1-2.

[18] 肖红利，郭泽坤，李亚敏．生物技术专业主干实验体系的建立 [J]．高校实验室工作研究，2007，（2）：34-35.

[19] 蔺万煌，欧阳中万，王征，等。注重实践教学，培养生物技术创新人才 [J]．实验室研究与探索，2005，24（9）：82-83.

[20] 江家发．高师院校教育实习基地建设的实践与思考 [J]．中国高教研究，2005，（5）：64-65.

[21] 黄诗君，阳林，张争荣．工科专业校外实习基地的建设与实习新模式研究 [J]．广东工业大学学报（社科版），2004，4（4）：52-55.

[22] 宋书中，姚惠林，葛运旺．产学研结合，培养应用型人才 [J]．高等理工教育，2004，23（2）：66-67.

[23] 范海燕，王玉吉．大学生实践教学中存在的问题及解决对策 [J]．陕西教育学院学报，2004，20（2）：33-35.

[24] 张海燕．产学结合，积极推进高职教育实习基地建设 [J]．广东经济管理学院学报，2005，20（1）：90-93.

[25] 傅志，曾盛绰．校外教学实习基地建设的实践与思考 [J]．农机化研究，2005，（5）：255-257.

[26] 英健文，蔡立彬，崔英德．高等工程教育实习基地建设的探索与思考 [J]．广东工业大学学报（社科版），2004，4（4）：48-51.

[27] 戴跃侬．加强实践教学，提高人才培养质量 [J]．中国大学教学，2005，（8）：43-44.

[28] 虞佳，马云，许金华，等．建设我校生物技术专业校外实习基地的探索与实践 [J]．基础医学教育，2012，14（4）：292-293.

[29] 程彦伟，陈伟光，押辉远，等．校企结合建设生物技术专业实习基地实践与探索 [J]．洛阳师范学院学报，2012，31（8）：69-71.

[30] 付求医．基于具体岗位制定生产实习计划 [J]．科技创新导报，2010，（3）：179.

[31] 姚安庆，王文凯．适应现代社会人才市场需求构建农学类专业实习新模式 [J]．当代教育论坛，2007，（5）：52-53.

[32] 张安富．创新实习基地建设探索学研产育人新机制 [J]．中国高等教育，2008，（20）：33-34.

[33] 冯秀娟，葛维晨，刘政．关于加强生产实践教学的几点思考 [J]．江西教育科研，2006，（12）：75.

[34] 陈国信，陈砺，李再资．实习教学改革探讨及尝试 [J]．化工高等教育，2001，（1）：44-46.

[35] 张莉娜，虞海珍，潘学松，等．高校实践教学管理存在的问题及对策浅议 [J]．高等理科教育，2008，（5）：72-75.

[36] 谢旭阳，胡兴富．实践教学体系构建和实践教学管理体制创新［J］．实验科学与技术，2008，6（6）：87-89.

[37] 何新荣，黄合婷．强化实践教学管理，提高学生的创新精神和实践能力［J］．西北医学教育，2008，16（5）：859.

[38] 王彦芹，郭媛，韦晓薇．生物技术专业特色实验材料的筛选与应用［J］．教育教学论坛，2023，（41）：97-100.

[39] 李艳慧，王彦芹，程勇，等．动物学实验课程教学改革初探［J］．科技视界，2022，（10）：123-126.

[40] 任敏，曾红．生物化学实验教学改革初探［J］．科教导刊（上旬刊），2015，（16）：121-122.

[41] 周慧杰．新形势下高校病原微生物实验室安全管理探索——评《食品安全与病原微生物防控研究》［J］．中国安全科学学报，2023，33（01）：236.

[42] 黄文娟，刘艳萍，张玲，等．基于"双创"人才培养的植物学开放性实验设计与实践［J］．教育教学论坛，2018，（31）：278-280.

[43] 熊燕，洪美玲，张锦辉．动物学实验教学改革的尝试［J］．生物学杂志，2002，18（1）：42.

[44] 卢祥云，张燕萍，勾影波，等．动物学实验教学改革的初步探索［J］．四川动物，2007，26（3）：709-710.

[45] 苏时萍，丁淑荃，杨启超．高等农业院校动物学实验教学的几点思考［J］．安徽农学通报，2008，14（24）：130-131.

[46] 李彦明，马海利，胡永婷，等．关于普通动物学实验教学改革的几点建议［J］．实验室科学，2020，23（4）：125-127.

[47] 张志强，杨启超，鲍传和．提高动物学实验课教学效果的几点思考与体会［J］．安徽农学通报，2008，14（12）：99-100.

[48] 再娜古丽·君居列克，沙吾丽·达吾提拜，等．新时代背景下"动物学实验"课程教学改革初探：以伊犁师范大学生物科学专业为例［J］．科教导刊，2021（14）：133-135.

[49] 魏伍川，李宝琴．改革动物学实验课教学培养大学生创新素质的方式探索［J］．教研教改，2008（1）：52-53.

[50] 田丽．改革动物学实验教学提高学生综合技能［J］．实验室研究与探索，2009，28（7）：119-121.

[51] 汪安泰．动物学实验教学改革探索［J］．实验技术与管理，2006，23（12）：119-122.

[52] 宋志宏，高国全，鲁坚，等．生物化学网络课程设计的一些技巧［J］．医学教育探索，2006.15（11）：1082-1083.

[53] 宋志宏，吴喜链，高国权，等．生物化学动画库的构建及其应用［J］．医学教育探索，2006.5（1）：52-56.

[54] 夏咸柱，钱军，刘文森．食品安全与病原微生物防控研究［M］．北京：科学出版社，2017.

[55] 王晓骞．大学生"双创"教育及"双创型"人才培养模式研究［J/OL］．现代交际：（2017-10-19）．http：//kns.cnki.net/kc-ms/de-tail/22.1010.C.20171019.1336.062.html.

[56] 黎科，邹永东，张永夏．植物学创新性实验教学改革探索与实践［J］．实验室研究与探索，2011，30（08）：309-311.

[57] 唐立红，刘铁志，申玉华．《植物学》综合性设计性实验项目的设计与实践［J］．安徽农业科学，2010，38（25）：14146-14147＋14177.

[58] 范玉琴，廖富林．植物学综合性实验教学与应用型人才培养研究［J］．廊坊师范学院学报（自然科学版），2011，11（03）：118-120.

[59] 柳文媛，李志裕．深化创新创业教育背景下药学类综合性实验的设计［J］．药学教育，2016，32（02）：61-63.

[60] 邹艳芳，章立新，高明，等．"大学生创新创业训练计划"与实验教学的协同关系［J］．实验技术与管理，2016，33（09）：172-174＋185.

[61] 洪俐，彭学．药用植物学教学中开设综合性、设计性实验初探［J］．卫生职业教育，2008，26（23）：87-88.

[62] 淮虎银，金银根，孙国荣，等．植物学综合性实验项目的设计与实践［J］．实验室研究与探索，2006，（05）：638-640＋649.

注：本章是如下基金项目的研究成果。"十一五"国家课题"我国高校应用型人才培养模式研究"的重点子项目"生物技术专业应用型人才培养机制创新研究"（FIB070335-A10-01）；全国化工高等教育科学研究"十一五"规划项目"建设双赢生物化工校外实习基地的探讨与实践"（编号：28）；湖北省高等学校省级教学研究项目（20050355）；武汉工程大学校级教学研究项目（X2012018）；2020年度教育部生物技术国家一流专业（YLZYGJ202001）；2022年度兵团基因工程一流课程"基因工程"；2021年度塔里木大学研究生精品示范课"生物化学与分子生物学技术"（TDEDC202101）；生物技术国家一流本科专业项目（YLZYGJ202001）；塔里木大学高教研究项目计划（TDGJYB2008）；中央支持地方高校第二期课程思政示范课程——普通动物学（TDKCSZ22105）；塔里木大学高教项目（编号TDGJ1402）；塔里木大学高等教育教学研究项目（项目编号：TDGJ1306）；塔里木大学校级实验教学示范中心建设项目（项目编号：220101301）；塔里木大学植物学重点课程建设项目。

第五章

创新型人才培养研究与实践

基于创新型人才培养的高校课程教学改革——"学生出卷子考试"的实践探索

考试改革是教育教学改革的重要内容之一。在高校课程教学中，实施"学生出卷子考试"改革，是切实提高课程教学质量，培养创新型人才的有益探索和可行途径。本节对"学生出卷子考试"改革的思路、措施、效果和问题，进行了探讨，实施了"重平时——抓课改——考创新"配套改革，优化了"学生成绩量化评定"方法，取得了较好的效果，为高校课程教学考试改革，提供参考。

一、"学生出卷子考试"改革的思路

习近平总书记在 2018 年参加全国人大广东代表团审议时强调："发展是第一要务，人才是第一资源，创新是第一动力"。奋进新时代，筑梦新征程，为国家培养一大批创新型高素质人才，是新时代全社会对高等教育的殷切希望。创新，是指产生新观点、新思想、新方法、新技术或制造出新产品。创新型人才，是指能够打破常规，在原有知识、技术、技巧等的基础上，经过分析、归纳等思维活动和相应的实践活动，有所发现、有所发明、有所突破、有所创造的高素质人才。

在我国高等教育改革中，由于受传统教育观念的影响，高校课程教学模式与考试考核方法，对创新型人才培养，还存在着一些不足，传统灌输式教学模式仍然存在：老师教，学生听，由于教学内容多，有的多媒体 PPT 上课，就像放电影，学生对教学内容会很快忘记；到考试时，为了保证及格率，考前划重点，学生只会复习重点应考；有的学生复习不好，可能考试作弊，会造成不良影响。这种传统的教学与考试模式，不利于学生的想象力和创造力的发挥，不利于学生自主学习能力的提高，不利于学生创新能力的提升。而学生对传统课堂教学与考试的满意度，也普遍较低，仅有 2.79% 的学生较为满意，约占 83.21% 的学生满意度较低。

考试是教学评价和学习评价的主要方式，课程考试具有一定的检测、评价、导向、发展、调控和激励功能。考试对学生导向作用很强，教师评价什么、考什么，学生就学习什么；教师用什么方式来评价、用什么方式考试，学生就用什么方式来学习。学生始终处于教师"教"与"考"的指挥棒下被动学习，根本没有参与或建议选择课程考试内容、考试方式的自由和权利。在这种模式下，学生的主动权被剥夺，创新意识和创新能力得不到有效培养。因此，教学评价与考试方法，就是一只钳制大学生"是否成才，成什么样的人才"的隐形大手，要培养创新型人才，必须

改革教学评价机制与考试考核方法。

在欧美一些发达国家，让学生参与学校各项管理、参与课程考试改革等，已写入各种相关教育法律法规，鼓励学生注重能力培养，自我认识、自我选择、自我设计、自我监督、最终达到自我实现与提高，实现教育的内涵价值。浙江大学的竺可桢学院工科班的学生，期末考试时，"由学生自己出题考自己"，这一考试改革，是我国高校考试改革的一道风景，也为武汉工程大学"学生出卷子考试"改革，提供了成功的范例。

武汉工程大学生物技术专业"学生出卷子考试"改革，即在期末考试时，是由学生自己开卷出一套创新性标准考试试题，并给出参考答案，教师根据学生所出试题与答案的质量，评定考试成绩，学生课程总成绩，按照"平时成绩占40％＋期末考试成绩占60％"的方法评定。该考试改革，创新考试方法与学生成绩评价体系，发挥学生的主体地位，将学生学习态度、学习过程、学习参与、学习能力纳入成绩评价体系，注重平时学习，注重个性发展，注重创新能力，解决高校学生成绩评价与人才培养机制单一、不利于学生人人成才与个性化发展以及创新能力培养的问题。

通过考试改革，改革长期以来，高校考试以闭卷考试为主要手段，来评判学生成绩的做法，而是充分发挥学生自主学习、自主考试的积极性、主动性和创造性，学生根据自己对课程内容掌握的情况，并以自己的眼光，标定重点和难点，通过自己综合分析思维，创新知识，来出试卷题目并解答，老师根据学生平时表现与出卷子考试情况，评定学生成绩。这样，改变学生长期以来，被动应考、死记硬背、考试作弊的陋习，使考试成为学生主动学习的平台，使学生的考试过程，成为对知识主动学习与归纳总结提高的过程以及创新能力提升的渠道，提高学生学习积极性、主动性与创造性，大幅度提高学生知识、素质与能力，以及课程教学质量、学生学习能力与效率。

二、考试改革实施情况

1. 考试改革的具体实施方式

考试改革的具体实施方式是，改变以前期末考试时由教师出卷，学生闭卷120分钟考试的传统考试方式，改革为：在考试周由学生自己开卷出一套120分钟的标准考试试卷，并给出参考答案，要求学生所出试卷和答案，要达到题库抽题考试的试卷质量水平。

为了搞好"学生出卷子考试"改革，在课程教学的第一节课，就将考试改革的详细实施方案，如：考试改革目的、考试改革方法、考试改革措施、考试改革要求、课堂教学改革方法、成绩评定方法、考试改革纪律等，向学生宣讲，并发给学生人手一份，使学生人人知晓、个个明白，提高学生参与改革的积极性，并在课程教学全过程，严格按照实施方案实行。

（1）试卷质量。对学生出的试卷质量，提出3点要求：一是试卷题型，要求大类题型须有四种以上，如：名词解释、填空题、选择题、简述题、论述题等，题型由学生自己掌握决定；二是试卷内容，应该覆盖全部课程教学内容的80％；三是试卷的题目，不能太多，也不能太少，以120分钟闭卷考试时间，大多数同学能够做完为最佳。

（2）试卷监控。一是学生出的试卷，严禁相互抄袭，两份试卷如果有超过10％雷同，该2位同学不及格。二是课堂作业题目，原则上不能作为试题题目，鼓励题目创新。

（3）试题答案。要求试卷答案，既要详细、全面、合理，又要精练、综合、创新。

（4）考试总结。包括改革的效果评价、收获、体会及意见和建议等。

每位学生提交的考试资料，包括：学生自己出的试卷、试卷参考答案、考试改革总结，提交上述资料纸质及电子版各一份。教师根据学生出卷考试情况，进行考试成绩的评定。

2. 考试改革的成绩评定

考试改革成绩评定，采取"学生成绩量化评定"方法，将平时的真实学习情况和考试中表现出来的创新素质情况，定量纳入成绩评定指标，这种评定方法，具有一定的真实性、科学性、规范性和可操作性。

（1）学生课程成绩。由平时成绩占40％与期末考试改革成绩占60％组成。

（2）平时成绩。学生平时成绩40分，由"上课考勤占10分、课堂笔记占10分、课程作业占10分、课堂表现占10分"构成。促使学生坚持到课听讲、勤记笔记、认真完成作业、积极参与课程教学改革与讨论，更加重视平时的学习、平时的积累、平时的提高，打造"金课"，消灭"水课"。

（3）期末考试改革成绩。学生期末考试改革成绩60分，由"试卷题型占10分、试卷知识覆盖课程内容情况占10分、试卷内容综合性与创新性占10分、试卷题目的正确性占10分、试卷答案的正确性占10分、试卷规范性与独立完成情况占10分"等构成。考试成绩评定，更加注重学生对综合知识的运用能力，以及创新思维、创新意识和创新素质在试卷中的体现。

3. 考试改革的保障措施

考试改革解除了闭卷考试"死记硬背、考了就忘、高度紧张"弊端，在课程教学中，学生更加轻松自由，有利于学生自由发挥、自主学习、自我成才，为学生创新素质的形成，提供了宽松的环境。宽松的教学环境，不等于放任自流，如果不加强平时教学的管理、引导和约束，那么平时课程教学秩序和质量，就难以保障，更别说创新人才培养了。为此，采取"重平时-抓课改-考创新"的三项配套措施，为考试改革提供有力保障。

（1）重平时。重视平时教学，积极开展"一教二主三化（关爱学生、因材施教；自主学习、自主考试；沉闷化为轻松、抽象化为具体、复杂化为简洁）"课程教学改革，将"上课考勤、课堂笔记、作业成绩、课堂教学表现"等纳入平时成绩考核指标，促进学生更加注重平时学习，积极参与平时课堂教学，为考试改革提供了重要基础。

（2）抓课改。除了重视平时教学外，还积极开展以学生为主体的课堂教学改革，切实提升学生的知识、素质和能力，为考试改革提供了有力支撑。如：学生上讲台，学生自由讨论，学生小组学习，学生制作PPT课件，学生课程实习与科研等。仅"细胞工程"课程的"细胞融合"这一章，进行"问题式"课堂教学改革，学生提出的学术问题就多达50多个，而且对这些问题进行了探索与解答。类似这样的教学改革，大幅度地提高了学生的创新兴趣、创新思维、创新素质和创新能力。

（3）考创新。在课程教学的全过程，围绕"创新人才培养"这一主线，鼓励学生对不同知识点的深刻领悟和钻研，重视学生创新思维、创新素质和创新能力培养与考核。在期末出卷子考试中，重点考查学生的"创新"素质，如：知识综合运用能力；发现问题、提出问题、分析问题和解决问题的能力；对知识的独到见解和深入钻研能力等。考创新，是考试改革的核心，为考试改革提供了不竭动力。

三、考试改革效果分析

1. 考试改革显著提高了学生的学习成绩，大幅度提高了人才培养质量

从考试成绩统计分析看，考试成绩基本呈正态分布，成绩评定比较科学规范，反映了学生的实际学习状况。2018 年参加考试改革的生物技术专业"植物生物学"学生成绩为：平均分79.79；最高分 95；最低分 50；90 分以上占 28.57%；80～89 分占 28.57%；70～79 分占32.14%；60～69 分占 7.14%；60 分以下占 3.57%。比没有参加课改的班级成绩，有显著提高，班级平均分提高了 5.16 分。考试改革，大幅度提高了人才培养质量和学生的创新素质和能力，仅 2018 年，学生参加全国和湖北省大学生生物竞赛，就荣获 1 个全国三等奖、2 个省级一等奖、2 个省级二等奖、3 个省级三等奖。

通过发放调查问卷，对人才培养质量进行分析，结果表明，以考试改革为核心的综合配套课程教学改革，显著提高了学生的培养质量。

向参与了考试改革的生物技术专业全体学生，发放无记名问卷调查共 91 份，其中 2016 级生物技术 01 班 31 份、2017 级生物技术 01 班 28 份、2018 级生物技术 01 班 32 份，收回 91 份，除18 级有一份为无效问卷外，收回有效问卷 90 份。问卷调查结果见表1。

表 1　生物技术专业学生问卷调查考试改革效果一览表

评价指标 调查项目		无课改课程			有课改课程		
		是	一般	否	是	一般	否
学习过程	上课没有玩手机、开小差等不良情况	18.89%	67.78%	13.33%	70.00%	23.33%	6.67%
	课堂合作学习氛围好	24.44%	66.67%	8.89%	94.44%	4.44%	1.11%
	参加课程教学积极性高	25.56%	67.78%	6.67%	91.11%	7.78%	1.11%
学习效果	很大程度增长了知识、提高了技能	38.89%	54.44%	6.67%	83.33%	16.67%	0.00%
	自主学习能力与思维能力得到提高	21.11%	62.22%	16.67%	91.11%	7.78%	1.11%
	提出问题、分析问题和解决问题能力得到提高	20.00%	63.33%	16.67%	86.67%	13.33%	0.00%
	创新精神、创新意识和创新能力得到培养和锻炼	8.89%	72.22%	18.89%	87.78%	11.11%	1.11%
课改反馈		是		无所谓/不确定		否	
考试改革对打造金课是否必要		90.00%		5.56%		4.44%	
是否支持考试改革		94.44%		5.56%		0.00%	
考试改革是否达到预期效果		78.89%		20.00%		1.11%	

从表 1 可以看出，（1）在学习过程中，"上课没有玩手机、开小差等不良情况""课堂合作学习氛围好""参加课程教学积极性高"的比例，课改课程分别为 70.00%、94.44%、91.11%，显著高于非课改课程的 18.89%、24.44%、25.56%。说明课改课堂上学生玩手机、开小差的少，课堂氛围好，学生学习积极性高。（2）在学习效果中，"很大程度增长了知识、提高了技能""自主学习能力与思维能力得到提高""提出问题、分析问题和解决问题能力得到提高""创新精神、创新意识和创新能力得到培养和锻炼"的比例，课改课程分别为 83.33%、91.11%、86.67%、87.78%，显著高于非课改课程的 38.89%、21.11%、20.00%、8.89%。说明对学生而言：课改课堂增长了知识提高了技能，提高了自主学习能力和思维能力，以及提高分析解决问题能力和创新能力。（3）在课改反馈方面，"考试改革对打造金课有必要""支持考试改革""考试改革达到预期效果"的比例，分别为 90.00%、94.44%、78.89%。说明学生支持课改，课改达到了预期

课程教学目的和培养创新型人才的目的。

2. 学生欢迎考试改革，参与积极性高，促进了学生自主学习能力的提高和创新素质的养成

"学生出卷子考试"改革，学生非常欢迎，热情高，积极性与主动性都很强，没有一个学生旷考和反对。该考试改革，放下了高举学生头上的闭卷考试大棒，减轻了学生学习压力，激发了学生的学习的欲望，形成了浓厚的学习氛围，促进学生之间的交流，提高了学生独立思考能力，以及发现问题、分析问题和解决问题的能力。学生为了出一份高质量的考卷，认真看书、翻阅课本、复习笔记、查阅课外和网上资料，极大地促进了学生的自主学习。从学生出卷题目与内容看，很多内容超出书本，说明学生查阅学习了大量课外书籍和资料，拓展了学生知识面，大幅度提高了学生学习的积极性、主动性和创造性。韩昌浩同学反馈：这样的考试改革我非常喜欢，让我们自己出题目自己找答案，相对于传统的考试来说，少了几分严肃，多了几分趣味，在找答案的过程中，我发现了自己在课堂上没有注意到的细节，收获了很多。我感觉这样的考试改革是很成功的，大大加强了学生的想象力和创造力，希望学校推广这样的考试改革。

3. 考试改革是对学生知识、素质和能力的综合检验，"出卷子考试"并不容易

学生刚听说自己出卷子考试时，觉得很简单，非常高兴。但是在他们自己出卷子的过程中，深刻体会到：只有对知识全面掌握，对平时课堂非常重视才能出得了试卷；要想出一套好卷子，绝非易事，看似一个简单的过程，却比传统考试更花时间和精力，更是对学生知识、素质与能力的综合检验。吴佳辉同学反馈：为了让出题更加新颖，我翻阅了大量的资料和浏览了大量的网站，更是将课本从头到尾仔细研读了多遍，对课程内容进行归纳总结，消化理解，还以老师身份考虑出题思路，哪些内容适合出什么题，题目是否恰当，分值是否科学，知识点是否全面，答案是否正确，题量是否适当等，在这一系列的过程中，加强了对所学知识的理解，培养了分析问题和解决问题的能力。这种考试，也使我们了解了老师出试卷的不易，我们付出了加倍的努力，也获得了加倍的收获。

四、考试改革的问题与建议

1. "学生出卷子考试"容易出现"放羊"现象

"学生出卷子考试"，学生天然反应是"简单容易，可以包及格"，因此容易放松学习，敷衍了事。本校考试改革以来，每个班都有 1~2 名学生不及格。分析其不及格原因，主要是"学习态度不端正"。因此，考试改革必须要有具体可操作的实施计划，严格要求、认真实施，才能防止少数学生不负责、走过场、抄袭等不良情况发生，确保改革质量和改革成功，真正达到提高课堂教学质量和培养创新型人才的目的。

2. 教师的教学水平和组织能力是考试改革成功的关键因素

考试改革是系统工程，使命光荣、任务艰巨、工作量大，教师的知识素质能力和奉献精神，是改革成功的关键。一是教师要有真正讲好课的本领，即课堂能力强，能让学生"服气"；二是教师要有详细改革实施计划，即组织能力强，能让学生"服从"；三是教师要有严格考试改革纪律，即实施能力强，能让学生"服管"；四是教师要有认真负责的奉献精神，通过教学，让教师的价值，在学生身上辉煌绽放！得到学生真心的尊敬、喜欢、赞美！

3. "学生出卷子考试"改革对创新性人才培养是有益的探索

高校的课程教学，要求学生掌握的内容，主要有三方面：一是基本知识、基本理论和基本技能；二是综合分析问题和解决问题的能力；三是创新意识和创新能力。科学的考试观，以学生的全面发展为目标，促进学生知识、素质、能力协调发展，促进学生创新精神与实践能力的培养，使每一位学生都能发挥自身的潜能，激发学习的积极性、主动性，实现全面发展。考试的目的，不仅是为了使学生掌握所学的知识，而且更加强调通过考试，让学生学会学习，增强学生掌握知识的能力，个性得到尊重，鼓励学生个性化发展，培养学生的创新精神和创新能力。

学生自主出卷考试，对所学的知识进行整理的过程，就是一个很好的学习过程，相应地也能大大提高其分析思考和总结归纳的能力。学生在自主出卷考试中，对于不同知识点，有深刻的领悟和钻研，对问题进行全面思考、深入分析和评判，使学生的想象力、分析力、判断力得以彰显，学生的求异思维、创新意识和创新能力得以弘扬，有利于学生个性发展，有利于学生创新思维的发散，有利于人人成才，对创新型人才培养极为重要。通过这一尝试，配合平时营造的氛围、调动学生自主学习的能力，我校教学质量显著提升。

本校"学生出卷子考试"改革，不仅改革考试机制，而且配合考试改革，实施"重平时-抓课改-考创新"的三项配套措施，优化"学生成绩量化评定"方法，综合施策，这些改革，对课程学习目标的实现和学生创新能力的培养，无疑都起到了重要的促进作用；对高校教育教学改革和创新型人才的培养，无疑是一个有益探索，具有一定的理论价值、实践价值和参考借鉴价值。

第二节

卓越工程师人才培养工程教育体系的探索

卓越工程师人才培养是国家培养新型工业化人才的重要举措，是高校教育教学改革的重要方向。为了切实提高卓越工程师人才培养质量，武汉工程大学化学工程与工艺专业，针对我国卓越工程师人才培养存在的问题，根据学校卓越工程师人才培养的基础与条件，在人才培养模式、人才培养方案、课程体系、师资队伍建设、实践教学改革、校企合作等方面，进行了卓越工程师人才培养工程教育体系的改革与实践，取得了一定的效果，为我国高校化工专业卓越工程师人才培养提供参考。

卓越工程师教育培养计划（简称：卓越计划）始于 2010 年 6 月，清华大学等 61 所高校被教育部批准为第一批实施高校，2011 年教育部出台了《教育部关于实施卓越工程师教育培养计划的若干意见》，并批准了 133 所高校为第二批实施高校。武汉工程大学化学工程与工艺专业（简称：化工专业）被纳入第二批实施高校中，近几年来，武汉工程大学化工专业，根据教育部对卓越计划的要求，依托学校化学工程与技术学科优势，以提升学生工程实践能力为中心，围绕卓越工程师人才培养目标定位，在人才培养模式、人才培养方案、课程体系、师资队伍建设、实践教学改革、校企合作等方面，进行了卓越工程师人才培养工程教育体系的改革与实践，取得了一定的成效。

一、对卓越工程师人才培养存在问题的思考

新型工业化是我国提升整体实力、建设创新型国家和跻身世界强国的必由之路，需要大量的创新型工程技术人才和卓越工程师。卓越计划，是落实国家走中国特色新型工业化道路、建设创新型国家、建设人力资源强国等战略部署，加快转变经济发展方式，推动产业结构优化升级和优化教育结构，提高高等教育质量的战略举措。然而，我国高校在人才培养理念上，长期存在的"重理论轻实践、重科学轻工程、重研究轻技能"的观念，没有得到根本改变，几乎所有大学的顶层设计都是"高水平""研究型""一流"，而培养"工程师"，就有低人一等的感觉，在人才培养规格中，"工程师规格"几乎消失。

科学是探索世界的本源，工程是创造世界没有的东西，而科学与工程又是密不可分的。卓越工程师，必须兼具科学家探索精神和工程师创造力的双重品质。卓越计划培养的人才，不是拔尖的研究型人才，而是为企业培养的具有探索精神和创造力的杰出工程师，培养卓越工程师，要着

力提高学生服务国家和人民的社会责任感、勇于探索的创新精神和善于解决问题的实践能力。因此，卓越计划实施高校，不仅仅是实力和荣誉的象征，而且肩负着切实为国家培养高质量卓越工程师人才的重要责任。培养卓越工程师，使命光荣伟大，任务艰巨复杂；不是低水平，而是高质量；不是权宜之计，而是战略选择；是高校教育教学改革的重要方向。

由于历史和现实的各种原因，在卓越计划实施过程中，还存在一些具体的问题和困难，除了要提升教育教学观念外，工程教育教学模式和教学体系陈旧单一、高校高水平工程教育师资缺乏、学生工程教育实践训练不足、校企联合培养卓越工程师机制不健全和难度较大，以及高校对卓越工程师人才培养的考核评价体系与激励机制有待建立与完善等，都是卓越计划实施存在的问题和难点。针对这些问题，探索解决的方法与途径，采取相应措施与对策，切实加以认真解决，对于卓越计划的顺利实施、卓越工程师人才培养质量的提高，具有重要意义。

实施卓越计划，培养卓越工程师，必须有一定的基础和条件，才能确保卓越计划的顺利实施，才能为卓越工程师人才培养、改革与实践提供必要的条件、基础、保障和支撑。

二、武汉工程大学实施卓越工程师人才培养的条件和基础

武汉工程大学化工专业是依托化学工程与技术优势学科而成立的品牌专业，要培养化工专业卓越工程师，必须充分利用化工学科优势，在师资、平台、设备与资金等多个方面，为卓越工程师人才的培养，提供条件、基础、保障与支撑。

化学工程与技术一级学科，是武汉工程大学的优势学科，经过 40 多年的建设与发展，该学科已经成为湖北省乃至中南部地区具有影响的优势学科之一，2013 年被国务院学位委员会批准为博士学位授权学科。化工优势学科以及化工专业建设成果，为卓越工程师的培养提供了较好的条件、基础与保障作用，主要表现有四个方面。（1）师资力量雄厚，为卓越工程师的培养提供有力智力支持。在师资上，有在编教师 75 人，其中，有教授 33 人，博士生导师 13 人，博士学位教师 41 人，百千万人才工程国家级人选 1 人，国家杰出青年科学基金获得者 1 人，教育部新世纪优秀人才支持计划获得者 6 人，在岗"湖北省楚天学者计划"特聘教授 7 人，享受国务院和湖北省政府特殊津贴专家 6 人。（2）实践与科研平台强劲，为卓越工程师的培养提供较好的实践舞台。在平台方面，学科拥有"国家磷资源开发利用工程技术研究中心""绿色化工过程教育部重点实验室""湖北省新型反应器与绿色化学工艺重点实验室""环境与化工清洁生产国家级实验教学示范中心"等 20 余个省部级以上教学科研平台。（3）教学科研成果丰硕，为卓越工程师人才培养提供了广阔的发展空间。近 5 年以来，在科研上，承担了 973 计划前期研究专项项目、教育部长江学者及创新团队计划项目、国家自然科学基金重点项目等国家级项目近 50 项，省部级项目 70 余项，总研究经费 7500 余万元；发表 SCI、EI 等收录论文 330 余篇；获国家授权发明专利 78 项；获国家科技进步奖二等奖、湖北省科技进步奖一等奖等省部级以上成果奖励 32 项。在教学上，主持国家级、省级等省级以上教学研究项目近 20 项，获得国家教学成果二等奖、湖北省教学成果一等奖等省级以上奖励近 10 项。（4）专业建设成果为卓越工程师人才培养奠定了坚实的基础。化工专业，经过 40 多年的建设与发展，取得了一定的成绩，现在是国家级特色专业、省级品牌专业、教育部全国工程教育认证专业，以及省级拔尖创新人才培育试验计划、教育部卓越工程师教育培养计划、湖北省战略性新兴（支柱）产业培养计划的专业；专业具有"反应工程"国家级教学团队、"化学反应工程"国家级视频公开课程、"有机化学及实验"国家级双语教

学示范课程、国家级"环境与化工清洁生产实验教学示范中心"等 4 个国家级教学质量工程项目；具有化工原理、物理化学、基础化学等 3 个省级精品课程，以及"湖北省化学基础课实验教学示范中心"等多个省级教学质量工程项目。化工学科与化工专业的发展现状，为化工专业卓越计划的实施，奠定了坚实的基础。

在化工学科与化工专业建设发展基础上，化工专业广泛开展了基于卓越工程师人才培养的工程教育体系的改革与实践，取得了较好的成效。

三、化工专业卓越工程师人才培养工程教育体系的探索

（一）根据"两型两化"和"一主四翼"的人才培养要求，优化构建工程教育"三实一创"人才培养体系和"3+1"校企联合人才培养模式

卓越工程师是为企业服务的杰出工程技术人才，他们的工程设计、应用、创新等工程能力，对企业的发展至关重要。因此，高校在卓越工程师人才培养上，必须改革和创新工程教育人才培养模式，着力提高学生服务国家和人民的社会责任感、勇于探索的创新精神和善于解决问题的实践能力。

武汉工程大学是中央与地方共建、以地方管理为主、行业划转的省属普通高等学校，具有明显的化工行业特色与化工学科优势，在传承工程能力培养的基础上，根据现代教育教学理念和学校服务面向与定位，学校提出了"两型两化"和"一主四翼"的人才培养要求。"两型两化"，即"创新型、复合型，工程化、国际化"；"一主四翼"，即"以工程实践能力培养为主，满足创新型、复合型、工程化、国际化人才成长需要"。它们分别是人才培养目标定位和人才培养原则。根据学校人才培养的目标定位与原则，优化构建了基于卓越工程师培养的"三实一创"的人才培养体系，以及"3+1"校企联合培养卓越工程师的人才培养模式。"三实一创"，即"实验、实习、实训与创新"，该人才培养体系，以工程实践能力培养为中心，着力培养学生具备"扎实的化学化工理论功底、熟练的实验操作技能、严谨的工程实践能力、强烈的科技创新意识"，该教改成果荣获湖北省教学成果一等奖。"3+1"人才培养模式，即"3 年校内培养，1 年企业培养"，是指累计用 3 年时间，在校内进行理论知识学习和实践环节训练，培养学生基本理论知识、工程意识、工程实践能力以及人文科学素质；累计用 1 年时间，在企业进行顶岗实习、工程训练、工程实践以及毕业设计，培养学生工程素质、职业素养和工程实践创新能力。

（二）校企密切联系，优化构建基于卓越工程师培养的专业人才培养方案

人才培养方案是高校贯彻国家教育方针和实现人才培养目标的实施方案，是学校对教学过程组织和管理、对教学质量监控与评价、对教育教学改革和人才培养模式创新的主要依据，是学校办学定位、办学特色、教育教学理念和文化底蕴的重要体现。武汉工程大学化工专业卓越工程师人才培养方案，在传承历年专业人才培养方案的同时，根据卓越工程师人才培养要求和学校特色，与企业广泛联系，校企合作，对培养方案进行了优化创新。

1. 在制定培养方案的过程中，科学民主，充分结合化工企业实际。为了使武汉工程大学化工卓越工程师培养方案更加科学规范，更加适应我国化工企业生产发展要求，在制定培养方案过程中，经过了 4 个程序。首先，向全国 40 多家大中型化工企业发出问卷调查，了解企业对化工

人才知识素质能力的要求，以及对学校课程体系和教育教学改革的建议，将企业反馈意见作为人才培养方案优化的重要依据之一；其次，学校专业教研室根据国家对卓越工程师的培养要求、学校专业建设发展实际，以及化工企业的人才需求状况，对培养方案、实践教学、课程体系等进行多次讨论修改，达成一致意见；然后，在培养方案定稿前，邀请10多名全国化工企业工程技术专家到学校，对培养方案进行论证修改完善；最后，培养方案通过学校学术委员会审定后定稿。通过这些举措，确保培养方案的先进性、科学性和工程性。

2. 卓越工程师人才培养方案，走与学术型培养目标错位发展道路。武汉工程大学培养方案，以培养"厚基础、宽能力、重实践、强应用"的应用型卓越工程师为目标；以化工工程实践能力培养为核心；以分类定位、大类教育、特色培养为手段；以促进学生创新精神和实践能力培养、人文素质养成以及全面发展为重点。其人才培养目标是："立足湖北、面向中南、辐射全国，服务于区域经济建设和大化工行业发展，培养德智体美劳全面发展，具有创新意识、人文素养和职业道德，具备系统扎实的专业基础理论知识、基本技能和宽广的专业知识面，具有一定的对化工新产品、新工艺、新设备、新技术的研发能力和较强的工程设计能力，一定的市场开拓和认知能力，良好的外语及信息获取能力，能够胜任化工、石油、能源、轻工、环保、医药、食品及劳动安全等部门工程设计、技术开发、生产管理和科学研究的应用型高级工程技术人才"。

（三）理论与实践相结合，优化构建具有"理论-实践-创新"特色的工程教育课程体系

课程体系是实现人才培养目标的施工蓝图，是组织教学活动的主要依据，是培养学生知识素质能力的主要载体。根据人才培养规律和现代工程教育理念，武汉工程大学按照"理论与实践相结合，工程与创新相结合"的原则，优化构建了具有"理论-实践-创新"特色的工程教育课程体系。该课程体系主要包括理论教学平台、实践教学平台和创新教学平台三大体系。理论教学平台，由通识教育课程、学科基础课程、专业课程组成，共128.5个学分，占总学分的66.2%，着力培养学生的科学人文素质、思想道德品质和化工专业基础理论知识和专业知识；实践教学平台，由实验、实习和实训组成，包括实验、实习、实训、课程设计、毕业设计（论文）等，共61.5个学分，占总学分的31.7%，着力培养学生系统的化工专业工程实验、工程设计、工程开发应用等实践能力；创新教育平台，由课程创新教育、学术创新活动、素质拓展活动等组成，包括创新教育课程、学术创新项目、学科竞赛、课外科技活动、专业技能培训、社会实践等，要求必须修满4个学分以上才能毕业，占总学分的2.1%，通过创新教育，着力提高学生的创新意识、创新素质和创新能力。

（四）按照"国际化、博士化、工程化"的师资队伍建设目标，着力建设高素质的工程教育师资队伍

教师既是专业理论的传播者和研究者，又是专业工程的实践者，更是学生工程意识的指导者。因此，教师的工程理论素质和工程实践能力，对卓越工程师人才的培养至关重要。要培养高质量的卓越工程师人才，必须要有一支师德高尚、业务精湛、结构合理、充满活力的高水平的工程教育师资队伍。

为了切实提高教师的工程教育素质和工程实践能力，武汉工程大学进行了探索与实践。一是学校出台了"青年教师工程能力培养提升计划"，提出了"国际化、博士化、工程化"的师资队

伍建设目标，将教师的工程技术能力培养和师资队伍工程化，纳入学校发展规划。二是学校每年选派1~2名青年教师到化工企业挂职顶岗锻炼一年，增强青年教师的工程实践能力。三是开展传帮带活动，每名青年教师指派一名工程实践能力强的老教师给予传帮带，同时，在专业实验室建设和工程实践中心建设中，要求青年教师必须全程参与，以此提高其工程实践能力。四是加大工程技术人才引进力度，重点引进国外著名大学留学回国工程技术人才和国内有企业经历的高水平工程技术专家，近几年新引进教师有近20人。五是聘请企业工程技术专家担任兼职教师，指导学生实习、工程设计、工程开发应用、毕业设计等，弥补学校工程实践教师的不足，近几年共聘请了70多位校外工程技术专家担任专业兼职教师。通过以上举措，专业教师的工程实践能力得到了显著提升，目前，专业在编的双师型教师有18人，具有国外工程教育背景的教师有17人，具有工程实践能力的教师比率达到46.7%。

（五）全方位开展工程实践教学"平台建设-教学改革-科技创新"，着力提升学生工程实践能力和创新能力

卓越计划瞄准的是企业，培养的人才是能下到企业并能发挥重要作用的工程技术人才。因此，学生能运用所学知识解决企业实际问题的工程开发应用能力、工程设计能力、工程创新能力等工程实践能力的培养，是高校的培养重点。为了切实提高学生的工程实践能力，武汉工程大学在以下3个方面进行了工程实践教学改革。

1. 加大工程实践教学平台建设，打造工程实践能力培养平台。近年来，在拥有1.5万 m^2 实验室面积和2000多万元仪器设备的基础上，通过三步走，加大工程实践教学平台建设与资金投入。第一步，学校利用中央财政支持地方高校建设资金，新投入了800万元用于"环境与化工清洁生产国家级实验教学示范中心"建设，300万元用于化工原理实验室建设，500万元用于化工专业实验室建设。第二步，学校整合自有设备以及湖北宜化集团、武汉人福药业、黄麦岭磷矿等共建企业的各类工程设备，建设面积达7000 m^2、设备共700余台的校内工程教育实践中心，该中心有仿真系统、单元设备拆装、单元设备操作、工程模拟系统等多个工程实践平台，目前已经启用2000 m^2。第三步，学校利用国家支持中西部高校基础能力提升计划的1.2亿专项资金，建设面积达5万 m^2 的大化工实践中心，目前资金已落实到位，项目已经启动。工程实践教学平台的建设，为学生工程实践能力的培养，提供了重要的舞台。

2. 加强工程实践教学改革，提高学生工程实践能力。采取"实验课程重设计、仿真教学重理解、专业实习不间断、工程设计不断线"的方式，提高学生工程实践能力。一是在专业实验课程中，在确保学生掌握化工基本实验技能的基础上，在四大化学、化工原理、化工专业实验等实验课程中，开设多项设计性实验，如：超临界二氧化碳流体萃取植物油实验、撞击流气液反应器氨法脱除燃煤烟气中的 SO_2、磷酸脲结晶动力学亚微观可视化实验、水性聚氨酯合成及应用等，提高学生工程实验设计能力。二是在仿真教学上，利用学校仿真平台和中石化武汉分公司等企业仿真平台，进行仿真培训，仿真教学结合化工原理实验、化工过程模拟和化学反应工程等专业课程的教学内容，加深学生对理论知识的理解。三是在实习教学上，大学四年不间断，大一有金工实习、大二有认识实习、大三有生产实习、大四有毕业实习，通过实习，不断加深学生对企业工程制造、施工、运行、生产、管理、研究开发等工程环节的认识、理解和热爱。四是在工程设计教学上，大学四年不断线，大一有工程实训、大二有化工原理课程设计、大三有专业课程设计、

大四有毕业设计，通过工程设计教学，不断提高学生工程设计的理论知识水平和实际设计能力。

3. 广泛开展科技创新活动，提高学生工程创新能力。利用学术创新项目、学科竞赛、课外科技活动、社会实践等平台，广泛开展科技创新活动，如：参加"中国石化三井化学杯"大学生化工设计大赛、全国"挑战杯"课外学术科技作品竞赛、湖北省大学生学术创新成果报告会、湖北省化学实验技能大赛等各类赛事，培养学生工程技术创新能力和设计能力，近 3 年，学生在省级以上各类创新大赛中，获奖 50 多项，例如在"中国石化三井化学杯"全国大学生化工设计大赛中，2012 年获得了全国二等奖 2 项、2013 年获得了一等奖 1 项和二等奖 1 项。此外，学生在老师指导下，积极参加学校组织的"创新实验项目""大学生校长基金"等学术创新活动，锻炼创新思维和创新素质，近 3 年，学生获批学校大学生校长基金、创新实验项目近 30 项。在社会实践活动中，学生到祥云化工、广济药业等企业进行社会实践和志愿服务，了解企业现状，服务企业生产，在社会实践中提高思想道德品质和职业素养，表现优秀，受到了湖北省团委表彰。

（六）成立湖北化工联盟加强实习基地建设，着力提高学生工程实战能力

1998 年高校扩招以后，由于高校教学资源不足以及很多企业不愿意提供实习场所，学生工程实践能力严重不足，难以适应经济社会发展需要和现代企业发展要求。培养卓越工程师，必须校企联合，让学生在企业生产的现实环境中，提高工程设计、工程开发应用和工程创新能力。为此，在如下 3 个方面进行探索与实践。

1. 成立湖北化工联盟，协同创新卓越工程师人才培养途径。2011 年 7 月，本着"资源共享、优势互补、共同发展、多方互赢"的理念，由武汉工程大学牵头，以化学工程与工艺专业为平台，将湖北省开设相关专业的 25 所高校、具有相关行业背景的 20 家企业有效整合起来，组建了湖北省化学工程与工艺专业校企合作联盟（简称湖北化工联盟），通过共享优质资源平台、共同制订人才培养方案、联合组建实践教学基地、合作开展教学与科研项目研究等多种形式，全方位推进校企联合办学，联盟为卓越工程师人才培养，在解决实习基地难建、双师型教师不足、实习经费欠缺、工程设计真题真做比率低等问题上提供了新的动力，创新了人才培养体制机制，全方位多层次推进了卓越工程师人才培养的协同创新。

2. 广泛联系国内化工企业，建立校企合作实习基地。武汉工程大学卓越工程师培养的定位是，立足湖北、面向中南、辐射全国，服务于区域经济建设和大化工行业。因此，瞄准国内优秀的大中型化工企业，建立实习基地，对人才培养极其重要。为此，广泛联系国内化工企业，与企业形成产学研协同、校企合作、互利双赢的协同创新关系，共同培养卓越工程师人才。目前，与国内 10 多家大中型化工企业签订了校企合作协议，如：中国五环化学工程公司、湖北宜化集团公司、北京燕山石化公司、中国石化集团长岭炼油化工公司、广西柳州化工集团公司、天津渤海化工集团公司、中盐株洲化工集团公司、湖北金源化工公司、宜昌兴发集团公司等。这些校外实习基地，涉及多种化工产品、各类化工过程和工程技术与装备，为学生提供了大量化工生产的工程信息，如生产车间、工程设备、管道布局、化工仪表与自动控制、工艺流程与工程装备图纸、化工单元操作手册、工艺操作手册、安全生产手册和三废处理等，很好地满足了工程实践的教学需求，学生通过现场实习，增强了工程意识，提高了工程实践能力。

3. 利用企业工程实践平台"真题真做"，提高学生工程实战能力。一是以"工程项目驱动法"组织工程教学与实践，将企业要解决的工程实际问题转化为真实工程项目和设计题目，让学生运用各种工程技术手段完成项目规定任务，在此过程中，不仅仅是解决了一个具体的工程实际问题，并由此掌握了相关的知识，更重要的是使学生由被动地接受知识，转化为主动地寻求知识，进而培养了学生自主学习、团队合作、独立发现问题、分析问题、解决问题的能力。二是利用湖北宜化集团公司等企业工程实践训练平台，开展真题真做的"宜化模式"毕业设计改革。毕业生到企业完成毕业设计（论文），课题来源于企业，真题真做，达到了校企互利双赢。不仅设计题目与企业工程实际结合紧密，设计成果对企业发展有利，而且学生通过工程实战训练，熟悉了工程设备操作使用技能，掌握了企业生产运行工艺流程，大大提高学生工程实践动手能力、工程设计能力以及科学研究与创新能力，该项改革得到了湖北省教育厅的表彰和推广。

| 第三节 |

在生产实习中注重学生劳动与就业能力培养的探索与实践

生产实习是高校人才培养方案中的一个重要教学环节，在培养学生实践能力、思想道德素质和劳动就业能力等方面具有不可替代的作用。本节论述了武汉工程大学生物技术专业，近5年来，在生产实习中，以就业为导向，采用"边劳动边学习边实践"的实习新模式，培养大学生劳动与就业能力的思路、措施、效果，为我国高校生物专业提高大学生劳动与就业能力和实习教学质量提供参考。

生产实习是本科人才培养方案中的一个重要实践教学环节，在培养学生专业实践技能、理论联系实际能力、分析解决问题的能力，以及劳动观念、思想道德觉悟和劳动就业素质与能力等方面具有不可替代的作用。生物类专业生产实习是学生学习了植物学、动物学、微生物学及生物化学等专业基础课后的一次实习，通过实习，使学生全面认识了解生物技术产业的生产过程、工艺技术、管理措施、经营状况，加深对生物专业基础课的理解，为后续专业课程的学习和毕业设计（论文）工作打下基础，同时，为毕业后从事生物技术产业的生产、研究、管理提供工作经验。学生亲自参加生产劳动和专业实践锻炼，对培养学生劳动与就业素质和能力具有重要的意义。为此，武汉工程大学生物技术专业，近5年来，在生产实习中，采用"边劳动边学习边实践"的实习新模式，着重进行了学生劳动与就业能力培养的探索与实践，取得了较好的效果，以期为我国高校生物专业提高大学生劳动与就业能力和实习教学质量提供参考。

一、在生产实习中培养学生劳动与就业能力的思路

1. 注重学生劳动与就业能力的培养，是高校人才培养的重要内容

2010年全国教育工作会议上胡锦涛同志就推动教育事业科学发展提出了5项要求，即"优先发展、育人为本、改革创新、促进公平、提高质量"。其核心是，要以人为本，全面推行素质教育，创新人才培养模式，着力提高学生的学习能力、实践能力、创新能力，促进德、智、体、美、劳的有机结合，促进教育与生产劳动相结合，实现学生全面发展。因此，大幅度提高大学生劳动与就业能力，是党和国家对高校的殷切希望。

高校扩招后，大学生就业难是所有高校面临的严峻课题，其主要原因：一是高校在人才培养上，普遍存在毕业生知识能力结构失衡，与社会需求存在较大差距；二是大学生劳动观念不强，怕苦怕累，就业能力和自主创业能力不能适应社会需求；三是高校在人才培养上，对大学生劳动

就业能力培养重视不够，力度不大，毕业生就业竞争力不强。高校的主要职责是培养德智体美全面发展的社会主义建设者和接班人，大学生劳动与就业能力大小直接反映人才培养质量与素质高低，因此，强化学生劳动与就业能力培养，是高校人才培养的重要内容，也是高校创新人才培养模式的重要方向。

2. 注重学生劳动就业能力培养，可以大幅度提高学生思想道德素质

全面实施素质教育是教育改革和发展的主题，是时代的要求，核心是培养什么人、怎样培养人的问题，着力点是提高学生服务国家、服务人民的社会责任感，形成正确的世界观、人生观、价值观。正确的世界观、人生观和价值观，需要终身努力与实践才能树立，其核心是遵纪守法、艰苦朴素、热爱劳动、积极奉献。在高校生产实习中，创新实习教学模式，采用生产劳动与现场教学相结合的方式，让学生亲自参加生产劳动，在劳动中提高实践能力，付出艰辛的努力，流出辛勤的汗水，亲自体验粒粒皆辛苦的道理，可以增强学生对劳动人民的感情，让学生了解国情、珍惜生活，激励奋发向上的意志，大幅度提高学生劳动与就业素质和思想道德素质。

3. 注重学生劳动与就业能力培养，有利于提高学生的就业率

用人单位招聘毕业生时，往往要求学生具备一定的实际工作经历和实际生产经验，而大学生工作经验和实践经验的积累，主要是在实习基地的实习和锻炼。通过校外实习教学，可使学生对现代生物技术产业的生产技术、工艺设备、产品研发、市场营销等各个环节有一定了解，尤其是亲自参加企业生产岗位的锻炼和培养，可以大大提高学生就业的竞争力。同时，生物技术企业根据学生实习表现和能力，可以了解一个高校的学风和校风以及人才培养质量，可以选拔高校优秀毕业生到企业工作，这样，可以拓宽大学生就业渠道。

二、在生产实习中注重学生劳动与就业能力培养的具体措施与实践

1. 创新生产实习教学模式，提高学生劳动与就业素质

提高大学生的劳动与就业素质与能力，必须增强学生的劳动观念和艰苦奋斗与吃苦耐劳的精神，通过实习，给学生以思想上的震撼，提高认识，崇尚劳动光荣，珍惜大学宝贵时光，刻苦学习，为今后服务社会、报效国家打下坚实基础。目前，我国高校由于实习基地难建，以及实习单位出于安全考虑，学生实习期间动手少了，参加生产劳动少了，实习变成了袖手旁观、隔岸观火，实习效果和质量不佳也成为普遍现象。加上大学生普遍存在劳动观念缺乏、吃苦耐劳与艰苦奋斗精神不足的问题，这些都成为高校提高学生劳动与就业能力的重要瓶颈。

为了在生产实习中大幅度提高学生劳动与就业素质，我们精心选择了生产实习单位。实习单位为武汉如意农业开发有限公司，该公司是现代农业生物技术龙头企业，集无公害蔬菜生产、加工、销售、出口于一体，蔬菜种植模式生态、环保、绿色，其特点是集约化种植生产、产业化工厂加工，体现了现代农业的绿色、环保、健康理念。2010 年 8 月 23 日中央电视台新闻联播节目头条，以"湖北武汉：小毛豆'转'出大市场"为题，宣传了该企业的先进事迹。

在生产实习中，我们创新实习教学模式，改变以往"参观式"的实习过程，让学生深入企业农业生产各岗位，与职工同劳动，在劳动中学习。学生亲自参加了种菇、除草、施肥、播种、采摘、加工等多种农业生产劳动，同时，请公司技术人员进行现代农业生物技术专题讲座 4 次，带队老师进行专题辅导讲课 1 次，现场解答学生在实习中存在的生产理论与实践问题。生产实习采

用的"生产劳动与现场教学相结合、学习与实践相结合、实习单位技术人员指导与学校带队老师辅导相结合"的"边劳动边学习边实践"实习教学模式，显著提高了学生的思想觉悟、劳动观念、专业知识水平和能力，以及实习教学质量和效果。

2. 开展职业道德专题培训，提高学生就业竞争力

就业竞争力来源于劳动与就业素质和劳动与就业能力。现代社会，人们对大学生的劳动与就业素质与能力有较高的要求。在素质方面，要求大学生有良好的思想道德品质、诚实守信，能树立正确的世界观、人生观、价值观，有良好的职业道德和强烈的事业心，有广博的知识和合理的知识结构，有良好的科学文化素养和创新精神以及良好的心理和身体素质。能力是素质的外在表现，是素质在实践中运用的结果。在能力方面，要求大学生具有良好的环境适应能力、人际交往能力、团队合作精神、自我表达能力、专业技术能力、外语和信息能力等。

为了加强学生就业素质与能力培养，在生产实习期间，邀请公司的领导和技术骨干对学生进行了多场职业素养培训，如企业文化培训、礼仪知识与行为规范培训、企业规章制度培训，以及集约化、机械化蔬菜种植、生产、加工的技术操作规程培训等。通过系统培训，大幅度提高了学生职业工作素质、专业技术能力以及就业竞争力。

3. 组织参加迎国庆系列文体活动，提高学生团队精神和爱国热情

学生在实习期间，白天迎高温战酷暑，同公司职工一道，坚守工作岗位，坚守劳动一线，使同学们产生了强烈的心灵震撼，懂得了校园生活的来之不易。在实习过程中，不仅有劳动有实践，有培训有学习，还开展了丰富多彩的文体活动，结合迎国庆主题，积极组织学生参加公司系列文体活动，如参加乒乓球、台球、篮球、羽毛球、卡拉 OK 等比赛，丰富学生实习生活，提高学生团队精神和爱国热情。

4. 推广"边劳动边学习边实践"的实习教学新模式，着力提高学生劳动与就业能力

生物专业与生物技术产业密切相关，生物技术产业涉及领域非常广泛，包括与国民经济息息相关的诸多产业，如：农业、能源、环保、化工、医药、卫生、矿产、材料、食品等。生物专业生产实习应该紧密结合生物技术产业生产实际，变"参观式实习"为"顶岗实习"，变"袖手旁观、隔岸观火"为"俯下身子参加劳动"，这样，才能使学生真正增强劳动与就业观念，真正了解和掌握生物技术产业的生产过程、工艺技术、管理措施，真正提高学生的实践动手能力和劳动就业能力。因为脱离生产、脱离社会、轻视技能的人才培养模式，不能适应经济社会发展需求。

近 5 年来，在生产实习中，我们一直坚持以劳动与就业能力培养为导向，坚持进行"顶岗实习"和"学生参加劳动"的实习模式，让学生在劳动中培养劳动素质，改变就业观念，提高实践能力和就业能力。这种实习模式在多家实习单位进行了推广，效果较好。如在武汉科诺生物科技有限公司实习，学生在生物农药发酵车间、氨基酸生产车间、后处理车间、动力车间以及污水处理站进行"顶岗实习"；在武汉来福如意食品有限公司实习，学生夏天穿棉衣在公司冷冻食品生产车间参加食品检验、食品分级等劳动；在武汉如意生鲜净菜配送公司实习，学生参加净菜加工、蔬菜配送、货物搬运等劳动；在宜昌市科力生实业公司实习，学生参加马铃薯、柑橘的组织培养生产、组培苗的育苗移栽等生产劳动等。这些实习实践，不仅培养了学生从小事做起的劳动观念，而且使学生掌握了现代生物技术在生物发酵、生物组织培养、生物食品加工、生物产品营销方面的应用技能，学到了知识，增长了才干，取得了较好的实习效果。

三、在生产实习中注重学生劳动与就业能力培养的实习效果

1. 在生产实习中注重学生劳动与就业能力培养，使生产实习起到了教学、育人、生产的功能

在生产实习中，由于制定了周密的实习实施计划，企业为实习创造了良好的条件，使"边劳动边学习边实践"的生产实习新教学模式得以成功实施，这种以就业为导向，着力培养大学生劳动与就业素质与能力的教学模式，起到了教学、育人、生产的功能，实习效果使学校、学生、企业三方满意。

一是完成了生产实习的教学功能，学校满意。通过校外实习教学和实习过程中的各种培训，确保了实习安全、高效、顺利进行，完成了实习教学计划，达到了实习目的和要求。在武汉如意农业开发有限公司实习后，实习单位认为武汉工程大学学生能够吃苦耐劳，要求毕业生到企业工作，为此，学校共推荐了10多名毕业生到企业就业，实习促进了大学生的就业，实习经验和总结被学校挂在校园网上予以示范，实习效果得到了学校的充分肯定。

二是促进了生产实习的育人功能，学生收获大，学生满意。一方面，学生通过在武汉如意农业开发有限公司实习，了解了现代农业发展趋势，掌握了现代绿色、环保、生态农业的科学种植模式、科学操作规程、科学管理制度，了解了现代农业生物产业发展状况，开阔了眼界，增加了知识和才干；另一方面，学生在"顶岗实习"中，为企业创造了一定的财富，企业也给予了学生一定的劳动报酬，学生高兴；此外，更重要的是学生亲自参加生产劳动，吃了苦、流了汗，使学生精神心灵得到了一次洗礼和升华，实习起到了很好的育人功能，效果得到了学生的广泛好评。如邵佳慧同学在实习感言中写道："在实习的半个多月里，我们体会了一种与学校生活完全不同的生活，在那里，我们体会到了农民干活的艰辛，也明白了食物的来之不易，虽然感到身体很累，但是，心里是充实的。我们看到了一个机械化、现代化的农场，也看到了现代农业的良好前景。这段实习生活将是我一生中最值得珍惜和难忘的"。

三是回归了生产实习的生产功能，企业满意。生产实习的本意就是学生通过生产实习，了解掌握本专业现代企业运行机制、发展前景、生产设备、生产工艺、生产技术，为学生今后从事相关工作打下坚实的基础。学生通过实习，顶岗参加生产劳动，回归了生产实习的本意。对于企业来说，一方面，学生顶岗参加生产劳动，部分缓解了企业生产用工不足的问题，为企业创造了一定的劳动价值，另一方面，企业通过采纳学生合理化建议，可以促进企业技术进步与发展，因此，这种实习模式，企业满意。

2. 在生产实习中注重学生劳动与就业能力培养，促进了人才培养质量的提高和大学生就业

近5年以来，在生产实习中，我们一直坚持以劳动与就业能力培养为导向，实施和完善了"边劳动边学习边实践"的生产实习新教学模式，有力促进了大学生的思想道德素质和人才培养质量的提高，大幅度提高了生物技术专业大学生的劳动与就业能力与就业率。

在生产实习中注重学生劳动与就业能力培养，从2008级生物技术专业开始实施，以2012届生物技术专业毕业生情况，说明人才培养质量与效果。2012年，生物技术专业毕业生，政治素质高，学习成绩好，就业率高。革伟同学分别于2009年和2011年两次荣获"国家奖学金"，被学校评为"三好学生标兵"。该专业学生入党人数多，入党比例高达50%；专业课成绩优良率高达71.88%；获三好学生、优秀团干、优秀学生干部等称号以及各种奖学金的比例高达63.64%；考取研究生的比例高达38.1%；毕业论文获湖北省优秀学士学位论文奖的比例高达13.64%；一

次就业率高达 100%；高质量和高端就业率达 9.52%。这些指标，在理科专业中，均位居前列。

3. 在生产实习中注重学生劳动与就业能力培养存在问题与改进措施

在生产实习中，实施"边劳动边学习边实践"的生产实习新教学模式，可以大幅度提高大学生劳动与就业素质与能力。但是，在实施过程中也存在一些问题，一是实习单位担心学生对企业设备、工艺、技术不熟悉，学生"顶岗实习"可能造成生产事故，而不愿接受；二是实习期间学生参加生产劳动，特别是农业生产劳动，很苦很累，学生有抵触情绪；三是学生顶岗实习，存在安全风险，带队老师管理难度加大等。针对这些问题，一要增强实习带队老师的责任心和组织能力，确保新的实习模式顺利进行；二要精心作好实习单位的选择与沟通工作，争取实习单位的支持；三要加强实习管理，做好同学的思想政治工作，使同学了解"劳动与就业能力培养"的意义，确保实习顺利进行。总之，在生产实习中注重学生劳动与就业能力培养，实施"边劳动边学习边实践"的生产实习新教学模式，是一个探索过程，需要在实践中不断改进和完善，才能使生产实习最大限度发挥育人的功能。

| 第四节 |

高校生物技术专业人才劳动与就业能力培养体系的研究与实践

大学生劳动与就业能力培养是高校人才培养的一个重要内容，在提高高校人才培养质量和大学生就业率方面具有不可替代的作用。本节论述了大学生劳动与就业能力的内涵与要素、大学生劳动与就业能力培养体系的研究现状与创新思路，以及武汉工程大学生物技术专业构建大学生劳动与就业能力培养体系的探索实践与效果，为我国高校提高大学生劳动与就业能力与就业率提供参考。

随着 20 世纪 90 年代"人类基因组计划"的实施，以及生命科学领域的一系列巨大进步，促进了我国"生物热"的兴起以及高校生命科学类专业招生人数的快速增长。1998 年之前，全国生物类本科招生规模多年维持在 2.5 万人左右，2001 年以后，招生数量逐年扩大，至 2010 年，每年招生 5.1 万人，延续至今。随着招生人数的剧增，大学生就业难度加大，2010 年，全国省内地方院校，生物毕业生就业率为 87.8%，其中，在非生物类领域就业率较高，因此，生物专业毕业生就业形势依然要高度重视。

高校的主要职责是培养德智体美劳全面发展的社会主义建设者和接班人，大学生劳动与就业能力大小直接反映人才培养质量的高低，因此，强化学生劳动与就业能力培养，构建大学生劳动与就业能力培养体系，是高校人才培养的重要内容，也是高校创新人才培养模式的重要方向。研究探讨构建生物技术专业大学生劳动与就业能力培养体系，对于丰富我国生物技术专业人才培养模式，提高生物技术专业人才培养质量具有重要的理论意义。通过大学生劳动与就业能力培养体系的实施，可以大幅度提高生物技术专业人才培养质量、劳动与就业能力以及就业率，具有重要的应用价值和实践意义。

一、大学生劳动与就业能力的内涵与主要构成要素的思考

劳动能力，是指人类进行劳动工作的能力，包括体力劳动和脑力劳动的总和。就业能力定义，因研究视角不同而各有不同，还没有统一定义。我国较早提出大学生就业能力这一概念的郑晓明认为，"大学生就业能力是指大学毕业生在校期间通过知识的学习和综合素质的开发而获得的能够实现就业理想、满足社会需求、在社会生活中实现自身价值的本领"。关于大学生劳动与就业能力以及构成要素，根据研究者研究视角不同，没有统一定论。作者认为大学生劳动与就业能力的内涵，包括如下四个方面内涵和 35 个构成要素。

一是劳动与就业的观念与素质，主要包括：（1）劳动不分贵贱；（2）劳动创造财富；（3）劳动光荣的理念；（4）全心全意为人民服务的精神；（5）劳动与就业的心理素质；（6）身体素质等6个要素。二是思想道德修养与职业素养，主要包括：（7）世界观；（8）人生观；（9）价值观；（10）吃苦耐劳；（11）诚实守信；（12）爱岗敬业等思想道德品质；（13）职业道德；（14）事业心；（15）对环境与社会适应能力；（16）人际交往沟通能力；（17）团队合作能力；（18）组织管理能力等12个要素。三是知识结构与专业技术能力，主要包括：（19）知识体系；（20）知识结构；（21）科学文化素质；（22）人文素养；（23）专业技术能力；（24）自我学习能力；（25）终身学习能力；（26）外语能力；（27）信息能力等9个要素。四是实践能力和创新创业能力，主要包括：（28）发现问题的能力；（29）分析问题的能力；（30）解决问题的能力；（31）实践操作动手能力；（32）科学研究能力；（33）创新思维能力；（34）创新能力；（35）创业能力等8个要素。以上四个方面内涵及其构成要素，分别是劳动与就业能力的条件、基础、核心和保障。

二、大学生劳动与就业能力培养体系的研究现状与创新思路

1. 大学生劳动与就业能力培养体系的研究现状

为了提高大学生的劳动与就业能力，我国研究者进行了广泛的探索与实践。关于就业能力的研究，最早提出"提高就业能力对策"的是1999年东北财经大学的韩淑丽。而之前主要是开展职业培训，提高社会就业率等方面的报道。随着高校扩招，2000年以后，大学生就业问题及就业能力培养的呼声逐渐增强。2000年，药朝诚在《山西发展导报》上提出："大学首先要培养学生就业能力"，之后，大学生就业问题得到了广泛重视与研究。2005年以后，大学生就业能力相关研究成果如雨后春笋般大量发表，其研究内容主要包括：就业能力的内涵、构成、要素等研究；大学生就业能力培养现状、问题、对策研究；大学生就业能力培养调研报告与具体做法等。国外关于大学生就业能力培养的研究，涉及大学人才培养的方方面面，如英国曼彻斯特大学建立基于就业能力培养的课程体系，欧盟将终身学习策略纳入劳动就业能力培养体系，美国高校将校企合作、生活技能培养、设立就业指导中心等纳入大学生就业能力培养体系等。

上述研究都是针对大学生就业能力培养的内涵、措施与对策探讨。在高校人才培养的全方位全过程，构建大学生劳动与就业能力培养体系的研究与实践，形成具有广泛价值的高校大学生劳动与就业能力培养体系与模式，值得进一步深入研究与实践。

2. 构建大学生劳动与就业能力培养体系的创新思路

要解决大学生就业难的问题，就要着力解决大学生的知识结构不合理、能力不强、素质不高，以及眼高手低的就业观念等劳动就业能力与社会需求不相适应的问题，切实增强大学生的劳动就业能力、劳动就业竞争力与就业率。

（1）要构建我国高校大学生劳动与就业能力全过程、全方位培养的创新模式，切实提高人才培养质量和大学生就业率。根据我国高校大学生就业人数增加、就业压力增大、就业形势依然严峻的实际情况，探讨高校对大学生劳动与就业能力培养存在的问题，拟定解决对策和措施。根据大学学科专业特点，探讨将劳动与就业能力培养贯穿于人才培养全过程的途径，以及大幅度提高我国高校大学生人才培养质量的技术措施，构建我国高校大学生劳动与就业能力全过程、全方位培养的创新模式，解决高校对大学生劳动与就业能力培养重视不够，以及学生就业率低下的

问题。

（2）要创新实践教学模式，切实提高学生实践动手能力。要加强"实验、实习、实训、毕业设计论文、社会实践"五位一体的实践能力培养体系建设，提高大学生实践能力，以及发现问题、分析问题、解决问题的实际能力。改革实验、实习、实训、毕业设计论文和社会实践等高校实践教学环节的教学内容与教学方式方法，解决高校大学生实践能力差、操作动手能力弱、知识开发应用能力优势不突出的问题。

（3）要加强实习教学改革，切实转变学生劳动就业观念。要形成学生亲自参加生产劳动的实习新机制，让学生在实习中亲自参加生产劳动，磨炼意志、砥砺品质、陶冶情操、了解国情、增强对劳动人民的感情，大幅度提高学生实际动手能力和热爱劳动的思想道德观念，解决大学生劳动观念不强、怕苦怕累、就业能力和自主创业能力不能适应社会需求的问题。

（4）要建设高校思政工作与大学生劳动就业工作联动新机制，切实提高学生的劳动就业素质。要建立高校思想政治教育与社会实践促进学生劳动与就业素质与能力提升的新体制，充分发挥高校思想政治教育优势，探讨高校思想政治教育促进大学生形成良好的思想道德品质、良好的职业道德和强烈的事业心的方法与机制，提高大学生劳动与就业素质，解决高校思想政治教育与学生劳动与就业工作脱节的问题。

三、生物技术专业人才劳动与就业能力培养体系的探讨与实践

劳动就业能力的核心要素有三点：一是合理的知识结构体系与专业技术能力；二是较强的实践能力和创新能力；三是较好的劳动就业观念与思想道德素质。以人才培养方案和人才培养模式的改革，优化构建学生的知识结构体系，提升学生的文化素养与专业技术能力；以实践教学改革，提升学生实践能力和创新能力；以实习教学改革，提升学生劳动就业观念、团队合作精神和环境适应能力；以思政教育与社会实践改革，提升学生思想道德素质、职业道德品质。

1. 创新人才培养方案和人才培养模式，优化构建与学生就业能力提高相适应的知识体系，提升学生的文化素养与专业技术能力

以就业为导向，以优化学生知识结构为核心，构建生物技术专业基于劳动与就业能力培养的人才培养方案、人才培养模式以及教学创新模式，大幅度提高大学生的专业技术能力。生物技术专业与生物技术产业密切相关，生物技术产业涉及领域非常广泛，包括与国民经济息息相关的诸多产业，如：农业、能源、环保、化工、医药、卫生、矿产、材料、食品等。研究构建"差异化、多元化、特色化"的生物专业人才培养目标、人才培养方案，以适应国家生物技术产业对生物人才"差异化、多元化、特色化"的需求。根据生物学科特点，探索大幅度提高生物技术专业人才培养质量的技术措施和将劳动就业能力培养贯穿于人才培养全过程的途径与方法，优化构建与劳动就业能力培养相适应的生物技术专业课程体系和知识结构，强化人才研究开发应用能力培养，切实提高学生的劳动就业能力。

武汉工程大学生物技术专业是在学校化学工程、制药工程、应用化学、生物化工等优势学科基础上设立的。通过10多年的建设，生物技术专业形成了"生物＋化工"的人才培养模式和人才培养体系，培养具有"生物化工与生物制药"鲜明特色的本科生物技术专业人才。

一是在学生的知识结构体系上，培养学生具有如下知识：（1）生物科学与生物技术基础理论、基本知识、基本技能等专业知识；（2）人文社会科学知识，如生物伦理学、艺术、文学、哲

学、心理学等；（3）自然科学知识，如数学、物理、化学、计算机科学等；（4）工程技术知识，如化学工程、制药工程、生物工程原理等。二是在课程设置上，实现生物课程与化工、制药课程的有机融合，除了开设生物技术专业的课程，如植物生物学、动物生物学、微生物学、细胞生物学、遗传学、分子生物学、基因工程、细胞工程、酶工程、发酵工程等外，还开设了化工原理、物理化学、化工原理课程设计、药理学、药物分子设计、生物技术制药等化工与制药方面的特色课程，彰显学生的化工与制药特色。三是学生经过通识教育课程、学科基础课、专业主干课、专业方向课的学习，具备较高的思想道德素质、文化素质、良好的专业素质和身心素质，以及扎实的生物学基础理论、工程理论，熟练的外语和计算机应用能力；具备生物技术产业的设计、生产、管理和新技术研究、新产品开发的能力；熟悉生物技术产业化、生物化工、生物制药等与生物技术产业相关的方针政策和法规；掌握文献检索、资料查询的基本方法，具有一定的科学研究和实际工作能力。四是将劳动就业能力培养这一主线贯穿于人才培养全过程，大学一年级采取生命科学类大类招生，突出学生自然科学知识和人文社会科学知识的培养；二年级进行分流分类培养，加强学生生物科学与生物技术基础理论、基本知识、基本技能等专业知识的培养；三年级通过全校停课一周举行的学术周活动以及实验、实训、创新实践活动，强化学生实践创新能力培养；四年级以毕业实习和毕业设计论文为龙头，让学生融入社会，深入企业，进入科学研究团队，接触我国生物技术产业实际，在实习和毕业论文研究工作中，历练生物技术产业的设计、生产、管理和新技术研究、新产品开发的能力。

2. 改革实践教学方式方法，提升学生实践能力和创新能力

以"实践教学改革、实践素质培养和实践能力提升"为目标，创新实习、实验、实训、毕业设计论文、社会实践等实践教学方法与模式，构建大学生实践创新能力和就业创业能力培养的改革体系，大幅度提高学生实践动手能力、创新创业能力、就业竞争力。充分利用校内和校外教育资源，产学研合作，加强"实验、实习、实训、毕业设计论文、社会实践"五位一体的实践能力培养体系建设，研究着力提高生物学生实践能力、创新创业能力，以及发现问题、分析问题、解决问题的能力的技术措施，营造以就业为导向，有利于人才劳动就业能力培养的实践教学体系。

为此，武汉工程大学生物技术专业在实践教学改革方面，进行一定的尝试，取得了一定的效果。例如：在实验上，加强生物实验室建设和优化创新实验内容，结合学校大学生校长基金、大学生实验创新项目以及湖北省大学生生物实验技能竞赛等工作，创新实验教学，增设生物化工与生物制药方面的实验项目，提升学生生物化工与生物制药实验技能与创新能力；在实习上，以就业为导向，采用"边劳动边学习边实践"的实习创新模式，紧跟生物技术产业发展步伐，提升学生知识结构、实践动手能力和劳动就业能力；在毕业设计论文上，结合学生就业工作，走产学研相结合的道路，充分利用校外教育资源，广泛开展校外毕业设计（论文）工作，大幅度提高了学生科学研究能力和水平，以及毕业设计论文质量。

3. 加强实习教学改革，提升学生劳动就业观念

以劳动素质、劳动能力和劳动观念培养为导向，加强实习教学改革，改革实习教学模式，创新实习教学方法，改革参观式、袖手旁观式实习教学模式，构建能够大幅度提高大学生劳动观念形成和转变的实习教学模式。为此，武汉工程大学生物技术专业近5年来，进行了实习教学改革的探索与实践，实施"顶岗实习"教学模式，让学生在实习中亲自参加生产劳动，磨炼意志、砥砺品质、陶冶情操，大幅度地提高学生的实际动手能力、务实工作作风和热爱劳动的思想道德观念。

4. 重视思政教育与社会实践的育人作用，提升学生思想道德素质和职业道德品质

以思想道德素质和职业道德品质培养为导向，充分发挥社会育人和大学育人的双重功效，以就业素质培养为主导，以就业观念改变为核心，强化高校思想政治教育和社会实践的育人作用，将思政教育、职业规划、就业指导、社会实践纳入大学生劳动与就业能力培养体系，探索高校思想政治教育和社会实践对大学生形成良好的思想道德品质、良好的职业道德素养和强烈的事业心的方法与机制，改变学生眼高手低、就业观念与社会脱节的问题，大幅度提高学生思想道德素质、职业道德、社会责任感和社会实践能力，大幅度提高学生就业创业能力和就业率。

四、武汉工程大学生物技术专业人才劳动与就业能力培养体系的实践效果

武汉工程大学生物技术专业人才劳动与就业能力培养体系的探索与实践，有力地提升了生物技术专业人才培养质量，以及学生的劳动就业能力和就业率。

2007 年至 2013 年，武汉工程大学生物技术专业本科毕业生共 300 人，一次实际就业人数为 233 人，就业率为 77.67%；考取研究生 78 人，考研率为 26%；黄亮平、魏桂英、李金林、革伟同学分别荣获武汉工程大学"杰出青年""优秀共产党员""优秀毕业生""三好学生标兵"等荣誉称号；季李影、徐雪娇、革伟等同学分别荣获"国家奖学金"；赵鸿雁、易沐远同学分别荣获"全国大学生英语竞赛一等奖"；张红同学荣获"第十三届奥林匹克全国作文竞赛一等奖"；龚雯同学荣获"湖北省第一届大学生生物实验竞赛（综合赛）三等奖"；10 多名同学荣获"国家专利"；19 人荣获"湖北省优秀学士学位论文奖"，其获奖率是学校平均获奖率的近 3 倍；78 名同学考取了研究生，主要是中国科学院、中国海洋大学、暨南大学、江南大学、海南大学、厦门大学、华东理工大学、华南理工大学、武汉大学、华中科技大学等重点高校。

以武汉工程大学生物技术专业 2011 届、2012 届和 2013 届毕业生来说明人才培养质量与效果。学生政治素质高，学习成绩好，就业率高，多项指标，在该校理科专业中，均位居前列。例如：2012 届毕业生革伟同学分别于 2009 年和 2011 年两次荣获"国家奖学金"，被学校评为"三好学生标兵"；2011 届、2012 届和 2013 届毕业生，入党人数多，入党比例高，入党比率分别为 39.29%、52.38%、40.00%；考取研究生的比例分别为 21.43%、38.09%、33.33%；四六级通过率分别为 96.43%、95.23%、93.33%；毕业论文获湖北省优秀学士学位论文奖的比例分别为 7.14%、19.844%、4.76%；一次就业率分别为 89.29%、90.48%、100%；高质量和高端就业率分别为 0%、9.52%、22.23%。

| 第五节 |

生物技术专业应用型人才实践能力培养机制创新研究

生物技术是一门多学科交叉融合、理论与实践并重的综合性新兴学科，实践能力培养对生物技术专业应用型人才培养质量至关重要。探讨了生物技术专业应用型人才培养存在问题、机制创新思路和机制创新的 7 条措施，为我国生物技术专业应用型人才培养提供参考。

生物技术是一门多学科交叉融合、理论与实践并重的综合性新兴学科，1998 年教育部将生物技术专业正式列入专业目录，隶属理科办学，培养应用型专业技术人才。应用型人才要求具有较强的实践能力与知识开发应用能力，因此，实践能力的培养对生物技术专业人才的培养质量具有特别重要的意义。目前，我国生物技术专业培养的人才，存在特色不鲜明、实践能力不足、就业难度加大等问题。为了提高学生的实践能力，各高校进行了广泛的探索与实践。同时，进行实践能力培养方式方法及培养体系的创新研究，形成具有推广价值的高校人才实践能力培养的机制创新模式，大幅度提高学生的实践能力和研究开发应用能力，显得格外迫切和重要，为此，我们进行了生物技术专业应用型人才实践能力培养机制创新研究探讨与实践，以期为我国应用型人才培养提供参考。

一、生物技术专业应用型人才实践能力培养存在的问题

1. 人才培养定位模糊，培养的人才实践能力不足

在高等教育大众化阶段，按高等教育人才培养目标定位划分，高校培养人才包括以下三种类型，即：重点院校培养的以学术型为主的研究型人才；一般本科院校培养的以开发型为主的应用型人才；高职高专类学校培养的技能型为主的实用型人才。社会对这三种类型的人才在知识、能力、素质等方面的要求是不同的。按照教育部的要求，生物技术专业主要是培养应用型人才，其专业定位、人才培养模式和人才培养方案均应围绕应用型人才培养这一主题。高校扩招后，不少学校在不十分了解生物技术专业特点的情况下盲目上马，结果导致专业定位和人才培养定位模糊，在办学指导思想、人才培养目标、人才培养模式上单一雷同，不顾社会实际需求与学科特色，忽视生物技术专业的应用型定位，盲目向综合性大学培养研究型人才趋同，导致高校人才培养实践能力和开发应用能力不足，难以适应经济社会发展对应用型的生物技术人才的需求。

2. 实践教学管理不规范，考核评价不科学、不全面

高校理论教学有严格的管理制度和考核评价体系，教学过程监管，有章可循，比较科学和规范，学生学习成绩评定，也有据可查，系统全面。而在实践教学中，存在管理不规范、考核评价不科学、不全面的问题。在实验教学中，存在实验设备不足、学时不够、学生动手能力不强等问题；在实习教学中，存在校外实习监管不到位、学生袖手旁观、实际操作动手不足、学生实习成绩评定靠印象、实习质量与实习效果评价不科学的问题；在毕业设计论文中，学生找工作与考研复试花费大量时间，学生毕业设计论文的研究时间得不到保障，管理难度加大，毕业设计论文质量呈下降趋势。

3. 对社会实践重视不够，学生劳动与就业能力不强

社会实践和第二课堂是学生了解社会和国情的窗口，是学生服务社会和服务人民的渠道，是学生增长知识和才干的阵地，对学生增强劳动观念和思想道德观念、树立正确的世界观和人生观，以及增强社会实践能力具有重要的意义。目前，高校对社会实践在学生实践能力培养和育人中的作用重视不够，学生存在贪图享乐、怕苦怕累、轻视劳动的思想，劳动就业能力不强，生物学生就业率下降。

二、生物技术专业应用型人才实践能力培养机制创新研究指导思想

1. 以"厚基础、重实践、强能力、高素质、显特色"为导向，进行多元化、差异化、特色化的实践能力培养新机制探讨与实践，对于改革创新"实验、实习、实训、毕业设计论文、社会实践"等"五位一体"的实践教学工作，彰显应用型人才实践特色，提高生物技术专业应用型人才培养质量，具有重要的理论意义和实践价值。

2. 改革实践教学管理模式，对实践教学进行全方位、全过程监控，做到组织管理、运行管理和制度管理有机统一，营造有利于应用型创新人才培养的实践教学管理体系，大幅度提高实践教学的质量与效率。

3. 注重社会实践及第二课堂对学生实践素质与能力培养，充分发挥社会育人和大学育人的双重功效，显著提高学生社会实践素质与能力。

三、生物技术专业应用型人才实践能力培养机制创新措施

1. 创新实践能力培养模式和培养体系，提高应用型人才实践能力

以"实验、实习、实训、毕业设计论文、社会实践"五位一体实践教学改革创新为手段，以"实践教学改革、实践素质培养和实践能力提升"为目标，构建应用型人才实践能力培养的改革创新体系与模式。将实践教学管理、实践教学质量评价、社会实践纳入实践能力培养创新体系，提高学生的实践素质与能力。根据教育部高等学校本科生物技术专业应用型人才培养定位和要求，应用型人才主要培养其"研究开发应用能力"。为了大幅度提高学生"研究开发应用"实践能力，武汉工程大学进行了生物技术专业应用型人才实践能力培养体系的创新与实践，构建了"实验、实习、实训、毕业设计论文、社会实践"五位一体实践能力培养模式。

武汉工程大学生物技术专业，是依托学校化学工程、制药工程、生物化工、应用化学等省级重点学科而建立的，生物技术应用型人才培养，具有鲜明的生物化工和生物制药特色。"五位一

体"实践能力培养模式内容是："实验"重点开设生物化工、生物制药方面的综合性、设计性实验，培养学生研究开发思维与动手能力；"实习"以就业为导向，安排学生在生物技术企业"顶岗实习"，亲自参加生产劳动，培养学生劳动就业素质与能力；"实训"开设化工原理课程设计和金工实习，培养学生生物化工素质，彰显生物学生"化工"特色；"毕业设计论文"以"产学研"合作模式进行，除一部分学生在校内进行研究外，另一部分学生送到校外科研、企业事业单位，结合单位研究课题，进行毕业研究工作，大力培养学生科学研究素质和研究开发应用能力；"社会实践"让学生了解国情、热爱劳动、奉献社会、珍惜生活，培养学生务实的思想作风和高尚的品质。

2. 改革实验教学与管理方法，提高实验教学质量

依托高等院校学科优势，探讨大幅度提高高等院校生物技术专业实验教学质量的技术措施，强化具有学科特色的生物实验室建设，优化实验课程与实验内容，取消内容陈旧、方法落后的实验项目，增加综合性、设计型、开发应用型实验项目，增加综合创新实验项目，设置提高学生知识开发应用能力的开放实验项目。改革实验教学与管理方法，提高实验教学质量。

3. 强化实习基地建设与实习教学改革，提高实习教学效果

通过建设与企业互利双赢实习基地，建立科学的实习教学管理与实习成绩评价规范，提高实习教学质量，探讨生物技术专业校外实习基地多样化建设与管理模式，改革实习教学模式，提高实习教学质量。创新实习实践教学方法与教学管理模式，构建科学合理的实习质量考核评价体系，形成实习教学"实习态度与考勤、实习表现与能力、实习报告与效果"新的考核评价体系。

4. 以就业为导向，构建产学研结合的多样化毕业设计论文教学改革模式

高等教育必须面向市场经济，回归市场是教育的根本与最终目标，应用型人才最终培养目标也就是符合市场需求。生物技术专业应用型人才培养，必须以市场为导向，走市场化道路，充分利用校内和校外两种教育资源，主动走出去，了解市场，服务市场，走产学研合作培养的道路，大幅度提高学生实践能力。毕业学生除在校内完成毕业论文（设计）外，还可到校外与生物技术产业相关的企事业单位完成毕业论文，在校外完成的毕业论文，不仅论文题目与企业事业单位生产实际紧密结合，专题专做，科研成果对企业有利，而且学生通过科研，大大提高了实践能力以及科研能力，同时还可以促进就业，提高毕业设计论文质量。

5. 建立科学合理的大学生实践能力培养质量考核评价体系

强化实践教学管理，广泛开展社会实践活动，将实践教学态度、纪律、管理、实践操作水平、现场表现、效果、师生评价以及企业评价等纳入考核体系，构建科学合理的应用型人才实践教学质量评价考核体系，进行考核评价体系内容与标准的探索与实践，提高考核评价体系的科学性与规范性。

6. 加强"双师型"师资队伍建设，为应用型人才培养提供智力支撑

加强实践教学师资队伍建设，探讨"双师型""复合型"高素质、创新型实践教学师资队伍建设模式，采用选送青年教师到重点大学培训、资助教师攻读博士学位、选派教师到企业挂职锻炼、人才引进、聘用企业专家担任特聘教授等措施，建立一支高素质的"双师型""复合型"实践教学师资队伍，为应用型人才培养提供智力支撑和保障。

7. 重视社会实践在实践能力培养和育人中的作用

构建大学生社会实践活动及第二课堂教学的创新体系，强化社会实践的育人作用，大幅度提高学生思想道德素质、文化素质、社会责任感、劳动观念和社会实践能力。充分利用校外实习实践基地优势，探讨社会实践活动和社会实践教学的新机制，提高社会实践对大学生素质教育、创新教育以及育人的作用。

四、生物技术专业应用型人才实践能力培养机制创新实践效果

生物技术专业应用型人才实践能力培养机制创新研究与实践，有力提高了人才培养质量。2008 年以来，生物技术专业有 3 名学生 4 次荣获国家奖学金，3 名同学荣获省政府奖学金；24 人次荣获国家励志奖学金；2 名学生荣获全国大学生英语竞赛一等奖；9 人荣获省优秀学士论文奖；1 人荣获省大学生生物技能大赛（综合赛）三等奖；3 人荣获国家发明专利和实用新型专利；2 人荣获湖北省大学生化学（化工）学术创新成果三等奖；2 人荣获学校"求实杯"大学生课外学术科技作品竞赛二等奖；学生入党比例平均为 37.12％；四六级通过率平均为 94.44％；考研率平均为 32.5％，2012 年考研上线率高达 50％。

| 第六节 |

我国高校卓越工程师人才培养存在问题与对策研究

> 卓越工程师人才培养计划是贯彻落实国家新型工业化战略部署而采取的重要战略举措，意义重大。在实施卓越计划过程中，还存在一些具体的问题和困难，分析解决好这些问题，对提高我国卓越工程师人才培养质量，具有一定的推动作用。本节指出了我国实施卓越工程师人才培养计划存在的 6 个方面的问题，提出了提高卓越工程师人才培养质量的 5 个对策。

2010 年，教育部启动实施了卓越工程师教育培养计划（以下简称"卓越计划"），清华大学等 61 所高校被教育部批准为第一批实施高校，2011 年教育部出台了《教育部关于实施卓越工程师教育培养计划的若干意见》，并批准了 133 所高校为第二批实施高校。"卓越计划"实施以来，全国共计 208 所高校的 1257 个本科专业点、514 个研究生层次学科点按"卓越计划"进行改革试点，计划覆盖在校生约 13 万人。"卓越计划"的主要任务和目标是，建立高校与行业企业联合培养人才的新机制，创新工程教育的人才培养模式，建设高水平工程教育师资队伍，扩大工程教育对外开放，面向工业界、面向世界、面向未来，培养造就一大批创新能力强、适应经济社会发展需要的高质量各类型工程技术人才，为建设创新型国家、实现工业化和现代化奠定坚实的人力资源优势，增强我国的核心竞争力和综合国力。因此，卓越工程师培养计划，是贯彻落实国家新型工业化战略部署而采取的重要战略举措，意义重大。由于历史和现实的各种原因，在实施卓越计划的过程中，还存在一些具体的问题和困难，分析解决好这些问题，对提高我国卓越工程师人才培养质量，具有重要的推动作用。为此，对我国高校在实施卓越计划和卓越工程师人才培养中存在的问题与解决对策进行探讨，以期为我国卓越工程师人才培养质量的提高提供参考。

一、实施卓越工程师培养计划存在的问题

1. 重科学轻工程的思想有待改变，高校教育教学观念有待提升

新型工业化，是我国提升整体实力、建设创新型国家和跻身世界强国的必由之路，需要大量的创新型工程技术人才和卓越工程师。然而，我国高校在人才培养理念上，长期存在的"重理论轻实践、重科学轻工程、重研究轻技能"的观念，没有得到根本改变，几乎所有大学的顶层设计都是"高水平""研究型""一流"，而培养"工程师"，就有低人一等的感觉，在人才培养规格中，"工程师规格"几乎消失。

科学是探索世界的本源，工程是创造世界没有的东西，而科学与工程又是密不可分的。卓越工程师，必须兼具科学家探索精神和工程师创造力的双重品质。"卓越计划"培养的人才，不是拔尖的研究型人才，而是为企业培养的具有探索精神和创造力的杰出工程师。因此，高校必须从国家战略部署的高度，提高对卓越工程师人才培养的认识，培养卓越工程师，不是低水平，而是高质量；不是权宜之计，而是战略选择；培养为国家新型工业化服务的卓越工程师，使命光荣伟大，任务艰巨复杂，是高校教育教学改革的重要方向。

2. 工程教育人才培养模式多样性不够，难以适应经济社会发展需求

我国当前正处于工业化进程中期，迫切需要培养一大批能够适应和支撑产业发展的工程技术人才，满足国家走新型工业化道路的需要，迫切需要培养一大批具有国际化视野和创新能力的工程技术人才，满足国家应对经济全球化挑战和建设创新型国家、提升国际竞争力、国家综合实力的需要。然而，我国高等教育，在大众化教育背景下，还存在着不少问题和矛盾，例如：体制机制以及教育教学理念有待提升；工程教育教学和人才培养模式以及教学体系单一；专业课程设置千人一面；人才培养过程与培养方式方法灵活性不强；"多样化、特色化、国际化"工程技术人才培养不足；"务实型、动手型、创新型"工程技术人才素质培养不够等。在高等教育大众化阶段，按高等教育人才培养目标定位划分，高校培养人才主要包括以下三种类型，即：重点院校培养的以学术型为主的研究型人才；一般本科院校培养的以开发性为主的应用型人才；高职高专类学校培养的技能型为主的实用型人才。社会对这三种类型的人才在知识、能力、素质等方面要求是不同的，培养模式也是不同的。因此，工程教育人才培养模式，必须多元化，这样，培养的人才才能"适销对路"，才能适应我国经济社会快速发展对多元化工程技术人才的需要。

3. 高校师资的工程素质和能力有待提高，高水平工程教育师资缺乏

目前，我国高校在师资培养上，提高工程能力的得力措施和奖励机制及政策有待建立和完善，例如：在学历上，一般要求具有博士学位，而有企业工程经历的高水平的工程技术专家，因为学历不符合要求，很难加入高校师资队伍；在考核指标上，通常重视考核科研项目、科研经费、科研成果以及科研论文等学术指标，而工程设计、工程创新、工程实践能力等工程能力指标，很少纳入考核指标体系，这种考核评价导向，会导致教师重视学术而轻视工程。因此，我国高校师资的现状是，高校教师绝大部分都是从学校到学校的博士毕业生，没有企业工作经历，实际的工程能力几乎为空白，他们的突出特点是："科研强、工程弱；理论强、实践弱；科研论文强、工程操作弱"。这种现状，导致了高校高水平工程教育师资的缺乏，影响了我国高校卓越工程师培养计划的实施，以及高水平卓越工程师人才的培养。

4. 实践教学重视不够，学生工程实践训练不足

"卓越计划"瞄准的是企业，培养的人才是能下到企业并能发挥重要作用的工程技术人才。因此，学生能运用知识解决企业实际问题的工程开发应用能力、工程设计能力、工程创新能力等工程实践能力的培养，是高校的培养重点。高校由于自身的教学条件限制以及教学观念的陈旧，长期存在着重视理论教学和轻视实践教学的问题，学生工程实践训练不足。高校工程实践能力培养途径，主要包括"实验、实习、实训、毕业设计（论文）、社会实践"等，而这些环节和培养途径，只有真正结合了现代企业生产实际，才能使学生有实际的感性认识，使学生感受到工程专业的实际工程价值和意义。高校工程教育实践训练不足，主要表现在如下四个方面。

一是校内设备老化，校内结合企业工程实际的"实验"和"实训"的设备老化、投入不足、更新缓慢，这些老旧设备与现代企业快速发展的高新设备，难以匹配对接与超越，对学生的训练，难以达到工程学科前沿；二是校外实习质量不高，经费不足，实习时间短，学生实习动手操作机会不多，实习对学生工程能力提高不大；三是工程设计教学脱离实际，在毕业设计（论文）与课程设计等工程设计环节，存在着研究课题多、设计课题少、设计题目脱离企业生产实际、结合企业实际的真题真做的题目少等问题，导致了学生工程设计能力的不足；四是对社会实践重视不够，效果不佳，社会实践对于学生了解国情、增长见识、锤炼品德、珍惜生活等具有重要的教育意义，还可以极大增加学生对我国企业的感性认识，对学生工程能力的培养具有重要的潜移默化的作用，由于高校对社会实践认识不足、重视不够，所以这项工作往往都是走过场，没有达到应有的育人效果。

5. 校企互利双赢的产学研合作机制尚不健全，校企联合培养卓越工程师难度较大

由于高校和企业各自的工作目标不尽相同，高校主要是培养人才，企业主要是创造利润，虽然高校和企业可以形成一定的合作联盟，但是，离教育部对卓越工程师培养的要求，还有很大的差距，例如：要求校企合作共同制定培养目标、共同建设课程体系和教学内容、共同完成培养过程、共同评价培养质量等。由于现代社会市场经济的运行规则是，只有互利双赢，才能互有动力、合作长久，而当前高校在科学研究、产品开发、工艺创新、人才培养等方面，为企业服务的水平能力等离企业的需求有很大的差距，因此，校企互利双赢的产学研合作机制尚不健全，校企联合培养卓越工程师，企业积极性不高，难度较大。其主要表现有如下"五难"。

一是"企业参与难"，企业的目标是经济效益，高校的职责是人才培养，两者目标契合度存在差异，如果不是互利双赢，企业难有参与积极性；二是"对企业的选择难"，高校选择的共同培养卓越工程师的企业，必须有一定的经济实力和科技实力，不能随便拉郎配，否则，难以达到人才培养目标；三是"资金投入难"，"卓越计划"的学生必须有一年时间在企业教学生活，这对企业的教学设备设施、学生生活设施等，均提出了较高要求，企业相关投入较大；四是"安全保障难"，安排很多学生在企业学习、工作与生活，对企业正常生产有一定的影响，企业的安全、保密、后勤压力增大；五是"实际运作难"，校企联合培养卓越工程师是一个系统工程，对"人财物"的要求、"责权利"的划分，以及教学过程的实施、培养质量的保障等，都要求很周到细致，才能顺利实施，因此，实际操作运行有一定的难度。

6. 缺乏回归工程导向的考核评价体系与激励机制，基于卓越工程师培养的考核评价体系与激励机制有待建立与完善

高校考核评价体系重论文、轻设计、缺实践，存在着"重理论轻实践、重科研轻教学、重科学轻工程、重论文轻开发"等问题。而卓越计划的考核评价体系，必须回归工程导向，必须与非工程教育评价体系有区别。因此，高校必须建立和完善回归工程导向的基于卓越工程师人才培养的考核评价体系与激励机制。考核评价体系的缺乏和不科学，会使卓越工程师培养质量，难有科学标准和保障，会导致人才培养质量的参差不齐。而激励机制的缺失，一方面，使学生工程能力的培养，没有明确的目标性、成就感和价值观，不能激发学生的学习激情、主动性和持久性，使学生的学习，存在着被动、盲目和随意性；另一方面，会导致教师在卓越工程师培养上缺乏动力、积极性、主动性和创造性。

二、提高卓越工程师人才培养质量的对策

1. 出台配套政策，切实保障卓越工程师培养计划顺利实施

要出台相应的配套政策和措施，确保"卓越计划"顺利实施。一要改变高校办学水平评价机制，建立多元化办学水平评价标准，制定基于卓越工程师工程能力培养的系列政策和措施，改变高校和社会存在的"培养工程师就低人一等"的落后的固定思维，促使高校转变工程教育观念，提高对卓越计划的认识，营造促进"卓越计划"顺利实施的良好社会氛围。二要建立卓越工程师培养的质量标准和考核评价体系，使卓越工程师人才培养的质量有章可循。三要改变高校工程教育师资的准入条件、考核评价体系、职称评定标准，建立与非工程教育师资区别对待的政策，真正使有较强的"工程开发应用能力、工程设计能力、工程实践能力、工程创新能力"的人才，汇聚到工程教育培养的师资队伍中来，切实提高工程教育师资队伍的工程素质、积极性和创造性。四要加强对"卓越计划"项目的过程监管，做好工作指导和监督，确保卓越计划规范顺利推进和高质量地完成。五要制定卓越工程师人才培养奖励激励机制，真正激发高校与企业联合培养卓越工程师的积极性和创造性。

2. 加大资金投入，切实提高校企联合培养卓越工程师的积极性

一是要加大对卓越工程师人才培养实施高校和企业的资金投入，提高校企联合培养卓越工程师的积极性；二是高校要加大对大学生工程实践能力培养的投入，加快更新设备设施，加强校内外实习实践基地建设，切实提高学生的工程实践创新能力；三是企业与高校要建立校企合作战略联盟，加大对校企合作办学的投入，为卓越计划实施提供基础和条件，为国家卓越计划贡献力量；四是政府要对参与卓越计划的企业进行政策扶持和奖励。

3. 优化师资结构，切实提高高校教师的工程教育素质和水平

高水平的工程教育师资队伍，是培养高水平卓越工程师人才的关键。要改变高校师资单一结构，建设一支具有工程实践经历的高水平工程教育师资队伍。一要制定工程技术人才引进、考核和职称评定新政策，在师资引进上，不唯博士学位、不唯职称，重点考察其企业工作经历、工程技术水平能力、工程创造的价值等实际工程技术水平；在考核和职称评定上，从侧重评价理论研究和发表论文等学术指标为主，转向评价工程项目设计、专利、产学合作和技术服务等应用指标为主。二要选送优秀青年教师到企业工程岗位工作1～2年，积累工程实践经验，提高工程技术素质和能力。三要聘请校外优秀的工程技术专家担任高校兼职教师，承担卓越工程师培养的教学任务。

4. 强化教学改革，切实提高卓越工程师人才培养质量

卓越工程师是为企业服务的杰出工程技术人才，他们的工程设计、应用、创新等工程能力，对企业的发展至关重要。因此，高校在卓越工程师人才培养上，要改革和创新工程教育人才培养模式，着力提高学生服务国家和人民的社会责任感、勇于探索的创新精神和善于解决问题的实践能力。一要以工程实践创新能力培养为中心，重新构建基于卓越工程师培养的人才培养方案、课程体系、教学内容与教学方法；二要强化实践教学改革，以工程实践能力、工程设计能力以及工程创新能力为核心，提高工程实验、工程实习、工程实训、工程设计、工程社会实践的教学比重，"真刀真枪"做设计，"顶岗实习"做实习，"校企合作"做工程，切实提高学生的工程实践

素质与能力；三要加强学生职业道德、思想品德、科学精神和人文素质的培养，促进学生全面发展；四要建立健全卓越工程师人才培养质量标准、考核评价体系和奖惩机制，使卓越计划实施有章可循，切实提高卓越工程师人才培养质量。

5. 加强产学研合作，切实提高卓越工程师人才工程实战能力

一是高校要与企业建立密切的校企合作战略联盟，明确合作双方责权利，达到互利双赢。二是高校要加强自身内涵建设，提高人才培养质量和科学研究水平，提高为企业服务的主动性、积极性和水平，在科学研究、产品开发、人才培养、技术咨询、工艺创新等方面为企业提供帮助和服务，让企业切实体会到校企合作的好处，提高企业参与联合培养人才的积极性。三是企业要利用自身生产设备、技术、工艺、产品、市场和场地等方面的产业优势，为学生在企业的教育教学提供物质、场地、设备、技术、师资等方面的优质服务，为学生工程能力的培养提供实战环境和条件，为国家"卓越计划"贡献力量。四是高校要将学生送到企业真正摸爬滚打 1 年，让学生在企业实战环境中，参与企业科技创新与产品开发设计，了解工艺流程和生产环节，熟悉工程设备的操作和维修，学习和感悟企业文化与职业精神，了解国情和锤炼意志品德，全方位多领域提高学生思想道德品质、工程实战素质和工程创新能力。

参考文献

[1] 韩新才.基于创新型人才培养的高校课程教学改革——"学生出卷子考试"的实践探索[J].高校生物学教学研究(电子版)，
     2020，10（2）：41-46.

[2] 韩新才，闫福安，王存文，等.卓越工程师人才培养工程教育体系的探索[J].实验技术与管理，2015，32（3）：13-17.

[3] 韩新才，王存文，熊艺，等.在生产实习中注重劳动与就业能力培养的探索与实践[J].高校生物学教学研究(电子版)，
     2013，3（1）：48-51.

[4] 韩新才，熊艺，王存文，等.高校生物技术专业人才劳动与就业能力培养体系的研究与实践[J].高校生物学教学研究(电子
     版)，2014，4（3）：18-22.

[5] 韩新才.生物技术专业应用型人才实践能力培养机制创新研究[J].教育教学论坛，2012，（14）：39-40.

[6] 韩新才，王存文，闫福安.我国高校卓越工程师人才培养存在问题与对策研究[J].教育教学论坛，2015，（31）：59-61.

[7] 习近平：发展是第一要务，人才是第一资源，创新是第一动力.新华网.2018-03-07.

[8] 程志伟.创新型人才培养与高校考试改革[J].辽宁教育研究，2005，（5）：25-26.

[9] 王运武，杨蔓.从高校学生课堂教学满意度透视课堂教学创新性变革[J].现代远程教育研究，2016，（6）：65-73.

[10] 钱厚斌.创新人才培养视界的高校课程考试改革[J].黑龙江高教研究，2010，（9）：145-147.

[11] 郑志辉，刘德华.当代高校教学评价改革与中国教育梦[J].当代教育科学，2014，（21）：6-9.

[12] 浙大：学生自行命题，考试的脸在悄悄变[N].中国青年报.2004-01-14.

[13] 郭小林.改革高校课程考试制度的对策[J].西南民族大学学报·人文社科版，2005，26（11）：384-386.

[14] 徐双荣，盛亚男.从国外大学考试谈我国高校课程考试改革方向[J].当代教育科学，2009，（19）：20-22.

[15] 宋菲，阎燕，许天颖，等.教师要从"演员"变"导演"[N].南京日报.2019-11-24.

[16] 教育部高等教育司.提高质量 内涵发展：全面提高高等教育质量工作会议文件汇编2012年[M].北京：高等教育出版社，
     2012.88-95.

[17] 李继怀，王力军.工程教育的理性回归与卓越工程师培养[J].黑龙江高教研究，2011，（3）：140-142.

[18] 王世斌，郗海霞，余建星，等.高等工程教育改革的理论与实践：以麻省、伯克利、普渡、天大为例[J].高等工程教育研
     究，2011，（1）：18-21.

[19] 陈启元.对实施"卓越工程师教育培养计划"工作中几个问题的认识[J].中国大学教学，2012，（1）：4-6.

[20] 叶树江，吴彪，李丹.论"卓越计划"工程应用型人才的培养模式[J].黑龙江高教研究，2011，（4）：110-112.

[21] 孙颖，陈士俊，杨艺.推进卓越工程师孵化的现实阻力及对策性思考[J].高等工程教育研究，2011，（5）：40-45.

[22] 吴元欣，王存文，喻发全，等.面向现代企业需求的化工类人才培养模式改革[J].化工高等教育，2012，（6）：1-3.

[23] 张文生，宋克茹."回归工程"教育理念下实施"卓越工程师教育培养计划"的思考[J].西北工业大学学报，2011，31
     （1）：77-79.

[24] 候翠红，张婕，李卫航，等.化学工程与工艺专业课程体系与教学内容的改革[J].高等理科教育，2012，（4）：115-118.

[25] 董庆贺，殷贤华，李伟，等.面向"卓越工程师"的课程教学研究与探索[J].实验技术与管理，2014，（7）：74-76.

[26] 何选明，王世杰，王光辉，等.化学工程与工艺专业工程实践能力培养体系构建与实践[J].化工高等教育，2010，（3）：
     63-67.

[27] 吴元欣，王存文.依托专业校企合作联盟 创新应用型人才培养模式[J].中国大学教学，2012，（9）：75-77.

[28] 王淑花，孙俭峰，徐家文，等.在生产实习中注重学生实践能力的培养[J].黑龙江冶金，2009，29（2）：58-59.

[29] 刘会君，项斌，计伟荣.改革生产实习模式提高生产实习质量[J].实验室研究与探索，2008，27（11）：130-132.

[30] 全国教育工作会议在京举行[N].湖北日报，2010年7月15日（第1版）.

[31] 孙洪雁. 加强实习基础建设保证生产实习质量 [J]. 吉林工程技术师范学院学报，2009，25（6）：46-48.

[32] 赵颂平，赵莉. 论大学生就业能力的发展 [J]. 教育与职业，2004，（21）：65-66.

[33] 李仲. 校外生产实习的组织与管理 [J]. 中国冶金教育，2009，（3）：59-61.

[34] 乔守怡. 生物学专业建设与人才培养现状分析 [J]. 高校生物学教学研究（电子版），2012，2（3）：3-6.

[35] 肖云，杜毅，刘昕. 大学生就业能力与社会需求差异性研究 [J]. 高教探索，2007，（6）：130-133.

[36] 郑晓明. 就业能力论 [J]. 中国青年政治学院学报，2002，2（3）：91-92.

[37] 阎大伟. 试论大学生就业能力的构成和要素 [J]. 青海社会科学，2007，（6）：28-31.

[38] 蔡敏，靳国旺，欧阳素贞. 生物技术专业实践教学体系的探索与实践 [J]. 现代农业科技，2011，（2）：30-31.

[39] 刘莹，马丹丹，李娜，等. 生物技术专业创新实践教学模式 [J]. 辽宁工程技术大学学报（社会科学版），2009，11（5）：559-560.

[40] 侯永峰，武美萍，宫文飞，等. 深入实施卓越工程师教育培养计划，创新工程人才培养机制 [J]. 高等工程教育研究，2014，（3）：1-6.

注：本章是如下基金项目的研究成果。湖北省高等学校省级教学研究项目"卓越工程师培养模式的深化及实践"（项目编号：2012282）；"十一五"国家课题"我国高校应用型人才培养模式研究"的重点子项目"生物技术专业应用型人才培养机制创新研究"（FIB070335-A10-01）；武汉工程大学校级教学研究项目"生物技术专业应用型人才实践能力培养机制创新研究"（项目编号：X201028）；武汉工程大学校级教学研究项目"基于快乐教学人人成才理念的高校课堂教学改革研究"（项目编号：X2016019）。

第六章

高校基层教学组织建设研究与实践

| 第一节 |

高校教研室工作存在问题的分析探讨

高等学校教研室是高校教学管理体系的重要组成部分，是大学治理的逻辑起点和实施内涵建设的关键。本节对我国高校教研室工作存在的 6 个方面的问题进行了分析探讨，为我国高校采取相应措施，解决教研室存在的问题提供参考。

高等学校教学研究室（简称高校教研室）是高校根据学校建设和发展需要，按照学科、专业、课程而设置的教学与科研相结合的基层教学、研究与管理组织。高校教研室是高校"校、院（系）、教研室"三级教学管理体系和内部治理体系的重要组成部分；是高校实现教学目标，完成教学任务的基本单位；是增强科研水平，提高教学质量的基本保证；是大学治理的逻辑起点和大学实施内涵建设的关键。在新的历史条件下，高校教研室工作还存在着许多与教育教学改革发展形势不相适应的问题与困难，分析研究教研室工作存在的问题，采取有针对性的措施加以解决，对于提升教研室工作水平，提高高校教学质量乃至大学内涵建设水平，都具有重要的意义。教研室工作存在的一些具体问题与困难，主要有如下表现。

一、对教研室工作重视不够，对教研室职能认识不清

高校扩招后，高校在建设与发展中存在一些问题，如重视硬件建设和规模扩张，忽视人才培养和内涵发展；重视科研工作和科研论文，忽视教学工作和教学研究；重视校院（系）两级管理职能发挥，忽视基层教研室的教学科研核心功能的拓展等。高校办学的主要精力放在硬件建设上，对教研室建设与管理重视程度不够。教研室处于应付行政和一般性教学事务之中，偏离了"教研"核心，学术机构异化为行政机构，偏离了"教学研究"和"科学研究"的教研室工作本质，淡化了教学内容与教学方法的研究和教育教学改革。

二、教研室管理制度不健全，工作职能虚弱化

教研室工作对象有三类，学校管理部门、教师、学生，教研室工作千头万绪、千辛万苦。然而，教研室缺乏系统科学的管理制度，导致其工作难以有效开展，难以依法办事。管理制度缺陷主要表现在以下三个方面。一是教研室工作职责不清，没有科学规范的教研室工作管理制度和工作条例；二是缺乏学科建设、专业建设、课程建设、师资队伍建设等教育教学工作长远发展规

划；三是没有形成教研室工作的考核评价体系、监督约束机制和奖惩措施等。

管理制度的缺失，影响教研室工作的积极性、主动性和创造性，导致了教研室的组织涣散和工作职能的虚化。主要表现为三个方面：一是工作没有目标，随机性大，缺少预见性，工作跟着具体事务转，难有创新性，很难高质量完成学校管理部门分配给教研室的工作任务；二是教研室工作被动、效率低下，教研活动效果暗淡，教研室凝聚力不强，有效组织教师开展教学科研工作的动力不足；三是教研室的责权利不清，除了责任和义务外，几乎没有任何权力，教学管理苍白无力，难以对教学工作和教学质量实施有效监管，而且有效服务学生的能力也大打折扣。此外，还存在一些问题，如投入不足，缺乏正常活动经费；待遇不高，主任津贴难以和工作付出成比例；奖励不明，没有相应的教研室工作荣誉和奖励制度；发展不大，没有相应的教研室工作培训制度，个人难有发展等，这些问题，都不利于高校基层教学组织功能的正常发挥。

三、教研室机构人员松散化，教研活动不能有效开展

教研活动是专业建设、课程建设、人才培养的重要活动形式，也是科学研究的基本方式。然而，当前高校考核评价机制，无论在教学方面，还是在科研方面，都对教研室机构人员的紧密合作有不利影响。在教学方面，高校存在的单一教学工作量考核和课酬奖励机制，使教师基本处于被动的教学应付状态，教学成为教师挣工作量和课酬的一种手段，教研室教师之间上课时间各不相同，共处时间较少，在教学方面留给教师之间相互接触与沟通机会就很少。在科研方面，高校科研考核与奖励的主要依据是教师主持完成的科研成果，如项目、论文、专利、获奖等，导致高校教师在科研上，都会争当主持人和第一完成人，因此，在科研上教师之间基本上也是处于各自为战的松散化状态。虽然高校也存在着一定数量的教学团队和科研团队，这些团队对高校教学和科研工作具有重要的支撑作用，但是，对于大多数教师来说，教研室教师之间缺乏共同时间、缺乏合作交流、缺乏团队合力，导致了教研室的教研活动，存在着时间难保障、出勤率低、流于形式等问题。教研室多忙于具体事务性工作，没有时间也没有氛围，开展教学与科研的学术问题讨论交流，既不从事教学内容的讨论，也不重视教学方法的研究，更遑论教学改革推进，人才培养质量参差不齐，教学质量难以保证。

四、考核评价体系重科研轻教学，挫伤了教师教学积极性

教师的学术水平主要体现在两个方面，即学科学术水平和教学学术水平。高校在教师业绩考核、职称评聘、晋升定级等政策制度的导向上存在一定的偏差，如重视学科学术水平，轻视教学学术水平；重视科研，轻视教学；对科研要求多，对教学要求少；培养学术带头人多，培养教学带头人少等。在职称评聘、工作考核、奖励荣誉等方面，科研有清晰量化的硬指标，教学为模糊含混的软指标，教师不得不花大量的时间和精力，找课题，搞科研，发论文，评职称，科研压力大，加上承担大量的教学任务，对教学工作采取应付态度，教学改革和教书育人观念淡薄，无意开展深层次的教学研究，从而降低了教学质量。教学与科研相辅相成，要协调发展，"教而不研则浅，研而不教则空"。教学与科研的一手软一手硬的状况，挫伤了教师对教学工作和教学改革的积极性，教师仅仅是为教学而教学，导致了高等学校的教学工作出现了"师厌教、生厌学、教学差"的不良状况的蔓延。

五、教研室档案意识不强，基层教学组织健康发展基础不牢

教研室档案，主要包括如下 6 种类型。（1）教师教学档案，包括教材、讲义、教案、课程教学大纲、教学日历、教学计划，以及教师的教学和科研个人档案等；（2）学生学习档案，包括学生名单、籍贯、联系方式、试卷及成绩统计分析总结、实验实习资料、毕业设计论文、考研就业创业情况等；（3）专业建设档案，包括课程建设、实验室建设、师资队伍建设等；（4）教学研究与改革档案，包括项目、等级、进度、效果、获奖等；（5）科学研究与学科建设档案，包括项目、成果、获奖、学位、学科等；（6）教研室管理档案，包括教学管理文件、规章制度、教研室活动情况等。要分门别类对相关的文字、音像、图表等资料，进行收集、整理、编号、著录、立卷、归档，建立规范化的纸质和电子档案。

教研室档案，不仅是教师工作凭证，也是今后工作参考信息资料，还是各种评估考核的原始依据材料和教研室改革发展的历史凭证，对专业学科和教育教学发展具有重要的意义。由于高校对教研室工作的重视不够，教研室大多存在着教学档案意识不强、教学档案管理无序等问题。教研室档案的缺失，不仅影响教学评估的真实性与效果，而且丧失了教学档案在教学工作中的借鉴与促进作用，还会导致基层教学组织发展根基不牢。

六、教研室思想政治教育和基层党的建设工作有待加强

高校教研室的主要职责是教学和科研，业务工作非常繁重。在教研室工作中，大多存在着重业务工作、轻思想教育，重行政管理、轻党的建设等问题。高等学校的法定职责是教书育人、科学研究、社会服务和文化传承，要履行好高校职责，重要的是要有一大批爱岗敬业、无私奉献、有高尚师德和大爱情怀的大学教师队伍。教师的思想觉悟、道德品质、文化素养、人生观、价值观和治学态度，无时无刻不对学生产生教育和影响作用。强化教研室基层组织的思想教育工作，引导培育高尚的师德师风，可以促进教研室工作健康发展。

加强基层党组织建设，把党支部建设在基层教研室，培育实施基层党支部"双带头人工程"和深入开展"两学一做"学习教育，可以充分发挥党员的先锋模范作用。

高校教研室工作职能的分析探讨

在高等教育大众化、国际化和现代化的发展背景下，传统封闭的教研室工作模式与职能定位，难以适应现代教育教学改革发展需要，厘清教研室工作职责，对于提升教研室工作水平，提高高校教学质量乃至大学内涵建设水平，都具有重要的意义。本节对我国高校教研室工作的 9 个职能进行了分析探讨，对我国高校教研室工作的职能进行了定位。

随着高等教育的大众化、国际化和现代化的发展，社会对高校人才培养质量提出了更高的要求，厘清教研室工作职责，对于提升教研室工作水平，提高高校教学质量乃至大学内涵建设水平，具有重要的意义。高校教研室的工作职能与职责，涉及高校教育教学工作的方方面面和高校内涵建设与发展的主要领域，主要包括教学工作、科学研究工作、人才培养工作、管理工作，以及专业建设、学科建设、师资队伍建设、课程建设、实验室建设等多个方面。

一、教学工作

教学工作是高校的工作中心和灵魂，是高校的本质要求和核心工作，高校的教学工作，主要包括教学工作计划、教学工作组织、教学工作监控和教学研究与改革等方面。

1. 教学工作计划。教学工作计划，是教学工作的纲领、教学组织的依据和教学监控的标准。主要包括：（1）教研室建设发展规划与年度工作计划；（2）师资队伍建设计划；（3）教材与讲义的编写与选用计划；（4）课程建设规划与课程教学大纲的编写与修订计划；（5）实验室建设计划；（6）教学研究与改革计划；（7）教学监控与考核评估计划；（8）专业与学科建设发展计划；（9）专业人才培养方案和人才培养计划等。

2. 教学工作组织。教学工作的组织，是教学计划实施和教学目标实现的重要保障。主要包括：（1）教学工作任务分配与实施；（2）教学文件编写和审核，如教学日历、教学大纲、教案等；（3）教材的编选和审定，包括教参、教辅材料；（4）实践教学的组织与实施，包括实验、实习、课外科技活动、社会实践活动等；（5）实习实践基地的建设与管理；（6）毕业设计论文的组织，包括题目征集审题、师生双向选择、开题与研究、答辩与评分等；（7）考试的组织，包括试卷、标准答案、评分标准的审核，组织阅卷，试卷成绩分析与总结等；（8）教学过程组织，抓好备课、讲课、答疑辅导、批改作业等课堂教学环节的组织，以及实验、实习、课程设计、毕业设计论文、社会实践等实践环节的有序开展，平时做好教师调停课审批备案、上课纪律检查、课程补考、试卷装订上交等工作；（9）教学评估的组织，收集整理各类教学档案，参与各级各类教学考核与评估工作，确保教学评估与考核结果真实准确。

3. 教学工作监控。教学工作监控，是对教学计划实施的监督。主要对教学过程、教学内容、教学质量，进行检查、监督、考核、反馈、总结，确保日常教学运行顺畅有序、教学质量稳定提高。教学工作监控的重点，主要有如下四点：（1）监督教学工作的规范性，检查监督教师的备课、讲课、辅导、作业，以及实验、实习、毕业设计论文等工作开展的规范性；（2）监督教学纪律，对教学过程的各个环节的教学纪律的执行情况，进行全程监督，防止教学事故发生；（3）监督教学质量，组织领导听课、同行听课、学生评课，征求学生和教师对教学的建议与意见，不断改进教学方式方法和提高教学质量；（4）监督教学考核评价结果，对检查监督的教学情况，进行分析、总结、反馈，作为教师教学工作质量的重要依据和年终考核评价的重要指标。

4. 教学研究与改革。教学应该建立在教学研究的基础之上，教学研究是高校特有和必不可少的研究领域，通过教学研究，用教育理论武装自己，进而指导教育教学实践，可以减少教学工作的探索时间，有利于提高教育教学质量。要通过深入的教学研究与改革，促进高校教学工作，形成特色化的课程体系、规范化教学管理、现代化教学条件、多样化教学手段、高效化教学团队、优质化教学效果。（1）教学研究，重要的是更新教学思想观念，优化人才培养模式，研究教学实践中存在的问题，提出解决措施与对策，把先进的教育教学理论和教学方式方法运用到教学实践中，提高教育教学质量；（2）教学改革，主要是优化教学内容，更新教学手段，改进教学方法，提升教学水平；（3）教研活动，关键是进行经常性的教学内容和教学方式方法研究，组建教学研究团队，申报教研项目，开展理论联系实际的教学研究与改革，组织示范教学和集体备课，交流教学心得、教改成果和教书育人经验，参加和举办教研学术研讨会，提高教学研究与改革水平。

二、科学研究工作

科学研究工作（科研工作）是高校的四大职责之一，也是教研室工作的重要职责之一。科研有利于丰富学科内涵，拓展学科知识，提高学术水平，活跃学术氛围。教研室要组织教师开展科学研究工作，组织学术活动并吸收学生参加，活跃学术气氛，组建老中青结合的科研梯队和团队，提高教师学术水平和综合素质。科研工作的内容，主要包括，科研方向与团队建设、科研平台与条件设施、科研项目及级别、科研经费与进展、科研成果与获奖、科研论文与专著、科研应用与学术活动等方面。高校人才密集、实验设施完备，教研室学科专业课程相近，具有科学研究得天独厚的条件，有利于凝练科研方向，组织协同攻关，取得科研成果。

三、人才培养工作

人才培养是高校的最重要的使命，也是教研室工作的应尽之责。教研室人才培养工作，主要有如下四个方面工作。（1）组织教师加强专业建设和人才培养模式改革，改进教学方式方法，促进教学质量提高。（2）重视实验、实习、课程设计、毕业设计论文等实践教学，引导学生开展课外科技活动和社会实践活动，产学研结合，促进学生综合素质和实践动手能力以及创新创业能力的提高。（3）关爱学生，因材施教，关心学生的学习生活以及考研考级、就业创业、职业规划等，促进学生健康成长，人人成才。（4）教书育人，以德树人，把传授知识同启迪思维、陶冶情操、塑造心灵结合起来，培养学生形成正确的世界观、人生观、价值观和高尚的思想道德情操，促进学生德、智、体、美全面发展。

四、管理工作

教研室是高校与课程、专业、学科密切相关的基层组织，教研室成员之间只有加强协作、互帮互助、齐心协力，才能有长远的发展与进步。教研室要通过科学规范的管理措施，支持教师参与教学事务的决策与管理，酿造和谐人际关系，调动全体教师的工作积极性、主动性、创造性，增强教师的荣誉感、尊严感、幸福感、获得感，提升教学质量和管理水平，促进教育教学全面发展。教研室的管理工作主要包括如下 5 个方面。

1. 加强组织建设。组织建设，是教研室管理的组织保障，主要有三点：（1）建设一支精简高效、结构合理的学术团队和教学团队；（2）选配好具有办事公正、作风正派、爱岗敬业、团结同志和丰富的教学管理经验、较高的学术水平与奉献精神的教研室正副主任；（3）把党支部建设在教研室，加强思想政治工作与党的建设，强化师德师风教育。

2. 加强制度建设。制度建设，是教研室管理的制度保障。要实现教研室管理规范有序和有章可循，离不开科学规范的管理制度，通过制定教研室工作条例，修改完善教研室工作制度，使教师工作的任务与目标、过程与环节、职责与权限、考核与评估、奖惩与分配，以及教研室工作的责权利等，有章可循，有法可依。教研室管理制度，涉及方方面面，主要包括教研室活动制度、教学研究制度、科学研究制度、档案资料管理制度、教学监控制度、集体备课制度、听课试讲制度、导师制度、教书育人师德师风制度、政治学习制度、考勤与考核评估制度、奖惩制度等。

3. 加强档案管理。档案管理，是教研室管理的基础。教研室档案，是教研室的原始材料和考核评估依据，对教研室和教师今后的教育教学发展都具有一定的借鉴参考价值，教研室档案，主要包括教学、科研、学科、课程、专业等档案，以及教师教学档案、学生学习档案、教研室活动档案等，要分门别类收集、整理、著录、归档，建立高质量的纸质与电子档案。

4. 加强行政管理工作。行政管理工作，是教研室管理的支撑。教研室要根据上级组织对教育教学管理要求，及时传达并落实上级组织对教研室的业务工作与政治思想工作的指示精神，同时，积极反映教研室教师对学校工作的意见与建议，做好上传下达工作，确保政令畅通和集思广益。

5. 加强日常管理工作。日常管理工作，是教研室管理的支柱。通过工作计划制定与实施、人员调配与组合、任务分配与落实、工作检查与监督、年终考核与奖惩，以及专业学科建设与评估、课程建设与资源利用、科研组织与学术交流等各个方面，强化教研室的日常化、规范化与科学化管理，提高管理水平。

五、专业建设

人才培养离不开专业和学科的发展，专业建设和学科建设成果是人才培养的重要保障。专业建设主要有三项重要工作。一是根据国家对专业发展的要求和学校教育教学条件，制定科学化、规范化、特色化的专业人才培养方案、专业标准、专业建设规划；二是优化专业人才培养模式，创新人才培养方式方法，提高人才培养质量；三是根据国家经济产业发展状况和专业人才培养需求，创新专业人才培养思路，注重实践能力培养，走差异化、特色化、品牌化专业发展与建设道路。

六、学科建设

要根据国家的科技发展趋势和需要，结合学校专业和学科优势，整合专业和学科力量，建立跨学科跨专业的创新人才培养平台，促进教学、科研与学术融合，为培养复合型创新型人才服务。学科建设工作主要有四点。一要根据学校学科发展状况，制定学科建设和学位点建设规划。二要凝练学科方向，整合学科力量，组建学术团队；三要加强科学研究，注重学科体系优化，强化优势学科建设；四要加强研究生培养与学位建设布局，提高学位培养质量。

七、师资队伍建设

师资队伍建设是教研室工作的重要职责，有利于人才梯队与教学大师的形成。清华大学梅贻琦校长有句名言"大学之大，不在大楼，而在大师"，这充分说明了高校师资队伍建设的重要性，而高校师资队伍建设的落脚点在教研室。教研室师资队伍建设工作，主要有如下四点。（1）根据学校专业、学科和课程发展需要，制定师资队伍建设规划。（2）加强师资队伍素质和能力培养提高工作，通过各种有效措施，提高教师的综合素质与能力。如：鼓励教师进修、读博、出国培养，实施教师传帮带制度，加强教师的引进力度，支持教师产学研合作，以及合理配置师资组建教师团队等，使师资队伍的职称、年龄、学历和知识结构合理，教学科研学术梯队完整，教师教学科研水平大幅度提高。（3）加强青年教师培养，提高其政治和业务素质。指定有经验的老教师进行传帮带，以老带新，互帮互学，把优秀的教学经验和教学成果传下去，提高青年教师的教学科研业务水平和思想政治素质。（4）加强师德师风建设。德乃师之魂，教师的思想觉悟、道德品质、文化素养、人生观、价值观和治学态度，无不对学生产生教育和影响作用，教师必须重视自身的道德品质修养，提升自己的知识水平和人格魅力，高标准、严要求，作好表率，教书育人，以德树人，不断提高自身的思想觉悟、政治素质与道德情操与品质。

八、课程建设

课程建设是一个系统长期的动态过程，是高校教学建设中永恒的主题，需要不断地经验总结和改革创新。课程建设主要包括如下五点。（1）开展精品课程建设。以科学先进的教学思想与理念为指导，优化课程体系与课程结构以及教学内容与教学方法手段，跟踪学科前沿，建设具有专业特色的精品课程。（2）开展课程建设专题研究与实践。在课程教学的诸多方面，如：质量与标准、教材编写与应用、教学过程与技巧、教学内容与方法、教学基础与条件、教学效果与评价、双语教学与考试改革、多媒体应用与微课、慕课等网络教学手段运用等，开展课程建设专题研究与实践，提高课程教学水平与课程建设水平。（3）实施课程质量标准化工程。要编写规范的课程教学大纲，统一课程教学质量标准，确保课程教学质量。课程教学大纲和课程教学质量标准的内容，主要包括课程信息、课程简介、教材与参考资料、课程教学要求与质量保障、课程教学内容与难点、课程考核要求与成绩评定、学生学习建议、课程改革与建设等。（4）实施教材建设工程。要编写适应教学需要、水平高、具有特色的教材和教学参考资料。（5）彰显课程教学特色。

随着科技的进步发展，交叉学科与综合学科不断涌现，学科界限不断模糊，课程既要保证学科知识的完整性与系统性，又要打破学科传统知识结构，重视学科知识的综合性、灵活性、职业性、人文性，鼓励教师将个人学术兴趣、研究成果、人文素养与教学结合，形成个人教学特色和课程教学特色。

九、实验室建设

实验室建设是实验教学和科学研究的基础工作，对学生实验动手能力和科研能力培养具有重要作用。实验室建设的重要工作有五点。一要对实验室的建设与改造更新工作进行规划与实施，内容主要包括，实验室名称与地址、实验项目与设备、试剂与耗材、人员与技术、经费与分配、设施与管理等；二要加强实验室管理，确保实验室高效运行；三要保证所开实验的数量和质量，提高实验仪器设备使用率；四要加强实验室安全工作，对实验室的水电气以及危险、腐蚀、爆炸品，按照实验室安全管理规范，进行操作处理，确保实验室安全；五要开展重点实验室建设工作，提升实验室建设水平。

| 第三节 |

高校基层教研组织建设的实践

高校基层教研组织建设，是大学治理的逻辑起点和实施内涵建设的关键，对于提高高校教学质量乃至大学内涵建设水平，都具有重要的意义。根据近 20 年来高校基层教研组织建设的实践，以武汉工程大学生物化工学科部建设为例，对高校基层教研组织建设进行探讨，为我国高校生物技术、生物工程、生物科学、生物制药、食品工程等专业教研室工作建设与发展提供参考。

高校基层教研组织在高校建设改革发展中具有极其重要的作用，与学科和专业发展以及人才培养质量息息相关，加强高校基层教研组织建设，是落实教学计划、增强科研水平，提高教学质量的基本保证。高校扩招后，随着高等教育的大众化、国际化和现代化的发展，社会对高校人才培养质量提出了更高的要求，在新的历史条件下，采取切实有效的措施，加强基层教研组织工作，对于提升教研室工作水平，提高高校教学质量乃至大学内涵建设水平，都具有重要的意义。根据近 20 年来高校基层教研组织建设的实践，以武汉工程大学生物化工学科部建设为例，对高校基层教研组织建设进行探讨，以期为我国高校生物技术、生物工程、生物科学、生物制药、食品工程等专业教研室工作建设与发展提供参考。

一、基层教研组织建设存在的问题

武汉工程大学生物化工学科部（简称：学科部），是在学校化学工程、制药工程、应用化学、生物化工等优势学科基础上建设发展起来的，现有生物工程、生物技术、食品工程 3 个本科专业，生物化工学科部自从 1999 年开始招生成立以来，经过近 20 年发展，在校院两级组织的领导下，在师资队伍建设、教学工作、科研工作、人才培养工作，以及专业与学科建设等方面，积极开展基层教研组织建设，虽然取得了一定的成绩，但也存在着一些问题，主要有如下四个方面。(1) 在教学工作上，部分青年教师教学基本功不扎实，教学质量有待进一步提高，教学质量工程省级及以上项目欠缺。(2) 在科研工作上，缺乏科研领军人物，没有凝练明确研究方向，形成真正的科研团队，科研设备和科研平台缺乏，科研经费不足，科研获奖级别不高。(3) 在学科建设上，学科建设相对滞后，缺乏强有力的学科带头人，研究生教育生源稀少，没有生物学科一级或二级硕士点。(4) 在专业建设和人才培养上，生物工程、生物技术、食品工程 3 个专业整体办学实力不强，生物学科学生的人才培养质量有待加强，学生就业压力较大。

二、加强基层教研组织建设的思路和措施

根据学校对基层教研组织建设的目标和要求，针对武汉工程大学生物化工学科部基层教研组织存在的主要问题，生物化工学科部，加强基层教研组织建设的思路和措施是："教学工作固基础，科学研究促发展，学科建设上档次，人才培养强特色，基层管理重创新，教研成果上台阶"。

1. 教学工作固基础。教学是高等学校的工作中心，学科部要真正重视教学工作，做好青年教师的一对一传帮带，开展教学基本功竞赛，研究解决教学中存在的问题，探讨教学方式方法的创新、推广与提高，真正使学科部成为教学研究和创新的阵地，切实提高生物专业教学质量和水平。要整合和构建以课程、专业为基础的教学团队，开展教学研究工作和质量工程项目申报与建设，巩固生物专业的教学基础。

2. 科学研究促发展。科研是高校实力象征和标志，高校的科研水平显示高校的办学水平与核心竞争力。学科部要切实加强科研工作，培育科研团队，凝练科研方向，搭建科研平台，提高科研经费，培育和引进科研骨干和学术带头人，形成高水平的科研成果。在生物浸矿、生物能源、生物医药与农药、食用菌资源等方向形成团队与研究方向，在国家级科研项目、检索论文、专利、省级以上科研获奖等方面，形成更大的科研成果，在生物实验科研公共平台上，争取学校支持，建设一个资源共享的生物科研实验平台，改变生物科研条件不足的状况。

3. 学科建设上档次。人才培养离不开专业和学科的发展，专业建设和学科建设成果是人才培养的重要保障。学科部要加强生物工程、生物技术、食品工程专业建设，提高专业建设质量和水平，加强专业教学实验室的设备更新和改造，提高实验室使用效率。积极申报生物二级学科硕士点，加强研究生教育培养，提高研究生培养数量与质量。积极配合学校博士点建设工作，为博士点建设做出应有的贡献。在生物学科目前比较弱势的情况下，通过积极努力，逐步提高生物学科建设水平。

4. 人才培养强特色。武汉工程大学是以化学工程与技术为优势和特色的高校，生物专业要想提高人才培养质量，必须依托化工学科优势，走特色发展之路。生物专业人才培养要以化工、制药等学校优势学科为依托，加强生物与化工、生物与制药融合，彰显培养的生物专业人才的"生物化工"与"生物制药"优势和特色。

5. 基层管理重创新。学科部是学校的基层教学组织单位，学校一切工作落脚点都在学科部，学科部工作千头万绪，千辛万苦，需要积极工作、创新工作和奉献精神，同时，学科部也是问题和矛盾最多的基层单位，要求学科部工作应该公平、公正，学科部领导要工作正派。要通过科学规范的管理措施，支持教师参与教学事务的决策与管理，酿造和谐人际关系，调动全体教师的工作积极性、主动性、创造性，增强教师的荣誉感、尊严感、幸福感、获得感。要创新基层管理工作，适应学校快速发展的步伐，核心是以人为本，尊重老师能力、水平的个体差异性，调动全体教师的工作积极性，发挥每个教师的专长，为学科部的发展贡献力量和智慧。要改变学科部只是上传下达忙于具体事务的工作方法，变被动工作为主动工作，变事务工作为研究工作和创新工作，提高学科部整体工作效率和工作质量与工作水平。

6. 教研成果上台阶。通过强化基层教研组织建设，使生物化工学科部在"十三五"的教学和科研成果上台阶。(1) 在教学方面，组建1~2个省级教学团队，申报1~3项省级以上教学研究项目，建设1~2门省级精品课程，获得1~2项省级以上教学奖，每年发表教学研究论文10篇以上，教学质量和教学效果显著提高。(2) 在科研方面，每年获批国家自然科学基金等国家级项目1~2项，

授权专利 2～3 项，检索论文 10～30 篇，科研经费突破 300 万元，获省级科研奖 1～3 项。(3) 在学科建设方面，申请获批 1～2 个生物二级学科硕士点，将生物工程专业建设成校级品牌专业。(4) 在人才培养方面，本科生就业率明显提高，达到 95% 以上，考研率达到 30%～40%。

三、基层教研组织建设的基本成效

1. 形成了一支结构层次比较合理和素质较高的师资队伍。按照引进、培养、提高相结合的原则，加强师资队伍建设，提高了教师业务和思想的综合素质与能力。目前，学科部形成了一支结构层次比较合理和素质较高的师资队伍。有专任教师 24 人，其中，教授 7 人，副教授 8 人，博士 18 人，博士生导师 3 人；教育部新世纪优秀人才 1 人，特聘教授 2 人，校级高端人才培养计划 2 人；有多人荣获校级优秀共产党员、党务工作者、科研先进工作者、本科教学评估先进个人，以及教学"三优两免"优秀个人。师资队伍建设成果，为学科部进一步发展提供了重要的智力和人才支撑。

2. 教学研究与改革特色凸显，教学质量显著提高。教学工作是高校的本质要求和核心工作，学科部在教学工作计划、教学工作组织、教学工作监控、教学研究与改革等方面，强化教学工作的核心地位，显著提高了教学工作水平与质量。目前，学科部主持完成教学研究项目共 20 项，其中，国家级教学研究项目 1 项，省部级教学研究项目 4 项，校级教学研究项目 15 项；发表教学研究论文 30 余篇；获得中国石油与化工联合会教学研究成果奖三等奖 2 项，校级教学成果奖一等奖 1 项、三等奖 2 项；获得校教学优秀奖二等奖和三等奖各 2 项；获全国高校生物学教学研究优秀论文奖 1 项。

3. 科学研究工作成效初见端倪。科研有利于丰富学科内涵，拓展学科知识，提高学术水平，活跃学术氛围。学科部在凝练科研方向、组建科研团队、开展科研攻关等方面，加强科研工作，科研在生物浸矿、生物医药、生物制药等方面的成果初见端倪。学科部承担国家自然科学基金等国家级科研项目共 10 余项，省部级项目近 30 项，获得国家发明专利授权近 20 项，发表 SCI 等高水平科研论文近 100 篇，获得省部级科技奖励 10 余项。

4. 专业与学科建设逐渐增强。人才培养离不开专业和学科的发展，学科部分别于 1999 年、2003 年、2005 年组建了生物工程、生物技术、食品科学与工程 3 个本科专业，并开始招生，通过近 20 年的专业与学科建设，生物工程专业被学校列为优势培育专业，在学科方面，建设有生物工程专业硕士学位和自设应用微生物硕士学位 2 个硕士点，生物化工学科作为化学工程与技术一级学科博士点的二级学科，可以招收博士研究生。

5. 人才培养质量稳步提升。按照"全面成才，追求卓越"的教育理念和"一主四翼多极"人才培养定位，以"两型两化"为培养规格，通过强化"三实一创"实践教学特色体系，促进了生物化工学科部人才培养质量的稳步提升。"一主四翼多极"，即"一主，即以大化工为主线；四翼，即磷资源开发与综合利用、化工新材料、先进制造和人文社会科学四个学科群；多极，即多个学科增长极"。"两型两化"，即"创新型、复合型、国际化、工程化"。"三实一创"，即"实训、实验、实习和创新"。目前，生物化工学科部有 30 多名学生荣获国家奖学金和省政府奖学金；10 多名学生荣获全国英语竞赛、奥林匹克作文竞赛等全国竞赛一等奖；20 多名学生荣获湖北省生物实验竞赛、大学生化学化工创新大赛等省级奖；应届毕业生获得省级优秀毕业论文奖40 余篇；考研录取率为 30% 以上；毕业生每年就业率均在 95% 以上。

｜第四节｜

高校基层教工党支部突出政治功能的实践

> 高校教工党支部直接处于学校的教学、科研和管理服务第一线，直接承担着贯彻落实党的路线方针政策和高校各项具体工作任务的责任，以及教书育人、以德树人、培养高素质人才的光荣使命。本节以武汉工程大学环境生态与生物工程学院教工党支部为例，论述教工党支部在支部建设中，突出政治功能的具体实践事例，为高校基层教工党支部建设提供参考。

高校基层教工党支部，是高校党的基础组织，担负直接教育党员、管理党员、监督党员和组织群众、宣传群众、凝聚群众、服务群众的职责，处于学校的教学、科研和管理服务第一线，直接承担着贯彻落实党的路线方针政策和高校各项具体工作任务的责任，以及教书育人、以德树人、培养高素质人才的光荣使命；对高校办学方向以及"双一流"建设和内涵发展，具有重要的政治保障作用，是高校党的全部工作和战斗力的重要基础。加强教工党支部建设，突出党的政治功能，充分发挥党支部战斗堡垒作用和党员先锋模范作用，对于高校认真落实"立德树人"的根本任务，着力引导师生成为马克思主义的坚定信仰者、积极传播者和模范践行者，增强师生理想信念和践行社会主义核心价值观，培养中国特色社会主义合格建设者和可靠接班人，具有重要的意义。本文以武汉工程大学环境生态与生物工程学院教工党支部2018年党建工作具体实践为例，反映高校基层教工党支部突出政治功能的具体事例，旨在为高校基层教工党支部加强党建工作，发挥战斗堡垒作用，提供参考。

武汉工程大学环境生态与生物工程学院，是学校为了强化环境生态与生物学科的优势，于2018年成立的新学院。其教工党支部，由生物工程专业、生物技术专业、食品工程专业、环境科学专业教工党员和学院党政部门的党员组成，共有党员26人。2018年，教工党支部在学院党委的坚强领导下，认真学习贯彻习近平新时代中国特色社会主义思想和党的十九大精神，充分发挥党的政治优势、党支部战斗堡垒作用和党员先锋模范作用，在新学院成立开局之年，凝心聚力，奋发有为，为新学院展现新气象、实现新发展、取得新成绩，起到了重要的政治引领和保障作用。2019年7月党支部荣获"武汉工程大学2017—2019年度先进基层党组织"称号。

一、　以政治学习为抓手，充分发挥党的政治优势，做中国特色社会主义事业的坚定践行者

旗帜鲜明讲政治是我们党作为马克思主义政党的根本要求，党的政治建设是党的根本性

建设，决定党的建设方向和效果，事关统揽推进伟大斗争、伟大工程、伟大事业、伟大梦想。政治属性是党组织的根本属性，政治功能是党组织的基本功能，强化党组织的政治属性和政治功能，是新时代党中央对各级各类党组织的明确要求，也是各级党组织必须遵循的原则。发挥党的政治优势，突出党的政治功能，必须旗帜鲜明讲政治，要以习近平新时代中国特色社会主义思想为统领，指导工作，推动实践，真正做到学懂弄通做实。只有基层党组织的领导核心和政治核心作用得以充分发挥，党的领导才能有效贯彻落实到基层。党支部要以政治学习为抓手，加强思想政治教育、理想信念教育和师德师风教育，以新时代党的新思想新理论新战略为遵循，武装思想，落实到具体实践中去，在学习中强化组织力，在学习中增强免疫力，在学习中提高战斗力。

一是创新支部学习方式，增强学习效果。通过支部党会集中学习、讲微党课、参加培训、网络自学、外出考察、成果交流、知识竞赛、考试测验等方式，深入学习习近平新时代中国特色社会主义思想和党的十九大精神；学习党章和宪法；学习党支部工作条例、纪律处分条例以及全国教育大会精神；学习习近平总书记视察湖北讲话精神以及学校目标责任制考核方案、人事制度改革方案等中央、省和学校文件精神，支部学习做到"写在纸上、贴在墙上、记在心上、挂到网上、用在行上"。通过学习，切实使全体党员，认真践行社会主义核心价值观，提高社会公德、职业道德、家庭美德和个人品德，坚定理想信念，增强"四个意识"、坚定"四个自信"，做到"两个维护"，在政治上行动上同以习近平同志为核心的党中央保持高度一致。

二是运用"互联网＋学习"模式，促进学习常态化。网络平台是理论传播的前沿阵地，党员学习教育的载体，利用网络平台，将学习的文件、资料、视频等上传到网络，开展"互联网＋学习"，可以创新学习教育的内容和形式，激发党员自主学习兴趣，使党员的培训教育趋于常态化，可激活党建工作。我院教工党支部建立了教工党支部QQ群、微信群、"学习强国"支部群等，第一时间将重要文件，例如党的十九大精神、全国教育大会精神等的全文和学习辅导文件以及相关视频，上传到群里，供大家学习文件精神，促进了学习的时效性和震撼力。

三是传承红色基因，红色基地现场学。支部组织党员到湖北红安革命老区开展"忆红色岁月"主题党日活动，参观烈士陵园，凭吊革命先烈，重温入党誓词，使党员思想得到了洗礼、精神得到了升华、信仰得到了坚定。通过创新学习，使教工党员的政治原则、政治纪律、政治规矩、政治立场、政治道路、政治方向与党的路线、方针、政策保持高度一致。

二、加强党支部建设，规范高效开展党支部组织生活

认真贯彻执行学校和院党委的指示精神，积极开展支部工作，充分发挥每一个党员的积极性主动性创造性，凝心聚力，为新学院发展奉献力量。在支部组织生活中，增强党组织生活的政治性、时代性、原则性、战斗性，认真落实党支部"三会一课"制度，积极开展党支部组织生活会、主题党日、民主评议党员、谈心谈话、书记讲党课等党支部组织生活活动。突出政治学习，强化理想信念教育，做中国特色社会主义道路的坚定践行者；突出党性锻炼，加强党风党纪和思想道德教育，强化党员意识，增强党的观念，提高党性修养；突出群众观念，密切联系群众，真心服务师生，爱岗敬业，以德树人。

2018年，支部开展组织生活会与主题党日活动10多次，其中，组织党员到红安进行"忆红色岁月"主题实践活动1次。党支部组织生活规范高效、亮点突出。一是党支部活动组织有力、

规范高效。每次支部活动都认真作好活动前的准备、活动中的组织和活动后的总结与宣传报道工作，真正做到了有党员的积极参与、有主题和议程、有详细的计划、有翔实的记录、有积极的讨论、有认真的总结和宣传报道、有活动的创新、有真正的效果，多次作为学校党支部活动样本，接受上级和省里的检查。二是党支部活动效果显著、亮点纷呈。积极认真开展了丰富多彩的党支部组织活动，例如：习近平新时代中国特色社会主义思想和党的十九大精神专题讲座；院党委书记、纪委书记、党支部书记讲党课；师德师风主题宣传；党风廉政与精准扶贫主题党日；建功立业与师生互学共进以及党员民主评议等。有10多篇党支部活动的报道在学校新闻网和学院网站上进行宣传。三是"教工＋学生"师生党支部结对互学共进效果好。教工党支部与本科生和研究生党支部结对，共同开展学习习近平新时代中国特色社会主义思想和党的十九大精神主题党日等活动，共同学习新时代党的新思想新理论新战略，共同交流学习心得体会，共同探讨"双一流"背景下高校教书育人新举措。教工与学生结对共赴学院扶贫点赤壁市太平口村，开展测土配方、污水检测、环境治理等工作，为脱贫攻坚做出环境生态学院的贡献。通过结对共建活动，增加了师生的感情，强化了师生的共同理想基础，达到了教学相长、互学共进的效果。通过加强党支部的建设，发挥党支部的战斗堡垒作用，努力把党支部打造为政治功能强化、组织坚强有力、服务功能拓展、党员作用突出、工作事业强劲的优秀基层党支部。

三、充分发挥党员先锋模范作用，发挥党支部在高校基层治理中的政治引领作用

紧密结合学校中心工作，加强对党员的教育管理监督，组织党员立足岗位履职尽责，充分发挥党支部的战斗堡垒作用和党员的先锋模范作用。一是加强对党员理想信念、思想道德、行为方式的教育管理，增强党员对人民的感情、对社会的责任、对国家的忠诚，使每一个党员成为党性强、业务精、肯奉献、有作为的先进分子。二是密切联系群众，团结带领群众，充分发挥每一个党员的自身优势以及积极性主动性和创造性，在高校人才培养、科学研究、社会服务、文化传承中，发挥主力军和先锋模范作用，为学校"双一流"建设和"内涵发展"作出贡献。三是关爱学生、服务学生，教书育人，以德树人，以身作则，站好三尺讲台，坚持"教书和育人、言传与身教、潜心问道与关注社会、学术自由与学术规范""四个相统一"，做学生"锤炼品格、学习知识、创新思维、奉献祖国"的"四个引路人"，做"有理想信念、有道德情操、有扎实学识、有仁爱之心"的"四有好老师"，为培养中国特色社会主义建设者和接班人不懈奋斗。

支部工作成效显著，党员带头，促进了学院教学、科研和人才培养的发展，为新学院发展，凝心聚力、展现新气象起到了重要的政治引领作用。例如：在科研方面，本支部党员发表SCI论文50余篇、专利10余项，有2篇论文入选ESI热点论文；获批科技部重大科研项目和国家基金项目2项；湖北裕国菇业与学校签约科研项目和捐赠达80万元等。在教学方面，支部党员指导学生参加全国生命科学竞赛和湖北省大学生生物实验技能竞赛，获奖实现历史性突破，获全国生物竞赛1个三等奖、省生物竞赛2个一等奖、2个二等奖、3个三等奖以及省酒类设计大赛10个奖项；支部年轻教师荣获学校青年教师讲课比赛三等奖；韩新才教授发表教学论文荣获全国高校生物学教学研究优秀论文奖、教学成果荣获学校教学成果奖一等奖、教学质量优秀奖二等奖；3名党员教师教学质量好，学生评教优秀，获学校"三优两免"教师等。在人才培养方面，学校生物大类招生第一志愿率由43％提高到59％，全院学生考研出国率32％，就业率为97.8％，居学校前列。

四、加强党风廉政建设和师德师风教育，争做"四有好老师"

一是支部组织开展"学校第19个党风廉政建设宣传月"专题组织生活会，学习习近平总书记视察湖北讲话精神，学习党章、宪法、监察法，大家畅谈学习体会，提高党风廉政建设思想认识，筑牢反腐倡廉底线。二是支部邀请学院纪委书记为党员集中讲党课，解读新修订的纪律处分条例，确保党员先进性和政治本色。三是邀请学院党委书记为支部讲党课，学习贯彻全国教育大会精神，加强师德师风教育，坚定理想信念，把立德树人作为根本任务，立足岗位作奉献。四是党支部集中组织党员学习"黄大年、钟扬、黄旭华、朱英国、施一公"5位科技教育界模范人物的先进事迹，以先进模范人物为榜样，对标看齐，在学生的学习、生活、考研、就业、勤工俭学等方面关爱学生，提供力所能及的帮助，以德树人，争做"四有好老师"，例如，党支部书记韩新才教授关心资助困难学生、暑假联系并送10多名学生到光谷生物城勤工俭学、推荐学生到光谷生物城等高新技术企业就业等。通过学习，老师们心灵得到净化，认识得到提高，撰写了32篇学习心得体会，支部有10位教师荣获学校"湖北裕国菇业奖教金"，2名教师荣获武汉工程大学"百佳导师"。

五、致力教学改革，努力提高教学质量和人才培养质量

高校党支部突出政治功能发挥战斗堡垒作用的核心，是学懂弄通做实，落脚点是把党的政治建设落实到高校教育教学各个环节，提高人才培养质量。新时代的高等教育，注重"一流本科、一流专业、一流人才"，是高校回归教育教学初心的必然要求，打造"金课"，消灭"水课"，开展"课堂革命"，是新时代高等教育内涵发展和高等教育现代化的迫切需求。在课堂教学中，本支部韩新才教授等教师积极开展教学改革，探索实施"一教二主三化（关爱学生、因材施教；自主学习、自主考试；沉闷化为轻松、抽象化为具体、复杂化为简洁）"课堂教学改革，教学课堂充满活力和正能量，教改大幅度提高了教学质量和人才培养质量，教学成果荣获学校教学成果奖一等奖。

以生物技术专业为例说明教学改革成效。2016—2018年生物技术专业，有章鹏、黄倩等5人，获得国家奖学金；温森森、叶思钰等13人，获得国家励志奖学金；郑小梅、刘金玲等16人，获得湖北省大学生生物实验技能竞赛一等奖2个、二等奖4个、三等奖7个；有2个学生团队，分别荣获全国大学生生命科学竞赛二等奖和三等奖。近几年，生物技术专业考研率为35%左右，就业率达100%，专业人才培养质量得到了显著提高。

第五节

高校教育质量监控体系的基本要素及构建

> 教育质量决定着人才质量，决定着高校的教育水平和发展趋势，因而，提高教育质量是我国高校的首要任务，建立健全教育质量监控体系是高校提高教育质量的重要途径。教育质量监控体系的基本要素有监控者、被监控者、监控活动和监控目标。高校构建教育质量监控体系时，应协调教育质量监控各要素之间的关系，制定明确的教育质量标准，落实教育各环节的管理和监控，建立教育质量监控信息体系，建立教育质量监控评价体系。

教育质量是衡量高校教育水平的根本所在，建立健全教育质量的监控体系是高校提高教育质量的重要途径。构建教育质量监控体系是指高校在现代化教育理念下，基于自身的培养目标和方式，构建一系列有关教育质量的衡量标准、教育活动的运行机制、教育各环节的管理体制以及相关文件，并用信息化技术支持教育活动。一般来说，教育质量监控体系是由教育质量标准、教育运行机制和教育质量信息监控三大方面组成。因为高校人才培养的目标和方式不尽相同，人才培养的质量在很大程度上具有潜在性，所以难以采用固定、客观及统一的标准去衡量和评价高校的教育质量，这也是高校对自身教育水平进行监控的最大障碍。因此，为了更好地培养出杰出人才，管理教育活动，各高校必须根据自身教育活动的环节和内容，确定适当的质量评价标准、科学的教育教学方法、有效的管理机制，从而对教育全过程进行动态有效的控制。

一、教育质量监控体系的基本要素

在教育质量监控体系中，监控者、被监控者、监控活动和监控目标是其基本要素。

（1）监控者是指高校中实施教育质量监管的相关机构和人员，监管层次分校、院、系三级，监管主体主要由校教务处、各院负责人以及各系负责人组成。校级监管者主要是以校长为代表的高校教育管理人员和以教务处为代表的主管教育教学的机构，校级监管在高校教育质量监管中发挥着主导作用，教务处是监管高校教育质量最直接的机构，负责全方位安排和管理高校教育教学工作。校级监管是高校教育质量监控体系中最重要的力量，主要职责是制定教育质量的评价标准和管理方法，组织教育教学活动，灵活调控活动的运行过程，开展教育质量调研，进行教育质量测评，进而不断完善高校的教育质量监管制度。院级监管者主要是以院长为代表的学院领导以及以教务办为代表的二级监管机构，主要职责是依照校教务处的教育教学计划，结合学院自身特点，制订教育教学计划并安排相关活动、监管教师教学质量和学生学习成果，适时解决教育环节中出现的问题，以确保教育活动顺利进行，从而提高学院教育教学水平。系监管者是系、实验室的负责人，主要职责是对所属课程进行改革和管理，开展相关教研活动，反馈和总结课程或项目的成果，是高校切实组织和开展教育教学工作的单位。监控者是教育质量监控体系的组织管理者，与高校教育质量监管工作的开展和运行有直接密切的关系。

（2）被监控者是教育活动中的受控者，包括人和物。教师、学生以及各级教育管理人员是人这一方面的受控者，教学中使用的建筑模型、仪器、资料是物质这一方面的受控者。在整个教育活动中，人和物的因素需要相辅相成，协同发挥作用。监控者只有运用科学的方法，对受控者进行严谨管理、合理安排，受控的各因素才能紧密结合，共同发挥最大作用。

（3）监控活动是指在教育质量监控过程中，监控者对被监控者的活动进行监控的过程。监控活动主要由教育基本建设、教育运行状况以及教育管理状况组成。教育基本建设包括高校学科课程安排、教材采用状况、学风建设等；教育运行状况是指教育过程中的相关活动，包括教师的教学情况，学生对课程和教育活动的接受程度及反馈等；教育管理状况是指管理教学活动的组织的职责、管理制度的健全程度、管理过程的合理性及可行性等。监控活动是教育质量监控体系的直接作用形式，是衡量教育质量的重要途径。

（4）监控目标是指教育质量监控要达成的目的，教育活动的开展以监控目标为指向，教育质量的高低以监控目标为标准。监控目标往往是高校的理想化追求，这个目标引导着高校的持续发展，推动着教学活动的有效进行，对提高教育质量起着关键作用。

上述教育质量监控体系的四大要素之间联系紧密，相辅相成，协同影响着高校教育质量监控体系的构建和运转，决定着高校教育水平的发展。

二、高校教育质量监控体系构建重点

从构建教育质量监控体系的组织环节、标准制定环节以及管理环节来重点探讨教育质量监控，为打破高校监管教育质量的瓶颈提供有价值的思路。

（1）协调教育质量监控各方的关系。有研究结果表明，合理组织协调监控者、被监控者、监控活动和监控目标四大要素之间的关系，可以使其产生协同作用，可以产生最好的教育效果。监控者在整个体系中处于主导地位，因而要最大限度地发挥其决策能力和组织能力；被监控者是教育质量监控体系中的配合者，被监控者应与监控者经常进行有效的交流沟通，监控者和被监控者才能够基于同样的监控目标，完成相应的监控活动，为提高教学质量打下坚实的基础。在宏观上协调好教育质量监控各要素之间的关系，条理分明，责任清晰，不仅有利于教育活动的开展和教学工作的推进，而且有助于教育质量监控工作的运行。

（2）制定明确的教育质量标准。教育质量标准的制定是构建教育质量监控体系的前提，明确的教育质量标准不仅有利于监控者对教育质量进行监控，也有利于被监控者提高自身的素质。首先，虽然各高校已意识到制定明确的教育质量标准的重要性，但是各高校的教育质量标准大都含混模糊，因为教育本身就是一项具有巨大隐含性的动态活动，这给教育质量监控带来了极大阻碍。其次，教育质量标准的制定缺少纲领性文件的保障，大大降低了教育教学工作的效率，也为教育质量监控工作增加了难度，因而，高校应根据自身的办学特色来制定相应的教育质量标准，尤其要建立具体的条目文件。

教育质量文件体系包括不同层次的标准文件。首先，应制定有关教育质量的总的纲领性指导文件。教育活动的核心是教学活动，教学活动主要包括理论性教学环节和实践性教学环节。在教学起始阶段就确定总的纲领性文件，有利于指引教学方向，在教学过程中不断调整教学方式，提高教学质量；还能够较为准确地预计教学成果。在理论教学环节中，可通过制定课程目标来确定开课计划，指导后期的课程设置，指导教师安排课程重点；在实践教学环节中，通过制定明确各专业学生应具备的实践能力的纲领性文件，可以确定不同专业的实验安排和实习计划，这对于培养学生的实践能力，指导学生的就业方向等具有推动性意义。其次，应制定与教育质量监控方案相对应的措施性文件，对教学环节中的课前备课、课堂教学、课后巩固以及检验考核等做出相关规定，对监控工作的开展制订具体方案，方便监控者采取应对措施。最后，针对记录方式、经验总结制定文件，这是指教育质量监控过程中，对各环节具体情况的记录方式、各方的工作经验总结等都要有相关规定，以确保教育工作各环节有条不紊地顺利进行。

教育质量是看不见摸不着的，这给教育质量的监控带来巨大的阻碍，因而，制定条理化、明确化的教育质量标准必不可少。制定教育质量标准就是将教育教学各环节的要求、目标和相关规定纳入文件，使教育教学活动有标准可循，有规定可依。

（3）切实落实教育各环节的管理和监控。对整个教育活动进行全面部署，对各环节进行统筹协调，有助于完善教育质量监控体系的整体框架，在构建框架的基础上，严明及高效的管理和监控是重中之重，即对教育各环节的管理和监控给予制度层面的保障。学校教育管理、教师课程教学以及学生学习是生成教育质量的三大主要环节，这三大环节的管理、监控制度化，是确保教育质量的重要保障。

一是学校教育管理的制度化。建立常规的教育教学活动检查制度，对各教育教学活动进行随机抽查，对活动的开展状况、课堂情况进行记录、分析，并总结汇报，这将极大地推动教育教学活动的开展。此外，学校应建立完善的培训审核新进教师的制度，以确保新进教师能够快速进入工作状态，掌握科学合理的教育教学方法。

二是教师课程教学监管制度化。对于日常教学的监管，教务部门应例行开展教学监管；定期进行教学质量检查，在每周的教学例会上，集中解决教师教学中的问题，讨论教师在教学中存在的困难。另外，在教学督导制度中，应由学校教务部门相关人员、优秀教授、骨干教师组成教学督导小组，对教师进行不定期的能力检测，对青年教师进行教学督导，这将帮助教师不断增强自身综合素质，提高教育教学质量。

三是学生学习质量监管制度化。制定跟踪调查毕业生毕业去向及就业情况的制度，即教务部门通过应届生就业率以及对应届生工作初期的跟踪调查，对毕业生质量进行评估，这对高校人才培养的方向、方式、方法具有巨大的参考意义。另外，教务部门应多关注学生在学习过程中提出的建议，教师应多关注学生在课堂上的反应和学生的学习状态，这些都是监管学生学习质量的有效措施。

三、高校教育质量监控体系构建

高校教育质量监控体系构建，主要应从建立教育质量监控信息体系，建立教育质量监控评价体系两大子系统展开。

（1）建立教育质量监控信息体系。建立教育质量监控信息体系是构建教育质量监控体系的基础，而教育质量信息的收集、整理、分析和总结是构建和完善教育质量监控体系的必然环节。

首先，教育质量信息的收集。主管教育监控的人员要注意收集信息，如学校教务部门在不同阶段的教学安排，对教师日常教学的检查记录，各教育教学活动的总结报告等，并对这些信息进行整理，实行分类管理。教务管理系统现已成为高校教务信息收集和管理的主力，它记录着所有教工及学生的个人信息、课程信息、教学信息。大量的有效信息使教育质量标准的制定有据可循，使教育活动的监控更加透明化。各高校应该高度重视自身教务管理系统，更好地利用它的优势进行教育教学质量管理活动。

其次，教育质量信息的整理。高校院系众多，教育信息繁杂，所以要对信息进行科学的整理。信息的整理主要分为信息归类整理和信息价值整理。分类整理是将相关联的信息放到一起，进行分门别类的整理，这有助于教育质量信息的有效反馈，有利于教务人员对教育质量信息的整体把握。价值整理是对收集的信息按价值高低进行整理，去伪存真，去粗取精，最终保留能够真实反映教育质量的有效信息。

最后，教育质量信息的分析和总结反馈。教务人员对已归类整理的教育质量信息进行分析、总结，最后对教学质量进行反馈，并讨论整改方案，制定出新的教育教学制度和方案，不断总结，不断改革，从而持续提升教育质量。

（2）构建教育质量监控评价体系。教育质量监控体系的重要环节就是评价教育质量，评价教育质量需要有明确的教育质量标准，对众多教育教学活动的信息进行整合、分析后才能做出教育质量评价。教育质量监控评价体系包括课程开设、课堂教学、教研活动、实验实践、学生学习、教职工管理等各方面的评价，教学评价是教育质量评价的核心，而教师又是教学的主体力量，所以对教师教学质量的评价是教育质量评价的重心。

因为学生是教学活动的主体，所以，对教师教学质量的评价，除了校、院督导、教师间相互评价和教师自我评价之外，还要有学生对教师的评价。可利用多种渠道展开学生评价，如利用教务管理系统、座谈会、问卷等不同形式开展调查。除了关注评价主体，还要关注评价方式，学校应采取多种评价方式对教师进行评价，如每季度召开教工大会，对优秀教师、优秀课程进行表彰，大力鼓励其他教师以其为榜样，对其进行学习；另外，系列教研活动及赛课活动不仅是对教师教学质量进行评价的重要方式，而且还能有力推动课程改革。

教育质量是考察高校教育教学水平的根本标准，建立健全教育质量监控体系是提升高校教育质量的重要措施，各高校构建教育质量监控体系迫在眉睫。现如今，高校纷纷面临教育质量标准含糊不清、教育质量监管不力、高新技术对教育质量监控的支持不足等困境，高校教务管理在构建教育质量监控体系时，应把握重点环节，明确教育监管各方的责任，协调各方关系，制定教育质量标准，规范教育质量监管制度等。在构建和健全教育质量监控体系中，注重教育质量监控信息体系和教育质量监控评价体系两大子系统的构建，高校应该不遗余力地不断完善重点环节，进一步加强构建教育质量监控体系，砥砺自身，谋取发展。

参考文献

[1] 韩新才.高校教研室工作存在问题的分析探讨 [J].教育教学论坛，2016，(12)：21-22.

[2] 韩新才.高校教研室工作职能的分析探讨 [J].课程教育研究，2016，(9 上旬刊)：177-178.

[3] 韩新才.高校基层教研组织建设的实践 [J].课程教育研究，2016，(10 上旬刊)：20-21.

[4] 韩新才，刘汉红，陈朝娟，等.高校基层教工党支部突出政治功能发挥战斗堡垒作用的实践 [J].课程教育研究，2019，(51)：57-58.

[5] 李玉平，李琰，庄世宏，等.高校教研室建设与发展思考 [J].高等农业教育，2012，(3)：56-59.

[6] 张锁龙，裴峻峰，卓震.积极发挥教研室在教学科研管理中的作用 [J].化工高等教育，2006，(2)：69-71.

[7] 徐芸，王婷婷，户佳.地方院校教研室建设的困境与对策研究 [J].山西建筑，2015，41 (19)：230-232.

[8] 王怀勇.高校教学基层组织建设的改革与实践 [J].高教探索，2015，(2)：75-79.

[9] 杨亮，雷世鑫.教研室工作是高校内涵建设的基础 [J].甘肃科技纵横，2015，44 (3)：87-88.

[10] 白彦满都拉，张立军，任宏宝，等.当前高校教研室发展现状调查研究 [J].民族高等教育研究，2014，2 (3)：22-28.

[11] 杨道武.加强高校教研室建设的思考 [J].大学 (学术版)，2011，(5)：37-41.

[12] 刘爱英.高校基础教研室建设思考 [J].中国高教科技，2011，(8)：44-45.

[13] 孙慧敏.教研室职能研究 [J].今日中国论坛，2012，(3 上)：203-205.

[14] 石共文.新形势下高校教师党支部政治功能的强化路径探微 [J].创新与创业教育，2018，9 (5)：132-135.

[15] 唐庆峰，党向利，李茂业，等.发挥专业优势 筑牢战斗堡垒——高校教工基层党支部建设创新的实践与思考 [J].学理论，2017，(11)：144-145.

[16] 时君伟.加强高校教工党支部建设的探索与实践 [J].河北农业大学学报 (农林教育版)，2017，19 (4)：113-117.

[17] 景一宏，葛维建，徐雪峰，等.高校基层党组织政治功能提升探赜 [J].学校党建与思想教育，2018，(9)：25-26.

[18] 李广松，李华，谢芝馨，等.新形势下高校教工党支部建设的探索与实践 [J].高等农教，2017，(2)：52-544.

[19] 毛文璐.基层党组织建设必须突出政治功能 [J].党政论坛，2018，(10)：14-18.

[20] 王海荣，闫辰.突出政治功能：新时代基层党组织建设的内在要求 [J].理论导刊，2018，(8)：46-52.

[21] 杨凤微，马祥.高校教育质量监控体系的基本要素及构建 [J].教育与职业，2016，(12)：38-40.

[22] 夏天阳.中国高等教育评估 [M].上海：上海科学技术文献出版社，1997.

注：本章是如下基金项目的研究成果。武汉工程大学校级课程综合改革项目（项目编号：8 和 40）；2014 年教育部人文社会科学研究青年基金项目"维吾尔族大学生自信研究——基于塔里木大学调查"（项目批准号：14YJC710029）；2014 年塔里木大学高等教育研究项目"基于我校维吾尔族大学生自信水平提高教育教学质量研究"（项目批准号：TDGJ1412）；武汉工程大学首批"双带头人"教师党支部书记工作室建设项目"环境生态与生物工程学院教工第一党支部韩新才工作室"（项目编号：3）。

第七章

生物技术专业建设研究与实践

| 第一节 |

构建化工特色生物技术人才培养方案的探讨

根据生物技术专业特点，结合武汉工程大学化工与制药学院具体情况，提出了依托化工学科优势，构建特色鲜明生物技术专业人才培养方案的指导思想、培养目标、课程体系及实践教学的具体思路和措施，为工科院校生物技术专业建设提供参考。

生物技术是在现代分子生物学等生命科学的基础上，结合了化学、化学工程、数学、微电子技术、计算机科学等基础学科而形成的一门多学科交叉融合的综合性学科。自 20 世纪 90 年代以来，随着人类基因组计划的实施，生物技术的发展呈现了前所未有的巨大活力，生物技术产业的崛起，展现出了十分诱人的前景，生物技术被誉为 20 世纪人类科技史上最令人瞩目的高新技术，它为人类解决疾病防治、人口膨胀、食物短缺、能源匮乏、环境污染等一系列问题带来了希望。国际上公认，信息技术和生物技术是 21 世纪关系到国家命运的关键技术和作为创新产业的经济发展增长点。因此，世界各国都将生物技术作为优先发展战略，进行着激烈的科技与市场竞争。

武汉工程大学生物技术专业是依托生物化工、制药工程、应用化学、化学工程等 4 个省级重点学科建立的、具有生物化工和生物制药等学科优势的生命科学类专业。我们按照为社会培养厚基础、强能力、宽适应的合适的应用型生物技术专业人才的指导思想，在专业建设中，依托武汉工程大学化工优势学科，构建具有特色生物技术人才培养方案和模式。

一、构建具有特色的生物技术人才培养方案的指导思想

（一）体现国家教育方针，实现学校培养目标

培养目标是各个高等院校确定的对所培养人才的特殊要求，培养目标要全面贯彻党的教育方针，转变教育思想观念，体现新时期对人才的新要求，实现学校培养目标。武汉工程大学生物技术专业的培养目标是：培养具有较系统的生物技术基本理论、基本知识和基本技能，能在科研机构、高等学校及企事业单位从事生物化工及生物制药科研、教学、技术开发及管理工作的生物技术应用型高级专门人才。

（二）遵循人才培养和学科发展规律，体现学校办学特色

人才培养方案是高等学校为达到人才培养目标所制定的总体设计，制订人才培养方案要有利

于"中期分流"制度的执行，并在保证大多数学生合格的基础上，给学有余力的学生开辟向高层次、多方面发展的空间，并提供提前毕业的可能。"中期分流"是教学改革的重要举措，即在大学第四学期，根据学生学业成绩，进行分流，学生分流为特色班、普通班和试验班，优秀学生进入特色班、成绩差学生进入 5 年制试验班。中期分流有利于因材施教，有利于教学质量和人才培养水平的提高。在办学特色上，生物技术专业要能体现生命科学与技术的学科发展方向与前沿，具有生物化工与生物制药的鲜明特色。

（三）拓宽专业口径，加强基础教育

根据学校对本科生的人才培养要求，拓宽以前的技术基础课内涵，以宽口径的学科基础课取代技术基础课，使生物技术人才具有鲜明的化工特色。

此外，要构建优化学生知识结构、能力结构和素质结构的教学内容与方法的改革体系。要加强和改革实践教学，进一步培养学生的创新意识和动手能力。

二、化工学科优势对创办具有化工特色生物技术专业的优势支撑

化工院校创办生物技术专业有两条办学途径，一是照搬国内现成的专业教学体系，二是利用化工院校自身的学科优势，因地制宜，形成自身特色的教学体系。前者具有启动慢、师资缺乏、实验设备投入大、培养人才特色不鲜明等缺点，而后者在节约办学经费，利用现有设备和师资及培养自身特色的人才上具有无法比拟的优势。

武汉工程大学生物技术专业依托的化工与制药学院是武汉工程大学的品牌院系，具有化工院校特有的学科优势资源，卓有成效地发挥优势资源对生物技术专业的支撑作用，可达到本科人才培养方案的先进性和科学性。

1. 具有高质量的师资队伍。化工与制药学院有教师 123 人，其中教授 34 人，占 27.6%，副教授 46 人，占 37.4%，博士学位 20 人，占 16.3%。教师中楚天学者 1 人，特聘教师 3 人，师资力量雄厚。

2. 具有先进水平的学科群。学科是一所学校的核心，化工与制药学院具有生物化工、制药工程、应用化学和化学工程四个省级重点学科，已申报化学工程一级学科博士点授予权。

3. 具有优良的科研教学设备。化工与制药学院拥有 1 个省级重点实验室，2 个中心。即 1 个湖北省新型反应器与绿色化学工艺重点实验室，2004 年完成日元贷款资助 300 万元人民币；1 个制药工程中心；1 个湖北省级基础化学实验示范中心，示范中心已投资 1000 万元，进行设备改造和更新。先进的教学科研设备，为生物技术专业的建设和发展以及科研和教学提供了重要的物质支撑。

4. 具有先进的办学理念和培育人才脱颖而出的软环境。武汉工程大学是一所地方性大学，其化工与制药学院作为其品牌院系，具有优良的办学理念，形成了较好的学风，积累了丰富的办学经验，为高素质的生物技术人才培养提供了较好的育人环境。

三、建立具有化工特色的生物技术人才培养方案和课程体系

人才培养方案是实施人才培养工作的根本性指导文件，是开展各项教学活动的基础，是组织实施教育教学过程的依据，反映了学校人才培养思想和教育理念，对人才培养质量具有重要的导

向作用。构建人才培养方案应紧密结合本校学科优势,确定人才培养目标,制定专业培养计划,建设课程体系,整合教学内容,改革教学方法。课程是体现教育教学理念的重要载体,是创新人才培养的重要途径。学生综合能力的提高源于宽广、坚实的基础理论知识,不仅要掌握本学科基础理论、基本知识,还应通晓其他学科的基本知识,形成综合性的知识结构体系。课程体系是实现专业培养目标,构建学生知识结构的中心环节,建立适应社会主义市场经济发展需要、体现生物技术学科内在规律、科学合理的课程体系极为重要。

根据教育部有关生物技术专业教学计划和人才培养方案的要求,结合武汉工程大学化工与制药学院的实际情况,在制订生物技术人才培养方案时,采取了如下做法。

1. 结合生物技术专业特点和化工学科优势,建立科学合理的课程体系

生物技术人才培养方案将课程分为六大模块,即公共基础课、学科基础课、专业主干课、专业方向选修课、实践性教学和全校任选课。课程共 170 个学分,2628 个学时,其中公共基础课共 66 个学分,占 38.8%,学科基础课共 46 个学分,占 27.1%,专业课共 17 个学分,占 10%,专业方向选修课共 8 学分,占 4.7%,全校任选课共 10 学分,占 5.9%,实践性教学共 23 个学分,占 13.5%。以公共基础课、学科基础课和专业课程三个主要层次构建生物技术专业课程体系。

2. 重视人文、法律基础和外语、计算机综合素质培养,适应现代社会对人才素质的要求

公共基础课主要包括数学、物理、外语、计算机、大学语文等,重视人文、法律基础和外语、计算机综合素质的培养,以适应现代社会对人才素质的要求。计算机、外语教学培养贯穿于人才培养全过程。如专业课程分子生物学和基因工程采用双语教学,以及毕业论文(设计)要求有 3000 字的外文翻译量等,强化外语能力培养;计算机除正常开设课程外,加开"计算机网络和多媒体技术",以及在毕业论文中要求全部使用计算机完成等,大力提高学生的计算机水平。

3. 以省级基础化学示范中心为平台,实现化工和生物基础学科的有机结合

学科基础课包括 4 大化学板块和生物基础板块。4 大化学依靠省级基础化学示范中心这一发展平台,强化学生的化工学科基础,形成化工特色;生物学科基础课包括植物生物学、动物生物学、微生物生物学和细胞生物学等,形成生物技术基础学科群。

4. 以生物化工和制药工程 2 个省级优势学科为依托,形成生物技术专业的生物化工和生物制药 2 个专业方向

专业课程包括专业主干课和专业方向选修课,专业主干课包括遗传学、分子生物学、基因工程、细胞工程、微生物工程和酶工程,专业方向选修课分为生物化工和生物制药 2 个方向。生物化工方向选修课包括化工原理、生物化工、生物分离工程及生物工艺学等;生物制药方向选修课有药理学、生物技术制药、生物制药工艺学等。2 个专业方向反映了因材施教的教学理念,结合学科特点,形成了生物技术人才培养特色。专业方向选修课中还有一些生物技术前沿任选课供学生选择,包括生物科学前沿、分子细胞生物学、蛋白质化学、生物信息学等,以此让学生能把握生命科学发展前沿,提高学生的科技创新意识和能力。

四、加强实践教学,构建科学的实践教学体系

现代素质教育就是要通过各种教育实践活动,最大限度地挖掘和培养人的固有素质和潜能,

要求高等教育应注重对学生动手能力、实践能力和创新能力的培养。而生物技术是由多学科交叉形成的理论与实践并重的新兴学科，实践教学是十分重要的教学环节。实践教学具有理论教学不可替代的作用，通过实践教学，可使学生加深对理论知识的理解，实现对理论知识的再认识。实践不仅能出真知，而且是创新的源泉，实践教学是培养学生创新意识的重要途径，而扎实的基础和创新能力是人才培养的核心。

生物技术是一门实践性很强的实验性学科，实践教学体系包括实验课教学、课程设计、认识实习、毕业实习和毕业论文（设计）等实践教学内容，这些对于学生创新意识和实践能力培养具有特别重要的意义。

1. 加强实验课教学改革, 强化学生化工和生物学科实验动手能力

武汉工程大学生物技术实验课立足两个基点，即强化化工和生物 2 个学科学生综合动手能力培养。在化工方面，以省级基础化学示范中心为平台，强化 4 大化学实验课程建设，同时，开设化工原理课程设计，加强对学生工程实践能力的训练，使学生具有明显的化工知识优势；在生物科学方面，开设了生物化学、微生物学、细胞生物学、遗传学和分子生物学等实验，使学生掌握生物技术基础实验技能，开拓创新能力。实验课程中，减少验证性实验，增强综合性、探究性和开放性实验，逐步加强研究性实验，建立多层次实验教学体系。

2. 建立校外实习基地, 确保培养目标实现

校外实习基地是培养学生动手能力以及培养应用型人才必不可少的场所，建立一批稳定的实践实习基地，可以促进学校与企事业单位优势互补，加强学校与企事业单位的联系与合作，为学生实习创造良好条件，极大地锻炼和培养学生的实践能力。武汉工程大学非常重视校外实习基地建设，分别与国内多家生物工程企业建立联系，确保教学实习目标的完成。教学实习分为认识实习（1 周）和毕业实习（4 周），在高新生物技术企业进行，使学生接触了工人、科技人员和企业实际，了解了国情，增强了社会责任感，拓宽了知识面和专业领域。

3. 坚持"宜化模式", 打造高水平的毕业论文

毕业生除了大部分在校内完成毕业论文外，还有一部分毕业生进入企业完成毕业论文。"宜化模式"是武汉工程大学与宜昌化工集团联合培养毕业生进行毕业论文（设计）的一种模式。毕业生到宜化集团结合企业实际选题研究，完成毕业论文，学校和企业均有指导教师，确保论文（设计）质量，这样的毕业论文质量高，联系实际好，被湖北省教育厅表彰推广。进入企业完成的毕业论文不仅论文题目与企业科研紧密结合，科研成果对企业发展有利，而且学生通过科研，熟悉且会使用常用科研设备，掌握生产工艺流程，大大提高学生实践动手能力、分析和解决问题的能力以及科学研究能力。2004 年毕业生在武汉科诺生物农药有限公司完成的毕业论文被评为湖北省首届大学生优秀毕业论文二等奖。

| 第二节 |

化工特色生物技术新专业建设实践

根据教育部对生物技术专业的建设要求，结合工科化工院校学科优势，进行了化工特色生物技术新专业建设实践，对专业建设中的人才培养模式、师资队伍建设、实验室建设、校外实习基地建设、教学方法改革以及育人机制进行了探讨，分析了专业建设效果。

生物技术是以生命科学为基础，利用生物体系和工程学原理生产生物制品和创造新物种的一门综合高新技术。工科化工院校如何彰显化工特色，建设具有化工特色的生物技术专业意义重大。

武汉工程大学生物技术新专业是在化学工程、制药工程、应用化学和生物化工等4个省级重点学科基础上组建的，学校就依托化工学科优势，建设具有化工特色的生物技术新专业进行了探索与实践。开展了人才培养模式研究、师资队伍建设、教学内容与方法改革、实验室建设和实习基地建设等新专业建设工作。经过多年的建设，目前基本形成了化工特色的生物技术人才培养模式、课程体系、实践环节教学体系、教学内容与教学方法改革体系以及育人体系。

一、广泛进行专业建设调研，精心作好专业建设规划

工科化工院校，建设生物技术新专业，涉足生物领域，是一项全新的工作，必须借鉴国内兄弟院校的经验，为此，我们采取查资料、利用互联网、到高校实地调研等方法，进行广泛调研和学习。由于生物技术专业是在现代生命科学基础上，结合了化学、化学工程、数学、微电子、计算机科学等学科而形成的一门多学科交叉融合的综合性学科，涉及领域非常广泛，任何一所高校都不可能培养面面俱到、行行精通的生物技术人才，因此，高校必须依托自身学科优势，办出自己的特色。生物技术专业建设必须依托化工学科优势，形成化工特色。在广泛调研的基础上，精心作好专业建设规划，对构建化工特色人才培养方案和人才培养模式、课程体系以及实验室建设、校外实习基地建设等，进行详细规划，为专业建设提供指导。

二、依托化工学科优势，构建具有化工特色的生物技术人才培养模式

根据化工学科优势，结合生物技术学科特点，构建了化工特色生物技术人才培养模式，其化工特色生物技术人才培养模式包括如下内容：

① 具有生物化工和生物制药的化工特色人才培养方案；

② 凸显化学和化工基础的化工与生物融合的课程体系；

③ 强化生物与化工双基础实验教学和以双赢校外实习基地为平台创新实习教学的实践环节教学体系；

④ 参与式与探究式的教学内容与教学方法改革体系；

⑤ 以高校政治文明建设促进优良学风和优良育人环境形成的育人体系。

三、加强师资队伍建设，打造一支结构合理的高素质的师资队伍

师资队伍对专业建设质量和人才培养质量至关重要，在师资队伍建设上，采取选送青年教师到重点大学培训、资助教师攻读博士学位、人才引进等方式，提高师资队伍质量，形成一支素质较高、结构较合理的具化工特色的师资队伍。

目前，生物技术专业有教师 13 人，其中教授 2 人，副教授 3 人，博士 4 人，博士在读 2 人；50 岁以上 1 人，40～50 岁 4 人，40 岁以下 8 人。专业教师均为硕士及以上人员，教师队伍中有生物化工和生物制药背景的教师有 6 人，占 46.2%，具有鲜明化工师资特色。

四、全力开展实验室建设，建设条件和环境优良的实验室

生物技术专业是由多学科交叉形成的理论与实践并重的新兴学科，实验教学是十分重要的教学环节，实验室建设至关重要。建设的实验室主要为生物技术专业实验室，实验室建设涉及实验室建设规划、实验室装修、设备采购与调试、实验大纲撰写、实验内容选定和实验课程的开出等环节。生物技术专业实验包括微生物学实验、生物化学实验、细胞生物学实验、遗传学实验和分子生物学实验。在学校已建成"微生物学实验室"和"生物化学实验室"的基础上，投资 100 多万元新建了"细胞生物学与遗传学实验室"和"分子生物学实验室" 2 个实验室。撰写了生物技术实验室建设规划和实验教学大纲，目前，上述专业实验均已正常运转。

五、广泛联系企事业单位，构建双赢的校外实习基地

生物技术专业是一门实践性很强的实验性学科，校外实习教学对培养学生的创新意识和实践能力具有特别重要的意义。高校扩招后，高校校外实习教学存在着实习基地难建、实习教学质量差等具体困难。其根本原因，是高校没有与校外企事业单位形成互利双赢的局面，校外实习教学对企业利益不大，企业对高校建设实习基地和支持校外实习教学缺乏内在动力。高校与校外企事业单位建立双赢的实习基地，企业积极性高，积极支持和参与高校校外实习教学，可较好地解决实习难和实习质量不高的矛盾。

对建设双赢的生物化工校外实习基地进行了探讨与实践，工作主要包括：深入细致作好校外实习基地前期选择工作；强化实习管理，外树学校形象；精心组织实习基地挂牌活动，引起较好社会反响；在成立企业科技开发中心、为企业举办各种人才培训、进行合作科学研究、为企业输送急需人才等方面，与校外企事业单位形成互利双赢的合作机制等。

目前，生物技术专业建设并挂牌了 4 个生物化工校外实习基地，这些基地为生物技术专业学生进行校外认识实习、生产实习、毕业实习以及毕业论文（设计）提供了有力保证。

六、积极开展教学内容与教学方法改革，提高教学质量

为了提高教学质量，真正使学生成为教学主体，培养学生自学能力、终身学习能力以及创新能力，进行了参与式、探究式教学改革，让学生参与课堂教学，采取课堂讨论、撰写小论文、学生上讲台演讲等方式引导学生参与互动。在教学过程中，利用教学课堂，力争教书育人；更新教案内容，介绍学科发展前沿；将学科有争议的问题和领域介绍给学生，让学生自己进行探究、研讨。教学改革分别在植物生物学、动物生物学、微生物学、基因工程等多门课程中开展，效果良好，活跃了课堂气氛，激发了学生学习热情，形成了教学的良性互动，大幅提高了课堂教学质量，教学效果受到学生好评。

七、深入进行优良学风与优良育人环境的育人机制研究，培养社会需要的合格的高素质人才

生物技术专业所属的化工与制药学院是武汉工程大学品牌院系，具有优良的办学理念，形成了较好的学风，积累了丰富的办学经验，为生物技术专业人才培养提供了较好的育人环境。

在优良育人机制研究上，着重以建设高校政治文明促进优良学风和优良育人环境的形成，把大学生培养成中国特色社会主义事业的建设者和接班人。

主要育人体系包括如下。

① 加强政工队伍建设。大力加强政治思想队伍建设，为大学生思想政治教育的开展提供坚强的组织保证。

② 营造良好育人环境。努力营造加强和改进大学生思想政治教育的良好社会环境和学校环境。

③ 加强组织领导。加强组织领导，健全大学生思想政治教育的保障机制。

④ 发挥课堂育人主导作用。创造性抓好思想政治理论课、哲学与社会科学课和其他各门课程建设，充分发挥课堂教学在教书育人中的主导作用。

⑤ 建立实践育人机制。建立大学生社会实践保障体系，探索实践育人的长效机制。

八、专业建设效果

生物技术新专业建设从 2003 级生物技术专业开始实施，武汉工程大学 2003 级生物技术专业有 2 个班，共 61 人。以 2003 级生物技术专业人才培养质量与效果进行专业建设效果分析与讨论。

1. 学生政治思想表现良好，学风端正，形成积极向上的育人氛围

2003 级生物技术专业 61 人中要求入党人数为 61 人，占 100%，入党人数共 28 人，占 45.9%。获三好学生、优秀团干、优秀学生干部等称号的 37 人次，占 60.7%，获各种奖学金的有 23 人次，占 37.7%。有 1 人次荣获"武汉工程大学杰出青年"称号，有 1 人次荣获"武汉工程大学优秀共产党员"称号。

2. 学生学习刻苦，学习成绩优良

2003 级生物技术学生专业课成绩优良，截至 2006 年 9 月，学生已学的专业课有 11 门，即植物生物学、动物生物学、生物化学、生化实验、微生物学、微生物学实验、细胞生物学、细胞生

物学实验、基因工程、遗传学、遗传学实验。成绩优良率（80 分及以上）占 61.70％，不及格率（60 分以下）仅为 1.64％。

3. 英语四六级通过率较高，英语素质较好

2003 级生物技术学生英语四六级通过率高，四级通过人数为 45 人，通过率 73.77％，六级通过 17 人，占 27.87％。2005 年有 2 名同学获全国大学生英语竞赛 A 级二等奖，1 名同学获三等奖。有 4 名同学在学校各类英语竞赛、英语表演等活动中获奖。

4. 学生综合素质有较大提高

2003 级生物技术专业有 1 名同学 2005 年荣获第十三届奥林匹克全国作文大赛（主赛区）一等奖，2 人次荣获"湖北省大学生田径运动会优秀运动员"称号，2 人次在湖北省大学生运动会标枪比赛中获得优异成绩，1 名同学 2006 年荣获武汉工程大学化学实验技能竞赛三等奖。8 人次在学校举办的各类素质教育和社会实践中获奖。

5. 专业建设学生满意度高

对 2003 级生物技术专业学生进行满意度调查，结果表明，满意的学生有 25 人，占 40.98％，基本满意的学生有 36 人，占 59.02％，满意率为 100％，调查表明学生对生物技术专业建设与人才培养模式是满意的，具有较好的认同感。

高校生物技术专业建设"十三五"规划探讨与实例

根据教育部对生物技术专业建设的要求和武汉工程大学专业发展现状，按照"优化专业结构、深化教学改革、提高教育质量、强化人才特色"的专业建设要求，进行了生物技术专业建设"十三五"规划的制定与探讨，为我国高等学校的生物技术、生物工程、生物化工、生物制药等专业教育教学改革以及专业建设规划制定提供参考。

高等学校专业建设是高校内涵建设和科学发展的核心内容之一，在高校教育教学改革与科学发展中具有重要的地位和作用。专业建设规划，是专业建设和人才培养的发展蓝图，制定和实施专业建设规划，是高等教育专业建设和人才培养中的一个重要环节，对专业建设和人才培养质量具有重要的意义。根据教育部对生物技术专业建设的要求和武汉工程大学专业发展现状，按照"优化专业结构、深化教学改革、提高教育质量、强化人才特色"的专业建设要求，结合学校"创新型、复合型，工程化、国际化"的"两型两化"人才培养要求和专业发展条件，制定了生物技术专业建设"十三五"规划，对专业建设现状、专业建设存在的主要问题、专业"十三五"发展目标、专业"十三五"发展主要措施、专业"十三五"发展保障政策等，进行了探讨，以期为我国高等学校的生物技术、生物工程、生物化工、生物制药等专业教育教学改革和专业建设与发展提供参考。

一、专业建设现状

武汉工程大学生物技术本科专业 2003 年起开始招生，2007 年开始有毕业生。专业依托学校化工与制药学科优势，目前，已经初步形成了生物化工与生物制药特色的课程体系与人才培养模式。

1. 师资队伍建设

生物技术专业现有专任教师 7 人，其中教授 1 人、副教授 3 人，具有博士学位 4 人，硕士研究生导师 4 人。2011—2015 年，本专业教师，在科研工作上，主持横向科研项目 2 项，纵向科研项目 9 项，其中，国家级 2 项，省部级 4 项，地厅级 3 项；参编学术著作 1 部；获得湖北省科技进步二等奖 3 项；发表科研论文 34 篇，SCI 收录 13 篇；获授权发明专利 3 项。在教学工作上，主持省级教学研究项目 1 项，校级教学研究项目 1 项；发表教学研究论文 11 篇；获得中国石油与化工联合会教学研究成果奖三等奖 2 项，校级教学成果奖三等奖 1 项；获得校教学优秀奖二等奖和三等奖各 1 项；获全国高校生物学教学研究优秀论文奖 1 项。

2. 专业基础条件及利用

本专业已经制定了较为完备的人才培养方案，形成了具有化工与制药特色的课程体系，"细胞工程"获批为校级考试改革示范课程。经过多轮人才培养方案修订，优化了实验教学课程，强化了实践教学环节。建设有微生物学实验室、生物化学实验室、细胞生物学实验室、遗传学实验室、分子生物学实验室等多个专业实验室，以及武汉科诺生物科技有限公司、武汉市农科院唯尔福生物科技有限公司、武汉如意集团等多个校外实习基地。

3. 人才培养模式改革

按照学校"两型两化"人才培养改革思路，本专业组织实施了多元化的人才培养综合改革，初步形成了生物化工与生物制药特色的专业办学模式，在课程设置上，除了生命科学课程外，还开设了化工原理、药理学、药物设计、生物技术制药等特色课程，培养学生既能把握生命科学发展方向与前沿，又具有生物化工与生物制药专业特色。人才培养模式改革成果获得了多项省部级和校级奖励。

4. 人才培养质量

通过稳妥地实施既定的人才培养方案，稳步地推进人才培养模式改革和教学改革，实现了规模和质量的同步提升，保证了人才培养效果。在近五年中，生物技术专业学生获湖北省生物实验竞赛等省级奖项 5 项，校级挑战杯奖项 2 项，应届毕业生获得省级优秀毕业论文共 9 篇，考研录取率为 25% 以上，毕业生每年就业率均在 90% 以上。

二、专业建设存在的主要问题

1. 师资队伍建设亟待加强

生物技术专业教师在数量、结构、素质等方面不能完全适应现有教学与科研的要求，不能满足教学与科研团队的建设。专任教师普遍缺乏双语教学和实践教学的能力，科学研究能力发展乏力；年龄、性别和学历结构不利于教学与科研团队的组建。

2. 专业基础条件需进一步改善

本专业教学投入少，除了 2002 年投入 60 万元进行专业实验室建设以外，专业建设投入较少。植物学与动物学实验室等专业必须开设的实验，学校还没有建设相应的实验室，校内实验室面积和校外实践基地还远不能满足实验教学和实践教学的要求，资源共享课程和视频公开课急需建设，特色鲜明的教材和案例较为缺乏。教学过程的规范化管理和质量评价标准亟需建设。

3. 人才培养质量需进一步提高

学生参加本专业大学生竞赛的积极性还不够，科学研究兴趣和能力也不高，动手实践能力还待完善。人才培养质量有待改善。专业毕业生就业签约率和高端就业率还不高。

三、专业"十三五"发展目标

1. 专业建设

按照"优化专业结构、深化教学改革、提高教育质量、强化人才特色"的专业建设要求，进一步优化专业的培养方案，向生物制药特色方向发展。申报校级资源共享课程和视频公开课1~2门，实现双语教学的课程1~2门，自编教材1~2本。稳定本科生教育，加快发展研究生教育。

2. 师资队伍建设

专任教师达到10人左右，其中教授3人以上，具有博士学位的教师6人以上，新增校级教学名师1人。在教师数量增加的同时，提升专任教师素质，科研与教研能力显著提高，50%的专任教师具备双语教学的能力。外聘5名左右双师型教学专家，提高专业实践教学能力与质量。

3. 人才培养质量

新增校级以上"质量工程"项目1~2项。省级优秀学士学位论文10篇左右。保持本科毕业生一次性就业率稳定在90%以上，着力提高本科毕业生高端就业率，考研录取率保持25%以上。

4. 教师科学与教学研究

获省部级科技成果奖1~2项，省部级教学成果奖1项，校级教学成果奖1项。主持纵向科研项目10项，其中国家级2~3项，省部级3~5项，发表科研论文35篇，其中SCI收录15篇。主持省级以上教学项目1~2项，校级教学项目1~2项。发表教研论文15篇左右。

四、专业"十三五"发展主要措施

（一）专业建设的主要措施

1. 进一步优化专业人才培养方案

根据国家和社会对生物技术专业人才培养的要求，以及国家生物技术产业发展现状与趋势，结合武汉光谷生物城的人才需求，密切关注学生的学习与就业情况，进一步完善和优化人才培养方案，使人才培养方案，更加符合国家生物技术产业和生物制药产业快速发展的节奏，使生物技术专业生物制药特色更加鲜明。

2. 规范专业教学管理

加强教学过程管理，制定教学管理制度，使专业教学有章可循，规范有序开展，明确、严格专业的培养质量标准，确保人才培养质量的稳步提高。

3. 改善实验教学条件

按照国家生物技术"专业标准"，新建"植物学与动物学实验室"，确保生物专业学生的生物学理论知识和实践知识的系统性与完整性。加快更新专业实验室的老旧、破损的仪器设备，确保专业实验高质量开出。规范专业实验教学内容，对实验内容进行优化更新，确保实验教学的先进性，切实提高实验教学质量。

4. 加快课程建设力度

选择"分子生物学""细胞生物学"等课程，作为双语教学课程进行建设。选择"细胞工程""植物生物学"等课程，作为考试改革课程进行建设。进一步完善专业课程之间的衔接，修改完善专业课程教学大纲，剔除课程之间的重复内容，明确各门专业课程必须讲好的内容，达到精简课程内容、提高教学质量的效果。在课程建设取得实效的基础上，积极申报和建设 1～2 门校级以上视频公开课和资源共享课程。

（二）师资建设的主要措施

1. 补充与强化师资力量

引进具有博士学位并且具有国外留学经历的年轻生物学博士 2～4 名，改善现有教师队伍的结构层次，聘请 3～5 名高水平的学者，担任专业客座教师，讲授相关课程，促进教师发展与专业发展。

2. 提高教师队伍的教学能力

通过师资培训与课程改革相结合的方法，分批派遣或采取轮训的方式，安排现有的 3～5 名教师到国内外著名高校，进行课堂学习、专业培训，更新教师专业知识，把握学科前沿和发展趋势，提高专业课程教学水平。每年安排 2～3 名教师，参加全国和全省教学研讨会，交流学习教育教学理念和教学经验，提高教学的理论水平和实际能力。

3. 提升专业教师队伍的科研能力

按照教师分类改革的要求，明确教师的分类和考核标准，科学合理组建教师科研团队，分批选派 1～3 名教师到国内外著名大学做访问学者或深入企业，参与企业实践，提高教师队伍的科研能力。

（三）人才培养的具体措施

1. 严格学生的学习管理

选派专业教师担任专业班主任和学习导师，定期举行交流会，了解学生课堂学习的情况，指导学生进行科学研究与论文的写作，强化学生实习、实验、毕业设计论文等实践能力的培养。

2. 提升学生的综合素质

加大校内外招生宣传力度，选拔更优质的生源进入生物技术专业的学习；建立奖励机制，加强学科竞赛、社会实践、素质拓展等第二课堂活动，培养学生的责任、团队、担当意识等。

3. 切实关爱学生成长

建立专业教师定点联系学生的导师制度，加强学生职业规划指导，尽早引导学生专业发展，对学生学习、生活、考研、就业等求学全过程，进行全方位关爱与帮助，确保本科毕业生一次性就业率稳步提高。

五、专业"十三五"发展的保障政策

学校要加强对生物学科的支持力度，在质量工程、课程建设、专业建设、师资队伍建设、资金投入等方面，要加大政策扶持力度，促进生物技术专业与其他专业协同发展。按照教育部的专业标准，生物技术等专业的投入应该在 200 万元以上，因此，学校要加大投入，支持专业发展。本专业"植物学与动物学实验室"已经纳入学校发展计划，学校应在资金、设备、面积等方面提供保障。

第四节

工科院校生物技术新专业建设规划的探讨

根据教育部对生物技术专业建设要求，结合工科化工院校学科优势，制定了化工特色生物技术新专业建设规划，对专业建设中的专业建设目标、师资队伍建设、实验室建设、校外实习基地建设、课程与教材建设、教学改革、图书资料建设以及科学研究进行了规划和探讨，为工科化工院校生物技术专业建设提供参考。

工科化工院校建设生物技术新专业，涉足生物领域，是一项全新的工作，如何依靠自身学科优势，建设具有工科化工特色的生物技术新专业，意义重大。武汉工程大学是一所工科化工院校，其生物技术专业是在化学工程、制药工程、应用化学和生物化工等4个省级重点学科基础上组建的，为了建设具有化工特色的生物技术新专业，进行详细的专业建设规划，为专业建设提供指导，对保证专业建设质量具有重要作用。

一、专业建设目标、人才培养目标及专业特色

根据生物技术专业本身生命科学特征，结合工科化工院校的学科优势，武汉工程大学生物技术专业建设目标是：经过四年建设，努力使生物技术专业成为无论在课程设置、实验设备、师资队伍及专业研究方向等各方面，能体现现代生命科学与技术发展方向与前沿，具有生物化工与生物制药鲜明特色的生命科学类专业。专业具有明显的生物化工和生物制药的化工特色。

本专业培养目标是：培养德、智、体、美全面发展，掌握现代生物技术系统理论、专业技能，具备从事生物工程设计、生产、管理和新技术研究、新产品开发能力的应用型高级生物技术人才。学生毕业后特别在生物技术产业化、生物化工、生物制药等方向具备开拓能力。工科化工院校设置生物技术专业，其学制为4年，应授予理学学士学位。

本专业培养要求是：学生经基础与专业理论的学习，接受本专业各实践教学环节的训练后，应获得以下几个方面的知识和能力：（1）具有扎实的基础理论、工程理论，熟练的外语和计算机应用能力；（2）掌握细胞生物学、分子生物学、遗传学、基因工程、细胞工程、发酵工程等专业理论与基本实验技术；（3）具备生物工厂设计、生产、管理和新技术研究、新产品开发的基本能力；（4）熟悉生物技术产业化、生物化工、生物制药等与生物工业有关的方针政策和法规；（5）了解当代生物工业发展动态和应用前景；（6）掌握文献检索、资料查询的基本方法，具有一定的科学研究和实际工作能力。

二、师资队伍建设规划

师资队伍的质量和水平对新专业建设具有重要的作用，高校建设新专业，应抽调与新专业相关专业的教师，组成新专业的基本教师队伍，在此基础上，根据新专业学科发展需要与学校学科优势特色，采取学校培养、外出培训、鼓励攻读博士学位和人才引进等方法进行师资队伍建设。师资队伍建设重要的是要建设一支职称结构、学历结构、年龄结构和学缘结构合理的教师队伍。按照每年招收 2 个班，每班 30 人，4 年在校生 240 人，师生比为（1：16）～（1：18）计算，生物技术新专业需要教师 13～15 人，其中专业专任教师必须有 10 人以上。按高级职称教师≥30％计算，新专业必须有 3 人以上高级职称，学缘必须有 3 个以上的不同高等院校。师资队伍建设规划，要根据师资队伍现状与专业建设进度，对师资的培训培养、攻读学位、引进等进行周密的安排，对师资的学历学位、职称、年龄、任课所需专业等做好年度计划。

三、实验室建设规划

生物技术是在现代分子生物学基础上结合化学、化学工程、计算机、微电子技术等尖端科学而形成的一门理论与实验交叉融合的高新技术，实验教学极其重要，实验室是实验教学的重要平台，实验室建设意义重大。目前，生物技术专业实验室建设有如下特点：①生物技术专业生物类实验课程较多，实验内容丰富，一般有 6～10 门实验课，如，基础生物学实验、微生物学实验、生物化学实验、细胞生物学实验、遗传学实验、分子生物学实验等；②实验室设置专业化，如设置显微镜室、无菌工作室、紫外分光光度测定室等；③设备先进，生命科学发展迅速，科研设备日新月异，一些新设备、高精度仪器在实验室大量涌现；④实验室配备专业实验技术人员。

实验室建设规划应包括：建设实验室的名称；实验室承担的实验内容；每个实验内容开出所需的设备及低值易耗品种类、单价、数量；设备及低值易耗品采购计划；实验教材的选定与教学大纲编写；实验室装修与布置；实验室建设时间进程安排等。实验室建设规划应与生物技术新专业建设进程相吻合。

根据生物技术专业特点，生物技术专业开设生物类实验必须开设微生物生物学实验、生物化学实验、细胞生物学实验、遗传学实验和分子生物学实验等 5 门实验课程。要组建 4 个实验室，即微生物学实验室、生物化学实验室、细胞生物学与遗传学实验室、分子生物学实验室。以后随着学科发展，还应组建生物学实验室，负责植物生物学实验和动物生物学实验。规划按开一个标准班 30 人计算，4 个实验室共需投资约 200 万元，用房面积 580m²，其中实验室面积为 120×4＝480m²，实验准备室、办公室和库房约 100m²。

四、校外实习基地建设规划

校外实习教学对培养学生专业实践能力和动手能力具有不可替代的作用，通过实习教学，可以使学生了解国情，增强群众观念，加深对理论知识的理解，提高学生的知识运用能力，充分挖掘学生的固有潜能。建设一批稳定的校外实习教学基地，为校外实习教学提供较好的教学平台，对专业人才培养目标的实现意义重大。在实习基地建设上，应与校外企事业单位广泛联系，为实习基地提供人才培养、技术服务、产品开发等服务，与实习基地形成双赢的合作机制，这样，实习基地才会积极参与实习教学，大幅提高实习教学质量，高校校外实习基地要签署协议，挂牌运行。建设实习基地要遵循就近、专业对口、互惠互利、基地实习条件能满足实习教学的原则。校外实习基地建设，应根据教学计划中实习教学时间安排，分批建设。生物技术专业在校生为 8 个班，应建校外基地 3～4 个，分 2 批建设，第一批基地 1～2 个，满足认识实习和生产实习要求；第二批基地 1～2 个，满足毕业实习和毕业论文要求。

五、课程设置与教材建设规划

工科化工院校生物技术专业的课程设置必须结合自身特点，在普通院校生物技术专业课程的基础上，突出生物技术在化工中的应用，必须与化工相结合。其涉及的主干学科为生物学、化学、工程学。生物技术专业的课程体分为 6 大模块，即公共基础课＋学科基础课＋专业主干课＋专业方向选修课＋实践性教学＋全校任选课。课程体系彰显生物与化工 2 个学科课程融合特色。

在生命科学课程方面，开设植物生物学、动物生物学、微生物学、细胞生物学、生物化学等，形成生物技术基础学科群，分子生物学、遗传学、基因工程、细胞工程、酶工程和发酵（微生物）工程等专业主干课，以及生物分离工程、生物技术制药、生物制药工艺学等，把握生命科学的发展方向与前沿，强化学生生命科学专业的背景与特色。

在化工学科课程方面，以武汉工程大学湖北省省级基础化学示范中心为平台，开设无机化学、有机化学、分析化学、物理化学 4 大化学，以及化工原理、生物化工、药理学、药物设计等，凸显化学和化工基础，形成化工特色和生物化工与生物制药 2 个专业方向。

课程建设与教材建设规划包括课程教学大纲的编写、优质课程建设规划、教材选定和教材的编写等方面。应有具体的时间安排。编写课程教学大纲要精简教学内容，删除重复内容，注重课程前后衔接，突出生物与化工的有机融合。优质课程建设，将细胞生物学、分子生物学、基因工程等 3 门课程建设为学校优质课程。选定的教材 80％应为 21 世纪教材、十五教材等优秀教材，并引进一批英文原版教材。根据生物技术专业发展和人才培养需要，编写 1～2 部适应工科化工院校生物技术专业本科教学的教材。根据实验教学进程，编写 1～3 部适应工科化工院校生物技术专业实验教学的实验教材或讲义。

六、教学改革

教学改革包括理论教学改革、实验和实习教学改革、双语教学和教学研究等方面。为了提高教学质量，真正使学生成为教学主体，培养学生自学能力、终身学习能力以及创新能力，理论课教学要进行参与式、探究式教学改革，让学生参与课堂教学，采取课堂讨论、撰写小论文、学生上讲台演讲等方式引导学生参与互动。在教学过程中，利用教学课堂，力争教书育人；更新教案内容，介绍学科发展前沿；将学科有争议的问题和领域介绍给学生，让学生自己进行探究、研讨。教学改革应分别在植物生物学、动物生物学、微生物学、基因工程等多门生物课程中开展，活跃课堂气氛，激发学生学习热情，形成教学的良性互动，大幅提高了课堂教学质量。在实验课程教学改革上，在提高基础性实验技能的前提下，要逐步开展综合性、设计性、研究性实验，提高学生的动手能力、创新能力和科学研究能力。在双语教学上，生物技术专业双语教学课程应超过 10％，将细胞生物学、分子生物学等课程采用双语教学。在教学研究上，应有一定的校级及校级以上的教研项目，提高专业教学改革水平。

七、图书资料建设和科学研究规划

工科化工院校建设生物技术新专业，涉足生物领域，是一项全新的工作，生物类图书和期刊较少，不能满足学校发展生物类学科的需要，相关图书资料应大力抓紧建设。生物技术专业图书资料建设，应分年度投入落实，生均藏书应超过 100 册。按年均招收 2 个班 60 人，在校生 240 人计算，图书资料至少需要 2.4 万册。在科学研究方面，在生命科学、生物化工与生物制药方向形成特色，对科研项目、科研论文、科研成果与专利等进行科学合理规划，为生物技术新专业建设注入活力。

八、教书育人与学生思想政治工作规划

要以学校党政干部、共青团干部、政治辅导员等思想政治工作队伍为主体，以课堂教学为主渠道，以理想信念教育为核心，以爱国主义教育为重点，以思想道德建设为基础，以大学生全面发展为目标，加强和改进大学生思想政治教育工作，营造体现社会主义特点、时代特征和学校特色的校园文化和良好育人环境，加强对大学生的法治教育、诚信教育和心理健康教育，培养大学生自强不息、诚实守信、勇于探索的精神和优良学风，把大学生培养成社会主义的建设者和接班人。

参考文献

[1]　韩新才，潘志权，丁一刚，等．构建化工特色的生物技术人才培养方案的探讨［J］．化工高等教育，2005，（3）：26-29.

[2]　韩新才，潘志权，丁一刚，等．化工特色生物技术新专业建设实践［J］．化工高等教育，2006，（6）：31-33.

[3]　韩新才．高校生物技术专业建设"十三五"规划探讨与实例［J］．课程教育研究，2016，（4月中旬刊）：166-167.

[4]　韩新才．工科院校生物技术新专业建设规划的探讨［J］．广东化工，2010，37（5）：261-262.

[5]　陆兵，宫衡，陈国豪．生物工程专业课程体系的研究与实践［J］．化工高等教育，2003，（4）：78-82.

[6]　曹军卫，杨复华，张翠华．生物技术专业建设的实践与探索［J］．微生物学通报，2002，29（2）：99-101.

[7]　李红玉，罗祥云，陈强．利用现有学科优势，因地制宜，创办具有自身特色的生物技术专业［J］．高等理科教育，2002，（2）：48-51.

[8]　常维亚，邢鹏，赵莉．利用优势资源，构建研究性大学本科人才培养方案［J］．中国高等教育，2004，（2）：31-32.

[9]　鞠平，任立良，陈怀宁．构建高素质创新人才培养体系的思考与实践［J］．中国大学教学，2004，（4）：34-35.

[10]　刘学春，彭清才，于林．高等农业院校生物技术专业人才培养的探讨［J］．山东农业教育，2001，（1）：8-11.

[11]　李志勇．细胞工程［M］．北京：科学出版社，2005.1.

[12]　张玉霞．我校生物技术专业建设管见［J］．赤峰学院学报（自然科学版），2005，21（1）：31-32.

[13]　胡兴昌．生物技术专业建设的探索性研究［J］．上海师范大学学报（教育版），2003，32（3）：38-41.

[14]　刘哲，罗玉柱．农业院校生物技术专业建设的探讨［J］．中国农业教育，2003，（4）：18-20.

[15]　龚明生，宋世俭．政思工作在高校政治文明建设中的作用［J］．武汉化工学院学报，2005，27（6）：40-42.

[16]　龚明生．对高校政治文明建设的几点思考［J］．学校党建与思想教育，2005，（12）：64-65.

[17]　袁学军．园艺专业五年发展建设规划的探讨［J］．教育教学论坛，2015，（9）：281-282.

[18]　柳晓斌．高职财经类专业"十三五"规划应考虑的几个主要问题［J］．现代经济信息，2015，（2）：385-386.

[19]　海洪，金文英．生物工程专业建设的探索与实践［J］．广西轻工业，2008，（12）：200-201.

[20]　曹军卫，杨复华，张翠华．生物技术专业建设的实践与探索［J］．微生物学通报，2002，29（2）：99-101.

[21]　胡兴昌．生物技术专业建设的探索性研究［J］．上海师范大学学报（教育版），2003，32（3）：38-41.

[22]　范同顺，杨晓玲．建筑智能化专业建设规划之分析［J］．安徽建筑工业学院学报（自然科学版），2004，12（4）：77-79.

[23]　刘天军，朱玉春．农业院校电子商务专业建设规划与构想［J］．高等农业教育，2003，（5），38-39.

注：本章是如下基金项目研究成果。"十一五"国家课题"我国高校应用型人才培养模式研究"的重点子项目"生物技术专业应用型人才培养机制创新研究"（FIB070335-A10-01）；湖北省高等学校省级教学研究项目（20050355）。

第八章

一流课程和课程思政的教学改革研究与实践

| 第一节 |

植物生物学教学中绘制植物生活史简图的探讨

植物生活史是植物生物学教学的重要内容，也是植物生物学教学的一个难点。因为植物类型复杂，植物的生活史因植物类型不同而不同，因此，学生理解和掌握植物生活史有一定的难度。本文经过多年的教学归纳总结，绘制了一个涵盖所有植物类型的植物生活史简图，非常有利于植物生物学的课程教学和学生记忆与掌握，以期为植物生物学教学中植物生活史教学与改革提供参考。

生活史指从一个植物体的某一生长发育阶段（如孢子体）开始，到其子代重现这一生长发育阶段的过程，包含植物体从出生到生长、发育、繁殖的重要的个体发育阶段。不同植物类群的生活史，既相似又不同，而且伴随植物从低等到高等不断进化，是贯穿植物系统发育的重要概念。

植物生物学，具有内容杂、学科广、术语多的特点，因此，学习植物生物学难度较大，具有明显的高阶性、创新性和挑战性。植物包括藻类植物、苔藓植物、蕨类植物、裸子植物和被子植物等多种类型，每一类植物都有其生活史，各种植物的生活史都不同。在各种教材和教学论文中，为了便于学生学习，都对不同种类的植物，绘制了不同的生活史图。这些植物生活史图，具有科学、具体、形象等优点，但是，普遍存在着知识点复杂繁琐、难以记忆掌握等不足，要死记硬背这些植物的生活史难度较大。能不能归纳总结出一个涵盖全部植物种类的植物生活史，绘制一个简图，便于记忆和理解？

植物生物学的课程教学，提出了这个问题，而各种教科书和教学文献都没有这个问题的答案。为此，我们在学习完植物所有生活史后，归纳总结，绘制了一个简洁的植物生活史简图，这个植物生活史简图，是20多年来植物生物学课程创新教学的一个尝试，以期为植物生物学课程教学中植物生活史的课程教学与改革提供参考。

一、植物生活史简图说明

植物生活史简图（图1）说明如下。植物生活史简图包括的植物，是植物界的各类植物，如藻类植物、苔藓植物、蕨类植物、裸子植物和被子植物等。

1. 藻类植物

藻类植物情况复杂，包括3种情况，即藻类植物的藻体，有的是二倍体（$2n$）1类植物体如鹿角菜属（*Pelvetia*）、有的是单倍体（n）1类植物体如水绵属（*Spirogyra*）、还有的藻体包含

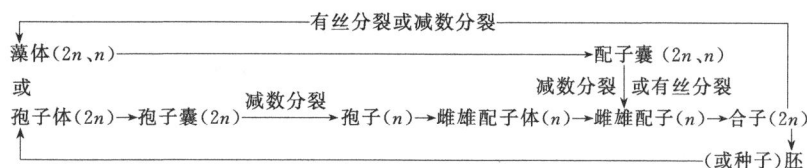

图 1 植物生活史简图

有孢子体和配子体 2 类植物体如海带（*Laminaria japonica*）。

（1）藻体是二倍体（$2n$）的藻类植物。如鹿角菜属、硅藻门（*Bacillariophyta*）等。藻体（如鹿角菜 $2n$），产生配子囊（$2n$）→减数分裂→配子（n）→合子（$2n$）→有丝分裂→藻体（如鹿角菜 $2n$），完成生活史。

（2）藻体是单倍体（n）的藻类植物。如水绵属、衣藻属（*Chlamydomonas*）等。藻体（如水绵 n），产生配子囊（n）→有丝分裂→配子（n）→合子（$2n$）→减数分裂→藻体（如水绵 n），完成生活史。

（3）藻体具有孢子体和配子体的藻类植物。如海带、紫菜（*Porphyra tenera*）等。藻体（如海带孢子体 $2n$），形成孢子囊（$2n$）→减数分裂→孢子（n）→萌发生长→配子体（n）→配子（n）→合子（$2n$）→有丝分裂→孢子体（如海带孢子体 $2n$），完成生活史。

2. 苔藓植物、蕨类植物等孢子植物

如葫芦藓（*Funaria hygrometrica*）、蕨（*Pteridium aquilinum*）等。

孢子体（如孢子植物葫芦藓 $2n$），形成孢子囊（$2n$）→减数分裂→孢子（n）→孢子散发离开孢子体后，孢子萌发→配子体（n）→配子（n）→合子（$2n$）→形成胚（$2n$）→胚萌发生长→孢子体（如孢子植物葫芦藓 $2n$），完成生活史。

3. 裸子植物和被子植物等种子植物

如马尾松（*Pinus massoniana*）、陆地棉（*Gossypium hirsutum*）等。

孢子体（如种子植物马尾松 $2n$），生长发育，形成孢子囊（$2n$），该孢子囊（$2n$），简化为寄生在孢子体内的孢子母细胞（$2n$），孢子母细胞（$2n$）通过减数分裂，形成孢子（n）。该孢子并不像苔藓、蕨类等孢子植物一样，散发后离开孢子体，而是寄生在孢子体的体内，然后，孢子萌发生长→配子体（n）→配子（n）→合子（$2n$）→产生种子→种子萌发→孢子体（如种子植物马尾松 $2n$），完成生活史。此类植物因为形成种子，故为种子植物，这是与孢子植物的显著不同之处。

二、植物生活史简图特点和创新点

在植物生物学教学中，为了解决植物生活史教学难点问题，对植物生活史的探讨一直在进行，但是，这些论文文献中绘制的植物生活史图，主要包括孢子植物生活史、植物常见的 3 种类型生活史（配子型生活史、合子型生活史、孢子型生活史）等，都是多图说明植物的生活史，不是用一个简图来说明，而且这些图，没有包含植物生长发育主要过程和生物进化演化进程。各类教材文献，生活史图科学规范，包含植物生长发育过程，但是都是各种植物类群的生活史图，烦琐难记。

绘制科学规范、简洁明了、易于掌握的植物生活史简图，是师生殷切希望的。我们通过 20 多年教学实践，师生共同努力，归纳总结形成的植物生活史简图，用最简洁的图和文字，显示藻类植物、苔藓植物、蕨类植物、裸子植物、被子植物等全体植物的生活史过程，特点如下。

既有核相变化（单倍体 n 和二倍体 $2n$）和有性生殖区别（合子直接发育形成低等藻类植物、合子形成胚产生有胚植物、合子形成种子产生种子植物），又有植物生长发育主要过程和植物生活史的主要类型（配子型生活史、合子型生活史、孢子型生活史），还有植物从低等到高等，即藻类植物到苔藓植物、蕨类植物、裸子植物、被子植物的生物演化发展过程。

师生共同绘制的植物生活史简图，将个体发育与系统发育贯穿于一幅生活史简图中，将植物从低级向高级，从简单到复杂进化的系统演化（phylogenetic evolution）过程，贯穿植物的生活史简图中，创新价值明显。

三、绘制植物生活史简图的思考

学习掌握植物生活史，是植物生物学教学重点和难点。上完植物生物学课程，学习了各种植物的生活史，学生们了解了植物生活史，主要有 3 种类型，即，配子型生活史（也称配子减数分裂）、合子型生活史（也称合子减数分裂）、孢子型生活史（也称孢子减数分裂），如何将这 3 种类型生活史融会贯通，创新教学内容，变成一个简图？需要师生共同努力。

配子型生活史和合子型生活史，为藻类植物所特有，没有孢子。让学生们将这两类生活史融合绘制一个简图，即为：藻体→配子囊→配子→合子，合子有丝分裂或减数分裂，形成藻体，即图 1 的上中部分。孢子植物、种子植物以及产生孢子的藻类植物（如海带、紫菜等）的生活史是孢子型生活史，让学生们将该类生活史绘制一个简图，即为：孢子体→孢子囊→孢子→配子体→配子→合子，即图 1 的中间部分。产生孢子的藻类植物，合子有丝分裂，形成藻体（孢子体），完成图 1 上面的循环。有胚或有种子的植物，合子形成胚或种子，胚或种子萌发生长发育，形成孢子体，完成图 1 下面的循环。

绘制易于掌握和记忆的植物生活史简图，将低等植物与高等植物的生活史融会贯通于一图中，难点是寻找低等植物与高等植物生活史融会贯通的"主线"和"结合点"。参考国内多部植物生物学相关教材，以及植物生活史相关论文，将"孢子"作为"主线"，将"配子"作为"结合点"，将"配子囊"作为"支线"，就可以将全部植物的生活史融为一体了。

孢子在植物演化中具有重要作用，在全体植物中，如低等藻类植物（海带和紫菜）、高等的孢子植物（苔藓植物和蕨类植物）、高等的种子植物（裸子植物和被子植物），都有孢子的身影。孢子的形成、生长发育和演化，贯穿在植物生长发育和生活史的全过程，以"孢子"为主线，就可以将低等植物与高等植物的植物生活史融会贯通于一图中。

配子是植物有性生殖细胞，配子的产生和融合发育是植物有性生殖的重要过程，在植物生活史中意义重大。低等藻类植物与高等植物生活史的"结合点"是"配子"。

配子囊（$2n$、n）是不产生孢子的低等藻类植物（如鹿角菜属和水绵属等）的藻体形成的特殊结构，配子囊通过减数分裂或有丝分裂，形成配子（n），这条"配子囊"支线，与"孢子"植物主线，在"配子"这个"结合点"连通，就构成了植物生活史的完整版图。

植物形成配子后，雌雄配子融合，产生"合子"，合子发育演化，形成三条路径。一是合子直接有丝分裂或减数分裂，形成低等藻类植物；二是合子形成胚，演化为有胚植物；三是合子形成种子，演化为种子植物。

这样，绘制的植物生活史简图，不仅包括全部植物生活史类型，而且包含植物生长发育过程和植物演化进化路径。简图简洁明了，知识点内涵丰富，一图在手，胸有成竹，整本植物生物学书都装在了心中。

四、植物生活史简图的释疑解惑教学作用

孢子是植物产生的无性生殖细胞，是植物孢子囊中孢子母细胞减数分裂形成的单细胞单倍体结构，是孢子植物的重要特征。无论是低等藻类植物，还是高等的苔藓植物、蕨类植物、裸子植物和被子植物，其生活史都离不开孢子，孢子在植物系统演化中具有重要作用。

学生们能够理解孢子在孢子植物中的功能及其形成、产生方式。那么，种子植物有孢子吗？孢子在种子植物演化中存在吗？简图中，孢子囊减数分裂形成孢子，而种子植物没有孢子囊，那么，种子植物的孢子从哪里来？这些在植物学教学中都是学生必须搞清楚的重点与难点。

种子植物虽然没有孢子囊，但是，也可以产生孢子，其孢子是植物体内的孢子母细胞减数分裂而来，因此种子植物有孢子。种子植物产生的孢子，不像孢子植物把孢子粉散发出去，孢子萌发后即可形成孢子植物，而是将产生的孢子寄生在植物体内，孢子在体内生长发育，形成配子体，如雄配子体"花粉"、雌配子体"胚囊"。种子植物产生的这些孢子、配子体都寄生在孢子体内。教师这样讲解，学生们就会恍然大悟，通过孢子，把藻类植物、孢子植物和种子植物联系起来了，对植物系统演化有了更深入的理解。

又如，配子体形态结构和功能是植物生物学的教学重点之一，因不同植物而不同。孢子植物（如苔藓植物、蕨类植物）雄配子体是棒状精子器，雌配子体是颈卵器；种子植物（如裸子植物、被子植物）雄配子体是花粉，雌配子体是胚囊（裸子植物是颈卵器）。苔藓植物生活主体是配子体，配子体发达，孢子体寄生于配子体上；蕨类植物生活主体是孢子体，孢子体和配子体都可以独立生活；种子植物孢子体发达，配子体寄生在孢子体内。

再如，植物有性生殖区别是植物生物学课程教学重点和难点之一。原核藻类，如蓝藻、原绿藻等，没有有性生殖，生活史简单，不用绘制生活史图，学生也能够掌握。

而真核藻类和苔藓植物、蕨类植物、裸子植物、被子植物等高等植物，均有有性生殖，而且有性生殖过程复杂。植物生活史简图，以有性生殖为核心，通过"合子"这一枢纽，显示植物有性生殖区别：（1）合子直接有丝分裂或减数分裂，形成新藻体，这是低等藻类植物的有性生殖方式；（2）合子形成胚，胚发育形成孢子体，这是孢子植物苔藓和蕨类植物的有性生殖方式，有胚，是高等植物与低等藻类植物的重要区别；（3）合子形成种子，种子萌发，形成孢子体，这是种子植物裸子植物和被子植物的有性生殖方式。以上3个方向，显示了三大植物类型藻类植物、孢子植物和种子植物的显著区别，使学生对不同种类植物的本质区别有了根本认识，使植物生活史过程一目了然。

五、结束语

以学生学习为中心，持续改进教学内容和教学方式方法，不断提升学生创新素质和能力，是新时代教学改革的方向。基于知识点的知识图谱构建，可以有效解决教与学的问题。本文以植物生物学课程知识为核心，梳理知识结构关系，构建植物知识点之间的关联，绘制的植物生活史简图，以系统化、逻辑化、结构化、可视化的形式，展现植物生活史完整知识架构，是优化教学内容，创新教学方式方法的有益尝试，对植物生活史教学，具有一定的参考借鉴价值。随着植物生活史研究的不断深入，将为未来植物生活史教学改革提供新的方向和思路，也将引领植物生活史知识图谱的构建，更加科学规范。

基于创新性复合型人才培养的高校课程综合教学改革研究

　　以学生学习为中心，持续开展教学方式方法改革，提高学生创新性复合型人才素质与能力，是新时代高校课程教学改革方向。文章论述了武汉工程大学基于创新性复合型人才培养的课程综合教学改革的思路、实践和效果，以期为我国高校基于创新性复合型人才培养的课程教学改革发展提供参考。

　　高校生物类课程教学改革，对提高大学生的创新创业能力，培养"生物＋"复合型人才，真正地打造学生喜爱的"金课"，真正地提高课程教学质量，真正地促进高等教育内涵发展，具有主要的理论和实践价值。

　　新时代课程教学改革，已成为国内高校教学改革的热点，仅知网该关键词的文献就达 34000 多条，如生物化学（赵雪琳，2019）、分子遗传学（魏小凤，2019）、植物生长发育调控（程佳燕，2019）等，其课程教学改革主要是基于工程认证（韩本勇，2020）、应用型人才培养（许崇波，2019）、新工科（尹强，2019）等；基于创新创业能力培养的文献较多（李林杰，2020；王芳，2022；邹志明，2019；等）；基于创新性复合型人才培养的课程教学改革与研究文献相对较少，赵丹（2022 年）与李岩（2022 年）分别就"园林植物造景"和"人工智能导论"课程进行了创新性复合型人才培养的课程教学改革。

　　关于基于创新性复合型人才培养的生物类课程综合改革研究与实践，目前尚未见报道。

　　开展基于创新性复合型人才培养的生物类课程教学综合改革，对促进教学工作、提高教学质量的目的和意义是：

　　（1）构建基于创新性复合型人才培养的课程综合改革创新体系，对提高我国高校课程教学质量与人才培养质量，具有重要的理论意义和实践价值。

　　（2）改革传统的课程教学封闭模式，探讨与实施"线上＋线下""理论＋实践""校内＋校外"以及"教学＋科研""课程＋思政""授课＋竞赛"等综合改革，对"双一流"背景下，课程教学促进创新性复合型人才培养具有重要的示范作用。

　　（3）将课程教学与学科竞赛、校长基金、毕业设计论文、科学研究有机结合，打造学生创新素质和能力；将生物课程教学与光谷生物城的生物化工与生物医药高新技术企业，进行实习实践对接，打造学生生物医药和生物化工复合型人才特质，对提高大学生服务社会创新创业能力具有重要的实践意义。

一、基于创新性复合型人才培养的高校课程综合教学改革思路

1. 构建基于创新性复合型人才培养的课程教学综合改革创新体系

根据我国高校课程教学与创新性复合型人才培养存在的具体问题，拟定解决对策和措施。以创新性复合型人才培养为目标，对标课程教学改革，构建基于创新性复合型人才培养的课程教学综合改革创新体系。解决高校创新性复合型人才培养与课程教学"两张皮"相互脱节的问题。

2. 开展基于创新性复合型人才培养的课程综合改革

以作者主讲的校级课程综合改革课程"植物生物学"与"细胞工程"和校级课程思政示范课程全校公选课"生命科学导论"为依托，探讨与实施"线上＋线下""理论＋实践""校内＋校外"以及"教学＋科研""课程＋思政""授课＋竞赛"等综合改革，理论与实践相结合、线上与线下相结合、教学与科研相结合、课堂与竞赛相结合，全方位打造精品课程和学生喜爱的金课，为创新性复合型人才培养提供课程综合改革方案与创新模式。形成的课程综合改革创新机制，解决高校课程教学质量不高、难以达到学生和社会期望的问题。

3. 改革课程教学模式和教学内容与教学方式方法，全方位、多领域、深层次地打造一流课程

以激发学生学习兴趣为目的，深入实施"一教二主三化"课程改革，即"关爱学生、因材施教；自主学习、自主考试；沉闷化为轻松、抽象化为具体、复杂化为简洁"。切实提高课程教学质量以及学生的分析问题、解决问题的实际能力与素质，全方位、多领域、深层次地打造一流课程。

4. 强化科研训练与产业实践，培养学生"生物＋化工""生物＋医药"的创新性复合型人才特质

以全国大学生生命科学竞赛和湖北省生物实验技能竞赛与科研实训为主线，结合校长基金、中国科学院武汉植物园等校外科研单位实际科研训练，培养学生创新素质和能力。以武汉光谷生物城为依托，与光谷生物城生物化工生物医药企业紧密结合，以现代生物技术企业为依托，开展"细胞工程""植物生物学"等专业课程的实践教学、专业实习、专业训练，培养学生"生物＋化工""生物＋医药"的复合型人才特质。解决高校学生创新能力不足，专业特色不鲜明，人才培养质量难以适应现代社会对高素质人才需求的问题。

二、基于创新性复合型人才培养的高校课程综合教学改革实践

1. 构建了"一教二主三化"地方高校课程教学改革新模式

为了提高课程教学质量，让课程教学"活起来"、学生"参与进来"、课程教学质量"高起来"，构建了"一教二主三化"的课程教学改革新模式，其鲜明特色在于改变了地方高校在生物类课程教学中存在的被动学习、教学模式固化、教学评价单一等难点和痛点，形成因材施教的多层次人才培养体系，从而使生物专业成为支援区域发展的人才培养基地。

通过近20年的探索与实践，我们开展的"一教二主三化"课程教学改革，充满正能量和创新思维，提高了学生学习兴趣，课堂没有"迟到早退和旷课"、没有"低头族"、没有"打瞌睡"、经常有外校和外专业的学生来"蹭课"，大幅度提高了课程教学效率和人才培养质量。

2. 探讨了基于创新性人才培养的"学生出卷子考试"改革新机制

构建了新颖的"学生自主出卷、答卷、教师评卷"的课程考核改革新机制。有效推动了学生从被动学习向主动学习，消极接受到积极思考的学习模式的改变；显著促进了教师从单一固化的教学模式向多元灵活的教学模式，以及直接的考试评价方式到跟踪学习全过程的考核评价方式的转变。形成了培养学生自主学习能力和创新能力的新模式。

3. 实施"理论教学、产业实践、课程思政"的"三结合"教学方法，提升课程教学质量

理论教学：通过"板书"，突出重点和难点内容，吸引学生注意力；利用图片、动画、视频等"多媒体教学"，生动形象地演示各种抽象的技术原理和过程，给学生留下生动印象；通过"合作学习、研讨式学习"等，师生共同努力，以最精简的语言来掌握知识点，使教学变得简单明了，使学生掌握知识变得轻松。

例如，在植物生物学课程教学中，以创新性人才培养为主线，大学四年不断线，大一理论教学，大二大三实验实习，大四毕业论文，理论教学打基础、实验教学强能力、实习教学长见识、毕业论文重创新，其"理论、实验、实习、毕业论文""四位一体"的教学改革与实践，取得了较好的成效。通过实施教学改革，解决学生课堂教学"主体性不强、参与度不高、教学质量不优"的问题，大幅度提高学生的教学主体地位，以及学习积极性主动性创造性，使学生具有扎实的植物学基础知识、鲜明的创新素质、显著的植物学科学研究与实践动手能力，把"植物生物学"课程打造成精品课程和学生心目中的真正"金课"。教学改革成果，2021 年在 RCCSE 核心刊物《化工高等教育》发表教研论文一篇。

产业实践：在武汉光谷生物城高新技术企业，实习实施"一岗二同三边（顶岗实习、同吃同住、边劳动边学习边实践）"教学改革，毕业设计论文实施"333 工程（产学研三方、真题真做真项目、生物化工医药三结合）"，将理论知识与产业实践有机结合，提高学生创新能力与生物化工生物医药复合型特色。将科研成果转化为教学内容，提高学生科研前沿的理解与掌握。

课程思政：在专业课程教学中，将专业知识教育与思想政治教育融为一体，实现知识传授、能力培养和价值塑造的课程教学目标。

例如。在"生命科学导论"课程教学中，根据生命科学导论课程教学特点，充分挖掘课程思政元素，将思政教育与生命科学教育融为一体，引导学生将自己的人生价值融入中华民族伟大复兴中国梦的实践中。将科学发展史、新时代中国特色社会主义核心价值观、历史事件、科学家花絮、人文典故等融入相关的思政元素，引入教学过程中，挖掘生命科学发展史中蕴含的具有典型教育意义的人物或事件，以故事讲解的方式呈现在学生面前，将爱国主义教育、中华优秀传统文化教育、党史国情教育、社会主义核心价值观教育，以及科学创新、严谨求实、追求真理、运用科技造福人类的科学精神教育等，贯穿在生命科学导论教学始终，在春风化雨与润物无声之中，使学生在潜移默化中受到思想教育和道德熏陶，培养具有家国情怀、高尚品德、人文素质、工匠精神的新时代创新型人才。教学改革成果，2023 年在 RCCSE 核心刊物《现代商贸工业》发表教研论文 2 篇，该 2 篇论文获得《现代商贸工业》杂志优秀论文一等奖。

4. 灵活运用"多媒体与网络技术"，提高学生创新性复合型素质与能力

在新冠病毒疫情期间，灵活应用多媒体与网络技术进行课程教学，精简教学内容、丰富实践教学手段、积极组织学生参与课堂教学，努力提高课堂教学质量。理论与实践相结合、线上与线下相结合、教学与科研相结合、课堂与竞赛相结合，全方位打造精品课程和学生喜爱的金课，真正提高学生创新性复合型素质和能力。

三、基于创新性复合型人才培养的高校课程综合教学改革成效

1. 教学改革成效显著，大幅度提高了人才培养质量和专业建设水平

一是学生获得国家奖学金人次多。2016—2020 年生物技术专业有章鹏、黄倩等 6 人次获得国家奖学金，其中章鹏 3 次获得国家奖学金。专业学生获得国家奖学金比率是学校其他专业的 10 倍。

二是学生获省级以上学科竞赛奖励多。武汉工程大学生命科学类专业学生 100 多人荣获全国创青春挑战杯全国创业大赛银奖、全国和全省大学生生命科学竞赛一等奖等。例如。2019 级生物技术专业 01 班，2022 年班级参加学科竞赛人数全覆盖，获得全国和全省生物竞赛奖励共 14 项，获奖的人次为 28 人次，占 87.5%。其中获得全国大学生生命科学竞赛一等奖 3 项、二等奖 1 项、三等奖 3 项。班级参赛人数、获奖人数、获奖数量和获奖级别全校第一。学生创新素质与创新能力较强。

三是考研率、就业率高。武汉工程大学生物技术专业考研率为 40% 左右，就业率为 100%。2023 届生物技术专业毕业生，考研录取率超过 50%，三分之二考取 985 和 211 等国家重点大学。毕业学生在生物医药与生物化工相关行业就业率超过 70%，培养学生的生物医药生物化工复合型特色鲜明。

四是提高了专业建设水平。武汉工程大学生物工程专业 2020 年和 2021 年分别荣获国家一流专业建设点和工程专业认证。

五是师生评价高。学生胡钟祥："有幸遇见韩教授这样有责任有远见有实力的好老师，单就授课风格和方式别具一格，永远激情满满，感染每一个学生，在传授知识的同时陶冶学生的情操，对我们全面发展起到了极大的唤醒作用"。张珩教授："韩新才老师是一个对教学潜心研究，对学生具有爱心的好老师"。

2. 教学研究成果先进，发表 30 余篇系列教研论文，影响广泛

一是成果先进。主持完成了 10 多项校级以上教研项目，获校级以上教学成果奖励 10 多项。连续 17 年荣获"学校教学质量优秀奖"。主讲的本科生课程"植物生物学""细胞工程"和全校公选课"生命科学导论"，被评为武汉工程大学 2022 年首批"一流课程""课程思政示范课程"和 2016 年"考试改革示范课程"等荣誉。韩新才教授主持的教研成果《"一教二主三化"地方高校生物类课程教学改革的实践》2023 年荣获湖北省教学成果奖三等奖。

二是发表了系列教研论文。在《高校生物学教学研究（电子版）》《高等理科教育》《化工高等教育》《实验技术与管理》等刊物发表教研论文 30 余篇，知网下载被引 6739 次。

三是荣获多项全国优秀论文奖。《"双一流"背景下高校课堂教学"一教二主三化"教学改革探索与实践》《基于创新型人才培养的高校课程教学改革——"学生出卷子考试"的实践探索》等多篇教研论文，分别于 2023 年、2019 年、2018 年、2015 年，被评为"高校生物学教学研究优秀论文奖"，在教育部"2019 新时代高校生命科学教学改革与创新研讨会"等全国教学大会上表彰。

3. 教学改革经验突出，在国内引起广泛关注，得到了社会认可

一是出版教学专著。《生物类专业教学改革研究与实践》，2021 年由化工出版社出版发行，

教改成果得到社会的认可与推广。

二是多次应邀在全国和全省教学会议交流。2023年在2017年在全国"第十二届高校生命科学课程报告论坛"上，作分组交流报告；2020年在"湖北省高校生命科学学院联合会暨生物学科实验教学示范中心联席会"上，作大会交流报告。

三是教学改革成果，国内影响广泛。2019年11月24日《南京日报》，以"教师要从'演员'变'导演'"为题要闻报道了武汉工程大学"学生出卷子考试"改革情况。长沙理工大学公共数学系，2020年10月20日组织全系教师专题学习武汉工程大学发表的教研论文与创新性人才培养经验。武汉工程大学新闻网10多次报道了项目教学改革成果。

第三节

基于生物产业工程能力培养的细胞工程课程教学改革实践

细胞工程是生物技术的重要组成部分，在医药、农业、食品、能源、环境等现代生物产业领域有着广泛的应用。为了培养学生生物产业实践能力，为我国生物产业发展，输送合格的具有产业实践能力的创新型人才，在细胞工程课程教学中，既重视理论知识的传授，又重视实践能力提升，开展了基于生物产业实践能力培养的细胞工程课程教学改革实践，以课程教学改革为抓手，提高课程教学人才培养质量；以细胞工程技术为主线，筑牢学生细胞工程知识体系；以细胞工程产品为重点，培养学生生物技术产业素质；以细胞工程实习为关键，增强学生生物产业实践能力。

细胞工程是以细胞为对象，应用生命科学理论，借助工程学原理与技术，有目的地利用或改造生物遗传性状，以获得特定细胞、组织和生物产品或新型物种，为人类生产生活服务的综合性科学技术，是现代生物工程与生物技术的重要组成部分，在医药、农业、食品、能源、环境等领域有着广泛的应用。细胞工程是高校生物技术、生物工程、生物科学、生物制药等专业的主修课程。细胞工程包括干细胞、组织工程、试管婴儿、胚胎工程、动物克隆、单克隆抗体和疫苗、细胞融合、植物快速繁殖等众多新技术，是生命科学从理论推向产业化的一门重要工程技术，涉及面极广，理论性、实践性和应用性都很强，要求学生通过课程学习，能够掌握扎实细胞工程理论知识，具备良好的工程技术和管理知识，具有一定的工程实践和创新能力，能够快速适应现代生物技术产业发展和企业生产实践。

为此，在细胞工程课程教学中，既重视理论知识的传授，又重视实践能力提升，开展了基于生物产业实践能力培养的细胞工程课程教学改革实践，以课程教学改革为抓手，提高课程教学人才培养质量；以细胞工程技术为主线，筑牢学生细胞工程知识体系；以细胞工程产品为重点，培养学生生物技术产业素质；以细胞工程实习为关键，增强学生生物产业实践能力；为我国生物产业发展，输送合格的具有产业实践能力的创新型人才。

一、以课程教学改革为抓手，提高课程教学人才培养质量

1. 精选教材，明确课程教学目标

细胞工程学是一门以生物细胞为研究对象，运用细胞生物学、分子生物学、工程学原理与方

法，在细胞水平上研究改造生物遗传特性，生产生物产品，为人类生产或生活服务的学科。为了构建细胞工程学知识图谱，搞好课程教学，选择一部好的教材极为重要。根据武汉工程大学生物技术专业特点与学校学科定位，几十年一直选择使用高等教育出版社出版的李志勇主编的《细胞工程学（第2版）》为教材，该教材获得首届国家教材奖，课程内容包括植物细胞工程技术、动物细胞工程技术、微生物细胞工程技术，涉及动植物人工繁殖技术、新品种培育技术、生物制品生产技术、组织修复技术等。课程涉及面极广、应用性和实践性很强，涵盖当今生命科学研究最为活跃的多个领域，如珍稀濒危植物快繁、动物疫苗制备、单克隆抗体、干细胞、组织工程、动物克隆、试管婴儿、冷冻生物技术、转基因生物反应器等。在农业、生物、医药、环境以及食品和能源等领域有着广泛应用。

因此，该课程教学目标是，通过课程的学习，使学生能够掌握扎实的细胞工程基础知识，具备较高的人文和道德素质，良好的细胞工程实验技术和管理知识，具有一定的生物技术产业工程实践和创新能力；使学生能够对细胞培养与操作技术、干细胞与组织工程技术、试管婴儿与胚胎工程技术、单克隆抗体与病毒疫苗技术，以及克隆动物与转基因反应器技术等细胞工程的核心技术，有系统科学的认识，形成基础扎实的细胞工程素质与能力；为学生今后从事生物学领域的相关研究以及生物技术产业工作奠定良好的理论和技术基础。

2. 学生上讲台，提高课程教学活力

为了让课程教学活起来、学生参与进来，实施学生上讲台讲课的课堂教学改革，增强学生参与课堂教学积极性和学生自主学习能力。例如，将细胞融合、人造细胞、单克隆抗体这3个教学内容交给学生，让学生分3组分别承担上讲台的任务。学生上讲台之前，分组备课、讨论、做PPT，在课堂上，先安排第1小组成员上讲台讲课，非讲课的第2和第3小组对讲课内容进行提问、评价、打分，然后第2小组和第3小组依次循环。课程教学欢声笑语、氛围热烈，学生积极性空前高涨。学生上讲台结束前，老师查遗补漏、强调重点、提出思考问题供学生参考，课后学生完成章节作业和学术小论文。这一课程教学改革效果显著，得到学生普遍好评。

3. 快乐教学，提高课程教学质量

一是上课前或课间花几分钟时间，通过作诗、讲故事、科学家花絮等，吸引学生注意力，提高学生学习兴趣和课程教学效率，同时达到课程思政的效果。二是课程教学实施"一教二主三化"课程改革，即"关爱学生、因材施教；自主学习、自主考试；沉闷化为轻松、抽象化为具体、复杂化为简洁"，提高学生学习效率和课程教学质量，达到快乐教学人人成才的目的。三是改革课程考核评价方法，实施"学生自主出卷、答卷、教师评卷"的"学生自己出卷子考试改革"新机制，老师根据学生自主出卷答卷质量和创新性情况，评定考试成绩。同时，将学生平时学习情况，如考勤、作业、课堂笔记、课堂表现等纳入综合成绩评定指标，使课程考核评价科学规范求实，促进学生重视平时学习、重视创新素质养成，以此促进课程教学目标的达成。通过教学内容优化、教学模式改革、教学方法变革和教学评价创新，大幅度提升课程教学质量。

二、以细胞工程技术为主线，筑牢学生细胞工程知识体系

细胞工程课程的学习可以为学生今后从事相关生物技术产业工作奠定良好的理论和技术基础。细胞工程教学有两个核心点，一是细胞工程技术，二是细胞工程产品。技术决定产品，产品

是技术的应用。国内大部分细胞工程教材，一般都是以产品为主线编排篇章，好处是突出了产品这一重点，因为产品是细胞工程的实质和核心，缺点是一个篇章中含有多套技术路线，一套技术路线在多个篇章中涉及，各章节内容差异较大，逻辑性不强，非常不利于学生对知识体系的完整了解与掌握。

武汉工程大学该课程教学，以细胞工程技术为主线，以细胞工程技术知识为核心，梳理知识结构关系，构建细胞工程技术知识点之间的关联，以系统化、逻辑化、结构化、可视化的形式，展现细胞工程完整知识架构，构建基于知识点的知识图谱，可以有效解决教与学的问题，筑牢学生细胞工程知识体系。在课程教学中，先讲解细胞工程理论技术，然后再讲解技术应用及其产品，一套完整技术应用可以涉及多方面多领域的生物技术产品，这样学生通过掌握技术，就非常容易掌握技术应用及其产品，教学效果事半功倍。

三、以细胞工程产品为重点，培养学生生物技术产业素质

细胞工程每个知识点都可以找到经典的产品应用案例，因此产品案例法教学，可以促进学生专业素质形成。在细胞融合教学中，以单克隆抗体制备为例，引导学生自主学习单克隆抗体的概念、细胞融合的技术原理、细胞融合的操作流程等核心知识点，同时，重点讲述单克隆抗体制备核心环节，一是融合的两个亲本细胞遗传互补标记如何获得，二是以 HAT 选择培养基（H 为次黄嘌呤，A 为氨基蝶呤，T 为胸腺嘧啶核苷）筛选融合子的原理和方法，三是融合率如何计算。通过这样教学，学生对细胞融合技术真正得以掌握，而且可以灵活运用。

以蚕饲料（桑细胞）产品生产为例，可以让学生详细了解植物细胞培养的技术方法，包括培养基成分与制备、植物细胞制备方法和生物反应器大规模细胞悬浮培养技术。紫杉醇是对多种恶性肿瘤具有疗效的生物活性物质，生产紫杉醇，可以了解生物反应器两相（水相、脂相）培养技术培养东北红豆杉细胞，生产脂溶性药物紫杉醇的原理和方法。青蒿素是治疗疟疾的特效药，屠呦呦因为成功研究开发青蒿素，2015 年荣获诺贝尔奖。采用青蒿素毛状根植物器官雾化生物反应器培养，可以工厂化人工生产青蒿素。

试管婴儿是将精子和卵子体外在试管中受精，培养为胚胎，然后植入母体子宫，发育出生的婴儿，是体外受精结合胚胎移植技术（IVF），也是目前有效的人工辅助生殖技术，可以有效解决人类自然不孕问题。英国斯蒂普特 Steptoe 和爱德华兹 Edwards，因为 1977 年研究成功获得世界首例试管婴儿，2010 年，获得诺贝尔奖医学奖。试管动物（婴儿）虽然技术复杂，为了化繁为简，我们将试管动物（婴儿）培育技术简化为 8 步流程：（1）雄性精子的采集与体外优化处理及获能、（2）雌性超排卵治疗与卵子获得及成熟培养、（3）精子与卵子体外试管中人工授精、（4）受精卵体外培养至胚胎（囊胚）、（5）孕母受体选择与激素治疗处理（生理与胚胎同步）、（6）试管胚胎移植到孕母子宫内、（7）胚胎在孕母子宫内发育、（8）试管动物（婴儿）降生。这样非常利于学生理解与掌握。

四、以细胞工程实习为关键，增强学生生物产业实践能力

细胞工程是一门实践性很强的课程，细胞工程技术是生物产业发展的重要基础，通过实习、毕业设计论文科研等实际产业生产实践教学活动，可以使学生对现代生物产业具有全面深入的了解，培养学生理论结合实践的能力、职业精神以及分析问题和解决问题的能力，对学生的创新能

力和产业工程实践能力的培养具有极其重要的价值和意义。

通过实习和毕业设计论文科研工作等实践教学活动，使学生充分掌握植物细胞与组织培养的产业实践技术，培养植物组织培养产业工程技术能力。例如，学生毕业论文在中国科学院武汉植物园开展猕猴桃、芹菜等果蔬愈伤组织诱导、分化培养研究；在湖北省宜昌市高农科技有限公司开展毕业实习，进行马铃薯脱毒试管苗脱毒培养实验；在武汉维尔福生物科技股份有限公司进行蝴蝶兰组培苗栽培管理专业实习等。通过这些实践，掌握植物组织培养取材、消毒、培养方法，以及植物茎尖分生组织离体培养技术和无菌操作技术，愈伤组织的诱导和调控方法，充分掌握植物组培苗、脱毒苗离体培养和无性快繁技术在果蔬以及花卉中的应用。

细胞培养生物反应器种类繁多，特点不一，应用不同，包括机械搅拌式、离心桨式、气升式、鼓泡式、转鼓式、雾化式、灌流式、流化床式等，生物反应器细胞培养的操作方式包括分批式培养、连续式培养、半连续式培养等，学生对此很难掌握。通过在武汉科诺生物科技有限公司专业实习，学生现场顶岗实习，亲身体会现代生物发酵企业生产管理体系，掌握发酵生物反应器生产原理与结构，对细胞生物反应器种类以及生物反应器细胞培养的操作方式有了深入了解，通过实习，对学生细胞培养的产业素质形成具有重要引导作用。

新世纪以疫苗、单克隆抗体、诊断试剂药品等产品为代表的生物医药产业发展突飞猛进，创造了巨大的经济效益和社会效益，学生通过在现代生物医药企业实习，亲身感受现代生物技术产业发展，不但可以开阔眼界，而且可以极大提高学生的专业认可度和自豪感，增强学习动力。为了与现代生物医药企业生产实践相结合，组织学生到武汉中博生物股份有限公司进行顶岗专业实习，全程了解兽医生物制品研发生产过程，通过实习使学生掌握了生物制品 GMP 规范、疫苗蛋白抗原分离纯化技术、兽用疫苗（如猪瘟疫苗）生产大规模生物反应器细胞悬浮培养技术、动物细胞培养技术等动物细胞培养与动物疫苗生产核心技术，了解了对动物疫苗生产基本操作规范，如仪器设备配置使用方法、无菌操作技术、动物细胞培养接种、传代、消化、计数，以及动物病毒分离提纯、灭活、制剂等技术。

综上所述，通过有效的教育模式提高细胞工程课程教学质量，让学生既掌握细胞工程关键技术的基本理论和基本方法，又能掌握细胞工程技术在生物产业发展中的新技术、新方法，提高学生生物产业实践能力和创新能力，为我国现代生物产业提供有效的人才支撑，是细胞工程课程教学的永恒主题，需要不断地探索和实践。

| 第四节 |

公选课生命科学导论课程教学情况分析

高校本科生全校公选课"生命科学导论",对学生生命科学素质和创新性复合型人才培养具有重要的意义。以工科院校武汉工程大学为例,统计分析了该课程近20年来的教学情况,包括选修人数、覆盖专业、学生成绩、考勤状况、学生评价、课程教学效果等,为高校"生命科学导论"的课程教学与改革提供参考。

21世纪是生命科学的世纪,生命科学的发展,日新月异,与其他学科的发展交叉融合,更加密切,息息相关。生命科学素养,是大学生综合素质的重要组成部分,对创新性人才培养极其重要。为了普及生命科学知识,提高生命科学素质,培养创新性复合型人才,从20世纪90年代末期开始,无论是国外著名理工科综合性大学,如哈佛大学、麻省理工学院、斯坦福大学、剑桥大学等,还是国内知名高校,如清华大学、中国科技大学、浙江大学、华中科技大学、上海交通大学等,都陆续将"生命科学导论"课程,列为学校本科生全校公共选修课之一,之后,全国普通高校,也都陆续开设了此门全校公选课。

武汉工程大学是省属地方重点高校,工科特色鲜明,为了培养"创新型、复合型、工程化、国际化"的"两型两化"人才,从2003年开始,学校开设"生命科学导论"课程为全校本科生公选课。近20年来,该课程以"普及生命科学知识,提升生命科学素养,开启健康快乐生活"为目标,培养了全校65个专业3952名本科生,取得了一定的成效。论文将近20年收集的课程教学情况的详细资料,进行统计和分析,以此反映课程教学状况,以期为我国高校公选课"生命科学导论"课程教学改革与发展,提供参考。

一、课程教学的基本情况

为提升工科院校大学生的生命科学素质,培养工程技术与生命科学交叉融合的复合型创新型人才,武汉工程大学开设全校公选课生命科学导论课程,选用高等教育出版社张惟杰主编的国家级规划教材《生命科学导论》为教材。课程讲授的主要内容有:生命科学发展简史、生命物质组成、生命基本单位细胞的结构与功能、生命的信息传递、生命的遗传与变异、生物的种类与生物多样性、生态与环境、生物伦理学与生物技术发展等,课程共24学时,1.5学分。通过课程学习,使学生构建起生命科学基本知识基本理论与基本技能的框架,展现生物材料、生物传感器、仿生学等生命科学与其他学科交叉融合的光明前景，为复合型人才培养播下希望的种子。

该课程在每学年的春秋两季开设，以秋季学期为主。学校公开课程目录，学生自愿选择，学生选择人数超过 20 人，可以开一个班时才能开课，但一个班人数不能超过 140 人。该课程开设以来，每年选择学习的人数基本爆满，该课程受到学生的热烈欢迎。

二、课程教学的效果分析

课程教学质量的提高，离不开平时的课程教学的付出和努力，在平时课程教学中，作为全校公选课，选修学生的人数、学科专业情况、受到什么专业学生欢迎、学生到课情况以及学生成绩等，这些都真实反映了课程教学的过程、质量和效果，为此，对"生命科学导论"课程教学近 20 年来的详细教学资料，进行统计分析，可以从该课程教学情况的一点，反映我国同类高校该课程教学大致概况，也可以反映"生命科学导论"课程教学对提升学生生命科学素养的真实状况。

1. 学生选修课程的人数

武汉工程大学学生历年选修《生命科学导论》课程人数情况，见图 1。从图 1 可以看出，选修人数较多，公选课受到大学生欢迎。2003—2021 年，全校学生选课人数共有 3952 人，年选修人数为 131～395 人。2014 年人数最多有 395 人，2007 年人数最少 131 人，年平均选修人数有 208 人。该公选课学生名额只有 140 人，而报名选修人数年年爆满，超过 140 人。说明高校开设"生命科学导论"选修课，符合时代潮流，受到大学生的欢迎。本科学生选修情况与北京化工大学学生选修人数规模相当。图 1 中 2004 年、2014 年和 2021 年，选修人数出现 3 个高峰，分别反映了 21 世纪初生物热、2014 年我国生物产业大发展以及 2020 年新冠病毒疫情使生物热回潮，这三个重要时期对学生选修课程的影响。

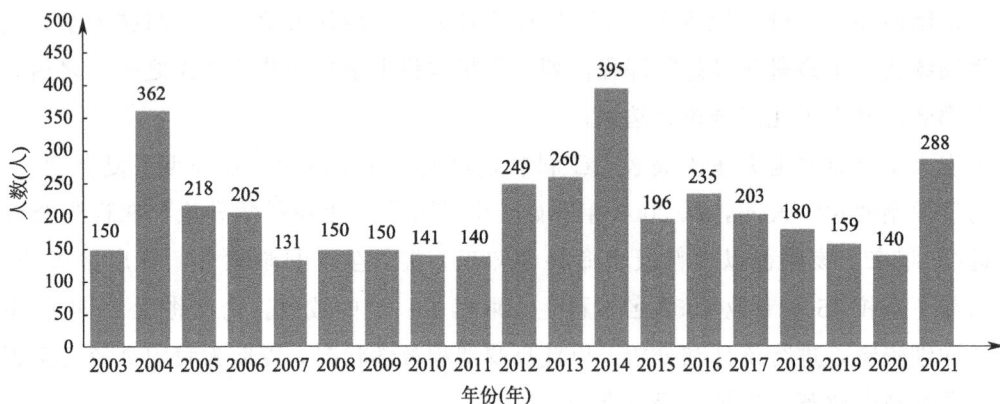

图 1　武汉工程大学 2003—2021 年选修"生命科学导论"课程学生人数情况图

2. 选修课程的学生学科和专业分布

武汉工程大学学生选修"生命科学导论"课程的学科和专业分布情况，见表 1。

从表 1 可以看出，选修"生命科学导论"课程的学生，涉及工学、管理学、理学、艺术学、经济学、文学和法学，共 7 个学科门类，占学校学科门类的 100%。涉及专业共有 65 个本科专业，占全校总专业的 97%，基本覆盖学校全部专业。

选修学生的专业中，（1）工学，有化学工程与工艺、制药工程等 36 个专业；（2）管理学，有工商管理、行政管理等 9 个专业；（3）理学，有应用化学、环境科学等 8 个专业；（4）艺术学，有产品设计、环境设计、视觉传达设计、动画 4 个专业；（5）经济学，有国际经济与贸易、经济学、国际注册金融分析师 3 个专业；（6）文学，有广告学、英语、汉语国际教育 3 个专业；（7）法学，有知识产权、法学 2 个专业。

专业中，理工学科的专业数共有 44 个，说明选修学生中理工科特色鲜明，占绝对优势。这与浙江大学选修学生的专业分布类似。

选修学生专业广泛，覆盖全校所有学科专业，不同专业学生，都有提升生命科学素养的需求，开设"生命科学导论"公选课，普及生命科学知识，提升全校学生的生命科学素养，符合学生素质提升的殷切期望。

表 1　武汉工程大学选修"生命科学导论"课程的学生学科和专业一览表

学科	专业
工学	化学工程与工艺、制药工程、能源化学工程、机械设计制造及其自动化、机械电子工程、过程装备与控制工程、材料成型及控制工程、机器人工程、机械工程、通信工程、测控技术与仪器、自动化、电气工程及其自动化、电子信息工程、信息工程、城乡规划、建筑学、土木工程、无机非金属材料工程、高分子材料与工程、材料化学、网络空间安全、计算机科学与技术、软件工程、物联网工程、数字媒体技术、智能科学与技术、环境工程、能源与动力工程、工业设计、生物工程、食品科学与工程、采矿工程、矿物加工工程、安全工程、人工智能
理学	应用化学、环境科学、生物技术、药物制剂、材料物理、光电信息科学与工程、信息与计算科学、数据科学与大数据技术
管理学	工程管理、工商管理、公共事业管理、行政管理、电子商务、信息管理与信息系统、财务管理、会计学、市场营销
经济学	国际经济与贸易、经济学、国际注册金融分析师
艺术学	产品设计、环境设计、视觉传达设计、动画
文学	广告学、英语、汉语国际教育
法学	知识产权、法学

3. 不同学科学生选修人数比率

公选课最受哪些学科学生喜欢？近 20 年来武汉工程大学不同学科学生选修"生命科学导论"课程的人数比率，结果见图 2。

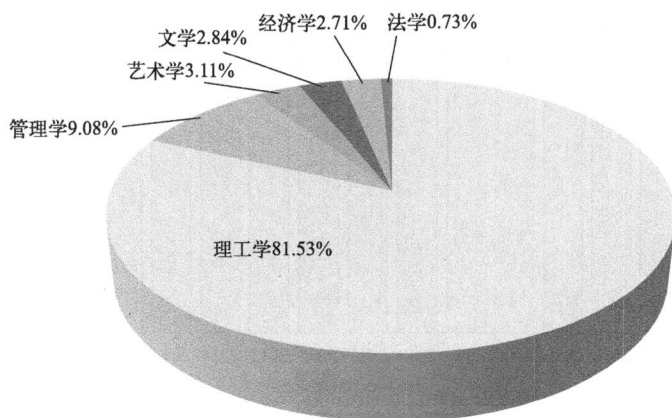

图 2　武汉工程大学不同学科学生选修"生命科学导论"课程的人数比率图

从图 2 可以看出，不同学科的学生选修"生命科学导论"课程人数情况不同，存在较大差异。理学和工学（简称理工科）、管理学、艺术学、文学、经济学和法学的学生，选修人数分别为 3222、359、123、112、107 和 29 人；人数比率分别为 81.53%、9.08%、3.11%、2.84%、

2.71％和0.73％，其中理工科学生选修比率高达81.53％，占绝对优势。说明工科院校开设"生命科学导论"课程，理工科学生最喜欢选修这门课，对理工科学生提升生命科学素养，具有重要意义。

4. 学生选修课程的考勤分析

高校全校公选课，面向的是全校各专业学生，为了避免与专业课程时间冲突，公选课一般安排在晚上上课。该课程都是安排在19：00-21：30进行，一周一次课，3节课连上。

近20年，为了保证课程教学质量，每年每学期每次课，教师都对课堂教学进行了考勤，考勤主要按照"到课、请假、旷课"三类记录。

（1）到课情况

课堂到课率是学生参与公选课教学的一个重要风向标，也是考核课堂教学质量一个重要指标。学生选修"生命科学导论"，有多少学生来上课？按照"到课率％＝到课人数之和÷（班级总人数×考勤次数）×100％"的公式，统计每年学生"到课率"，近20年每年学生到课率见图3。

从图3可以看出，到课率较高，课程对学生有较高吸引力。2003—2021年，学生"到课率"为69.18％～94.44％，2005年最低，为69.18％，2012年最高，为94.44％。2003—2021年，"年平均到课率"为84.19％。

统计分析学生不到课原因，其中病事假占55％，与其他课程时间冲突占45％，因此，学生选修前合理避开课程冲突，可以大幅度提高课程到课率。

本文统计的"到课率"是课程每年全程到课率，每次课都进行了考勤，可以非常科学真实反映课程考勤状况。本课程"到课率"，在全校公选课中，位居前列，可以反映该课程，学生参与积极，学生喜欢。

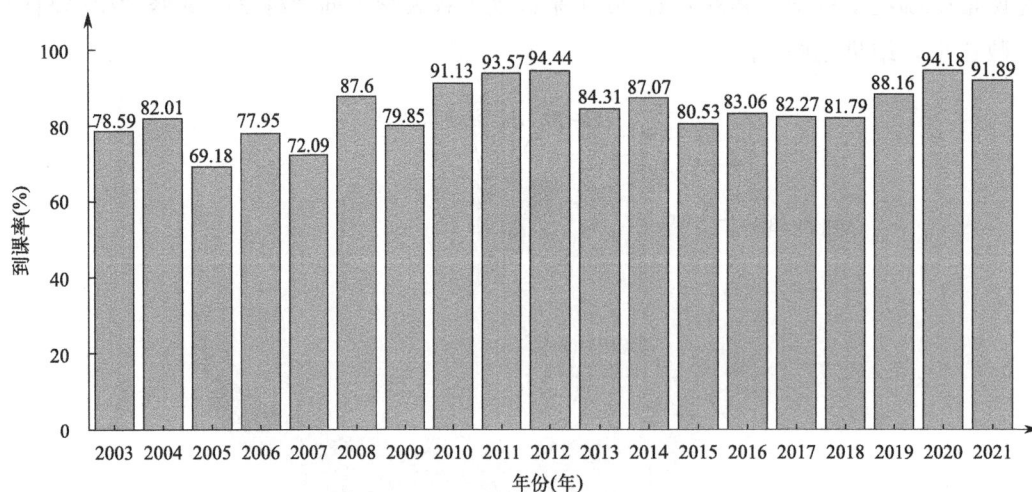

图3　武汉工程大学学生选修"生命科学导论"课程的到课率图

根据学生"到课率"，计算学生"不到课率"，学生"不到课率"为5.56％～30.82％，"平均不到课率"为15.81％。

学生不到课，包括"旷课"和"请假"2种情况。

（2）旷课情况

统计了 2003—2021 年学生完全没有参加教学的"全程旷课"学生人数，共有 323 人，占选修总人数 3952 人的 8.17%。学生旷课原因没有调查，原因不明。

除去"全程旷课"比率后，课程"平均不到课率"仅为 7.64%。这个比率，主要是学生请假的比率。

（3）请假情况

通过统计分析，发现学生请假，主要包括两大类，一是病事假类，占 55%；二是与其他课程时间冲突类，占 45%。如与专业理论课、实验课、实习课以及学生党课等课程，在上课时间上有冲突。因此，学生在选择公选课时，应该注意避免课程冲突，否则会导致请假或旷课，影响成绩。

5. 学生选修课程的学习成绩分析

公选课"生命科学导论"的学生学习成绩的考核，包括平时成绩占 40% 和期末考试成绩占 60%。平时成绩，包括课堂考勤占 20%；课程作业占 10%，课堂表现占 10%。期末考试，主要采取"出卷子开卷考试"和撰写"生命科学论文"两种考试方式，以开卷考试为主。

学生学习成绩，是课程教学质量和教学效果的重要指标，也反映学生对知识的掌握和素质的提升情况。统计了 2003—2021 年选修学生的每一年学习成绩，近 20 年来学生的学习成绩情况见图 4。

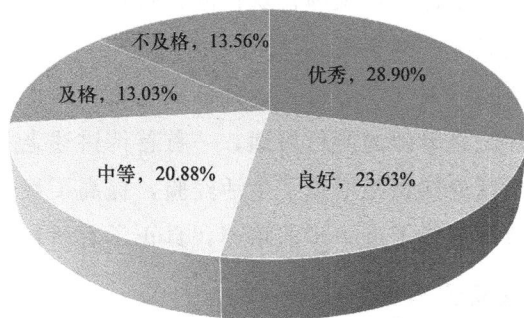

图 4　武汉工程大学 2003—2021 年学生选修"生命科学导论"课程的成绩分析图

从图 4 可以看出，学生成绩优良，课程对学生生命科学素养提升具有促进作用。2003—2021 年课程开设近 20 年，学生的学习成绩情况为：优秀、良好、中等、及格和不及格的人数，分别为 1142 人、934 人、825 人、515 人和 536 人；占比分别为 28.90%、23.63%、20.88%、13.03% 和 13.56%。

学生成绩基本呈正态分布：优秀，占 28.90%；及格到良好，占 57.54%；不及格，占 13.56%。其中，优良比例达 52.52%，超过半数；不及格的比例，仅为 13.56%。这说明课程教学效果总体较好，学生学习成绩总体优良，达到了课程教学"提升学生生命科学素质"的教学目标。

除了上面学生成绩统计分析外，另外统计分析发现，成绩优秀的 1142 个学生中，有 881 人，在课程教学中是"全勤"，占成绩优秀总人数的 77.14%；成绩不及格的 536 个学生中，有 323 人，在课程教学中是"全程旷课"，占成绩不及格总人数的 60.26%。这个统计说明，选修课学生成绩的好坏，与学生是否积极参与课堂教学，具有显著的相关性，而学生"上课"还是"旷课"，与学生的学习态度是密切相关的。因此，公选课学生成绩，与学生学习态度具有重要的关系。

三、课程教学的效果

1. 课程荣获学校"课程思政示范课程"

本校从 2003 年开设该全校公选课以来，上课教师认真负责，激情投入，积极开展教学改革，将思政教育与生命健康教育融为一体，学生积极参与课程教学，课程教学成果显著，课程教学质量和人才培养质量显著提高，使该公选课成为深受全校学生喜爱的全校公选课之一。课程教学得到了学校积极支持，该课程 2022 年被评为武汉工程大学首批"课程思政示范课程"。也得到了全校学生的热烈欢迎与一致好评。课程积极开展"一教二主三化"课程教学改革，2023 年荣获第九届湖北省高等学校教学成果奖三等奖。

2. 学生评价

信息管理与信息系统专业胡兆祎同学评价：我很感谢生命科学导论这门课，让我了解了生命科学的基本知识，对生命意义的理解更加深刻，让我们学会了尊重生命，敬畏生命，以更认真的态度去对待生命，也让我们更加清楚地了解了我们自身。

经济学专业刘玉婷同学评价：韩老师亲切和蔼，课堂氛围活泼可爱，与我们分享诗歌，有趣的经历，分享学习经验、人生道理，以及生活经验和一些小窍门，对我们全面发展起到了极大的唤醒作用。

机械电子工程专业邹宇博同学评价：老师喜欢提问，带动大家一起思考。老师为人风趣，课堂氛围欢快活跃，上这门课变成了一种享受。

光电信息科学与工程专业吴承龙同学评价：老师认真负责，讲课幽默风趣，一个个小故事吸引同学的好奇心，一张张图片记录老师的所行所遇，一首首诗讲述老师的所感所悟，课程内容丰富有趣，吸引十足，既丰富了理论知识又增长了生活经验，提高了我们的生活技巧，培养了高尚情操，还对社会主义核心价值观进行了进一步的培养，真正学有所得！

3. 学生参加生命科学竞赛获奖

课程教学大幅度提升了武汉工程大学大学生生命科学素质和能力，近 5 年，学生团队参加国家 A 类赛事"全国大学生生命科学竞赛"和"湖北省大学生生物实验技能竞赛"，200 多人荣获全国"一等奖"和湖北省"一等奖"等省级以上奖励。2022 年，学生参加"全国大学生生命科学竞赛"，共获得 24 项奖，其中一等奖 9 项、二等奖 3 项、三等奖 12 项，获奖位居湖北省第一。

四、课程教学存在的问题与不足

全校公选课是素质选修课，是考查课程，在学生的培养方案中，重视不够，学生选修课程，不少学生的心理是混学分的，因此，在课堂教学实践中，存在着学生参与课程教学的积极性不高，低头做其他事情的人很多，这一问题，在高校是普遍存在的，需要进一步研究与解决。

要解决这一问题，一是任课教师要提高思想认识，增强教书育人的责任感，认真负责开展课堂教学，进一步提高课堂教学吸引力，提高学生参与教学积极性。二是需要学校强化选修课教学管理，出台相关管理措施，奖惩结合，规范开展课程教学，促进教师和学生重视公选课教学，提高公选课课程教学质量。

| 第五节 |

"生命科学导论"课程思政元素的挖掘与实践

论述了在"生命科学导论"课程教学中思政元素融入课程教学的方法，课程在挖掘中华优秀文化、科学研究和爱国主义等几方面的思政元素，发挥课程在弘扬社会主义核心价值观、弘扬求真务实的科学精神、弘扬伟大的爱国主义精神等几方面的思政作用，进行了课程思政探讨与实践。

生命科学导论课程，作为一门高校本科生素质选修课，主要目的是增强学生对生命的了解，使学生热爱生命、珍惜生命和敬畏生命，提升学生的生命科学素养和创新精神。"课程"是指学校为实现一定教育目标而选择的教学内容及其进程与安排；"思政"是"思想政治工作"或"思想政治教育"的简称，即依托特定的课程对学生进行思想政治教育的实践活动。"课程思政"具有鲜明的意识形态属性，在立德树人中发挥着不可或缺的关键性作用，事关立德树人初心使命，事关中国特色社会主义建设事业，是高校所有课程的共同责任，所有教师的教书育人义务。在生命科学导论课程思政与教学改革方面，我国有很多高校进行了课程思政的探讨与实践，如何深入挖掘课程思政元素，不断提高课程思政和育人效果，是课程教学改革与发展的永恒课题。

在生命科学导论课程教学中，根据生命科学导论课程教学特点，充分挖掘课程思政元素，将思政教育与生命科学教育融为一体，将科学发展史、新时代中国特色社会主义核心价值观、历史事件、科学家花絮、人文典故等融入相关的思政元素，引入教学过程中，培养学生的思想道德品质，对打造快乐有趣课堂，提高学生的学习兴趣，增强学生对课程内容的学习理解，提高课堂教学质量，培养具有生命科学素养的时代新人具有不可替代的作用，可以使课堂变得有温度、深度、高度，更有情怀。

一、课程思政元素融入生命科学导论课程教学的方法

大学阶段是学生的人生重要阶段，也是学生人生观、世界观和价值观形成的关键时期，高校教师除了要讲授文化知识，还肩负着对学生进行思想政治教育的重任。作为教师，就要守教书初心，担育人使命，在课程教学中担当起思政教育的重任。

"课程思政"是在课程教学过程中实施和实现的。课程教学过程，是发挥学生的主体作用和教师的主导作用的过程，是创造性地构建知识、发展智能的过程，不仅是知识技能的传递，也是

学生世界观、价值观、道德品质、个性心理形成的过程。"课程思政"的元素和案例，来自课程内容。课程内容，是课程思政具体化、操作化和目标化的保证。生命科学导论课程思政元素的挖掘，需要创新和重构教学内容，把握生命科学课程内容主题，掌控课程思政方向，围绕生命科学课程主题关键词，筛选确定可融入的思政内容，将政治思想、道德信念、价值情感等"思政元素"融入课程教学，挖掘生命科学发展史中蕴含的具有典型教育意义的人物或事件，以故事讲解的方式呈现在学生面前，将爱国主义教育、中华优秀传统文化教育、党史国情教育、社会主义核心价值观教育，以及科学创新、严谨求实、追求真理、运用科技造福人类的科学精神教育等，贯穿于生命科学导论教学始终，在春风化雨与润物无声之中，使学生在潜移默化中受到思想教育和道德熏陶，实现知识传授、能力培养与价值塑造的课程教学目的，培养具有家国情怀、高尚品德、人文素质、工匠精神的新时代创新型人才。

二、挖掘生命科学中的中华优秀文化思政元素，弘扬社会主义核心价值观

历史记录中保存着深厚的历史智慧和精神财富，蕴含着丰富的中华文化，是坚定"四个自信"特别是文化自信的深沉来源。历史文化能折射中华民族的民族精神。

中华民族创造了灿烂的古代文明，形成的各种先进理念、文明思想与优秀文化，如大道之行、天下为公；六合同风、四海一家；孝悌忠信、礼义廉耻；德主刑辅、以德化人；民贵君轻、政在养民；法不阿贵、绳不挠曲；亲仁善邻、协和万邦；等等。与中国特色社会主义的价值追求和社会主义核心价值观是一脉相承的。在生命科学历史发展中，中华优秀文化与生命科学密切相关，通过挖掘思政元素，可以弘扬社会主义核心价值观，强化学生的文化认同和文化自信。

在生命科学发展史中，也无不体现中华文明的光辉。生命科学的发端，来自农学与医学，古代中华先民就为生命科学发展作出了卓越贡献。例如：大禹治水和精卫填海的神话故事；中华人文始祖黄帝，为针灸之祖，所著《黄帝内经》，是最早医学典籍，阐述了人的经络穴位有 108 个；人文始祖炎帝，尝百草，教会百姓草药治病，刀耕火种，垦荒种粮；战国医学家扁鹊，发明治病"四诊（望闻问切）法"，开脉学之宗；北魏农学家贾思勰著《齐民要术》，是我国最早最完整的大型农业百科全书；唐朝药王孙思邈，为唐太宗长孙皇后"悬丝诊脉"治病，成就中华医学举世神奇；明朝医药学家李时珍集 30 年心血所著《本草纲目》，成为医药学百科全书等。在绪论章节讲述生命科学发展历史时，讲述这些事例，无不体现了我国古代先民公而忘私、自强不息、敢于斗争、不畏艰险的精神，无不反映了中华文化价值、人文情怀、科学精神和奉献价值。对学生弘扬社会主义核心价值观，坚定"四个自信"，培养高尚道德情操具有重要意义。

神经系统信息传递的感受器，包括物理感受器和化学感受器，物理感受器，是感受触、压、力、光、声、热的感受器；化学感受器，是感受化学物质及其变化的感受器。这些概念很冰冷，讲授时，通过讲历史故事，不仅可以增加学生印象，还可以起到思政教育功效。讲感受器时，讲楚庄王的"绝缨之宴"故事，楚庄王宽以待人，饶恕调戏嫔妃的下臣唐狡，得到唐狡的拼死相报。故事告诉我们，宽以待人、心胸开阔，终能赢得人心。这些都充分展现了中华文化的博大精深。同时给学生分享老师自己写的诗《楚文化》："荆楚文明胜华夏，筚路蓝缕始发家。辟地千里百万甲，问鼎中原惊天下。浪漫瑰丽楚文化，屈骚文学老庄话。青铜漆器丝绸花，精美绝伦举世夸！"以此可以极大提高学生课程学习兴趣，使学生对中华文化自信和自豪感，更加深刻。

三、挖掘生命科学中的科学研究思政元素，弘扬求真务实的科学精神

科学精神是求真务实、实事求是、百折不挠、敢于质疑、勇于奉献、勇于探索、坚持真理、捍卫真理的精神，渗透了科学家的创新意识、创造性思维及团队协作精神与奉献精神。在课程教学中，挖掘思政元素，可以弘扬科学精神，激励学生热爱科学、坚持真理、奉献社会。

科学研究，没有平坦的大道可走，也没有捷径可走，离不开潜心做学问和长期默默无闻地付出，不可能急功近利，需要忍得住寂寞的科学奉献精神。讲鸟类动物时候，以苍鹭（*Ardea cinerea*）捕鱼为例，使学生明白急功近利、欲速不达的道理。苍鹭多在水边浅水处或沼泽地觅食鱼虾、昆虫、青蛙等动物。在捕鱼时，可以站在岸边或浅水处一动不动，眼睛盯着水面，长达数小时，一旦猎物靠近，利用其长嘴长脖子，一击成功。苍鹭捕鱼的细节，告诉我们，生活的节奏越来越快，心浮气躁，导致急功近利，在我们的生活、工作和科学研究中，把节奏放慢一点，观察、判断，再观察、再判断，先瞄准目标，一步一个脚印，再精准出击，成功的概率会高很多。

威廉·哈维，是 17 世纪著名的生理学家，通过多种动物活体实验，如结扎手臂，静脉血向心流；动物心脏半小时泵出血量超出全身血量等，发现并建立了血液循环理论，于 1628 年出版了《心血运动论》。如今看似非常容易理解的血液循环理论，却是哈维用了 9 年的时间总结出来的规律。哈维为了真理，承受了当时来自教会和科学界保守势力暴风雨般的反对、批评、嘲讽和谩骂，仍旧顽强地坚持着他的学说。通过该事例，让学生明白求真务实、执着探求真理和坚持真理的科学精神是值得学习的。

我国科学家屠呦呦，1972 年成功提取用于治疗疟疾的药物"青蒿素"，挽救了数百万人的生命，2015 年荣获诺贝尔生理学或医学奖。青蒿素发现，是我国科学家集体努力的结果。1967 年，我国成立国家科委牵头、多个部委参加的"5.23 抗疟计划办公室"，领导全国抗疟疾研究工作，项目研究了 2000 多种中药，屠呦呦从 380 多种提取物中，获得了高效无毒的青蒿素。通过讲解屠呦呦的故事，引导学生学习科学家百折不挠、严谨治学科学态度，科技创新、团队合作、积极奉献的科学精神，激发学生对科学的兴趣和热情，培养学生树立正确的科学观和远大的志向。

柏拉图与老师苏格拉底以及学生亚里士多德，并称古希腊三贤。柏拉图，是古希腊唯心主义哲学家，在数学、天文、音乐等多方面都有建树，著作《理想国》。苏格拉底，是古希腊哲学家，在欧洲文化史上，他被看作是为追求真理而死的圣人。亚里士多德（Aristotle，公元前 384-322），是世界古代史上最伟大的科学家、教育家和哲学家之一，动物学之父，他研究了 500 多种动物，解剖了 50 种动物，创立了种、属概念，著作《动物志》《动物运动》《动物繁殖》等，之后 1800 年动物学研究成果，没有人超过他，堪称前无古人后无来者。他们 3 人，在古希腊文学、艺术、哲学、科学等领域做出的非凡贡献，至今还产生着广泛的影响。通过讲授他们 3 人的故事，使学生深刻理解科学与文学、艺术及哲学等其他学科的关系密不可分，相互影响，科学的发展，离不开科学家的科学创新、严谨求实、接续奋斗。引导学生学习科学家积极进取的精神，培养学生创新精神。

四、挖掘生命科学中的爱国主义思政元素，弘扬伟大的爱国主义精神

教书育人立德树人，为党育人为国育才，是高校教师的初心和使命，课程思政必须与弘扬爱国主义结合起来，在授课过程中结合生命科学相关人物、历史与事件，对学生进行爱国主义教育、激发学生的民族自豪感，引导学生坚定理想信念，增强爱国意识，厚植爱国主义情怀，树立

远大志向，努力成为担当民族复兴大任的时代新人。

　　生命物质，是生命的物质基础，是构成生命基本单位细胞的物质来源。作为七大类生命物质之一的维生素类，人体不能合成，量微作用大，缺乏引起病症。在维生素知识的讲解中，不仅讲解维生素的种类、功能、缺乏症以及防治措施，而且以明朝 1405—1433 年郑和下西洋为例，说明古代中华先民早就掌握了维生素缺乏防治方法，食用豆类种子发芽的芽菜，确保船员蔬菜和维生素需求，当时我国对生命基础物质的科学认识，远远领先于 15 世纪后兴起的欧洲海洋强国。此外，郑和下西洋，给亚非国家输出的是瓷器、丝绸、香料、茶叶等中国产品，播撒的是和平与睦邻友好。新时代，习近平主席提出的"一带一路"倡议，目的是促进共同发展、实现共同繁荣，打造人类命运共同体。新时代"一带一路"与郑和下西洋，一脉相承，为的是和平与发展，体现的是国家的繁荣与富强。通过讲解，使同学们增强了对历史的了解，提高了对党的认识，强化了民族自豪感和爱国热情。

| 第六节 |

"生命科学导论"课程教学提升生命科学素养的实践

论述了"生命科学导论"课程教学提升大学生生命科学素养的教学改革举措和效果，如：实施课程快乐教学法，提高学生参与课程教学兴趣；将思政教育与健康教育融为一体，提升教书与育人效果；理论教学与实际生活相结合，提升学生生命科学素养等。

生命科学素养，是大学生综合素质的重要组成部分，对创新性人才培养极其重要。为了提升大学生生命科学素养，培养创新性复合型人才，从 20 世纪 90 年代末期开始，无论是国外著名理工科大学，还是国内知名高校，都陆续将"生命科学导论"课程，列为本科生选修课之一，之后，全国普通高校，也都陆续开设了此门选修课。为了提高该课程教学质量，很多高校进行了相应的课程教学改革与实践，而高校加强该课程教学改革，大力提升大学生生命科学素养，有待深入研究与实践。

武汉工程大学是中央与地方共建的省属重点地方高校，化工学科特色鲜明，从 2003 年开始，学校开设"生命科学导论"课程作为全校素质选修课，课程以为国家培养"德智体美劳"全面发展的建设者和接班人为人才培养目标，以"创新型、复合型，工程化、国际化"的"两型两化"人才培养目标为办学定位，以"普及生命科学知识、开启健康快乐生活、提升生命科学素养"为课程教学目标，培养学生科学生活、健康生活、快乐生活；热爱生命、珍惜生命、敬畏生命。通过思政教育与生命科学教育融合，培养学生爱国主义精神，将自己的人生价值融入中华民族伟大复兴中国梦的实践中。近 20 年来，该课程根据素质选修课教学目标、定位和要求，培养了全校 65 个专业 3952 名本科生，取得了较好的成效。现将近 20 年来该课程提升大学生生命科学素养的教学改革情况、课程教学取得的成绩进行分析，以期为我国同类地方高校公选课"生命科学导论"课程教学改革与发展，以及课程教学促进大学生生命科学素养提升，提供参考。

一、实施课程快乐教学法，提高学生参与课程教学兴趣

高校素质公选课，很多学生选修目的是获得学分，参与课程教学积极性不高，课程教学中，学生玩手机、开小差、做作业等，做其他事情的很多，这些不良状况，极大地影响了公选课课程教学效果，不利于大学生综合素质的提高。为了提高课程吸引力，增强学生参与课程教学积极性，在该课程教学中，通过讲故事、作诗、科学家的花絮等，把幽默带进课堂，营造快乐教学氛

围，让学生在快乐中学习，提高学生参与课程教学积极性。

课前 3 分钟，学生刚进入教室，还没有安静下来，为了提高课堂吸引力，课前先分享几首老师作的诗、或生活故事、或科学家故事等课堂小花絮，吸引学生注意后，再开始正式授课。有时学生会有热烈的掌声，有时会哄堂大笑，课堂的激情和学习热情马上激发出来，大大提高了课堂教学效率和课堂教学质量。

例如，在讲植物器官"花"时，先将"蝴蝶兰"花的照片从 PPT 中打出来，问大家此花是什么花，然后分享老师自己写的《蝴蝶兰》诗："花中君子蝴蝶兰，红艳纤纤出泥潭。梦里回眸百媚靓，仙女笑春超俗凡。"又如，讲植物的组织"居间分生组织"时，以竹子的"节"为例，分享老师自己写的诗《竹》："岁寒三友翠绿翁，杆杆有节何俱冬。胸蕴骨气直中藏，春风扶摇云霄冲。"诗作一出，教室爆发出热烈掌声，一下调动了大家上课兴趣，然后进入课程教学，这样教学效果得到极大提升。

此外，在课程教学中，还采取一些积极措施，切实提高学生参与课程教学积极性。如：提出问题，点名让学生回答；突出科学前沿，让学生参与讨论；有独到见解的同学，请其到讲台讲解等。教学课堂快乐、有趣，有诗词歌赋、生命故事、生活经验分享，有社会主义核心价值观和党新时代新思想的传播弘扬，课堂充满吸引力，展现新气象，充满正能量，谱写育人新篇章。呈现出"师生关系融洽、师生智慧竞相绽放、全体学生人人出彩"的良好局面。该"生命科学导论"课程，由于课程思政与课程改革成效突出，课程建设情况，通过学校多年立项建设和专家验收合格后，于 2022 年被武汉工程大学正式授予首批校级"课程思政示范课程"荣誉。

二、将思政教育与生命健康教育融为一体，提升教书与育人效果

在课程教学中，充分发挥课堂育人作用，将高校思政教育和生命健康教育融入课堂教学，形成课堂育人新气象，使课程教学达到"生命科学知识融会贯通、生命科学素养和能力显著提高、政治思想和道德品质境界显著增强"的课程教学目标。

讲苔藓植物时，分享清朝袁枚的诗《苔》："白日不到处，青春恰自来。苔花如米小，也学牡丹开。"诗不仅写明了苔藓植物的特点，而且思政教育效果明显，告诉平凡的我们，不引人注目，无人喝彩，也要把自己最美的瞬间，像牡丹一样，毫无保留地绽放给世界。教育学生有一分热发一分光，积极奉献社会。

讲"生物浓缩"，举例：日本九州鹿儿岛水俣市 1953 年发生一种病叫"水俣病"，症状是：猫得病后尖叫不止，而且集体投河而死；人得病后骨头疼痛难忍。后来发现这种疾病是"汞中毒"，即生物富集汞元素所致的。通过这一实例，使同学们深刻认识了生态环境保护对人身体健康的重要意义，加深了对"绿水青山就是金山银山"的理解，感受到十八大以来我国开展"蓝天碧水净土保卫战"所取得的巨大成就，以及生态环境改善和美丽中国建设带来的获得感和幸福感，激励同学们以实际行动加入美丽中国和健康中国建设的时代潮流中去。

讲授病毒这一节内容时，重点介绍新冠病毒相关知识。冠状病毒为不分节段的单股正链 RNA 病毒，属于巢病毒目（Nidovirales）冠状病毒科（Coronaviridae）正冠状病毒亚科（Ortho-coronavirinae），根据血清型和基因组特点，冠状病毒亚科被分为 α、β、γ 和 δ 四个属。国际病毒分类委员会（ICTV）将新冠病毒命名为：SARS-CoV-2，即严重急性呼吸系统综合征冠状病毒 2，是 SARS 病毒的姐妹。新型冠状病毒感染的肺炎正式命名为：COVID-19。冠状病毒科病毒为

球形或多形状的颗粒，直径 80～220nm，有囊膜，囊膜表面有 2～3 种糖蛋白突起，其中一种长的杯状突起，长度为 20nm。核衣壳呈管状卷曲螺旋，直径大约 9～10nm。新型冠状病毒属于 β 属的新型冠状病毒，病毒对紫外线和热敏感，75％乙醇、56℃30 分钟、乙醚、含氯消毒剂、过氧乙酸等脂溶剂，均可有效灭活病毒。

三、理论教学与实际生活相结合，提升学生生命科学素养

理论教学通过"板书"，突出重点和难点内容，吸引学生注意力；利用图片、动画、视频等"多媒体教学"，生动形象地演示各种抽象的技术原理和过程，给学生留下生动印象；通过"合作学习、研讨式学习"等，师生共同努力，以最精简的语言来掌握知识点，使教学变得简单明了，使学生掌握知识变得轻松。在教学过程中，将理论知识与现实生活紧密结合，增强学生的理解与掌握，潜移默化地提升学生的生命科学素质。

猪带绦虫（*Taenia solium*），是扁形动物门动物，人是唯一终寄主，中间寄主主要是猪，其幼虫囊尾蚴，多寄生在猪的小肠、肌肉、肝脏等器官。含有囊尾蚴的猪肉，瘦肉中有米粒状的白点，俗称"米猪肉"，而人吃了没有煮熟的该肉，虫卵会通过血液循环系统到达身体各个部位，囊尾蚴会寄生在人的肌肉、脑、眼等处，引起猪囊尾蚴病，猪带绦虫在人体内可以长到 10 米长，对人体危害极大，因此，猪带绦虫是猪肉最重要的检疫对象之一。通过学习，同学们说，课程让我们明白了为什么要买经过检疫的猪肉。

人类基因突变导致的性别畸形，主要包括两类：（1）男性阴阳人，外观女性，基因型为 XY，原因是雄性激素受体基因突变，导致雄性激素不能发挥效能。（2）女性阴阳人，外观男性，基因型为 XX，原因是 21-羟化酶突变产生雄性激素。通过学习，使同学们了解基因突变对人类性别的影响，科学认识性别畸形。

自由基，是带有不成对价电子的化学分子或基团，它可以攻击破坏生物膜、DNA、蛋白质等生物分子，造成衰老、疾病甚至癌症，过氧化物酶、超氧化物歧化酶、维生素 E、维生素 C 等，可以淬灭自由基，因此，多吃含维生素多的新鲜蔬菜和水果等抗氧化食物，可以消灭体内自由基，使人身体健康。通过理论教学与实际生活相结合，不仅可以提高学生参与课堂教学兴趣，提升学生生命科学素质，而且可以开启学生健康快乐生活。

四、课程教学改革成绩显著，促进了大学生生命科学素养的提升

1. 课堂教学效果优良，学生成绩优秀

对"生命科学导论"课程教学 2003—2021 年近 20 年来的详细课程教学资料，进行统计分析，结果表明：（1）课程选修人数多。该公选课学生选修名额只有 140 人，而报名选修人数年年爆满，年平均选修人数有 208 人，近 20 年选修总人数为 3952 人。（2）课程选修专业覆盖面广。选修"生命科学导论"课程的学生的学科，涉及工学、理学、管理学、经济学、艺术学、文学和法学，共 7 个学科门类，占学校学科门类的 100％。涉及专业共有 65 个本科专业，占全校总专业的 97％，基本覆盖学校全部专业。（3）课程到课率高。课程"年平均到课率"为 84.19％，位居全校公选课前列。（4）学生学习成绩优良。优良（80 分以上）比例高达 52.52％，不及格的比例，仅为 13.56％。这说明课程教学效果较好，课程教学促进了学生生命科学素养的提升。

2. 课程教学质量较高，得到了学生普遍好评

不同高校开设"生命科学导论"目的不同，有的是素质选修课、有的是通识必修课、还有的是学科基础课、专业课等。本校"生命科学导论"作为素质选修课，其教学目标是"普及生命科学知识，开启健康快乐生活，提升生命科学素养"。学生对课程的评价可以反映课程教学目标的达成情况。

包装材料专业何莲莲同学评价：韩新才教授是我上大学以来，乃至从高中到现在，遇到的最有激情、最有热情且最有趣的老师。韩教授对待教学认真负责，语言生动，条理清晰，举例充分恰当，能够鼓励学生们踊跃发言，使课堂气氛积极热烈，我也有幸回答过几次问题，让我引发思考，什么是生命？生命的本质是什么？信息管理与信息系统专业胡兆祎同学评价：我很感谢"生命科学导论"这门课，让我了解了生命科学的基本知识，对生命意义的理解更加深刻，让我们学会了尊重生命，敬畏生命，以更认真的态度去对待生命。经济学专业刘玉婷同学评价：韩教授亲切和蔼，课堂氛围活泼可爱，与我们分享诗歌，有趣的经历，分享学习经验、人生道理，以及生活经验和一些小窍门，对我们全面发展起到了极大的唤醒作用。

从学生的评价可以表明，课程教学提升了学生生命科学素质，增长了科学生活经验与生活技巧；使学生科学认识了自我，学会了尊重生命，敬畏生命，认真对待生命；同时通过课程思政，培养了学生道德情操，促进了学生全面发展。因此，达到了课程教学的目标。

3. 课程教学大幅度提升了学生生命科学素养，人才培养质量显著提升

课程教学大幅度提升了大学生生命科学素养和能力。2016 年，刘存成等学生的膜分离项目，获教育部、团中央等 6 部委颁发的全国"创青春"第十届全国"挑战杯"银奖；2017 年，胡明慧等多名同学，荣获国家授权专利，罗君雨等多名同学，获"湖北省优秀学士学位论文奖"；2017—2019 年，生物技术专业学生章鹏，3 次荣获"国家奖学金"，2020 年研究生推免被中国科技大学录取；2019 级生物技术专业李毅中和肖倩同学，因为学习成绩优异、科研创新能力强、政治思想表现好，该 2 名同学 2022 年研究生推免，被华中科技大学和西北农林科技大学录取；2021—2022 年，学生李毅中、肖倩、李淑迪等近 200 名学生，参加国家 A 类赛事"全国大学生生命科学竞赛（CULSC）"，获全国一等奖 14 项、二等奖 10 项、三等奖 14 项，学生获奖比率高达 87.5％，2022 年学生参加全国大学生生命科学竞赛获奖水平，位居湖北省高校前列。

| 第七节 |

"生物化学"一流课程建设探索与实践

塔里木大学"生物化学"课程，在以"胡杨精神育人、为兴疆固边服务"教学思想指导下，历经校级重点课程、兵团精品课程、校级视频公开课、校级课程思政以及校级一流课程不同建设阶段，按照下得去、留得住、用得上、干得好人才培养目标进行一流课程建设。

生物化学是发生在生命有机体内的化学组成、结构、性质和化学变化规律的一门科学。已经成为生命科学最主要、最活跃的基础学科之一，是连接基础课与生命科学的纽带，对提高学生的理论水平，改善知识结构，增强能力，有良好的推动作用。生物化学又是生命科学中进展新且发展迅速的基础学科，它的理论和技术已渗透到生命科学类各个领域，使之产生了许多新兴的交叉学科。

一、塔里木大学"生物化学"课程简介

"生物化学"是塔里木大学的一门重要专业基础课。自课程设置以来，经过几代人的不懈努力和艰苦奋斗，使"生物化学"课程形成了一套完整的教学体系。塔里木大学自设置"生物化学"课程以来，一直作为农学、园艺、林学、动物科学、动物医学、水产、草业科学、生物技术、生物科学、生物制药、生物信息及应用化学等生命科学领域相关专业本科生和研究生课程的一门专业基础课。2007年被评为塔里木大学第一批重点课程，2011年获批兵团精品课程，2012年再次获批校级"十一五"第二批重点课程，2014年获校级首批视频公开课，2017年又获校级重点课程，2021年获批校级一流课程。在长期的课程建设工程中，课程团队始终坚持"以胡杨精神育人、为兴疆固边服务"的教学理念，多年来一直在不断优化教学方法，是塔里木大学"特色鲜明、成效显著、优势突出"的一门重要课程。

二、"生物化学"一流课程建设内容

1. 以重点课程、精品课程为基石，丰富教学资源，探索教学改革

"生物化学"课程在组织和讲授的过程中，结合塔里木大学专业学科定位和培养目标，以学校审核性评估为契机开展校级重点课程建设，根据人才培养方案，重点开展优化、整合课程内

容，根据学时和学生专业大类分类制定各自的教学大纲，开展形式多样的教学改革，积极探索"生物化学"课程建设。一是注重专业基础课与专业课主要内容的需求上，针对性地优化增减课程内容，减少课程间的内容重复，再结合专业培养特点目标，制定各自专教学内容重点。如专业为植物方向学生，设置为基础生物化学，重点偏向植物材料的教学内容；专业为动物方向学生，开设动物生物化学，教学内容重点偏向动物材料；而对于生物制药学生，重点偏向为人体医药方向。对于课程内容衔接上，结合培养大纲，与专业负责人商讨如何将生物化学与后续课程最佳衔接。二是注重课程知识点之间的衔接，召开教研室研讨会，以知识点为基础，丰富教学资源，制作统一的 PPT 课件，鼓励团队参加多媒体课件大赛。对于重难知识点团队录制了生物化学视频公开课、课堂实录、微课等视频用于辅助课堂教学。如蛋白质结构与功能这一节内容，由于比较抽象，涉及的知识点也较多，一直是学生理解的痛点。录制了视频公开课，专门针对各种蛋白质结构和功能去解析他们二者之间的关系，又通过"牛海绵状脑病病因及其致病机理发现"的微课视频，进一步揭示人类在研究蛋白质结构与功能中如何慢慢地取得进步，最终让学生知道了海绵状脑病的致病机理，也记住了其传播方式和为之作出贡献的科学家。这些视频用在线的教学方式共享给学生，通过线上和线下结合的教学方式，就可以对难以理解的知识点，多次学习，直至掌握。结合塔里木大学实际，团队教师根据改革需要编写了适合本校实际情况的配套的教材，并不断更新教材内容。同时积极参加国家规划教材的编写团队，从"十一五"，到"十二五"，再到"十三五"，持续参与国家农业农村部的规划教材的编写工作。三是加大实践教学学时，减少验证性、演示性实验，增加设计性、综合性实验内容，提高学生动手能力，提高学生主动学习的能力。增加了学生自主选择实验材料，测定蛋白质、脂肪、糖含量的综合实验。四是随着生物信息的发展，教学团队适时开展教学改革。近年，团队教师成功完成视频公开课、"生物化学"金课的建设实践、基于 MOOC 背景下的"生物化学实验"CDIO 教学模式改革探索，"基础生物化学""动物生物化学"和"高级生物化学""课程思政"项目，2022 年修订完成的第 3 版"生物化学实验"已经结合本校特色和南疆地域特点，选用了本地特有植物或动物材料为实验材料，使实验具有新疆特色。

2. 开展线上线下相结合的混合式教学，增加课程挑战度

随着网络和多媒体现代化技术的不断发展，以及新形势下社会主义核心价值观、中华民族传统文化、宪法法治、职业理想和道德以及胡杨精神等课程思政建设要求，"生物化学"课程又开始面临新的挑战和发展机遇。团队教师通过多次尝试后找到突破口，结合改革教学方法和创新教学资源，积极投身到校级视频公开课、课程思政建设。结合优美诗句、趣味故事和生活话题引入新课以此激发学生学习兴趣，在课中适当预留悬疑内容，促进学生探索生命奥秘的兴趣。比如课堂上教师请学生观看 2 组触敏图片和含羞草触敏视频，然后引发学生思考，植物为什么会有这种触敏反应？思考一会后老师引导学生一起回答，植物的触敏反应是因为体内的化学物质调控。讲到生物氧化这章的 ATP 功能时，从一张萤火虫发光的图片提出问题：萤火虫为什么会发光？学生思考一会后教师用 PPT 展示萤火虫发光的生化反应式。让学生知道此反应必须有 ATP 参加而且发光的强度与 ATP 的浓度在一定浓度范围内正相关。可以再深入引发学生思考，萤火虫发光原理应用有哪些，如日光灯、荧光素酶用于转基因中、萤火虫发光原理应用到碱基测序，并通过 ppt 展示一个相关的 flash 动画。

为解决重难知识点的可视化，团队成员将这些重难知识点都开发和录制 5 集视频公开课，6

集课堂实录，15集微课资源用于线上辅助课堂教学。学生可以提前预习相关知识点，也可课后复习用，有疑问的学生可以在课程讨论区留言，老师会抽时间回答他们的问题。在利用团队教师录制的视频课、微课同时也结合网上生物化学相关的在线课，将视频链接引入教学，逐渐实现课堂的线上和线下混合式教学，提高课堂教学效果，在学生评教中收到学生良好反响。

3. 成果体现创新性

在"互联网＋"和网络技术背景下，信息技术手段、智慧教学工具的利用和精品教学资源的利用和整合，积极探索新形势下教学模式，开展教学沟通、互相协作，是摆在当前一流课程建设的首要问题。在一流课程建设中以多手段、多角度的方式在教学中引入生命科学的前沿进展，对学生进行科研反哺教学的教学引导，并结合教学方法改革，如翻转课堂、线上线下混合课、思维导向式、典型案例讲解式来丰富课堂，调动课堂气氛，增加学生的学习主动性。讲到淀粉在生物细胞中的合成过程时，辅以2022年最新的人工合成淀对比讲解，给学生以引导，让他们知道用模拟生物细胞的方法，人类可快速人工合成淀粉，而且正在摸索成效的过程中，激发他们心中如何利用所学知识的欲望。

传统课堂教学的优势在于教师能够根据课堂授课情况及时了解学生在课堂上学习状态和学习效果，并根据情况及时调整，但这种线下教学模式由于授课时间的限制，存在无法自学、信息量偏少等弊端。而智慧网络却不同，可以随时、快捷地获取大量优质的学习资源，弥补课堂教学的不足。塔里木大学生物化学教学团队教师利用智慧树、超星学习通"生物化学"网络课程学习平台，为学生提高自主学习效果。增加了平时学习过程分比例，平时成绩由以前的30％上调到40％，考试采用题库组卷统一考试形式，课程组根据授课内容及要求科学制定1000多道试题，其中主观题占40％，随机抽取命题计划组卷后考试，旨在全面考查学生对课程内容的掌握情况及分析解决问题的能力。

4. 课程思政贯穿教学，鼓励学生励志，达到立德树人效果

将课程思政引入生物化学课堂教学中，塑造课程思政体系，进行润物细无声的课程思政教学，"基础生物化学""动物生物化学""高级生物化学"均获得本校第一批课程思政项目，目前均已结题验收。2023年"基础生物化学"获得兵团课程思政项目，团队教师重新整理了思政案例，并每章写了2个经典思政案例，汇编一本生物学思政案例集，这本案例集将作为每一位生物化学老师的教学指导书，真正实现每堂课都有思政元素的插入，实现对学生的潜移默化的影响。教学中始终坚持立德树人，以全面提高人才培养质量为切入点，培养学生探索未知、追求真理、勇攀科学高峰的责任感和使命感。本课程思政建设目标为，培养学生的理想情操，爱国爱疆情怀。最终让更多学生愿意扎根边疆，服务边疆。

5. 总结一流课程实施方案

首先分析问题出发，以教学方法，教学资源和科研反哺教学为攻克问题的方向，分层次、分方向、多角度研究生物化学金课的课程体系，始终坚持课程思政育人目标，最终形成塔里大学教学科研一体化的"生物化学"一流课程体系（图1）。鼓励学生积极参加各类体现自主学习的竞赛和项目研发，如大创项目、学科竞赛、毕业论文等，培养学生创新创业能力。并举办"塔里木大学大学生生命科学实验技能竞赛"；组织学生参加省级和国家级"挑战杯"、国家级生命科学创新创业大赛等学科竞赛；指导学生参与老师的科研课题，增强学生的创新创业能力和竞争意识，通过学生的自主学习，实现学生新想法、新挑战。通过这样的科研和实践结合模式，学生变被动为主动学习，将动手与动脑结合，融会贯通知识，做到学思结合，知行统一。促进创新型人才培养，实现"生物化学"教学科研反哺教学模式的一流课程建设。近年来学生获得的证书和奖励明显增加。

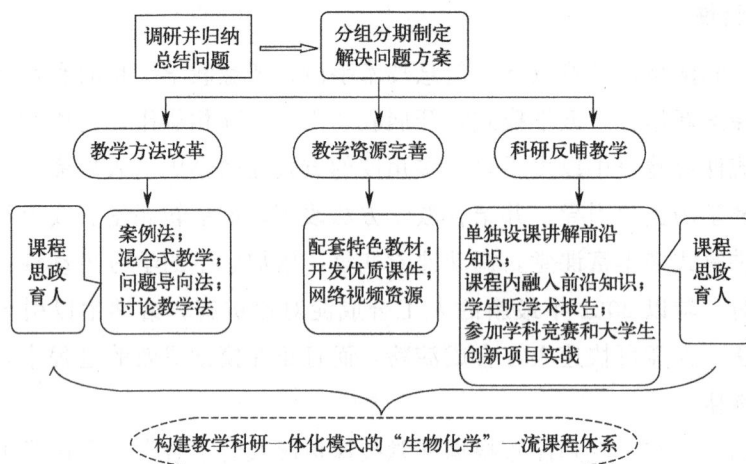

图1　课程实施方案流程

三、挑战与发展规划

生物化学课程目标坚持以生化理论知识为基础，借助教学方法引导学生的学习能力，用科研成果来扩增学生的科研能力，同时配以课程思政，培养学生的爱国情操和爱疆情怀，培养学生解决复杂问题的综合能力和高阶思维。要始终坚持以最新的前沿进展进行科研反哺教学，及时将最新的研究成果引入课堂教学，将继续推进教学科研一体化教学模式。在如今的信息化时代，生物化学教学对教师来说要做到与时俱进，也是一大挑战；如何在科学"增负"中，严格平时的考核管理，让学生变被动为主动地学习，增强其学习成效和获得感，对教师和学生来说都是一大挑战。教学方法需要继续改进。如何将课堂讲授慢慢深入贯穿线上线下的混合式教学，且根据学生需求进行多元化课堂教学方法。要继续加强教学资源的建设，自制慕课、微课，结合线上优质的教学资源，开展虚拟仿真实验项目的设计与开发。通过"生物化学"一流课程建设，教师要认识到课程建设在提高学生学习兴趣、创新能力、实践能力的同时，教师如何面对新的挑战、如何进行教学设计，如何在实践中实现教学相长，进一步提高教学质量，更好激发学生在教学全程的主观能动性，这是以后一流课程建设中需要不断完善和解决的问题。

| 第八节 |

"基因工程"课程思政的教学设计与实践

> "基因工程"是生命科学类专业的专业核心课程之一，根据本课程特点，设计了该课程的思政教学内容、探讨了教学方法、并分析了教学效果，初步达到了专业课程思政教育的目标。

我国高等教育承担着人才培养、科学研究、社会服务、文化传承创新的四大基本职能，其中为党和国家培养高级人才是高校的核心职能。因此，怎样落实为党育人、为国育才则是新时期高校三全育人的宗旨。为了实现这一总目标，对生物科学大类相关专业的"基因工程"课程的思政课程环节进行了具体的设计，以提高教师价值引领作用，同时增强学生对所学专业的认同和社会责任感，最终使学生无论在校期间还是在工作中都能不忘初心、牢记使命。

一、"基因工程"课程思政的必要性

1. 学生的认知方面

生物科学类专业的学生来自不同的家庭背景，学生在中学阶段接触过一些生物学的知识，同样也接触过关于转基因的说法与传言，加之中学时期教师对转基因是否有害的传播不明确，导致学生从理性上对转基因有一定的认识，但从感性上以及自己的判断上还处于左右摇摆的状态。原因是学生还没有接触到转基因的原理和操作技术。

因此，在大学期间，通过对转基因的学习，学生在掌握了转基因的原理、了解了转基因的应用后，再向学生传播转基因安全的科学知识，学生更容易接受，而且学生也将成为转基因科普宣传者。因此，"基因工程"课程思政对学生认知能力、明辨是非的能力及思辨表达能力的提升有重要意义。

2. 社会需求方面

塔里木大学地处"一带一路"倡议经济带核心区的新疆，本地在农业领域的支柱产业是棉花，2018年新疆棉花的种植面积占我国棉花总种植面积的80%以上，众所周知，转基因抗虫棉是我国转基因农作物产业化种植的作物之一。

而要在新疆大面积推广转基因抗虫棉，首先要给当地的种植户普及转基因作物的特点、转基因种质资源的管理和田间管理。在转基因科普宣传中就需要一批懂转基因的专业人员，这个任务责无旁贷地落在了生物科学相关专业的工作者身上。

二、"基因工程"课程思政的教学设计

1. 绪论中转基因的发展历程

在基因工程的绪论中转基因安全为题，首先了解学生对转基因的态度及困惑，对学生的态度、担忧、提出的问题进行分类，先不予解答，再让学生通过看书、查阅网络信息交流自己所知道的转基因产品，然后老师这些产品为例介绍基因工程的诞生及发展过程中国内外科学家所做的探索、发明及对我们生活的改变。

再从我国历年的"中央一号文件"入手，介绍我国政府对转基因的政策及未来的发展导向。以此激发学生对科学的崇敬和兴趣，让学生了解科学发展过程中思路提出、实验设计、实验操作、试验记录、数据分析及总结的重要性，从而培养学生的探索精神和科研兴趣。

2. 基因操作单元中基因工程技术的发展历程

基因工程是一门实验性很强的课程，几乎每一个理论都是通过无数的实验验证而来，每一个成熟的技术都是经过反复的实验操作才形成我们所用的实验方法，而且这些原理和技术在形成后经过国内外无数人的验证才上了我们的教科书、进了我们的实验室，因此转基因原理和技术的理解与熟练掌握是学生正确看待转基因、科普宣传、科学研究过程中不可缺少的内容，这也是培养学生创新精神的重要手段。

3. 转基因生物安全在各生物基因工程中的应用

学习基因工程的目的就是要懂科学、弘扬科学、应用科学来创造价值。基因工程在微生物、动物、植物中的应用章节，以实例告诉学生我们的生活与转基因的关系，让学生明白我们从来都没有离开过转基因。如我们所吃的红薯就是天然的转基因食物，豆科植物根瘤是转基因的结果；我们打的很多疫苗如乙肝疫苗也是基因工程药物，临床上所使用的胰岛素、人生长激素等都是基因工程药物。

另外，让学生参与教学，让学生查阅有关转基因安全事件，在课堂上分享并讨论。在课程结束时，组织学生就转基因安全与否开展辩论会。通过这些内容的介绍，让学生进一步明确转基因在确保全球粮食安全、医药卫生、农药化肥使用、环境保护方面的重要贡献，同时提高学生明辨是非的能力，树立正确的价值观、科学观，使学生成长为有理想信念、有道德情操、有社会责任意识的新时代戍边人。

三、基因工程课程思政的评价

1. 学生对基因工程课程思政的反馈

通过基因工程课程思政6年的实施，相关专业学生对转基因的看法，结果发现学生都能明确地讲述转基因的科学意义和原理，能够理性地看待转基因。每年在课程结束前的转基因相关问题调查问卷，学生从最初的态度不明确到最后的鉴定，选择相信科学、支持转基因；学生从对来自不同物种的基因融合无法想象到大胆设计实验思路；从科幻电影到科学伦理的探讨，无不体现了学生对生命的敬畏、对职业的敬畏以及对社会的责任意识，这也体现了"为党育人、为国育才"的使命。

2. 当地种植户对塔里木大学生物科学类学生的评价

关于转基因科普活动进社区、进团场、进连队活动，本人指导的学生已有 3 个团队参加了"暑期三下乡"科普团队，在科普宣传中得到了本地百姓的一致认可。学生在科普活动之前首先设置关于转基因安全的问题，然后利用自然界中的转基因实例，人们生活中所用疫苗和医药如胰岛素等，养殖业中所用饲料添加剂等，耐心地给当地老百姓讲解其生产原理、生产技术和产品安全、成本等问题。

学生的科普活动他们评价学生讲解清楚、很有当代大学生的风范和社会责任感。学生的科普行动不仅让本地种植户了解了转基因作物推广中需注意的事项，还让老百姓了解我们生活中所接触到的转基因产品。但学生反映这只是转基因科普活动，要进行转基因作物的推广的产业化种植，我们还有很艰巨的任务要完成：那就是要让老百姓从心底里接受转基因，让他们放心地种植并使用转基因产品。

3. 用人单位对塔里木大学生物科学类学生的评价

塔里木大学地处新疆南疆，为凸显"课程思政铸魂、民族团结育人、爱国爱疆"的德育，"系统的专业理论、熟练的实践技能、真才实学"的智育和"稳疆固疆、富民戍边"的社会责任。"基因工程"课程思政从 2014 年开始引入，6 年来通过对基因工程课程思政教学内容选取、教学方式方法的探索，得到了广大师生、用人单位的一致好评，在此基础上，本专业其他几门课程也在 4 年前引入了课程思政内容，都取得了良好的效果。

目前，在新课改教学背景下，在国家大力提倡课程思政教育和课程建设的良好环境下，如何让课程思政成为专业课程的调味剂，让学生在掌握专业知识的同时提高德育水平，并使其随风潜入、不生硬、能被学生乐于接受就显得尤为重要。

| 第九节 |

"植物学"教学过程中思政元素的挖掘与实践

"植物学"课程是多个专业的专业基础课，在上课过程中对学生进行思政教育是极其必要的。在教学中应围绕"立德树人"的教育核心，深入挖掘"植物学"课程的思政元素，进一步探索"植物学"课程思政教育中切实可行的方法。

习近平总书记在全国高校思想政治工作会议上强调："要坚持把立德树人作为中心环节，把思想政治工作贯穿教育教学全过程，实现全程育人、全方位育人""要用好课堂教学这个主渠道""其他各门课都要守好一段渠、种好责任田，使各类课程与思想政治理论课同向同行，形成协同效应"。"课程思政"的本质是指高校的所有课程都应该承载着育人育德的功能，帮助学生建立正确的世界观、人生观、价值观。在高校的专业课教学中，我们会面临着学生的许多思想问题，例如"学习专业课的用途""为什么要关注专业课的前沿热点"等，这些思想问题思政课教师往往不能很好地解答，因此专业课教师在教书的过程中要完成育人的使命，让学生知道学习专业课的必要性，端正学习态度。按照习近平总书记的要求，高校的教育要紧密围绕"立德树人"这个核心来开展。植物学是高等农林院校多个专业的专业基础课，在植物学课程中开展思政教育受众面广。"植物学"一般都在大一开课，可以通过"植物学"课程思政建设，让学生热爱生物学专业，帮助学生建立文化自信、形成建设生态文明的伟大理想以及培养学生的审美情趣，因此进行"植物学"课程思政建设是极为重要的。

一、阅读传统的植物学典籍，建立文化自信

2013 年 3 月 1 日，习近平总书记在中央党校春季学期开学典礼上指出："各种文史知识，中华优秀传统文化，领导干部也要学习，以学益智，以学修身。""中国传统文化博大精深，学习和掌握其中的各种思想精华，对树立正确的世界观、人生观、价值观很有益处。"我国对植物的研究利用时间较早，在春秋战国时期《诗经》中就有关于植物学的记载，秦汉时期的《尔雅》中记载植物 200 余种，并对其进行了简单的分类。东汉时期的《神农本草经》中收录了 365 种草药，是我国最为古老的一部本草。明代李时珍的《本草纲目》，详细描述药物 1892 种，其中有植物 1195 种。被誉为百科全书，享誉世界。中华人民共和国成立后，我国出版了《中国植物志》。在植物学绪论章节中引导学生阅读有关植物的植物学典籍，并鼓励学生写读后感。通过对传统植物

学典籍的介绍及阅读，让学生热爱中华传统文化，增强学生的民族自尊心和自豪感。建立对中国传统文化的自信。同时也可以使学生对自己的专业前景满怀信心。

二、生态文明与植物多样性

大学生是未来生态文明建设的主角，所以高校的专业课教师应该承担起对学生进行生态文明教育的使命。在专业知识的讲解过程中融入生态文明的思想认识，帮助学生形成有利于生态文明建设的行为和生活方式。前些年由于大力发展工业以及过度放牧，雾霾和沙尘暴等恶劣天气频繁出现，给人民生活带来了各种不便和健康隐患。传统的思政课教师对于生态文明了解得不多，对于生态文明与生物多样性的关系也不十分明确，因此需要专业课老师结合专业知识进行讲授。植物资源是国民经济发展的重要基础，经过长期的进化，目前已经形成了数十万种植物，其中蕴含着丰富的种质资源，是自然界留给人类的最宝贵的财富。人类、动物及非绿色植物所需要的能量都来源于植物，同时植物也为其他生物提供了良好的生活和繁衍后代的环境。我国高等植物资源丰富，其丰富程度仅次于马来西亚和巴西，居世界第三位。在这些高等植物中我国特有种类达18000余种。我国还有许多孑遗植物，如水杉、银杏、鹅掌楸等。在讲授植物多样性时应该讲授植物多样性保护的重要性。同时让学生明白增加植被的覆盖能够降低风速，减少沙尘暴的发生，同时森林的覆盖还能减少水土流失。建设生态文明与保护植物多样性是紧密相关的，没有植被的覆盖，生态环境必将进一步恶化。所以在讲授植物多样性时应该引导学生对植物的多样性进行保护。引导学生利用假期时间对自己家乡的生物多样性及生态环境进行调查，制定出适当的保护方案，让生态文明建设的理念根植于学生的内心。

三、学习植物分类欣赏植物之美

美育可以陶冶学生的情操，净化学生的心灵，提高学生的综合素养。传统的专业课教师更多的是传授专业知识，对于学生的审美情趣很少涉及。在植物学课程思政建设过程中可以引导学生欣赏植物之美，达到缓解精神压力，形成饱满的精神状态，更好地面对学习和生活中遇到的各种压力。"植物学"被子植物分类章节需要学生掌握不同科、不同属、不同种植物的形态特征。在讲授这些植物特征时，可以用漂亮的图片引导学生欣赏植物之美，如不同形状的叶，不同的花冠等；让学生知道每一种植物都有每一种植物的美。在课后组织学生对自己认为美的植物进行拍摄，并进行评比，对于拍摄得比较美的图片进行展览，并给予适当的奖励。在带学生野外实习的时候也可以引导学生欣赏自然风光，例如大漠的广袤无垠，塔里木河的蜿蜒曲折、雪山草甸的壮美，让学生感受到美，并利用这些美好的事物让学生产生对祖国大好河山的热爱之情。

总之，植物学"课程思政"的目标要围绕立德树人来进行，要通过植物学课程思政的建设提高学生学习的积极性，建立学生的文化自信、形成建设生态文明的理念、提升审美情趣，达到既教书又育人的目的。

第十节

"植物生理学"课程思政设计、实践与思考

植物生理学课程在塔里木大学有悠久的开课历史，经过多年的建设和对师资的培养，植物生理学进行课程思政改革试点具有良好的基础。在前期的教学实践中，主讲教师在理论课和实验课教学中有意识地将思政内容融入教学中，取得了良好效果，在今后的改革实践中，应重点突出、以点带面地精选精讲经典案例；潜移默化、润物无声地把思政元素有机地融入课程内容；使学生学会以问题为导向、主动应用课程知识技能解决生产问题，从实践中获得知识、巩固技能、锻炼个人品质；引导学生以辩证发展观点，灵活运用所学知识，夯实专业基础，为报效祖国积攒力量。

植物生理学是植物生产类各专业必修的学科基础课，是研究植物生命活动基本规律及其机理的一门科学。它运用物理学、化学和生物学的技术与方法，研究植物的物质代谢、能量转变、形态建成、信息传递、类型变异的综合过程及与环境条件的关系。这门课程主要教学任务是通过理论课的学习和实验课的实践，使学生系统掌握植物生命活动的内在规律及其与环境条件的关系，并为某些生理生化指标的测定打下技术方法及实际操作的扎实基础。培养学生具有运用植物生理学知识解决实际问题的能力。要求在讲清基本要领与基本理论的基础上，重点突出，难点讲透，适当介绍有关理论的最新进展情况，注意理论联系实际，以利学生综合素质和创造力的培养。

一、植物生理学课程现状

植物生理学课程在塔里木大学有悠久的开课历史，经过多年的建设和对师资的培养，目前植物生理学课程共有主讲教师 3 人、高级实验师 1 人。主讲教师均具有教授职称，其中 2 名教师具有博士学位，在多年的授课过程中，积累了丰富的教学经验，主讲的植物生理学课程多次获优课优酬奖励、教学质量优秀奖等。因此，植物生理学进行课程思政改革试点具有良好的明显的师资优势。

二、植物生理学课程思政设计与改革实践

在前期的教学实践中，主讲教师在理论课和实验课教学中有意识地将思政内容融入教学中，比如"绿水青山就是金山银山""科技报国"思想、"科学精神"，在"第一章 绪论"中，深入介

绍我国科技工作者的贡献及世界华人做出的突出成绩,增强学生的民族自信心和认同感;在"第二章　水分生理"中,贯穿"有收无收在于水"的植物生存生态理念,应用中强调"水是农业的命脉"思想;在"第三章　氮素与矿质营养"中,贯穿"收多收少在于肥",强调"可持续发展"思想;在"第四章　光合作用"中,介绍我国老一辈科学工作者传帮带、刻苦奋斗的研究史;在"第五章　呼吸作用"中,介绍汤佩松先生对呼吸多样性的创造性理论意义;在"第六章　有机物运输分配"中,结合塔里木大学园艺同事在南疆农业服务实践中的事例,讲解身边的"以胡杨精神育人、为兴疆固边服务"生动、真实感人的故事,鼓励学生要学有所成,为屯垦戍边服务;在"第七章　植物激素生理"中,讲解著名科学家利用"小"激素做出"大"贡献的例子,引导学生理解"科学精神""工匠精神";在"第八章　植物生长生理"中,介绍老一辈科学家利用生物技术服务农业生产的例子,同时也介绍塔里木大学校友创新创业的故事,鼓励学生树立"科学报国"理想;在"第九章　植物生殖生理"中,介绍自己和导师团队根据相关理论指导农业生产的例子,鼓励学生理论学习同时,重视理论联系实际,重视农业生产,把论文写在大地上;在"第十章　成熟生理"中,介绍老一辈农学家利用衰老理论提高农业产量的例子,引导学生从小处做起,从自身做起,奉献社会;在"第十一章　逆境生理"中,结合自身科研体会介绍逆境研究对农业可持续发展的意义,引导学生理解生态文明建设的重要意义(表1)。

总之,我们在前期的教学中在正常的教学中,将思政思想、内容与植物生理学知识有机结合,通过教学实践,既培养了学生专业素质,又达到了提高学生政治素养的目的,为培养"又红又专"的专业型、复合型人才提供了保障。

表1　植物生理学课程思政设计

课程育德目标	思想政治教育的融入点	教育方法和载体途径	教学成效
引导学生关注植物,关注生命,感恩植物、感恩自然、爱护自然	在"第一章　绪论"中,精讲经典的植物生理学研究历史,并挖掘科学背后的感人故事,深入介绍我国科技工作者的贡献及世界华人做出的突出成绩,增强学生的民族自信心和认同感	典型案例、讨论、课后阅读	从开课伊始接触"科学精神""发展观点""传承精神",并是使学生开始认同"绿水青山就是金山银山"思想、树立"科技报国"理想,增强文化自信
引导学生关注节约用水,关注农业节水,关注农业可持续发展	在"第二章　水分生理"中,贯穿"有收无收在于水"的植物生存理念,应用中强调"水是农业的命脉"思想	讲授,案例、讨论、课后阅读	使学生爱护水源、爱护地球
引导学生关注农业肥水运筹、合理施肥,关注农业可持续发展	在"第三章　氮素与矿质营养"中,贯穿"收多收少在于肥"的理念,强调"可持续发展"的思想	讲授,案例、讨论、课后阅读、辩论	激发学生对农业的热爱,对中华五千年耕作文明的热爱,增强学生的文化自信
引导学生关注地球上最大的化学反应"光合作用"及其在人类生产生活中的作用	在"第四章　光合作用"中,介绍我国老一辈科学工作者传帮带、刻苦奋斗的研究史	讲授、案例、讨论、课后阅读	激发学生对科学的敬畏,对科学家、劳动者的敬畏
引导学生将理论知识和生产生活结合	在"第五章　呼吸作用"中,介绍汤佩松先生对呼吸多样性的创造性理论意义	讲授、案例、讨论、课后实践	激发学生专业兴趣,努力学好本领,小到改善生活,大到报效国家
引导学生将理论知识和生产生活结合,体会老一辈塔大人的奉献精神	在"第六章　有机物运输分配"中,结合塔里木大学园艺同事在南疆农业服务实践中的事例,讲解身边的"以胡杨精神育人、为兴疆固边服务"生动、真实的故事,鼓励学生学有所成	讲授、案例、讨论、辩论、课后阅读	激发学生学本领、勇实践的信心,为服务新疆、服务兵团做打好基础
引导关注植物激素和植物生长调节剂及其在农业生产中的应用	在"第七章　植物激素生理"中,讲解著名科学家利用"小"激素做出"大"贡献的例子	讲授、案例、讨论、课后实践	激发学生了解南疆农业生产(激素调控)兴趣,为服务南疆打下思想和理论基础

课程育德目标	思想政治教育的融入点	教育方法和载体途径	教学成效
引导学生关注植物生长状态、总结生长规律，为科研、生产服务	在"第八章 植物生长生理"中，介绍老一辈科学家利用生物技术服务农业生产的例子，同时也介绍塔里木大学接触校友创新创业的故事	讲授、案例、讨论、课后实践	激发学生从事科研的兴趣，引导学生从事科学研究兴趣或者树立科学思维
引导学生关注农业重大问题（产量、品质的形成）	在"第九章 植物生殖生理"中，介绍自己和导师团队根据相关理论指导农业生产的例子，鼓励学生重视理论学习，重视理论联系实际，重视农业生产	讲授，案例、讨论、课后阅读	激发学生对理论的学习兴趣，增强学生专业兴趣
引导学生关注植物和人类健康（增产、抗衰老等）	在"第十章 成熟生理"中，介绍老一辈农学家利用衰老理论提高农业产量的例子	讲授，案例、讨论、课后实践	激发学生对植物、对自然的热爱，增强专业自信
引导学生关注逆境和抗逆性	在"第十一章 逆境生理"中，结合自身科研体会介绍逆境研究对农业可持续发展的意义	讲授，案例、讨论、课后作业	激发学生勇往直前，增强用自己的本领改造自然，造福人类的信心

三、植物生理学课程思政改革的思考

前期的植物生理学课程思政教学改革实践中，我们只针对个别专业进行了试点，效果较好，但是还不够系统，没有形成规模效应。在今后的教学中，植物生理学课程思政教学重点是以科学精神（与社会主义核心价值观的爱国、敬业、诚信一脉相承）为指导，以典型案例为主要载体，灵活运用多种教学形式，建立系统的教学模式，推广应用，以达到立德树人的目的。

1. 重点突出，以点带面

表1设计的思政内容涉及了植物生理学课程的每一个章节，思政内容与相关章节知识点契合度也较好，但植物生理学课程不是思政课程，思政内容在本课堂中的比例不能过高，否则课程性质就改变了。为了解决这一问题，主讲教师首先应将相关思政内容归类，精选典型案例，重点突出地讲解，以点带面。

2. 潜移默化，润物无声

如前所述，植物生理学的课程思政建设，不是把本课程建成思政课，也不是喊政治口号，不是简单政治理论学习，更不能机械地插入思政内容，而是要借助这门课的专业知识，找准切入点，因势利导，潜移默化地引导学生，让学生在学习专业知识的时候，思想也得到升华。润物无声，让学生甚至感受不到思想教育，但是思想却受到了洗礼。

3. 问题导向，主动学习

引导学生关注自然，观察有趣的植物生命现象、发现身边的植物生产问题，带着问题，从书本理论中，从实验实践中、从讨论、争论中探讨问题解决方案。整个过程就是学生对主动学习理论知识和掌握技能的过程，其实就是为科学献身的初步实践。

4. 辩证发展，灵活运用

植物生理学和其他学科一样，还需要不断发展完善。引导学生学习知识的时候理解已有理论的合理之处及不足的地方，善于发现新的切入点，激发学生专业兴趣和创新欲望，并加以正确引导、示范。学生会在对知识接受、批判、怀疑、创新中获得身心锻炼。

| 第十一节 |

高校教工党支部创新党建工作方式提升立德树人能力的探讨

高校教工党支部，创新党建工作方式方法，提升教书育人和立德树人能力和水平，是新时代高校党建工作的重要努力方向。论述了武汉工程大学环境生态与生物工程学院教工党支部，从创新政治学习方式、创新党支部组织生活方式、开展"五个思政"机制创新、开展"一教二主三化"教学改革、发挥党支部在高校基层治理中的政治引领作用、关爱学生立德树人等多个方面，探索创新党建工作方式，提升立德树人能力的实施路径。

高校教工党支部，是高校党的基础组织，直接处于学校的教学、科研和管理服务第一线，直接承担着贯彻落实党的路线方针政策和高校各项具体工作任务的责任，以及教书育人、以德树人、培养高素质人才的光荣使命；对高校办学方向以及"双一流"建设和内涵发展，具有重要的政治保障作用，是高校党的全部工作和战斗力的重要基础。

加强教工党支部建设，创新党建工作方式方法，开展特色党建研究与实践，充分发挥党支部战斗堡垒作用和党员先锋模范作用，切实提升党支部的组织力，对于高校认真落实"立德树人"的根本任务，着力引导师生成为马克思主义的坚定信仰者、积极传播者和模范践行者，增强师生理想信念和践行社会主义核心价值观，培养中国特色社会主义合格建设者和可靠接班人，具有重要的意义。

一、创新政治学习方式，使党员增强"四个意识"、坚定"四个自信"，做到"两个维护"

以政治学习为抓手，加强思想政治教育、理想信念教育和师德师风教育，以新时代党的新思想新理论新战略为遵循，武装思想，落实到具体实践中去，在学习中强化组织力，在学习中增强免疫力，在学习中提高战斗力。

1. 创新支部学习方式，增强学习效果

通过支部党会集中学习、讲微党课、参加培训、网络自学、外出考察、成果交流、知识竞赛、考试测验等方式，深入学习习近平新时代中国特色社会主义思想和党的二十大精神；通过学习，切实使全体党员，认真践行社会主义核心价值观，提高社会公德、职业道德、家庭美德和个人品德，坚定理想信念，深刻领悟"两个确立"的决定性意义，增强"四个意识"、坚定"四个

自信"，做到"两个维护"，在思想上政治上行动上同以习近平同志为核心的党中央保持高度一致。

2. 运用"互联网＋学习"模式，促进学习常态化

网络平台是理论传播的前沿阵地，党员学习教育的载体，利用网络平台，将学习的文件、资料、视频等上传到网络，开展"互联网＋学习"，可以创新学习教育的内容和形式，激发党员自主学习兴趣，使党员的培训教育趋于常态化，可激活党建工作。

3. 传承红色基因，红色基地现场学

支部组织党员到革命老区开展"忆红色岁月"主题党日活动，参观烈士陵园，凭吊革命先烈，重温入党誓词，使党员思想得到了洗礼、精神得到了升华、信仰得到了坚定。通过创新学习，使教工党员的政治原则、政治纪律、政治规矩、政治立场、政治道路、政治方向与党的路线、方针、政策保持高度一致。

二、创新党支部组织生活方式，开展"教工＋学生"师生党支部结对互学共进活动

在支部组织生活中，增强党组织生活的政治性、时代性、原则性、战斗性，认真落实党支部"三会一课"制度，积极开展党支部组织生活会、主题党日、民主评议党员、谈心谈话、书记讲党课等党支部组织生活活动。突出政治学习，强化理想信念教育，做中国特色社会主义道路的坚定践行者；突出党性锻炼，加强党风党纪和思想道德教育，强化党员意识，增强党的观念，提高党性修养；突出群众观念，密切联系群众，真心服务师生，爱岗敬业，以德树人。

创新支部组织生活方式，教工党支部与本科生、研究生学生党支部结对，共同开展学习习近平新时代中国特色社会主义思想和党的二十大精神主题党日、主题教育等，共同学习新时代党的新思想新理论新战略，共同交流学习心得体会，共同探讨"双一流"背景下高校教书育人立德树人新举措。

教工与学生结对，共赴学院扶贫点赤壁市太平口村，开展测土配方、污水检测、环境治理等工作，为脱贫攻坚、乡村振兴作出环境生态学院的贡献。党员与学生结对帮扶，通过实际行动，解决学生经济困难、学业困难、心理困难和思想困惑，通过深入细致思想工作和提供力所能及的帮助，使学生树立正确的世界观、人生观和价值观，能够心情舒畅、积极向上地投入大学学习与生活中去，为实现"两个一百年"奋斗目标的中国梦，而刻苦学习努力奋斗！

通过结对共建活动，增加师生的感情，强化师生的共同理想基础，达到了教学相长、互学共进的效果。通过加强党支部的建设，发挥党支部的战斗堡垒作用，努力把党支部打造为政治功能强化、组织坚强有力、服务功能拓展、党员作用突出、工作事业强劲的优秀基层党支部。

三、开展"五个思政"机制创新，以学科竞赛为引领，提高学生创新创业能力

坚持"五育并举"，不断创新"学生思政、教师思政、课程思政、学科思政、环境思政"育人体系。把理想信念教育融入思想道德教育、文化知识教育、社会实践教育各个环节；把思想政治工作体系贯通学科体系、教材体系、教学体系、管理体系，全面推进习近平新时代中国特色社会主义思想，进教材、进课堂、进头脑，加强社会主义核心价值观教育、党史国史教育，切实做足"三全育人"大文章。引导学生坚定理想信念，培育高尚品格，练就过硬本领，勇于创新创

造，在矢志奋斗中谱写新时代的青春之歌。

1. 学生思政

坚持以学生为中心，遵循思想政治工作规律、教书育人规律和学生成长规律，以习近平新时代中国特色社会主义思想为指导，大力弘扬以爱国主义为核心的民族精神和以改革创新为核心的时代精神，以理想信念教育为核心，创新育人工作体系，传承"红色基因"，引导学生树立国家意识，增强爱国情感，促进学生德智体美劳全面发展，培养担当民族复兴大任的时代新人。

2. 教师思政

亲其师，才能信其道。教师是青年学生人生导师，对学生的成才成长起着至关重要的作用。党员教师要做关爱学生以德树人的模范，关心帮助每一个学生，尊重善待每一个学生，促进学生健康快乐成长。教工党支部积极组织学生到武汉光谷生物城高新技术企业开展暑期勤工俭学活动，解决学生生活困难，提高学生社会实践能力和生物专业素养；资助帮助经济困难学生完成学业；联系就业单位，推荐学生就业等。教师思政，解决学生切实困难，拉近师生距离，充分发挥党支部政治引领作用和党员教师的典型示范作用，引导学生成人成才。

3. 课程思政

课堂教学中，发挥课堂思政主渠道作用，在专业课堂，在课堂开始前几分钟，或在专业知识传授中，穿插几分钟，通过作诗、讲故事、经验分享等，进行悠久历史文化和诗词歌赋的花絮点评、社会主义核心价值观和党新时代新思想的传播弘扬，分享生命故事和人生感悟，对学生进行健全人格和知识教育，在轻松快乐的氛围中，促进学生品德、智力、个性全面发展，让课堂充满吸引力，展现新气象，充满正能量，谱写育人新篇章。

4. 学科思政

发挥学科在育人体系中的引领支撑作用，鼓励本科生积极参与教师科研项目，培养师生至诚报国的理想追求、敢为人先的科学精神、开拓创新的进取意识和严谨求实的科研作风。积极组织师生参加全国大学生挑战杯竞赛、全国大学生生命科学竞赛、湖北省大学生生物实验技能竞赛等省级以上学科竞赛，以学科竞赛为引领，将学科思政贯穿于"五个思政"全链条中，提高学生创新创业素质和能力。近 5 年以来，武汉工程大学环境生态与生物工程学院，以党员教师为核心，组织指导学生参加省级以上学科竞赛，100 多人荣获全国"挑战杯"银奖、"全国大学生生命科学竞赛"一等奖、"湖北省大学生生物实验技能竞赛"一等奖等奖项。仅 2021-2022 年，学生参加国家 A 类赛事"全国大学生生命科学竞赛"，就获得 34 项国家级奖，其中一等奖 11 项、二等奖 6 项、三等奖 17 项，获奖水平位居湖北省前列。

5. 环境思政

加强学校意识形态工作领导，引领学校主流思想潮流，营造积极健康和谐向上的育人氛围，加强文明校园建设，发挥"环境育人"作用，通过学校标志性雕像、人文景观，反映学校办学特色、彰显办学理念和办学精神，营造优美的校园育人环境，建设"美丽工大"，充分发挥校园环境润物无声的育人功能。

四、开展"一教二主三化"教学改革，努力提高教学质量和人才培养质量

创新党建方式方法，提升高校教工党支部立德树人的能力，发挥战斗堡垒作用的核心和落脚点，是把党的政治建设落实到高校教育教学各个环节，提高人才培养质量。新时代的高等教育，注重"一流本科、一流专业、一流人才"，是高校回归教育教学初心，提高立德树人水平的必然要求，打造"金课"，消灭"水课"，开展"课堂革命"，是新时代高等教育内涵发展和高等教育现代化的迫切需求。在课堂教学中，积极开展教学改革，探索实施"一教二主三化"课堂教学改革，即："关爱学生、因材施教；自主学习、自主考试；沉闷化为轻松、抽象化为具体、复杂化为简洁"。课堂教学改革，有力提升了课程教学质量和人才培养质量，学院教工党支部书记韩新才教授主持的教研成果《"一教二主三化"地方高校生物类课程教学改革的实践》，2023年荣获第九届湖北省高等学校教学成果奖三等奖。

五、发挥党支部在高校基层治理中的政治引领作用，关爱学生立德树人

紧密结合学校中心工作，挥党支部在高校基层治理中的政治引领作用。组织党员立足岗位履职尽责，充分发挥党支部的战斗堡垒作用和党员的先锋模范作用。加强对党员理想信念、思想道德、行为方式的教育管理，增强党员对人民的感情、对社会的责任、对国家的忠诚，使每一个党员成为党性强、业务精、肯奉献、有作为的先进分子。

党员教师要以身作则，关爱学生以德树人，站好三尺讲台，坚持"教书和育人、言传与身教、潜心问道与关注社会、学术自由与学术规范""四个相统一"；做学生"锤炼品格、学习知识、创新思维、奉献祖国"的"四个引路人"；做"有理想信念、有道德情操、有扎实学识、有仁爱之心"的"四有好老师"；为培养中国特色社会主义建设者和接班人不懈奋斗。

1. 关心学生考研和就业

举办考研经验交流主题团日活动，邀请考上中国科学院大学、江南大学、暨南大学等重点大学研究生的夏雨飘、杨博楠、韦诚锡等多名同学，对考研同学传授经验、释疑解惑、提振信心，回应了考研同学的热切期盼，促进了优良班风学风的形成，体现了"我为群众办实事"的精神，以实际行动，用奋斗的脚步丈量青春，用辛勤的汗水铸就梦想，以此致敬青春！同时，在考研学生的考研、复试、推荐等各个环节，提供有力帮助，促进了学院考研率的提升。

2. 关心学生的学习和生活

关心学习困难、生活困难、就业困难、心理困难学生，积极排查化解各类矛盾纠纷，妥善化解突发事件。支部举办师生教学工作座谈会、考研与学习经验交流会、安全教育与反诈骗主题班会，以及深入学生寝室开展安全检查与安全教育等，提升学生学习积极性和学习效率，提高学生安全意识和反诈骗能力，对学生全面成长成才起到了促进作用。党支部书记韩新才教授，一直非常关爱学生，经常资助困难学生，2022年，资助19级生物技术专业01班外省路途远的李毅中、鞠晨阳、刘潇潇等近10名同学寒假路费近4000元；给生病的魏文龙和彭肖同学每人发1000元慰问金等，使同学体会到了老师的关爱和学校的温暖。

3. 抓班风和学风，促进人才培养质量提升

党支部书记韩新才教授作为2019级生物技术专业班主任，创新班主任工作方法，实施一个

班干部联系承包 2~3 个同学的"班干部＋"班级治理模式，促进了全班同学的共同成长、共同发展、共同进步，使班级在思想政治、班风、学风等各个方面成绩显著，成为学校的一面旗帜和标杆。(1) 班级思想政治好。班级入党人数 12 人，占 37.5％；递交入党申请书人数 29 人，占 90.6％。班级 2021-2022 年多次荣获学校"十佳团支部""优秀班集体"。(2) 班级学习成绩优。班级同学平均成绩为 84.47 分，全院最高；班级李毅中同学荣获国家奖学金，李毅中和肖倩同学研究生推免被 985 高校录取，班级考研录取率超过 50％，三分之二考取 985 和 211 重点高校。(3) 班级科技创新能力强。获得全国和全省生物竞赛奖励共 14 项，获奖人次比率占 87.5％。其中，获得国家 A 类赛事"全国大学生生命科学竞赛（CULSC）"一等奖 3 项、二等奖 1 项、三等奖 3 项。班级参赛人数、获奖人数、获奖数量和获奖级别全校第一。

4. 党建引领，促进了人才培养质量的提升与专业建设水平的提高

经过 20 多年全体教师和学生的共同努力，学院基层党支部建设水平显著提高，立德树人能力得到有效提升，有力促进了我院生物工程专业和生物技术专业的专业建设水平和人才培养质量显著提升。(1) 我院学生夏静 2021 年荣获"中国大学生自强之星"荣誉。(2) 我院生物技术专业学生思想政治素质、专业认可度、学习成绩、班风学风显著提升，生物技术专业 2018 级、2019 级、2020 级、2021 级连续五年荣获学校"优秀班集体"和"十佳团支部"荣誉称号，人才培养质量位居学校前列。(3) 我院生物工程专业于 2020 年和 2021 年分别荣获国家一流专业建设点和工程专业认证。(4) 学院教工党支部于 2019 年荣获武汉工程大学"先进基层党组织"荣誉称号，于 2020 年入选武汉工程大学首批校级"双带头人"教师党支部书记工作室建设名单。(5) 学院学生党支部于 2020 年荣获教育部第二批"全国党建工作样板党支部"建设单位，并于 2022 年通过了教育部验收。

参考文献

[1] 韩新才. 植物生物学教学中绘制植物生活史简图的探讨 [J]. 高校生物学教学研究（电子版），2023，13（4）：61-64.

[2] 韩新才. 基于创新性复合型人才培养的高校课程综合教学改革研究 [A]. 武汉工程大学一流本科教育行动计划成果 本科教学研究论文集（第一册）[C]. 武汉：中国地质大学出版社，2023，66-72.

[3] 韩新才. 基于生物产业工程能力培养的细胞工程课程教学改革实践 [A]. 2023 新时代高校生命科学教学改革与创新研讨会文集 [C]. 北京：高等教育出版社，2023，18-22.

[4] 韩新才. 公选课生命科学导论课程教学情况分析 [A]. 2023 新时代高校生命科学教学改革与创新研讨会文集 [C]. 北京：高等教育出版社，2023，12-17.

[5] 韩新才. "生命科学导论"课程思政元素的挖掘与实践 [J]. 现代商贸工业，2023，(2)：242-244.

[6] 韩新才，熊艺. "生命科学导论"课程教学提升生命科学素养的实践 [J]. 现代商贸工业，2023，(6)：222-224.

[7] 韩新才，孔海霞，郑冬洁，等. 高校教工党支部创新党建工作方式提升立德树人能力的探讨 [J]. 现代商贸工业，2023，(21)：119-121.

[8] 张淑萍，孟振农，郭卫华，等. 如何融会贯通掌握植物生活史 [J]. 高校生物学教学研究（电子版），2017，7（2）：44-48.

[9] 王克勤. 孢子植物生活史 [J]. 新疆师范大学学报（自然科学版），1990，(1)：55-61.

[10] 鹿锋. 植物生活史主要类型 [J]. 生物学通报，1993，28（2）：21-22.

[11] 周云龙，刘全儒. 植物生物学（第 4 版）[M]. 北京：高等教育出版社，2016.

[12] 熊艺，韩新才. 基于创新能力培养的植物生物学"四位一体"教学改革的探索 [J]. 化工高等教育，2021，38（3）：58-62.

[13] 马炜梁. 植物学 [M]. 2 版. 北京：高等教育出版社，2015.

[14] 强胜. 植物学 [M]. 北京：高等教育出版社，2010.

[15] 杨继. 植物生物学 [M]. 2 版. 北京：高等教育出版社，2014.

[16] 杨世杰. 植物生物学 [M]. 2 版. 北京：高等教育出版社，2012.

[17] 叶创兴，朱念德，廖文波，等. 植物学 [M]. 2 版. 北京：高等教育出版社，2014.

[18] 任玉龙. 植物的生活类型及其演化 [J]. 生物学教学，1997，(6)：38.

[19] 李雪芬. 举一反三，学习植物生活史 [J]. 生物学教学，2006，31（11）：23.

[20] 赵雪琳，金恒. 《生物化学》课程教学改革——新生代大学生适应性教育 [J]. 生命化学，2019，39（2）：388-393.

[21] 魏小凤，商璇. 分子遗传实验技术课程教学改革 [J]. 基础医学教育，2019，21（6）：439-441.

[22] 程佳燕，梁秀仪，吴灵敏，等. 《植物生长发育调控》课程教学改革实践效果分析 [J]. 广东第二师范学院学报，2019，39（3）：99-105.

[23] 韩本勇，熊向峰，赵鹏，等. 践行工程教育理念的《生物工程设备课程设计》考核方式改革 [J]. 课程教育研究，2020，(17)：232.

[24] 许崇波，彭凌，刘博. 基于应用型人才培养的基因工程课程建设与教学改革 [J]. 生物学杂志，2019，36（6）：115-117.

[25] 尹强，严清华，宋少云，等. "新工科"背景下现代设计方法课程的教学改革与实践 [J]. 武汉轻工大学学报，2019，38（3）：105-110.

[26] 李林杰. 高校创新创业教育人才培养体系构建的路径探究 [J]. 中国多媒体与网络教学学报（上旬刊），2020，(4)：121-122.

[27] 王芳，朱常香，李滨，等. 基于创新创业的"三四三"实践育人体系的探索与实践 [J]. 中国现代教育装备，2022，(1)：136-138.

[28] 邹志明，唐群，唐富顺，等. 基于创新人才培养的基础化学课程研究型教学模式探索与实践 [J]. 教育现代化，2019，6（38）：12-13.

[29] 赵丹，王洪义，何小蕾，等．基于复合型创新人才培养的"园林植物造景"课程教学改革探讨 [J]．现代园艺，2022，45 (11)：176-177.

[30] 李岩．小规模院校本科创新复合型人才培养教学实践与研究——以"人工智能导论"课程为例 [J]．大学，2022，(17)：189-192.

[31] 李志勇．细胞工程学 [M]．2 版．北京：高等教育出版社，2019.

[32] 陈亮，黄海，周树敏，等．校企合作模式下的细胞工程教学改革 [J]．生命的化学，2018，38 (6)：881-885.

[33] 白京习，林晓锋，丁俊琦．我国生物产业发展现状及政策建议 [J]．中国科学院院刊，2020，35 (8)：1053-1060.

[34] 白京习，林晓锋，尹政清．全球生物产业发展现状及政策启示 [J]．生物工程学报，2020，36 (8)：1528-1535.

[35] 刘芳，唐映红，陈治国，等．创新型实践人才培养在《细胞工程》实践教学中设计与运用 [J]．当代教育实践与教学研究，2016，(10)：26-27.

[36] 陈亮，黄海，周树敏，等．校企合作模式下的细胞工程教学改革 [J]．生命的化学，2018，38 (6)：881-885.

[37] 谭雪梅，赵云，刘志斌，等．"细胞工程"课程教学改革的探索和案例分析 [J]．高校生物学教学研究（电子版），2017，7 (1)：22-26.

[38] 高强国，杨劲，李玉红．生物技术专业细胞工程课程设计与实践 [J]．中国医药导报，2017，14 (28)：137-139.

[39] 伦镜盛，刘柱，陈美珍，等．基于 OBE 与整合思维的细胞工程教学改革初探 [J]．高校生物学教学研究（电子版），2016，6 (3)：35-39.

[40] 王森，唐颖，杨君，等．"新工科"背景下以生物产业需求为导向的细胞工程实验课程教学改革 [J]．高校生物学教学研究（电子版），2017，7 (1)：22-26.

[41] 柯霞，郑仁朝．细胞工程案例与探究式课堂教学的探索与实践 [J]．生物学杂志，2019，36 (1)：117-119.

[42] 张惟杰．从"生命科学导论"进入工科专业课程表谈起 [J]．中国大学教学，1999，(6)：23-24.

[43] 唐建军．"生命科学导论"课程教学探索与体会 [J]．高校生物学教学研究（电子版），2012，2 (4)：12-15.

[44] 魏丽芳．《生命科学导论》课程中渗透生命科学史教育的探讨 [J]．太原学院学报，2016，34 (1)：50-52.

[45] 吴琳梅，薛绍礼，夏觅真，等．《生命科学导论》的教学实践与思考 [J]．教育教学论坛，2017，(46)：198-199.

[46] 张惟杰．生命科学导论 [M]．2 版．北京：高等教育出版社，2008.

[47] 陈畅．课程思政示范课《生命科学导论》建设探索 [J]．中国多媒体与网络教学学报（上旬刊），2020，(5)：184-185.

[48] 霍颖异，王莉，应颖慧，等．混合式教学在面向非生物类学生"生命科学导论"课程中的探索与实践 [J]．生物工程学报，2021，37 (2)：680-688.

[49] 赖金茂．"课程思政"的本质内涵、建设难点及其解决对策 [J]．湖北经济学院学报（人文社会科学版），2021，18 (4)：149-152.

[50] 刘畅，刘雄伟，俸婷婷，等．中医药院校生命科学导论课程思政元素的引入与融合探索 [J]．广东化工，2021，48 (3)：238-239.

[51] 张凤秋，李涛．物理学专业生命科学导论公选课的教学探索与实践 [J]．教育教学论坛，2019，(52)：138-139.

[52] 胡小溪，李凯．高校历史学科课程思政体系建构初探 [J]．黑龙江高教研究，2021，(4)：157-160.

[53] 胡鑫，张大玲，高梅，等．生命科学导论教学中实施素质教育初探 [J]．高等农业教育，2010，(8)：75-76.

[54] 许淑琴，邱晖，孟惊雷．高校本科课程思政建设路径与机制 [J]．高教学刊，2021，(11)：193-196.

[55] 王明伟．论党建引领下的高校课程思政融合创新研究与实践 [J]．沈阳干部学刊，2021，23 (1)：41-43.

[56] 魏艳红．非生物类本科生"生命科学导论"教学模式的研究与实践 [J]．科教导刊，2019，(1)：102-103.

[57] 宋琳婷，张朝乐门．高校教工党支部创新基层党建工作研究——以呼伦贝尔学院心理系教工党支部为例 [J]．呼伦贝尔学院学报，2022，4 (30)：7-10.

[58] 欧丽慧，岳华．高校基层教工党支部党建与业务有效融合的现状与思考——以华东师范大学为例 [J]．上海党史与党建，2020，(8)：55-58.

[59] 王磊．高效发挥高校教工党支部作用的思考 [J]．教育现代化，2018，(16)：151-152.

[60] 时君伟．加强高校教工党支部建设的探索与实践 [J]．河北农业大学学报（农林教育版），2017，19 (4)：113-117.

[61] 王道平．"党建＋"背景下高校教工党支部提升组织力的创新与实践 [J]．产业与科技论坛，2019，18 (15)：262-263.

[62] 尹朝晖．新时代高校教工党支部组织力提升对策研究 [J]．郑州航空工业管理学院学报（社会科学版），2018，37 (6)：115-121.

[63] 诸葛竑．高校师生党支部新型共建机制探究［J］．上饶师范学院学报，2019，39（2）：77-81.

[64] 莫继承．新形势下高校教工党支部战斗堡垒作用提升的实践研究［J］．中国轻工教育，2021，（6）：19-22.

[65] 金锦华．创新高校教工党支部建设的思考［J］．学校党建与思想教育，2010，（7）：29-30.

[66] 王俊，张婉洁，沈立新，等．强化高校教工党支部的战斗堡垒作用［J］．西南林业大学学报（社会科学），2022，4（2）：62-65.

[67] 陈水红，李树伟，任敏．《生物化学》一流课程建设探索与实践［J］．现代畜牧科技，2024，104（1）：174-176.

[68] 王彦芹，杨凤微，田贝贝，等．"基因工程"课程思政的教学设计与实践［J］．教育教学论坛，2020，（39）：51-52.

[69] 刘艳萍，张玲，郝文芳．"植物学"教学过程中思政元素的挖掘与实践［J］．教育教学论坛，2020，（19）：215-216.

[70] 韩占江，徐雅丽，王海珍，等．"植物生理学"课程思政设计、实践与思考［J］．教育现代化，2019，6（95）：100-101+107.

　　注：本章是如下基金项目的研究成果。武汉工程大学校级教学研究项目"基于创新性复合型人才培养的高校课程综合教学改革研究"（项目编号：X202059）；武汉工程大学校级一流课程植物生物学（项目编号：20）；武汉工程大学课程思政示范课程生命科学导论（项目编号：15）；武汉工程大学第一批课程综合改革项目"细胞工程"（项目编号：8）；第二批"全国党建工作样板党支部"建设验收通过项目"武汉工程大学环境生态与生物工程学院学生党支部"（教思政厅函［2022］12号，项目编号：639）；武汉工程大学首批"双带头人"教师党支部书记工作室建设项目"环境生态与生物工程学院教工第一党支部韩新才工作室"（项目编号：3）。

　　塔里木大学"生物化学"一流课程建设项目（22000030251；22010030923）；塔里木大学研究生《高级生化》精品课程项目；塔里木大学植物生理学"课程思政"示范课程项目；塔里木大学应用生物科学专业综合改革试点项目（220101614）；2019年塔里木大学课程思想项目"基因工程原理课程思想"（TDYKC201902）；2018年塔里木大学特色品牌专业建设项目（220101505）；2018年塔里木大学重点课程建设（220101440）。